U0141204

深智數位
股份有限公司

深智數位
股份有限公司

前言

在當今數位化與資訊化的時代，影像和音視訊產品幾乎每時每刻都充斥在人們的周圍，不管是拍照分享自己的日常生活，還是與親友視訊通話或與同事進行電話會議，抑或是在影視網站欣賞影視作品，這些影像、視訊服務為人們提供了視覺感官的享受與精準的資訊傳達。與此同時，對畫質效果及影像品質的需求也促進了畫質演算法與影像處理演算法的迅速發展。為了更進一步地滿足使用者的期望，人們需要深入研究影像背後的基本機制和原理，並透過設計合適的演算法創造出更加清晰、真實並令人滿意的視覺體驗。

隨著人工智慧和電腦視覺技術的發展，影像處理和畫質演算法技術的發展也進入了一個新時期。與受到大眾關注較多的檢測、辨識類視覺任務不同，底層視覺任務較少關注對影像內容的理解或推理，而主要關注影像的成像品質與效果，如影像的雜訊、顏色、清晰度等。由於深度學習模型擁有強大的歸納和學習能力，所以基於其的底層視覺演算法在很多場景下已經可以實現很多傳統演算法無法達到的效果。本書將帶領讀者由淺入深地探索影像畫質演算法和底層視覺技術的基礎原理及其應用，較為全面地介紹這個領域的經典方案及最新發展。本書將深入剖析不同任務的定義、困難與處理想法、領域內的經典演算法。在演算法介紹上，本書力圖兼顧傳統方法與深度學習方法，主要是考慮到傳統方法在很多實際場合中還在發揮重要作用，並且其設計想法往往和任務的先驗設定更加相關，另外，在設計深度學習模型時往往參考傳統方法的想法。因此，分析傳統方法對於深入理解底層視覺任務是至關重要的。同時，對於一些相對較新的基於深度學習的演算法，本書也會選取其中想法比較有啟發性的演算法介紹，以幫助讀者在有需要的時候明確演算法的設計和改進方向。

本書結構與主要內容

本書共分為 8 章。

第 1 章主要介紹本書所界定的底層視覺任務的定義、基本涵蓋範圍，以及它與其他視覺任務的主要區別。

第 2 章主要介紹不同畫質相關任務的一些基礎知識，如成像過程、影像的顏色和影調及其影響因素、影像的空間操作、頻域分析等內容。這些知識是後續所有底層視覺演算法的基礎，在演算法設計中造成重要的作用。

第 3 章主要介紹降噪演算法。降噪演算法是底層視覺任務的重要分支，它對影像的觀感和視覺效果有著重要的影響。本章從雜訊的生成機制與基本模型出發，分別介紹了經典的影像處理降噪方法，以及經典的深度學習降噪模型。

第 4 章主要介紹超解析度演算法。超解析度演算法也是底層視覺任務的重要分支，它的目的在於消除畫質的退化，提升影像或視訊的清晰度。本章從傳統的插值與基於稀疏編碼的超解析度演算法講起，重點介紹了基於深度學習的超解析度的各種處理策略，包括對模型結構的改進和對處理流程的設計。

第 5 章主要介紹影像去霧演算法。本章從霧天成像的退化模型入手，分析了有霧影像的特點及去霧任務的解決方法，重點講解了幾種經典的傳統方法，如暗通道先驗去霧演算法，並介紹了幾種不同想法的深度學習去霧模型。

第 6 章主要介紹影像的 HDR 任務及其演算法。本章首先介紹 HDR 的定義及 HDR 相關任務設定，然後介紹幾種經典的 HDR 相關演算法，包括傳統演算法及基於網路模型的經典演算法。

第 7 章主要介紹深度學習的影像合成與影像和諧化。影像合成也是底層視覺處理技術的重要任務，其目的是對不同影像的主體和背景進行合成，並使整圖觀感自然、無瑕疵。本章首先介紹影像合成的傳統方法，然後介紹對基於神經網路的合成影像和諧化任務的定義、處理困難、相關模型想法。

第 8 章主要介紹影像增強與影像修飾。影像增強和影像修飾是比較寬泛的任務類型，包括影像的曝光調整（如低光增強）、顏色調整（如顏色濾鏡模擬、色域調整）等子任務。本章介紹了影像增強的一些經典演算法，以及基於神經網路模型的影像增強的相關嘗試。

參考資料與讀者交流

本書中實現的各類演算法及模型結構的相關程式和指令稿均可以透過作者的 GitHub 倉庫獲得，倉庫位址：https://github.com/jzsherlock4869/lowlevel-book-codebase。另外，作者水準有限，如果發現書中有技術性錯誤或表述不嚴謹的地方，可以透過在上述程式倉庫中提 issue 的方式留言討論。後續會收集確需修改的內容，在該倉庫維護一個勘誤表供讀者參考。另外，對於本書內容和形式，讀者如有任何想法或建議，也可直接發郵件給作者進行討論（作者電子郵件：jzsherlock@163.com）。

本書讀者

本書主要面向的讀者群眾包括深度學習與電腦視覺行業的從業人員，電腦、人工智慧及其相關專業方向的學生，影像處理相關技術的同好與學習者。雖然本書已力求通俗和基礎，但是仍希望讀者在閱讀本書之前具有一定的先修知識，包括 Python 程式設計基礎知識、簡單的高等數學和矩陣論知識，並對深度學習有一定的了解。當然，也可以在閱讀本書的過程中遇到問題時，有針對性地查閱相關資料作為補充。

致謝

本書講解了大量的經典演算法和比較前端的網路模型方案，在演算法實現過程中也參考了相關論文與官方程式等資料，在此對各位論文作者與研究者的出色工作表示感謝。另外，本書的出版要特別感謝電子工業出版社博文視點的編輯黃愛萍和劉博，兩位老師在選題策劃及稿件審校方面為作者提供了很多專業建議和幫助，在此真誠致謝，這本圖書是我們共同的作品。

最後，還要感謝翻開並閱讀這本書的你，希望你可以在從本書中獲得相關知識和技術的同時，收穫一些對電腦視覺和影像處理領域的啟發。祝閱讀愉快！

目錄

第 3 章 影像與視訊降噪演算法

第 4 章 影像與視訊超解析度

第 5 章 影像去霧化

第 6 章 影像高動態範圍

第 7 章 影像合成與影像和諧化

第 8 章 影像增強與影像修飾

1 畫質演算法與底層視覺概述

由於本書主要討論關於影像和視訊的畫質演算法任務及其技術方法，因此首先需要對畫質演算法的定義和範圍進行了解。在本章中，我們首先介紹畫質演算法的主要任務與應用場景，並從廣義上對基於深度學習的底層視覺技術的原理和特點說明。

1.1 畫質演算法的主要任務

1.1.1 畫質演算法定義及其主要類別

影像和**視訊**一直以來都是人們獲取資訊最直觀和最豐富的通路，隨著數位化成像技術和音視訊技術的發展，以及可以顯示和播放影像與視訊的電子裝置的進步和普及，人們對所觀看影像和視訊的品質、視覺效果的要求也逐漸提高，因此衍生出了許多對應的技術和演算法。人們通常將這些對影像和視訊等數位訊號進行處理，以提高其視覺品質、提升人眼觀感的演算法技術統稱為**畫質演算法**，也可以稱為**畫質增強演算法**，或**影像 / 視訊增強演算法（Image/Video Enhancement Algorithm）**。

畫質演算法的主要目的在於，結合人眼視覺先驗和數位訊號領域相關先驗，對影像和視訊進行某種處理，使得其在各種場景中能更進一步地適應人眼的感知方式，使人們獲得更好的視覺體驗。按照應用場景和處理目標的不同，畫質演算法主要包括以下幾大類任務。

首先是影像和視訊的**降噪（Denoising）**任務。要獲得影像和視訊資料，首先需要透過各種裝置擷取和處理資料，還可能需要進行儲存和傳輸，才能被人們接收並感知到。在上述的擷取、處理、傳輸過程中，通常會引入各種類型的噪點和假影（統稱為雜訊），從而影響畫質效果，降低觀感，因此需要透過某些方式將雜訊盡可能去除，還原出真實的影像和視訊內容。雜訊的壓制可以在擷取過程中透過最佳化硬體設計等物理方式來處理，也可以在成像流程中或成像後透過演算法進行處理。降噪演算法是畫質演算法中一個重要且古老的分支，具有很廣泛的應用。除了自然影像，特殊場景的影像也需要降噪模組來提高成像品質，比如，醫療影像中的 X 光成像和超聲成像，與自然影像不同的遙感領域的光學和雷達成像，以及用震動波和電磁學方法勘探地層內部結構的地震成像等，都需要一定的降噪手段來降低或排除干擾，以獲得所需的資訊。

然後是影像和視訊的**超解析度（Super-Resolution，SR）**和細節增強任務。解析度和清晰度的提升是人們對於視覺體驗的直接的衡量手段和評價標準，因此清晰度的提升也是畫質演算法一個重要的組成部分。所謂超解析度是指，透過某種演算法，將影像的解析度進行提升，從而基於已有的資訊恢復出更多的細節、紋理、邊緣等內容。超解析度任務一般需要對原影像的尺寸進行放大，但是這並不是必需的，對於輸入品質較模糊、退化較明顯的影像，它現有的影像尺寸大小可能並沒有完全被利用，因此可以在同尺寸上對輸入進行細節和紋理的增強，以恢復被退化所降低的影像品質。超解析度影像不但可以提升人眼的視覺感受，在某些特殊場合，如安全監控、偵察等領域，高解析度影像還有助後續的處理。

另外，可以改善畫質的還有影像影調調整的相關演算法。為了更進一步地顯示場景內容，或突出影像風格，往往需要對其亮度、對比度等各個方面進行調整。這個過程可以透過一些相關演算法來實現，如色調映射、直方圖均衡、直方圖拉伸等。另外，色調、對比度等方面的調整也是直接影響畫質和風格的重要方面。

除此以外，還有**高動態範圍（High Dynamic Range，HDR）**演算法，其也是畫質演算法的重要組成部分。所謂高動態範圍場景，指的是最亮和最暗的影調差距非常大的場景。比如，在室外晴天情況下，在很暗的臥室中同時拍攝窗戶和書櫃，由於窗外亮度極高，臥室內部的書櫃很暗，通常的成像一般無法同時保留這兩個區域的細節並顯示處理（不是書櫃清晰窗外曝光過度，就是窗外清晰書櫃完全變黑看不到細節），因此需要高動態範圍相關的演算法透過對不同曝光區域進行融合，或對高動態範圍的成像結果進行壓縮以便能將反白和暗區的細節同時在低動態範圍的顯示器上進行展示。

在某些特殊場景中，也衍生出了一些相關的畫質提升和改善的任務與演算法，比如，對霧天對比度低、通透性差的場景進行**去霧化（Dehaze）**，對雨天和雪天的場景去除畫面中的雨雪，對夜景低光照場景下的結果進行增強，對光源場景去除眩光的影響，對一些出現摩爾紋的場景**消除摩爾紋（Demoire）**，以及人像場景可能需要模擬相機的**散景（Bokeh）虛化功能**，從而突出主體、獲得更加藝術的風格。以上這些任務，也都可以被看作這裡所定義的畫質演算法的範圍。

近些年來，隨著深度學習相關的底層視覺技術的發展，一些與畫質相關的新任務和新演算法被提出，比如，老電影、舊視訊的**著色（Colorization）**，不同影像的**合成（Composition）**與**和諧化（Harmonization）融合**，影像和視訊的增強和**修飾（Retouch）**等。這類畫質相關任務極依賴影像資訊和內容的先驗，在傳統影像處理領域往往比較難處理，但是得益於深度學習透過大量的訓練所獲取的強先驗資訊，這些任務也都在一定程度上獲得了解決。圖 1-1 所示為畫質演算法的主要類別範例。

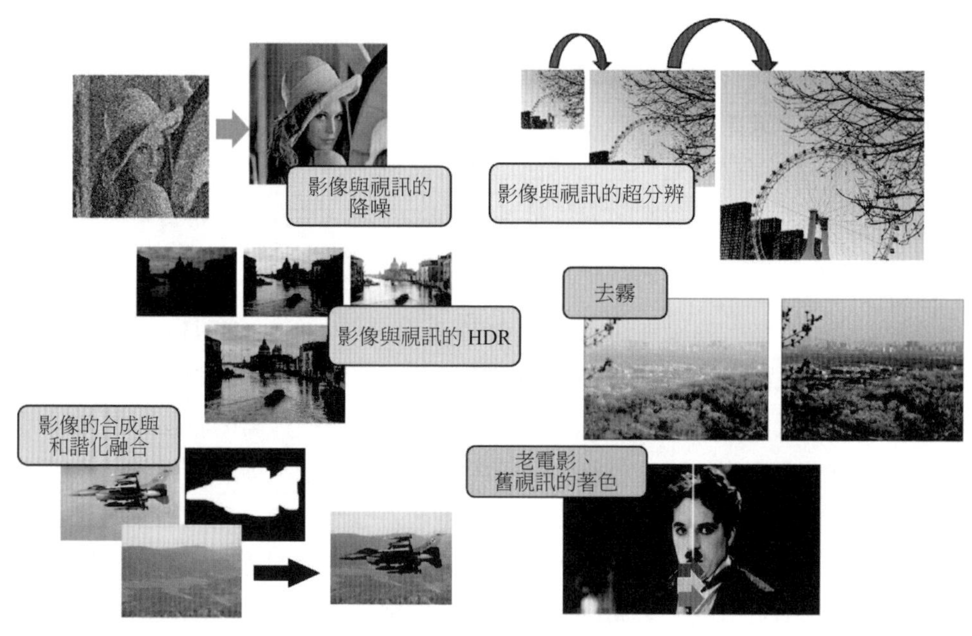

▲ 圖 1-1 畫質演算法的主要類別範例

1.1.2 畫質問題的核心：退化

從上面所列舉的任務類型可以看出，畫質演算法所處理的問題基本可以概括為低品質影像的增強和恢復，從而達到人眼可接受的品質水準。既然以低品質影像為輸入，那麼了解其來源和形成方式是非常重要的。一般來講，人們將高品質影像到低品質影像的變化過程統稱為**退化（Degradation）**。退化可以是不同類型的，比如，在降噪問題中，影像處理過程中各個位置引入的雜訊就可以被視為對影像的退化；而對於超解析度問題，模糊和下採樣過程所導致的細節遺失與影像品質下降是超解析度任務需要重點解決的退化。同理，對於去霧化、去雨等任務，這些自然現象反映到影像中的那部分影響（霧導致的顏色、飽和度下降，雨雪導致的固定形式的干擾和雜訊）就是這些任務需要處理的退化。

畫質提升演算法往往被看作退化的逆過程，這個過程一般稱為**影像恢復**或**復原（Restoration）**，即對退化造成的影響進行去除，以獲得未受退化影響的影像。從概念上來說，影像恢復假設真實未退化的高品質影像存在，然後透過一定的手段去逼近這個目標。而前面所說的影像增強任務則是希望根據某些技術，使影像獲得更優的視覺感官效果（如透過銳化增加清晰度）。影像恢復和增強這兩個任務在概念上是有所區別的，但是隨著深度學習範式的發展，通常的增強任務也需要對影像設置訓練目標（即 GT，Ground-Truth），與低品質影像組成配對樣本進行監督學習，因此這兩個概念有時候會被混用。這裡只需要簡單了解兩者具有一定的差異性即可。

退化可以說是畫質演算法要解決的核心問題，因此，對各種不同類型退化的建模和先驗資訊的利用是設計和最佳化各類對應演算法的關鍵。退化的先驗和自然影像分佈的先驗共同組成了所有演算法設計的出發點。

對傳統演算法（非深度學習演算法）來說，對退化的數學形式建模或對退化性質的利用直接影響演算法的計算流程。舉一個簡單的例子：對於影像中分佈稀疏但是能量較強的雜訊（比如後面會講到的椒鹽雜訊），利用鄰域的中值對影像進行處理（中值濾波）就是一種簡單的解決方法。這個過程直接用到了退化的特性：分佈稀疏說明被雜訊污染的值可以透過鄰域進行預測；而雜訊的能量較強則說明其不適合於透過鄰域加權的方式進行處理，因為這樣會使雜訊污染像素周圍的像素（加權平均時雜訊強度大，使得乾淨像素點的計算受到雜訊點的影響而改變像素值）。

對基於深度學習模型的畫質演算法來說，對於退化的研究和模擬也是非常重要的。在這類演算法中，退化模擬往往是生成訓練資料集的方式，因此退化模擬得越真實、越準確，其訓練得到的效果往往也越容易在實際場景中有較好的表現。另外，退化的特性也可以作為網路的先驗知識，影響網路結構的設計。這些內容在後面具體的模型演算法講解中都會有所涉及。

1.2 基於深度學習的底層視覺技術

1.2.1 深度學習與神經網路

隨著**深度學習（Deep Learning）**和**人工智慧（Artificial Intelligence）**技術的發展，電腦視覺、語音辨識、自然語言處理、推薦系統等領域都迎來了革命性的突破。以往無法較好解決的問題有了新的方法來求解，而已有傳統方法的許多工也被深度學習方案刷新了成績。深度學習可以透過資料驅動的方式學習對應任務的先驗表徵，不但解決了人工設計特徵的困難和降低了成本，而且可以獲得更好的任務表現。

深度學習的核心是**深度神經網路（Deep Neural Network）**，即由多層神經元組成的模型結構。神經元是神經網路中最小的計算單元，它接收上一層神經元的輸出並進行加權求和，經過啟動函數處理得到輸出，並傳到下一層神經元。神經網路中神經元連接的權重是可學習的，透過大量資料的訓練和反向傳播演算法的最佳化，可以將網路訓練到目標任務上，使其泛化到訓練集以外的資料上進行預測。深度神經網路的關鍵在於更深的網路結構，網路深並且參數量大有助學習到更加複雜的資料表征，更進一步地擬合任務需求。圖 1-2 所示為深度神經網路模型示意圖。

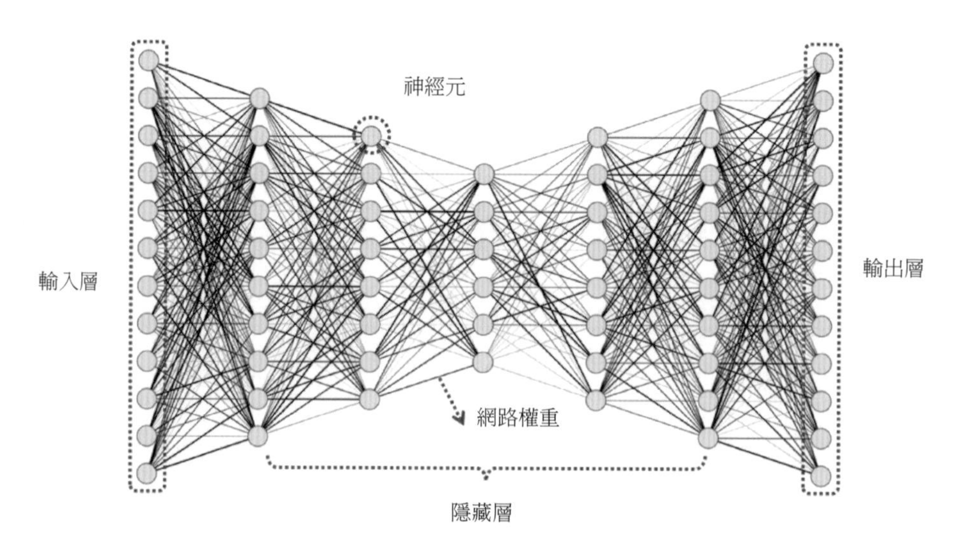

▲ 圖 1-2 深度神經網路模型示意圖

1.2.2 底層視覺任務的特點

在電腦視覺領域，常見的任務類型為**高層視覺任務（High-level Vision Task）**和**底層視覺任務（Low-level Vision Task）**。其中，高層視覺任務指的是對於語義等級資訊進行提取和處理的複雜的影像相關任務，如影像分類、物件辨識與追蹤、實例分割等。而底層視覺任務主要指的是與影像語義內容非強相關的、偏向於影像處理的相關任務，如前面提到的降噪、超解析度等畫質相關任務。深度學習在高層視覺任務中的應用較早，在 2012 年的 ImageNet 影像分類競賽中，AlexNet 模型利用深度學習卷積神經網路技術，將比賽結果刷新到了一個新的高度。AlexNet 的成功毫無疑義地成了深度學習領域的里程碑式事件，使得人們對於深度學習範式的人工智慧技術重拾信心，並推動了神經網路模型在視覺領域的研究和發展。在隨後的研究中，影像分類、語義分割、物件辨識等高層視覺任務不斷湧現出一批優秀的工作（如 ResNet、DeepLab、Fast R-CNN、YOLO 等），將領域的 SOTA（State of the Art）不斷向前推進。圖 1-3 所示為常見的高層視覺任務與底層視覺任務範例。

對底層視覺任務來說，深度學習和神經網路也為這些傳統問題的解決帶來了新的想法和可能性。底層視覺技術由於其任務的特殊性，對網路結構的需求和設計模式與分類、分割等任務的不同，這就驅使研究者針對底層視覺的各項任務重新思考深度學習模型的方案和進路。對分類、檢測這類任務來說，設計模型時一個重要的考量就是如何捕捉豐富的影像資料集中的同類物體的語義特徵，比如，如果需要辨識「貓」這個類別，那麼就需要對各種不同貓圖片中不同形態貓的共同特徵進行學習。為了取得更好的泛化性能，這些圖片中的底層內容資訊，如顏色、光照、影像品質、雜訊水準（Noise Level）等自然需要被忽略。為了讓模型對這些干擾和變化更加堅固，人們往往還會在訓練時人為施加隨機的顏色、對比度、雜訊、旋轉變換等處理，即**資料增強（Data Augmentation）**。而對底層視覺相關的深度學習模型來說，影像的這些非語義的細節資訊恰好是模型需要關注和處理的內容。比如，對降噪模型來說，它的目標就是透過網路模型自我調整地辨識並抑制影像中的雜訊，因此對影像的雜訊分佈強度是非常敏感的。當然，語義資訊對底層視覺任務來說有時候也是有幫助的，仍以降噪模型為例，如果網路可以足夠好地理解影像中的物體類別和它可能有的紋理，那麼借助這些資訊就可以避免一部分富紋理區域中的細節被作為雜訊過濾掉。但是就任務本身而言，降噪模型是被期望對語義不敏感的，即不管影像中的內容是什麼，只要它的雜訊分佈符合人們訓練集的設定，就應該可以泛化到該影像上，對該影像進行合理的降噪。

▲ 圖 1-3 常見的高層視覺任務與底層視覺任務範例

除了降噪模型，前面提到的很多畫質相關演算法任務也都有深度學習相關的方案，並且已經獲得了比較好的效果。超解析度是深度學習方法在底層視覺領域中的重要應用，一般來說，想要獲得高解析度影像，需要借助插值上採樣，這種方法得到的結果較為模糊，無法補償下採樣及其他退化導致的細節損失。而借助於深度神經網路強大的特徵提取能力，人們可以從訓練資料中獲得豐富的先驗資訊，這種資訊可以在超解析度上採樣過程中，為合理推測上採樣以後各個像素的值提供指導，從而使得上採樣後的影像更加清晰，並且符合自然影像的分佈。另外，對於灰度影像和視訊著色任務，透過網路的學習，可以合理推測各個物體可能的顏色，以及哪些像素應該被賦予相同的顏色。影像補全任務則主要依賴於神經網路的結構化先驗，利用已知部分的像素資訊，對缺失部分的像素進行合理外插。

可以看到，深度學習在底層視覺技術中有著廣泛且有效的應用場景，而且隨著深度學習基礎技術，比如 Transformer 模型、擴散模型等在視覺任務中的發展，底層視覺技術也在改朝換代，效果不斷提升。在可以預見的未來，基於深度學習的底層視覺技術將發展出更最佳化的方案，為日常生活中的畫質任務提供更優質的解決方案。

MEMO

2 畫質處理的基礎知識

從這一章開始，我們就正式進入畫質演算法相關內容的介紹了。在分類介紹各種不同的畫質演算法之前，我們先來了解一些與畫質演算法相關的影像處理的基礎知識，這些內容可以說是後續將要介紹的所有演算法共同的先驗知識，只有對影像的形成、特性及其與視覺感知的關係有了比較深入的了解，才能更進一步地理解許多演算法設計的考量，有助我們在研究或專案實踐中設計或選擇合適的演算法方案。

2.1 光照與成像

要想學習影像的特徵及其處理方法，首先需要了解影像是如何產生和獲取的。在本節，我們將從人眼的視覺和影像的來源，即光照與成像的原理開始講起，並介紹常見的相機成像流程。在整理成像流程的過程中，我們會發現很多畫質問題產生的原因，並理解其對應演算法處理方式的必要性。

2.1.1 視覺與光學成像

視覺（Vision）可以說是人類所擁有的最重要的和最複雜的感知方式，也是人們生活中可以獲取絕大部分資訊的來源。透過視覺感知，人們可以獲取周圍世界中各種事物的大小、形狀、紋理、顏色等屬性，以及它們之間的空間位置關係。透過對這些資訊進行辨識和進一步處理，人們可以辨識其他人和各類客觀事物的內在性質，並根據這些性質做出判斷和決策。

在生物進化的過程中，視覺也佔據著至關重要的地位。從最開始的只具有一定數量光敏細胞的較為原始的視覺感知方式，到鳥類、哺乳類等動物的具有複雜結構的視覺系統，自然界中視覺的發展也經歷了漫長的自然選擇過程。人類的視覺系統主要包括作為感受器的眼球結構與作為感覺中樞的大腦區域。從光學和生物學的角度來看，視覺的形成需要光源發出的或物體反射的光線透過角膜、瞳孔進入人的眼睛，並經過水晶體、玻璃體在視網膜上形成物體的像。然後透過視網膜上的感光細胞將光學訊號轉為神經衝動，經過視神經傳到大腦皮層的視覺中樞。在大腦的視覺中樞中，這些訊號會被解析和處理，形成人能夠感知到的有意義的視覺。

隨著近年來**電腦視覺（Computer Vision）**領域的突破性發展，在很多場合中人們開始用「視覺」來指代電腦視覺相關的任務，而非人類的自然視覺。然而，研究人眼的自然視覺對電腦視覺領域來說具有極其重要的意義和作用。人眼視覺系統示意圖如圖 2-1 所示。

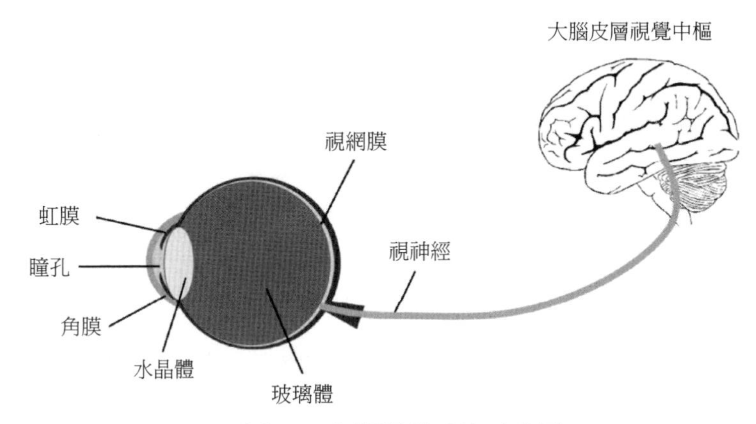

▲ 圖 2-1 人眼視覺系統示意圖

由於人眼成像結構和視覺感知的複雜性、堅固性和低功耗等特點，了解人類視覺系統的解剖結構和生理機制，可以使人們更進一步地模擬和參考自然視覺來設計和最佳化成像系統，以及視覺感知和影像處理演算法。比如，影像處理中常用的 **Gabor 濾波器**就是受人類視覺刺激回應的啟發，而設計出的一種對光照不敏感，但是對邊緣敏感，並且具有良好的尺度和方向選擇性的濾波器結構（見圖 2-2）；視覺和訊號處理演算法中常用的稀疏編碼，也和人類視覺系統的稀疏性有連結。人們研究發現，視覺系統中神經元的處理會約束編碼的稀疏性，從而可以更加高效且低功耗地處理複雜任務。

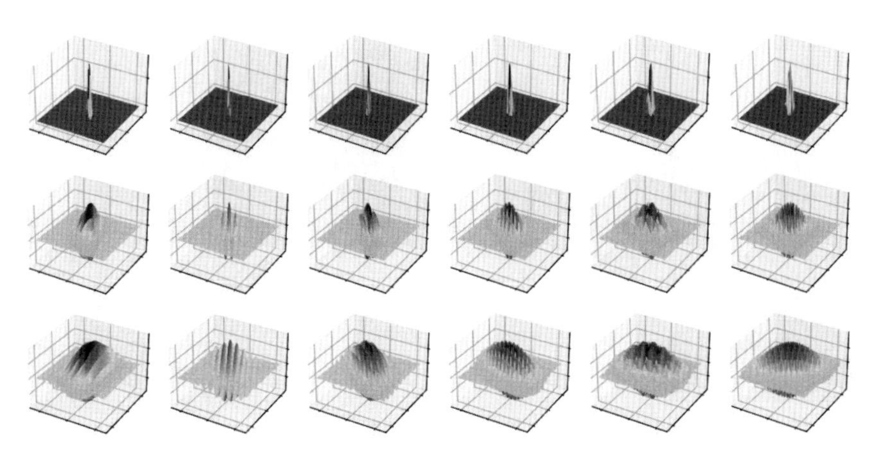

▲ 圖 2-2 不同參數的 Gabor 濾波器示意圖

除了仿生學的意義，了解自然視覺對視覺演算法（特別是畫質演算法等底層視覺任務）的設計目標和評估方式也有著重要的意義。對於自然影像的畫質演算法，最重要的評價指標就是人眼的視覺感受，因此可以透過某些手段讓影像中容易被視覺系統捕捉到的資訊更加準確和豐富，而對於視覺不敏感的資訊可以選擇性地進行壓縮。比如，常用的伽馬校正就是基於人眼對於不同亮度的非線性回應特性設計的；JPEG 等影像壓縮和編碼方法也是利用人眼對於空間高頻敏感度低的特性，針對不同頻率採用不同的壓縮程度來實現的。綜上所述，研究人眼的自然視覺對影像處理與電腦視覺演算法的研究和應用均具有重要意義。

下面介紹影像及其形成方式。影像是用於對視覺物件進行記錄和儲存，以再現場景內容和資訊的媒介和載體。影像可以透過不同的方式獲取和儲存。在影像處理和電腦視覺領域，可以採用數學形式將影像視為一個矩陣（見圖 2-3），矩陣中的每個元素稱為一個**像素（Pixel）**，它表示的是對應位置區域的亮度（可能還有顏色）資訊。這些像素點在空間上排列，就形成了對於場景整體內容的表示。與人眼視覺所得到的資訊相似，影像可以為人們傳達出物體的大小、形狀、顏色、紋理細節等層面的資訊，同時也包含了場景和事物的內容這類高階語義資訊。和人腦對於視覺場景的處理類似，透過對影像的分析和處理，人們也可以從影像中提取出目標的特徵資訊，從而應用於各種場景，如醫學、遙感等領域；或直接將影像呈現給人觀看和欣賞，直接傳遞某些資訊，如電視、電影等行業。

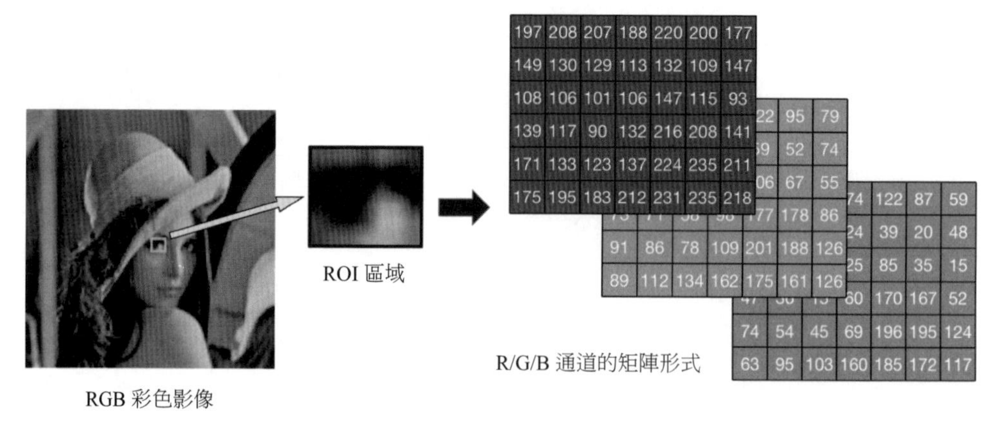

▲ 圖 2-3 影像以矩陣的形式儲存（ROI 即 Region of Interest，感興趣區域）

影像的形成需要滿足兩個重要的條件，即**光照**和**成像**。對於光照，人們都不陌生，它是指物體發出（光源）或反射（非光源）的光，足夠的光照是形成影像的必要條件。在三維空間中光源的強度、照射方向，物體表面的反射角度，成像裝置和物體與光源的位置關係等都會影響最終形成的影像情況。成像指的是透過某種裝置和手段，將光照得到的資訊進行記錄的過程。一般的成像裝置是一個透鏡組，用來進行光學聚焦，並將物體的像投射在感測器或感光材料上，從而保留下來。

對光照的衡量有很多概念，在成像和影像處理領域常用的主要是**光照度**，其單位為 lux（勒克斯），也寫作 lx。光照度指的是被照射物體單位面積所接收到的**光通量**。光通量是人眼所能感受到的光源的輻射功率，可以簡單理解為光源發出光的總量，單位是流明（lm）。光照度通常可以用來辨識環境或物體被照亮的程度，不同環境的光照度有顯著的不同。我們知道，晴天的室外場景會比較亮，在這種場景中光照度可以達到上萬勒克斯甚至更高。而在各種室內場景中，光照度一般為幾十到幾百勒克斯不等。對夜景來說，光照度取決於環境中有無光源及光源的類型，如月光、星光、路燈，其勒克斯數往往小於 1，如果沒有光源或光源很微弱，那麼勒克斯數就會很小，接近於 0。

透過對上面場景中勒克斯值的介紹，我們可以大概對光照度的變化有一個感性的認識。下面，我們就來了解如何利用光照將三維世界中的物體投射到二維影像中，也就是成像（Imaging）。最常用的成像裝置自然是人們熟悉的光學相機，它一般可以分為三個主要的組成部分（見圖 2-4）：光學元件、感測器（Sensor）、**影像訊號處理系統（Image Signal Processing，ISP）模組**。光學元件負責將外部世界的目標物體反射（或發射）的光透過光路進行整理，傳到感測器；然後感測器將光訊號轉為電訊號，用於後續處理和儲存；ISP 模組則對得到的原始 raw 影像進行一些必要的處理，如去馬賽克、白平衡、降噪等，最終得到人們常見的影像格式。

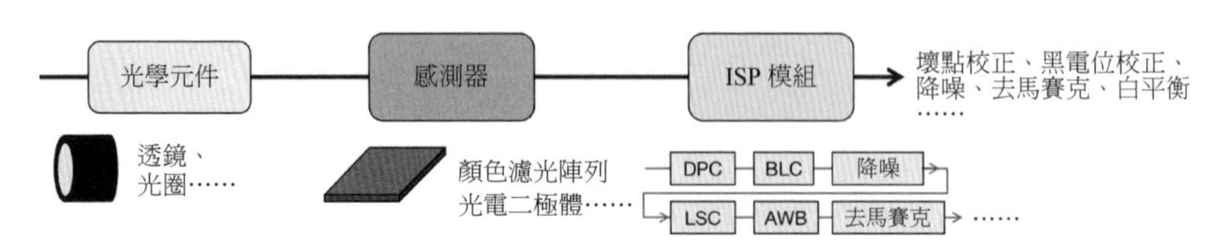

▲ 圖 2-4 光學相機的主要組成示意圖

（DPC 表示壞點校正，BLC 表示黑電位校正，LSC 表示鏡頭暗影校正，AWB 表示自動白平衡）

首先，我們從成像的第一個階段：光學系統的原理開始，對影像處理中常用的一些概念介紹。一般來說，相機的光學原理可以用針孔模型進行講解。針孔模型的基本原理就是**針孔成像（Pinhole Imaging）**，作為中小學「自然」和「物理」課程常見的實驗活動，這個現象對我們來說應該並不陌生。實際上早在我國先秦時期，著名思想家、科學家墨子就已經發現了針孔成像的原理。《墨經》中有記載：「景，光之人，煦若射。下者之人也高，高者之人也下。足蔽下光，故成景於上；首蔽上光，故成景於下。在遠近有端，與於光，故景庫內也。」這段話不但描述了針孔成像的現象（針孔成的像是下方成像於上，而上方成像於下的倒立的像），而且解釋了其形成原因：光沿著直線傳播（煦若射），而頭部擋住上面的光，從而成像在下面，足部擋住下面的光就成像在上面（見圖 2-5），由於針孔的存在，就使得物體在暗盒內成了一個倒立的像。

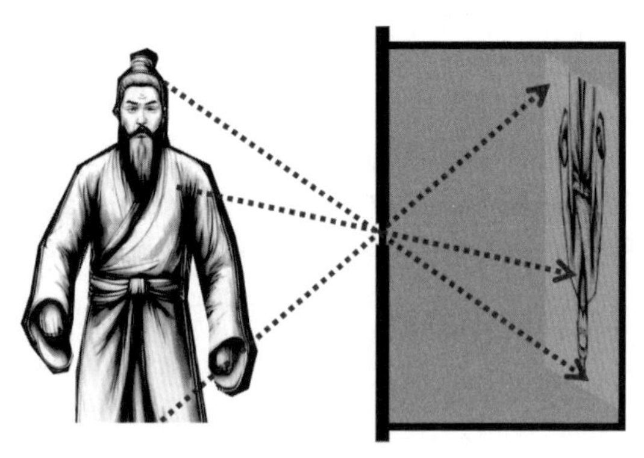

▲ 圖 2-5 針孔成像示意圖

針孔成像可以獲得清晰像的關鍵在於針孔的孔徑要足夠小。理想針孔成像的光路與實際針孔成像的光路如圖 2-6 所示，對於一個理想的針孔，從幾何上來看，物體上的某一點只有一條光線可以透過針孔，因此可以避免不同位置的光所形成的像之間的干擾。然而在實際應用中，理想針孔並不存在，而且當針孔的面積過小時，由於透過的光線較少，成像的效果並不好；另外，當針孔的面積過小時，還會產生衍射現象。因此，在實際中，一般會採用透鏡來實現光線的匯聚，以便使所成的像更加明亮清晰。

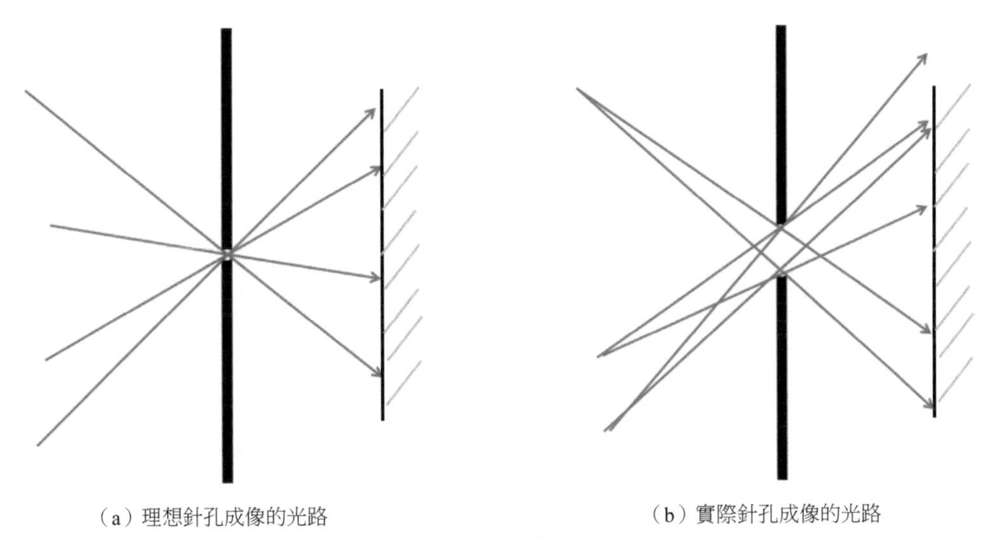

（a）理想針孔成像的光路　　（b）實際針孔成像的光路

▲ 圖 2-6 理想針孔成像的光路與實際針孔成像的光路（考慮孔徑大小）

針孔成像的物體和對應像的大小關係可以透過相似三角形原理，根據物距和相距的比例直接計算出來，而凸透鏡的光路則不同，它可以透過折射，將輸入的平行光線匯聚到焦點的位置。凸透鏡的成像大小也可以計算出來，圖 2-7 展示了凸透鏡成像的光路。凸透鏡中心稱為光心，光心到焦點的距離稱為焦距 f。由於平行線穿過凸透鏡匯聚於焦點，並且穿過光心的光線不改變路徑，所以我們可以兩次利用相似三角形原理，計算出物距 u、相距 v 和焦距 f 之間的關係，具體計算過程如下：首先，AE 是平行入射光，因此與光軸交於焦點 F。而 AO 穿過光心，因此不改變路徑。由於△ ABO 和△ CDO 相似，因此可以得出 $u/v=h/m$，而△ EOF 與△ CDF 相似，因此有 $f/(v-f)=h/m$，結合這兩個等式即可得到 $u/v=f/(v-f)$，整理後得到 $uv=fv+uf$，即 $1/f=1/u+1/v$。

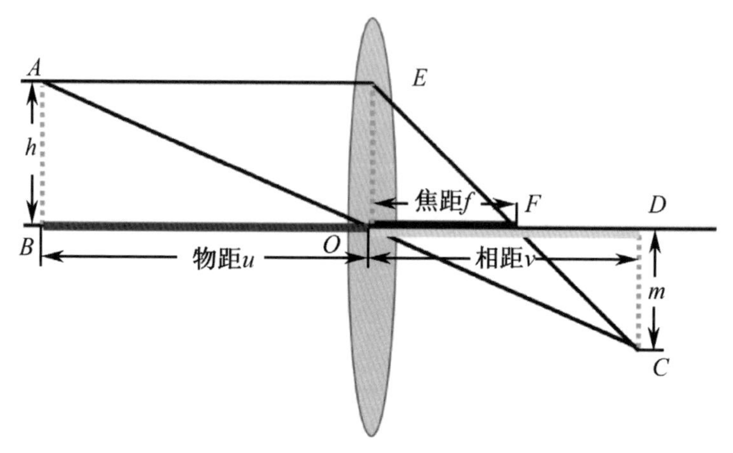

▲ 圖 2-7 凸透鏡成像的光路

針孔成像和透鏡成像的原理可以幫助我們理解很多和相機、影像相關的概念。第一個重要概念是**景深（Depth Of Field，DOF）**。對透鏡成像來說，一般成像只有在焦點平面附近的位置才會清晰，超過一定範圍，物體中的點就不再對應於像平面中的點，而是一個圓，這個圓稱為彌散圓，彌散圓越大，整張影像看上去越不清晰。但是，由於生物結構的限制，人類的視覺系統也是有極限的，這個極限一般稱為視敏度，可以用最小分辨角度來衡量。這也就表示，成像的清晰程度（彌散圓大小）只要在一定範圍內，人們都會認為它是清晰的。利用這個結論，我們可以找到像平面的允許範圍，稱為焦深，而與這個範圍對應的物體的允許範圍，就是景深（見圖 2-8）。景深大的，一般被稱為「深景深」，反之被稱為「淺景深」。一般來說，焦距越長，景深越淺，反之則越深。處在景深範圍內的物體可以清晰成像，否則會有模糊和彌散的效果。

景深的效果在攝影中經常被用於凸顯被攝主體，比如，對人像拍攝來說，可以用淺景深以虛化背景，從而強調人像；而風景的拍攝往往利用深景深以使不同範圍的物體都可以更清晰地成像。另外，對於因為厚度等限制而無法實現真正淺景深的場景如手機、相機，可以透過模擬的方式刻意虛化背景以凸顯主體，達到類似單眼相機的效果，這就是散景虛化。深景深與淺景深拍攝效果圖如圖 2-9 所示。

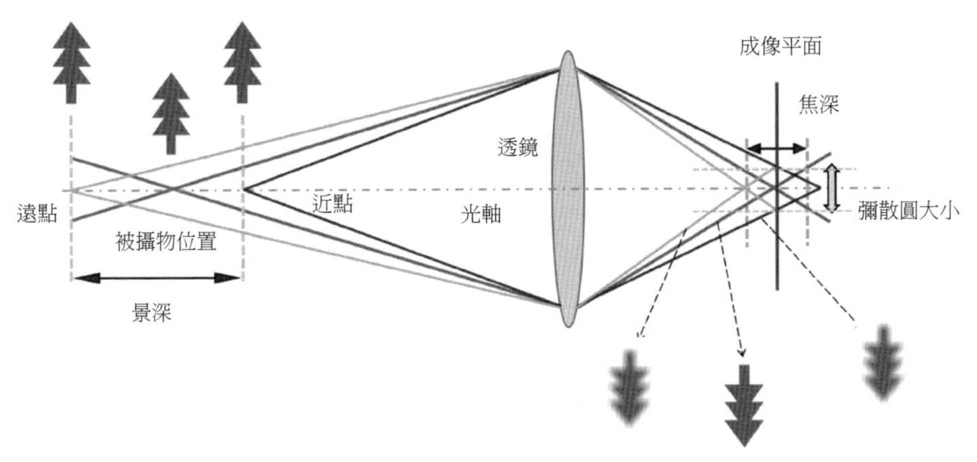

▲ 圖 2-8 透鏡成像景深示意圖

（a）深景深拍攝效果

（b）淺景深拍攝效果

▲ 圖 2-9 深景深與淺景深拍攝效果圖

另外兩個常用的重要概念就是**快門（Shutter）**和**光圈（Aperture）**。這兩個概念都和進光量的控制有關，快門從時間維度對進光量進行控制；而光圈則從空間上對進光量進行控制。快門，或叫作快門速度，指的是在拍照時光線與感光元器件接觸的時間，通常用秒來衡量，比如 1/4s、1/30s、1/60s 等。快門速度越快（時間值越小），進光量越少，拍出來的照片就會越暗，反之則越亮。光圈是鏡頭中一個控制進光孔徑大小的裝置，光圈越大，進光量越多，成像就越亮。光圈的作用類似於人眼的瞳孔，正如瞳孔在明亮或黑暗的地方會自我調整地放大和縮小，對拍照來說，也需要根據環境亮度來決定光圈的大小以保證成像更好。光圈一般用 *f* 值來度量，*f* 值是一個相對值，它由焦距除以孔徑的直徑得到，一般表示為 *f* /2.8、*f* /4、*f* /5.6 等（我們還可以發現，相鄰兩個光圈 *f* 值之間都是 1.4 倍的關係，這是因為 *f* 值與直徑成反比，1.4 倍的直徑比例就是 2 倍的面積比例，也就是說前後兩個光圈實際上剛好差一倍面積）。*f* 值越大，表示孔徑越小，進光量越少，成像越暗；反之，*f* 值越小，表示孔徑越大，進光量越多，成像越亮。

除了直接控制進光量導致的明暗結果，光圈和快門還會影響其他方面。比如，光圈還可以用來控制景深的深淺。光圈和景深的關係示意圖如圖 2-10 所示，光圈越大，景深越淺，反之則越深。這個特性經常被用在拍人像的場合，透過大光圈來獲得更好的背景虛化效果。

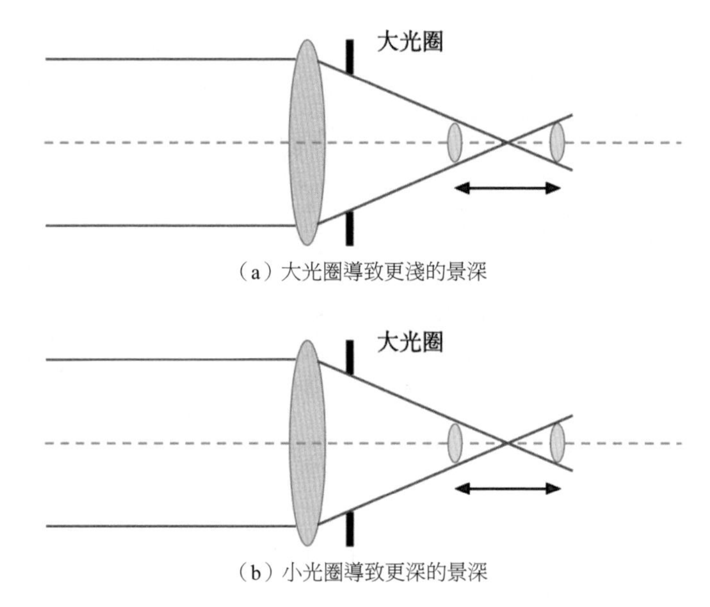

（a）大光圈導致更淺的景深

（b）小光圈導致更深的景深

▲ 圖 2-10 光圈和景深的關係示意圖

而快門除了影響進光量，還會對運動物體的模糊程度有影響。這個不難理解，在目標物體有位移的情況下，快門開得越久，物體越模糊；反之，如果快門速度設置得很快（秒數值很低），那麼就更容易定格到運動物體的瞬間（見圖 2-11）。因此，如果人們想要抓拍到更清晰的運動物體，一般需要將快門速度設置得比較快，而對於一些特殊需求，如拍攝夜間的車流、星軌等，就需要一個更長的曝光時間。

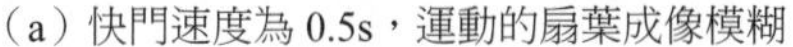
（a）快門速度為 0.5s，運動的扇葉成像模糊

（b）快門速度為 1/80s，運動的扇葉成像清晰

▲ 圖 2-11 快門速度對運動物體的影響

由於快門和光圈可以同時控制進光量的多少，所以人們定義了一個概念，稱為**曝光值（Exposure Value，EV）**，用來表示可以得到相同曝光水準的快門和光圈的組合。比如，將快門時間壓縮 1/2，但同時將光圈的孔徑面積擴大 2 倍，那麼總的曝光水準還會保持基本一致。EV 反映的是拍攝環境亮度所對應的合理的快門和光圈關係。另一個常見的關於 EV 的概念是**曝光補償**，它的單位是 EV，如 -3EV、+2EV 等。曝光補償的 EV 可以修改曝光水準，從而控制畫面的整體亮度。比如，當發現拍攝的影像偏暗時，可以透過增加曝光補償（如 +3EV）來提升亮度；反之，偏亮的情況則需要降低曝光補償。不同曝光補償的拍攝結果如圖 2-12 所示。

（a）-2 EV 拍攝結果

（b）0 EV 拍攝結果

（c）+2 EV 拍攝結果

▲ 圖 2-12 不同曝光補償的拍攝結果

2.1.2 Bayer 陣列與去馬賽克

上面簡單介紹了與成像相關的光學系統部分，光線被收集完成後，需要透過感測器進行轉換，以便後續的 ISP 模組進行處理。在感測器部分，需要介紹一個重要的結構，稱為 **Bayer 陣列（Bayer Pattern）**，這個結構與得到的 raw 資料及後續的處理演算法有密切關係。首先，我們先來了解為什麼在相機成像過程中需要 Bayer 陣列。

相機中的光電感測器可以將光訊號轉為電訊號，但是光電感測器有一個重要的問題，那就是它只能感受光的強度，而無法感知顏色（也就是頻率或波段），因此如果直接用來成像，得到的只能是灰度圖。為了得到彩色影像，一個直接的方案自然就是根據影像的 RGB 顏色理論（後面會詳細介紹），用紅、綠、藍 3 個顏色的濾光片將 R、G、B 3 個通道所需的亮度直接濾出，然後合成彩色影像。但是這樣一來就需要 3 個感測器，成本大大增加，還帶來了 3 個通道的對齊問題。為了解決這個問題，柯達公司的 Bryce Bayer 發明了 Bayer 陣列，這是一種**顏色濾波陣列（Color Filter Array，CFA）**，透過設計不同顏色濾光片的排列，可以只用一個感測器直接獲得彩色影像。Bayer 陣列示意圖如圖 2-13 所示。

Bayer 陣列是由 R、G、B 3 種濾光片交替排列形成的，一般以 2×2 作為一個模式，圖 2-13 展示了 4 種不同形式的 Bayer 陣列。由於人眼對於綠色比較敏感，因此將 G 的像素數量設置為最多（等於 R 和 B 數量之和）。Bayer 陣列中的每個像素上都只有單一顏色的濾鏡，因此獲得的只能是 R、G、B 中一種顏色的強度。從整圖的角度來看，每種顏色通道得到的都是一張有部分像素規律缺失的影像，而且每種顏色缺失的位置都不同。缺失位置上的像素值，可以用它周圍的那些像素值進行插值得到。這個插值的過程就叫作**去馬賽克（Demosaicing）**，或稱**解 Bayer（Debayer）**。去馬賽克可以有多種實現方式，這些去馬賽克演算法一般在相機 ISP 模組將輸入進來的 Bayer 格式的 raw 影像轉為 RGB 彩色影像。

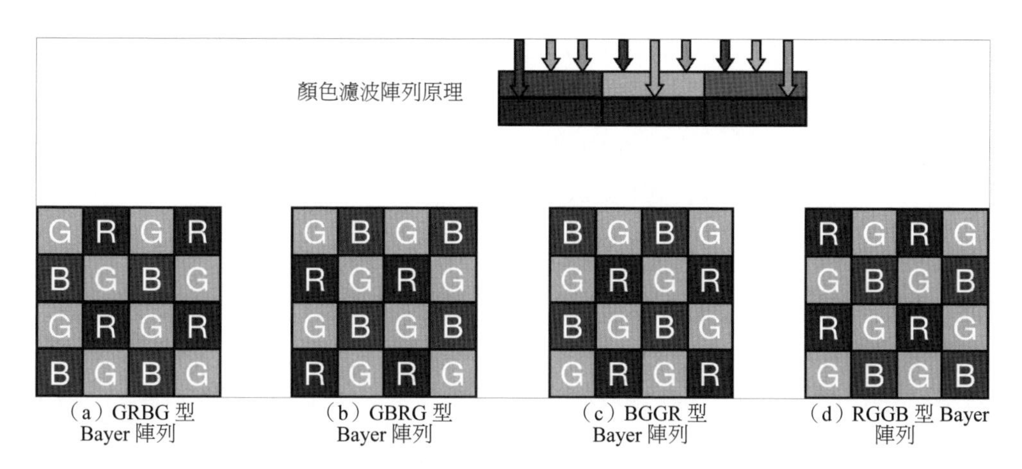

（a）GRBG 型 Bayer 陣列　（b）GBRG 型 Bayer 陣列　（c）BGGR 型 Bayer 陣列　（d）RGGB 型 Bayer 陣列

▲ 圖 2-13　Bayer 陣列示意圖

下面簡單講一下去馬賽克演算法的基本想法。去馬賽克問題本質上是一個插值問題，因此最容易想到的就是對缺失部分的鄰域進行雙線性插值。我們以圖 2-13（a）所示圖，即 GRBG 型 Bayer 陣列為例，如果要計算第 2 行第 2 列的 R[2,2] 的值，可以透過計算 $R[1,2]$ 與 $R[3,2]$ 的平均值得到，對於 B 通道也是類似；R 和 B 都可以看作分佈在許多 3×3 矩陣的四個角點位置上，因此對於邊上的缺失需要用左右或上下兩個同顏色的相鄰像素進行插值，而對於中心點的則需要四個同顏色的角點進行插值；而 G 通道比較特殊，它可以被看作 3×3 矩陣中四個邊上的元素（也就是中間位置的 4 鄰域），因此對於缺失的 G 通道可以直接用其 4 鄰域的值進行平均得到。這種插值方法可以寫成分離出的各個顏色通道的卷積形式，矩陣形式的雙線性插值去馬賽克如圖 2-14 所示，R 和 B 通道的卷積核心是一樣的，而與 G 通道的不同。用三個卷積核心分別對三個分離出的通道進行處理，即可得到雙線性插值的去馬賽克結果。

從圖 2-14 中可以看到，對 G 通道來說，在用對應卷積核心操作後，在原來就是 G 的像素位置，計算結果就等於當前像素值，而對空洞位置（白色區域的像素點），則透過 4 鄰域平均得到。同理，對 R 和 B 通道來說，代入卷積核心 K^{R} 和 K^{B} 可以看到，對於左右有兩個 R（B）像素的某個位置，用這兩個值進行平均得到該位置的 R（B）值，對於上下有值的，則對上下兩個值進行平均。對於中心的空洞，則利用 4 個角點的平均。這個邏輯與上面所描述的雙線性插值是一致的。

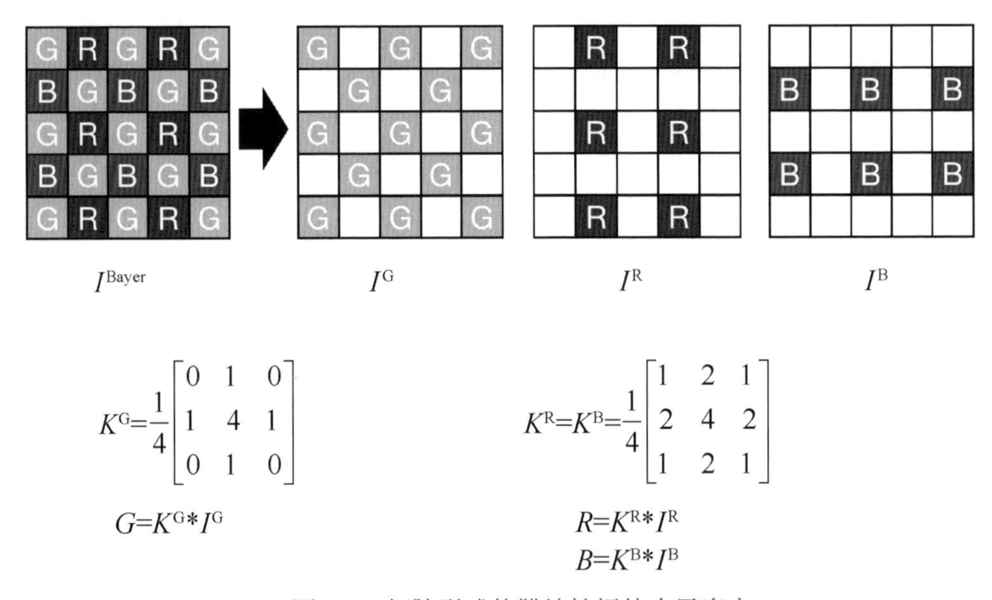

▲ 圖 2-14 矩陣形式的雙線性插值去馬賽克

在 OpenCV 中實現了基於雙線性插值的去馬賽克函數。我們呼叫該函數，並對輸入影像進行去馬賽克處理，程式如下。

```
import os
import cv2
import numpy as np

os.makedirs('results/demosaic', exist_ok=True)
bayer_path = "../datasets/samples/sample_bayer_zebra.bmp"
bayer = cv2.imread(bayer_path, cv2.IMREAD_UNCHANGED)
```

```
# 用 bilinear 進行 demosaicing
img_bgr_bilinear = cv2.cvtColor(bayer, cv2.COLOR_BayerGB2BGR)
cv2.imwrite('results/demosaic/demosaic_bilinear.png', img_bgr_bilinear)
```

輸入與輸出結果對比如圖 2-15 所示。

(a) Bayer 輸入

(b) 雙線性插值去馬賽克結果

Bayer 格式

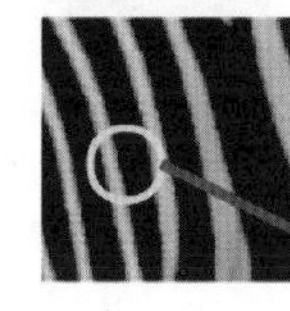

雙線性插值
去馬賽克結果

拉鍊效應

(c) 去馬賽克前後局部
放大對比圖和拉鍊效應

▲ 圖 2-15 輸入與輸出結果對比

可以看出，透過雙線性插值可以將輸入的 Bayer 陣列影像恢復成 RGB 三通道彩色影像。但是在結果中也可以看出，簡單的雙線性插值會使邊緣位置出現鋸齒狀的**假影**（**Artifact**，統稱為由於人為處理造成和引入的各種干擾），通常稱為**拉鍊效應（Zipper Effect）**。它的成因主要是三種顏色像素位置分佈不對稱。去馬賽克結果中的拉鍊效應如圖 2-16 所示，對於一個交界處的邊緣，假設左邊值為 0，右邊值為 128，可以看出，透過這種插值方法得到的 RGB 彩色圖中的 G 通道明顯出現了拉鍊狀假影。沿著邊緣的像素在插值過程中，由於受到交界線兩側差異較大的像素值的影響，插值後得到的 G 像素值與原本 G 像素位置的 G 像素值產生了差距，由於 G 是交替排列的，這種差距也就表現為有規律的模式。

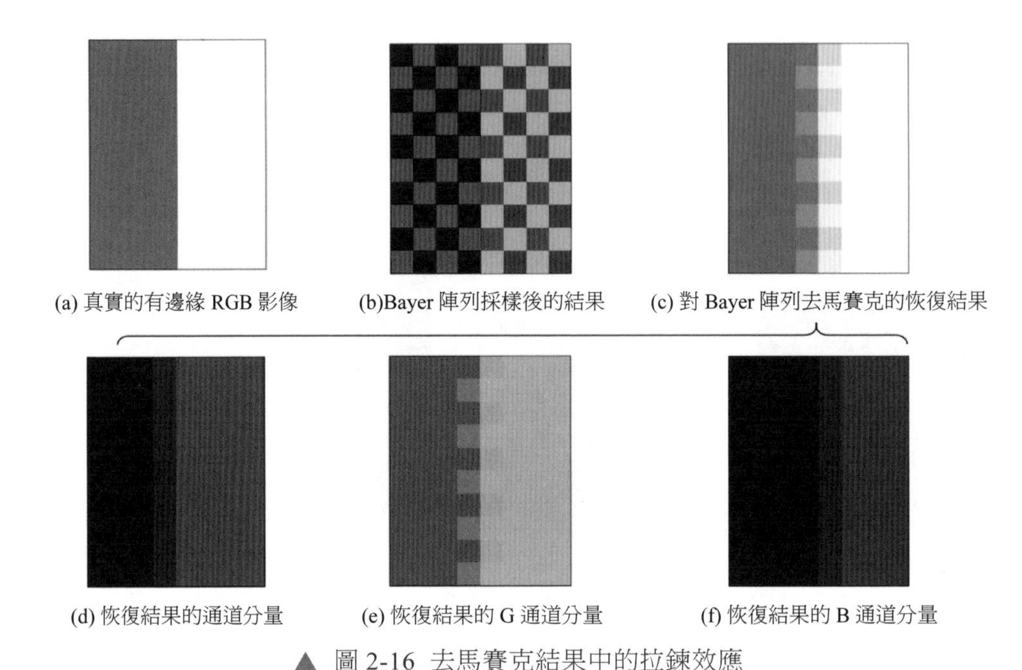

▲ 圖 2-16 去馬賽克結果中的拉鍊效應

在實際應用中，自然是不希望有假影產生的。由於已經分析到這種效應的產生在於邊緣處不能直接按照平坦區域的方式進行插值，因此，如果可以沿著邊緣方向，只用和該點像素屬於一側的已知像素進行插值，那麼就可以在一定程度上避免這種拉鍊效應。這種方案利用的是像素點之間的空間相關性（Spatial Correlation），並針對邊緣這種不滿足空間相關性的情況進行了最佳化。一種簡單的考慮邊緣的去馬賽克插值方法是這樣的：首先，在待插值的位置計算 x 和 y 方向的梯度，然後用梯度小的方向的鄰域值進行插值（某方向梯度小表示沿著該方向比較平滑，滿足空間相關性的先驗）。

利用空間梯度來確定用來插值的像素的另一種改進方案稱為 **VNG（Variable Number of Gradients）演算法**。VNG 演算法設計的主要目的也是對邊緣進行辨識並減少由於邊界插值產生的假影。該方案首先在 5×5 的鄰域內計算待插值點所在位置 8 個方向（上、下、左、右 4 個方向，以及左上、左下、右上、右下 4 個方向，相鄰兩個方向間隔 45°）的梯度，然後對 8 個梯度進行設定值處理，只保留梯度值小於設定值的方向用於插值計算。用 OpenCV 中的 VNG 演算法去馬賽克的程式如下，效果如圖 2-17 所示。可以看出，VNG 演算法可以在邊緣處緩解拉鍊效應帶來的色彩錯誤，而且相比於上述的只處理 x 和 y 方向的邊緣保護演算法，VNG 演算法可以有效處理有角度的邊緣，如圖中斜向的斑馬條紋。然而，VNG 演算法由於需要更大的鄰域和更多計算邏輯，因此複雜度相對更高。

```
# 用 VNG 演算法去馬賽克
img_bgr_vng = cv2.cvtColor(bayer, cv2.COLOR_BayerGB2BGR_VNG)
cv2.imwrite('results/demosaic/demosaic_vng.png', img_bgr_vng)
```

（a）VNG 演算法去馬賽克的效果

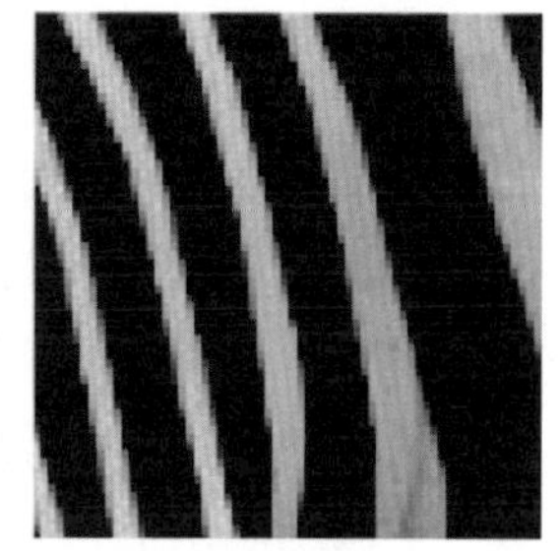

雙線性插值去馬賽克的效果　　VNG 演算法去馬賽克的效果

（b）雙線性插值與 VNG 演算法的效果對比

▲ 圖 2-17 用 OpenCV 中的 VNG 演算法去馬賽克的效果

除了空間相關性，另一個重要的先驗是色彩的恆常性（Constancy），或稱為光譜的相關性（Spectral Correlation），也就是說，對於臨近的區域，需要保持色調儘量一致。這裡的色調可以用兩種方式來衡量：**色差（Color Difference）**和**色比（Color Ratio）**。顧名思義，色差指的是某像素點的 R 和 B 關於 G 通道的差值，即 R-G 和 B-G；而色比則透過比值來計算色調，即 R/G 和 B/G。利用色調的先驗，可以先將所有像素的 G 通道像素值計算出來（G 像素點數量更多），然後以每個點的 G 像素值為基準，用鄰域的色差或色比插值出該點的色差或色比，然後透過 G 和差值與比例關係確定出該點的 R 和 B 通道的值。用數學形式可以以下表示（式中的 Ω 表示作為插值參考的當前點的鄰域）：

$$B = \frac{1}{4}\hat{G}\sum_{k\in\Omega}\frac{B_k}{\hat{G}_k}$$

$$B = \hat{G} + \frac{1}{4}\sum_{k\in\Omega}(B_k - \hat{G}_k)$$

去馬賽克演算法一般在相機的 ISP 模組中執行，對 Bayer 形式的輸入操作，得到 RGB 通道影像。ISP 模組的輸入需要從感測器部分獲得，在感測器部分，Bayer 陣列得到的各個位置的光訊號被轉為電訊號，並且經過模擬增益（Analog Gain）放大，以及經過模數轉換器（Analog to Digital Converter，ADC）轉為數位訊號，供 ISP 模組進行後續處理。

在相機成像過程中，**增益（Gain）**是一個重要的操作，一般分為模擬增益及數位增益（Digital Gain），增益可以簡單理解為對輸入訊號的放大倍數，模擬增益就是對感測器上的模擬訊號直接放大的倍數，而數位增益則是對已經量化後的數值的放大倍數。增益的大小影響的是相機對環境光的敏感程度，增益越大，得到的影像對光線越敏感，也就是說，比較微弱的光也可以被反映到影像中，這種情況下得到的影像會更亮，同時也會有更多噪點（微弱的雜訊也會被放大）。而相反，如果增益小，得到的影像對光線不敏感，亮度低但雜訊也少。一般來說，在暗光場景下，往往會使用更大的增益以提高亮度，這也是夜景下照片容易出現較多雜訊的原因之一。

由於不同相機感測器的感光特性不同，因此為了統一對於增益的調整，國際標準組織（ISO）制定了統一的表示感光度的指標，這個指標一般稱為**ISO 值**。不同的感光度用 ISO 後面的數字來表示，如 ISO100、ISO400、ISO6400 等，ISO 後面的數字越大，相機對光線越敏感，反之則越不敏感。ISO 值和前面講到的快門與光圈都可以影響成片的曝光程度，因此通常被稱為**曝光三要素**。光圈越大、快門速度越慢、ISO 值越大，得到的影像就越亮。但是這三者也都會各自帶來不同的副作用：光圈大導致景深變淺，快門速度慢會導致運動模糊，而 ISO 值大會帶來雜訊的放大。因此，需要針對不同的任務，靈活選擇這三要素的調節方式。不同 ISO 值的成像效果如圖 2-18 所示，可以看到大 ISO 值的影像雜訊有放大的情況。

（a）ISO800 成像效果

（b）ISO12800 成像效果，影像雜訊相對更強

▲ 圖 2-18 不同 ISO 值的成像效果

2.1.3 相機影像訊號處理的基本流程

透過光學元件和感測器，人們可以獲得 Bayer 形式的 raw 影像。為了獲得更好的視覺觀感，除了上述的去馬賽克操作，還需要許多處理模組，最終得到常見的 RGB 類型的影像。這些操作屬於 ISP 部分。下面就來簡單介紹一些 ISP 部分中的關鍵模組。

首先是**壞點校正（Defect Pixel Correction，DPC）**。感測器可能在某些位置上存在製程缺陷，會導致輸出的結果中某些像素點資訊不準確。DPC 的目的就是對這些點進行辨識和處理，以減少對後續步驟可能產生的影響。由於壞點的存在可能影響後續鄰域操作相關的模組，因此一般放在 ISP 模組中較前面的位置進行處理。

另一個重要的前期處理模組是**黑電位校正（Black Level Correction，BLC）**模組。這個模組的操作可以簡單理解為將黑色設置為 0，類似於人們日常中使用卡尺或電子秤時的校零操作。感測器中的光電二極體在無光的情況下也會產生一定的暗電流（Dark Current），使得場景全黑時成像結果不全是零。常用的進行黑電位校正的設計就是在感測器上預留出一部分不進行曝光的像素區域（因此像素值應該為 0），然後用該區域輸出的黑電位值減去曝光部分的輸出結果，從而實現校正。

除了 DPC 和 BLC，還有一個方面需要進行校正，那就是鏡頭中心與邊緣的差異導致的影像中間區域與四周區域的亮度與顏色差異，這個現象稱為**暈影（Vignetting）**。與之對應的校正模組稱為**鏡頭陰影校正（Lens Shading Correction，LSC）**模組。通常的方式是對影像中各點乘以補償係數，對亮度校正來說，由於校正前四角逐漸變暗，因此距離中心越遠的位置需要補償得越多。顏色差異來自不同波段的光對於中心到邊緣的差異引起衰減的速率不同。LSC 模組首先需要建立衰減補償權重圖的函數模型，然後針對具體的光學元件對模型的參數進行標定，從而減少漸暈效應對畫質的影響。LSC 對亮度校正的效果示意圖如圖 2-19 所示。

▲ 圖 2-19 LSC 對亮度校正的效果示意圖

此外，還有兩個重要的鄰域操作，那就是**降噪**和**去馬賽克**。去馬賽克操作已在前面介紹過了，這裡簡單介紹一下降噪操作。雜訊是成像過程中不可避免的干擾，從形成機制上來說，主要包括光子散粒雜訊、暗電流雜訊及讀出雜訊等。由於雜訊的存在會影響影像品質及人的視覺體驗，因此對影像的降噪也是非常重要的操作。影像降噪的關鍵在於辨識出雜訊和有效訊號的區別，並加以處理，從而在降低雜訊干擾的情況下儘量少損傷邊緣、細節紋理等有效訊號。降噪相關的原理與演算法將在後面詳細介紹。

對顏色的處理，ISP 中主要有兩個模組與之相關，即**自動白平衡（Auto White Balance，AWB）**模組及**顏色校正矩陣（Color Correction Matrix，CCM）**模組。首先介紹自動白平衡模組。白平衡的目的在於使白色物體在不同色溫的光源下都能夠顯示為白色，從而補償由於光源的不同帶來的成像結果與人的主觀視覺傾向的差異。人的視覺系統具有色彩恆常性，即對物體的色彩感知不受光源的影響，舉例來說，圖 2-20 所示的 3 張照片分別是在不同的光源條件下拍攝的，反映到影像上的顏色具有較大的差異，但是人們仍然可以分辨出每張照片中搖桿的顏色分別是紅色和藍色。

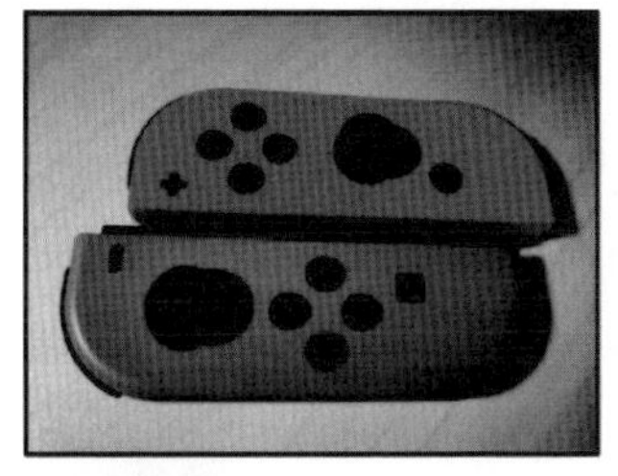

（a）光源 1 條件下的拍攝效果

（b）光源 2 條件下的拍攝效果

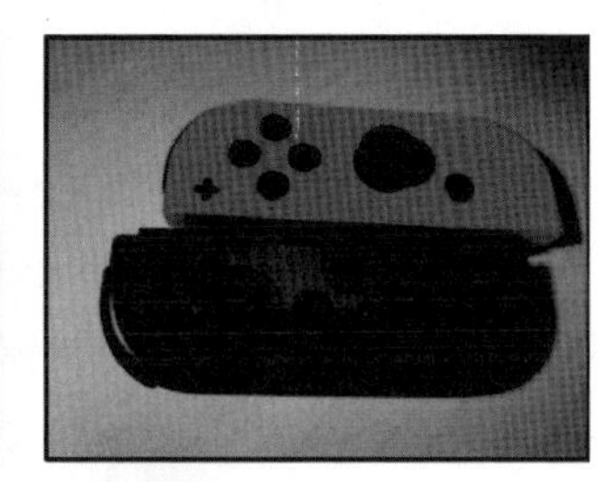

（c）光源 3 條件下的拍攝效果

▲ 圖 2-20 不同顏色光源下的拍攝效果

而對相機來說，成像的結果不會自動適應光源的顏色而保持恆常，因此需要透過一定的操作對其進行校正。比如，白色的牆面，在紅光照射下會變成紅色，在藍光照射下則變成藍色，如果人們預先知道這個牆面是白色，那麼就可以透過調整不同顏色通道將其重新校正為白色。這個操作就是白平衡操作。如果人們已知拍攝時的光源情況或色溫，就可以手動調整相機到對應的參數實現白平衡。而更多時候常用的是相機 ISP 模組內部的自動白平衡功能。自動白平衡功能透過演算法自動計算當前光源下 R、G、B 3 個通道的補償係數，用來調整影像的顏色，寫成數學形式即

$$\begin{bmatrix} R' \\ G' \\ B' \end{bmatrix} = \begin{bmatrix} g_R & & \\ & g_G & \\ & & g_B \end{bmatrix} \begin{bmatrix} R \\ G \\ B \end{bmatrix}$$

式中，g_R、g_G 和 g_B 是對應於 3 個通道的白平衡係數。自動白平衡演算法可以根據影像資訊，結合一定的先驗，自我調整地確定需要的 3 個係數。常見的自動白平衡演算法有**灰度世界（Gray World）演算法**、**完美反射（Perfect Reflector）演算法**等。以灰度世界演算法為例，它基於灰度世界假設，認為在一幅色彩較為豐富的影像中，其 R、G、B 3 個通道的平均值會趨於相等（$R=G=B$ 顯示為灰色，故稱為灰度世界假設），因此只需要計算出三者的平均值，並根據當前 3 個通道平均值的比例計算各通道的係數，使矯正後各通道的平均值相等即可。比如，可以使 g_R=mean(G)/ mean(R)，g_G=1，g_B=mean(G)/mean(B)，這樣校正後 3 個通道的平均值都為 mean(G)。灰度世界演算法進行白平衡的程式範例如下，其效果示意圖如圖 2-21 所示。

```
import cv2
import numpy as np
import os

os.makedirs('./results/awb', exist_ok=True)

def gray_world_awb(img):
    imgc = img.astype(np.float32)
    avg = np.mean(img, axis=(0, 1))
    r_gain = avg[1] / avg[0]
    b_gain = avg[1] / avg[2]
    img[:,:,0] *= r_gain
    img[:,:,2] *= b_gain
    img = np.clip(img, 0, 255).astype(np.uint8)
    return img

if __name__ == "__main__":
    img_path = '../datasets/samples/awb_input.jpg'
    rgb_in = cv2.imread(img_path)[:,:,::-1]
    gray_world_out = gray_world_awb(rgb_in)
```

```
cv2.imwrite('results/awb/gray_world_out.png', \
          gray_world_out[:,:,::-1])
```

（a）待處理的輸入影像

（b）灰度世界演算法進行白平衡的輸出結果

▲ 圖 2-21 灰度世界演算法進行白平衡的效果示意圖

完成白平衡後，還需要進行顏色校正，即透過 CCM 模組。受到感測器濾光陣列等器件的特性影響，經過相機處理得到的 RGB 影像往往與人眼對物體的主觀感受不相同，無法還原真實的色彩，而且不同的感測器其對應的 RGB 回應也不同。為了將不同感測器輸出的 RGB 影像顏色校正為與人的主觀感受一致，需要將 RGB 影像的各個顏色進行映射。CCM 是一個 3×3 的矩陣，作用於原始 RGB 影像，對每個像素得到新的 3 個通道值。數學形式如下：

$$\begin{bmatrix} R' \\ G' \\ B' \end{bmatrix} = \text{CCM} \begin{bmatrix} R \\ G \\ B \end{bmatrix} = \begin{bmatrix} k_{11} & k_{12} & k_{13} \\ k_{21} & k_{22} & k_{23} \\ k_{31} & k_{32} & k_{33} \end{bmatrix} \begin{bmatrix} R \\ G \\ B \end{bmatrix}$$

進行上述映射需要預先知道 CCM，CCM 一般透過標準色卡進行標定，即對於已知目標 R、G、B 通道值的各個色片，找到其對應的未校正的顏色值，然後透過求解矩陣方程式的方式得到 CCM。CCM 對色卡進行校正的示意圖如圖 2-22 所示。

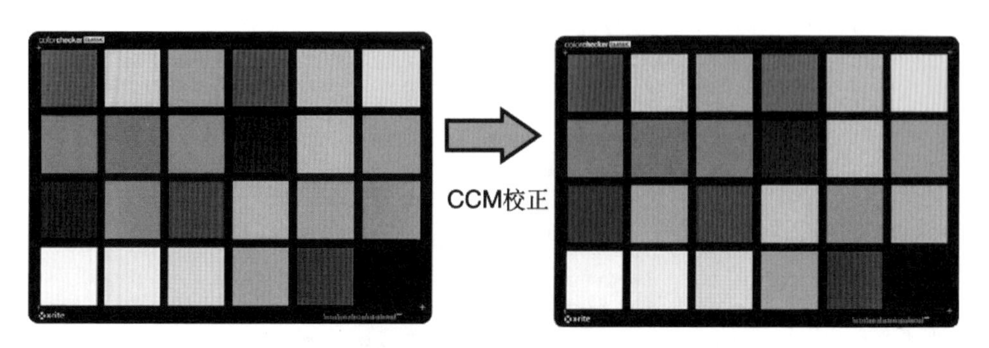

▲ 圖 2-22 CCM 對色卡進行校正的示意圖

最後，ISP 中還有一個重要的模組，稱為 **Gamma 校正（Gamma Correction）**。Gamma 校正的動機來源於人眼視覺的特性：人眼對亮度的回應是非線性的，簡單來說，人眼對於暗部的變化更加敏感，而對於亮部的變化不敏感。如圖 2-23 所示的兩個分散連結，上面的分散連結是對連續變化的灰度值進行線性劃分得到的，而下面的分散連結則是 Gamma 校正（提高暗區映射範圍）後的結果。可以看出，雖然上面的分散連結採用的是均勻劃分，但是從視覺效果上看，下面的分散連結的漸變更加均勻一些。由於這個特性，人們希望將暗區拉伸得多一些，從而在固定灰階數量的情況下擁有更多的區分度。這個過程就是 Gamma 校正。

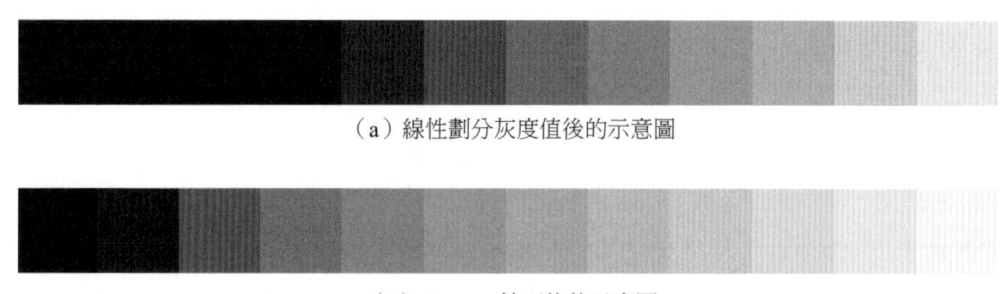

（a）線性劃分灰度值後的示意圖

（b）Gamma 校正後的示意圖

▲ 圖 2-23 線性劃分灰度值與 Gamma 校正後的示意圖對比

Gamma 校正的形式一般為指數運算的形式，比如 $y=x^{1/2.2}$。由於為影像暗部分配了更多的量化值，因此 Gamma 校正後儲存的影像可以保留更多的人眼敏感的暗區細節，儲存和還原都比較高效。Gamma 校正曲線示意圖如圖 2-24 所示。

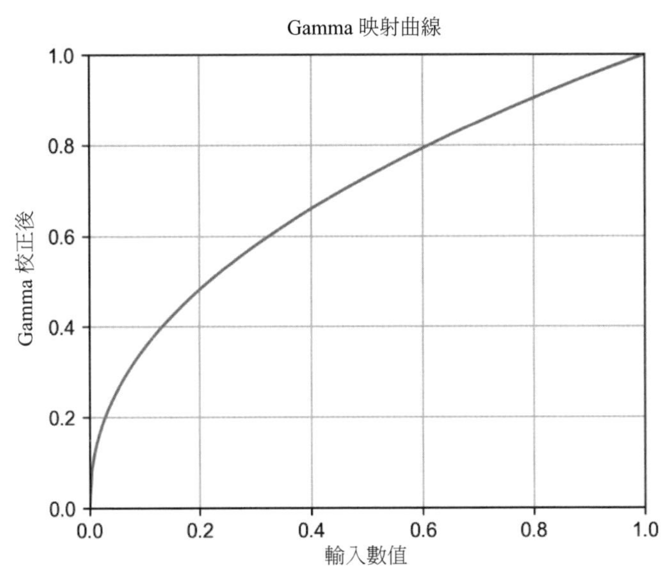

▲ 圖 2-24 Gamma 校正曲線示意圖

2.2 色彩與顏色空間

前面介紹了成像的基本概念，以及相機是如何獲取一張影像的。這一節將介紹影像的重要屬性：**色彩（Color）**。與畫質演算法和影像處理演算法關係最密切的顏色知識主要是顏色空間及其各自的特性與相互關係。因此，本節主要討論色彩空間的定義，以及常用的幾個色彩空間的基本概念。色彩的處理和計算自然離不開對人眼色覺的研究，這裡首先介紹人眼色覺感知及與之相關的顏色實驗。

2.2.1 人眼色覺與色度圖

人眼對色彩的感知稱為色覺，色覺是視覺系統對一定範圍內（380 ～ 780nm）不同波長光的刺激產生的不同的主觀印象。色覺的主要生理基礎是視網膜上的**視錐細胞（Cone Cell）**。在人們的視網膜中存在兩種光感受器，分別是**視桿細胞（Rod Cell）**和**視錐細胞**。它們的名字來源於其形狀。這兩種細胞的作用不同，視桿細胞主要負責弱光下的暗視覺，而視錐細胞則負責明視覺。從數量上來說，視桿細胞的數量遠遠多於視錐細胞，視錐細胞主要分佈在成像最清晰的黃斑的**中央凹（Fovea Centralis）**區域，而視桿細胞則分佈在週邊區域。

人的色覺由視錐細胞產生。人眼中的視錐細胞可以分為三種，分別是 L- 視錐細胞、M- 視錐細胞和 S- 視錐細胞，它們在對光吸收曲線上有所差異，這三種視錐細胞分別對光譜中的長、中、短波長的光相對敏感，這三個波段的峰值大致就是人們通常所說的紅色、綠色和藍色。因此，通常將**紅色（Red）**、**綠色（Green）**、**藍色（Blue）**稱為**光的三原色（Primary Colors）**，根據前面的內容可知，RGB 形式表示的彩色影像正是利用了人眼色覺的這個特點。對任何波長的色光，都需要透過對這三種視錐細胞回應的刺激來使人獲得對該顏色的主觀感受。在色度學中，有一個著名的**格拉斯曼定律（Grassmann's Law）**，格拉斯曼定律指出，顏色的三個要素是主波長（Dominant Wavelength）、亮度（Luminance）和純度（Purity），這三個要素中的任何一個改變都會影響人們對顏色的感知，而反過來說，如果有兩種不同光譜的光，在這三個要素方面表現一致，那麼就認為它們是同一種顏色的光。因此，人們可以利用三原色的疊加來擬合光譜上不同波長的光，從而得到各種顏色在三原色所在三維空間上的投影，這樣就可以用三原色來表示不同顏色了。

有個實驗被稱為**三色刺激實驗（Tristimulus Experiment）（見圖 2-25）**，它的操作過程是這樣的：首先，準備一塊螢幕，用於投射不同顏色的光；然後用一個擋板將螢幕分隔為兩半，其中一側用某種波長的單色光源照射作為基準，另一側用紅、綠、藍三原色的光源共同照射。觀察者透過針孔可以同時觀察到這兩個被分隔開的區域，然後實驗人員調整三原色光源的亮度比例，使觀察者無法分辨兩個區域的顏色差別，這就表示此時單色光可以用該參數下的紅、綠、藍光源進行合成。改變單色光波長，並對觀察者所確定的三原色光的係數進行平均，即可得到不同波長下三原色光的組合係數曲線，如圖 2-26 所示。

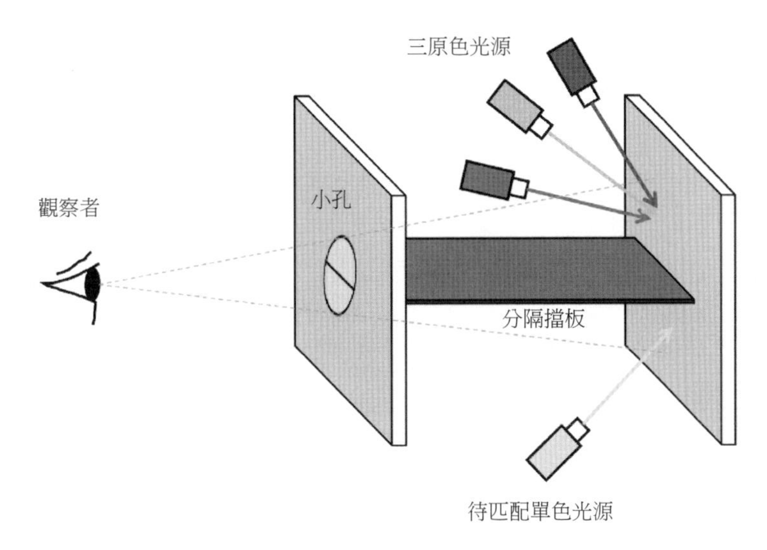

▲ 圖 2-25 三色刺激實驗示意圖

圖 2-26 所示水平座標中的每個波長，都可以找到對應三原色光的比例係數。可以看到，圖中的曲線在某段區域取到了負值。這種現象產生的原因是，在這段區域的單色光與三原色光的匹配中，實驗人員發現，無論如何調整三原色光比例都不能匹配到單色光，因此在這段區域，實驗人員將三原色光中的某一種色光加在單色光區域一側，另一側仍然保留剩下的原色光，再對三者的比例進行調整以保持兩個區域的顏色匹配，由於一種原色光是加在待測試單色光的一側的，因此其係數就是負值。對曲線中每個波長對應的三原色光的比例進行歸一化，可以將每個波長的單色光對應到一個 (x, y) 座標點（因為比例相加為 1，因此只有兩個自由度）。x 和 y 分別表示歸一化後的 R 和 G 的比例。將所有波長對應的點都表示出來，就可以得到代表光譜顏色的曲線。由於其中有負值部分，為了方便表示，將該曲線進行座標變換，使曲線上的所有點都落在第一象限內。這個馬蹄圖（也稱為舌形圖）就是 **CIE 1931 色度圖**（CIE 是 Commission Internationale de l' Eclairage 的簡稱，即國際照明委員會），如圖 2-27 所示。

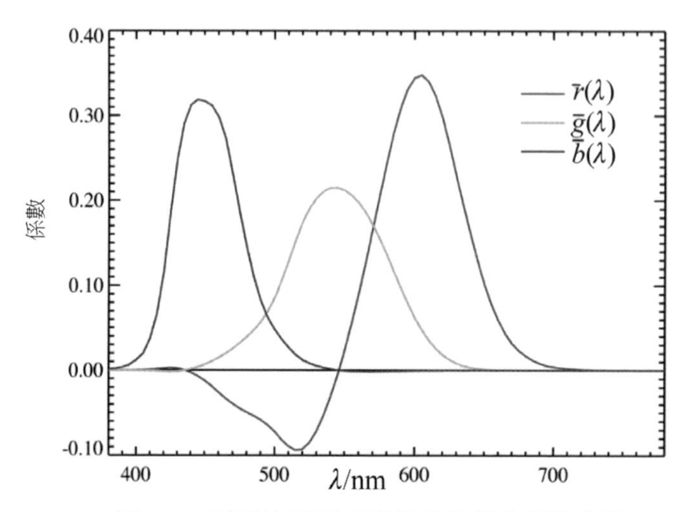

▲ 圖 2-26 不同波長下三原色光的組合係數曲線

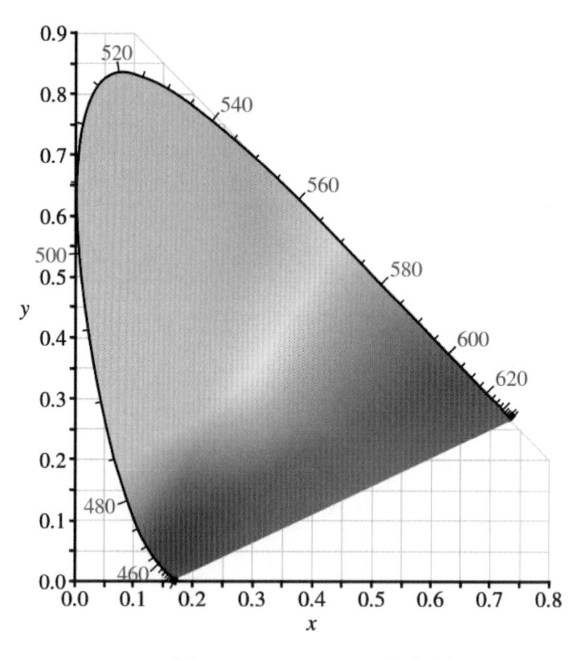

▲ 圖 2-27 CIE 1931 色度圖

色度圖反映的是人們可以感知到的所有顏色（不考慮亮度）。在圖 2-27 所示的色度圖中，邊緣的曲線由各個波長的 (x, y) 座標點連接而成，馬蹄形狀中心的點代表飽和度為 0 的等能白光，曲線邊緣處為飽和度最高的各不同波長的光對應的顏色，沿著曲線色調變化，從白色中心向邊緣方向飽和度逐漸增大。由於在三原色光的組合係數曲線中，紅色曲線有大範圍的負值，因此得到的色度圖在左側為明顯的曲線形狀。如果係數都為正數，由於對兩點線性組合的結果落在兩點得到的線段內，那麼應該形成三角形。事實上，由於人們的各種顯示系統只能有正係數，因此能表示的範圍是色度圖中的**三角形區域**。這個三角形區域的大小決定了某種顯示系統可以表示的顏色範圍，區域越大，所能呈現出的顏色就越豐富。

三色刺激實驗與色度圖的相關概念是影像處理中所有顏色空間的基礎，下面介紹幾種影像處理與電腦視覺中常用的顏色空間的設計原理與特點。

2.2.2 常見的顏色空間

在所有顏色空間中，最常用的自然是 **RGB 顏色空間**。RGB 顏色空間將不同的顏色用不同比例的 R 通道、G 通道和 B 通道分量的組合進行表示，對常見的 24 位元 RGB 真彩色表示來說，R、G、B 3 個通道各自用 8bit 表示 0 ～ 255 範圍的 256 個值，總共需要 24bit 來表示一種顏色。24 位元 RGB 可以表示的顏色種類共 $256^3 \approx 1678$ 萬種。RGB 顏色空間的優點在於其顯示方便，但是對處理來說並不直觀，顏色連續變化時，R、G、B 3 個通道往往都會發生改變，而且這 3 個通道的設定值與人們對顏色的主觀感受（色相、飽和度等）的對應關係並不直觀，因此對於一些畫質調整任務，往往需要轉換到其他顏色空間進行。

另外，RGB 顏色空間是以紅色、綠色和藍色 3 個標準顏色作為基準的，但是不同硬體裝置的基準顏色可能有所不同。為了將 RGB 顏色空間的值對應到真實的人們感受到的顏色（也就是前面提到的馬蹄圖），需要定義作為基準的紅色、綠色和藍色的值。確定了這三者的值，也就相當於在馬蹄形狀內部畫出來一個三角形，3 個基準色對應的就是 3 個角點，三角形內部就是這個標準下 RGB 顏色空間所能表示的所有顏色範圍，通常稱為**色域（Color Gamut）**。常用的

RGB 色域有兩個：sRGB 和 Adobe RGB，其中 Adobe RGB 所包含的顏色範圍比 sRGB 更廣。

前面提到過，人類視覺系統對於顏色的感受主要取決於三個方面：主波長、純度及亮度。如果可以直接用顏色感知要素來直接對顏色進行描述，那麼該空間中某一維度的改變就可以對應到實際的色彩變化中了。**HSV** 和 **HSL** 顏色空間就是基於這種想法設計的。HSV 顏色空間又稱為 HSB 顏色空間，它也是 3 個通道，分別表示**色相（Hue，H）**、**飽和度（Saturation，S）**及**明度（Value，V，或是 HSB 中的 Brightness，B）**。其中，色相表示顏色的色調，即不同波長的光帶給人的不同感受；飽和度表示顏色的純淨度，顏色越純淨、越鮮豔，飽和度越高；而明度則表示顏色的明亮程度，或可以視為顏色中加入黑色的程度，明度為 0 時表示為純黑色，明度最大時表示最明亮、最能顯示使用中色彩的狀態。一般用倒圓錐體來表示 HSV 顏色空間。HSL 顏色空間與 HSV 顏色空間類似，但是在定義上有所區別，HSL 又稱為 HSI，其中最後一個維度資料表示**亮度（Lightness，L；或 Intensity，I）**，它表示的是加入黑色和白色的程度，因此當亮度為 0 時，表示純黑色，當亮度取最大值時，表示的則是白色，因此，HSL 顏色空間需要用雙圓錐體進行表示。HSV 顏色空間和 HSL 顏色空間的形象表示如圖 2-28 所示。以 HSV 顏色空間為例，色相對應於繞倒圓錐體中心軸的角度，明度對應於某一橫截面距離黑色圓錐頂點的遠近，飽和度則對應於從該截面的圓心到圓周的距離。

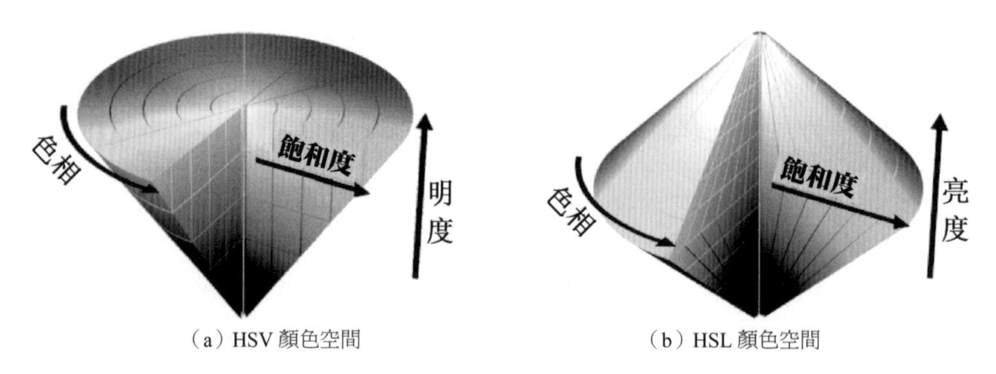

(a) HSV 顏色空間　　(b) HSL 顏色空間

▲ 圖 2-28 HSV 顏色空間與 HSL 顏色空間的形象表示

另外常用的顏色空間是 **YUV 顏色空間**，它主要用於影像視訊的編碼處理等方面。在 YUV 顏色空間中，Y 表示**亮度（Luminance）**，U 和 V 分別表示藍色和紅色的**色度（Chrominance）值**，YCrCb 顏色空間的色度值變化示意圖如圖 2-29 所示（**YCrCb** 顏色空間實際上也是 YUV 顏色空間的標準化形式）。在 YUV 顏色空間中，Y 通道可以被視為一個灰度影像，表達了影像的細節資訊，因此可以與顏色資訊獨立開，這一點在提升影像細節清晰度的超解析度任務中有所應用。另外，由於人眼對於亮度的變化較為敏感，而顏色的變化較為平滑，因此對於 U、V 表示的顏色通道，可以進行適當的採樣，從而減小儲存和傳輸所需的空間，提高效率。比如 YUV444 表示完全採樣，YUV422 表示色度採樣數量是亮度的一半，YUV411 則代表色度採樣數量為亮度的 1/4。在顯示時，可以透過插值，將沒有被採樣到的色度資訊進行還原。

除了上述幾種顏色空間，還有一個較為重要的顏色空間，即 **CIELAB** 顏色空間。CIELAB 顏色空間與三色刺激實驗得到的組合係數曲線整理而成的 CIE RGB/XYZ 顏色空間類似，都是直接與人的色覺感知相連結的顏色空間。CIELAB 顏色空間的主要特點是，它可以模擬人類視覺，具有感知均勻性，即在 CIELAB 顏色空間中，顏色在數值上的變化幅度與人感受到的變化幅度基本保持一致。CIELAB 顏色空間也稱為 CIE L*a*b* 顏色空間，其中 L* 表示亮度值；a* 表示從綠色到紅色的色彩變化，取正值時呈現紅色，取負值時呈現綠色；與之類似，b* 表示的是從藍色到黃色的色彩變化。透過這三個分量，可以調整顏色的亮度和色度。另外，CIELAB 顏色空間直接與人的感受相對應，因此它是裝置無關的。不像 RGB 顏色空間那樣需要預先確定三個基準色才能準確表述，CIELAB 顏色空間只需要確定當前的白色點，即可確定出人對各個顏色實際的感受。也正因為這一點，像 CIELAB 顏色空間這類直接由感知對應出來的裝置無關的顏色空間，是無法直接與 RGB 顏色空間這類裝置相關的顏色空間進行轉換的。如果要進行轉換，就需要對 RGB 顏色空間的基準色進行確認，如前面提到的 sRGB 或 Adobe RGB 色域中的設置。RGB 顏色空間到 CIELAB 顏色空間的轉換往往需要先轉換到 CIE RGB/XYZ 空間，然後轉換到 CIELAB 顏色空間。

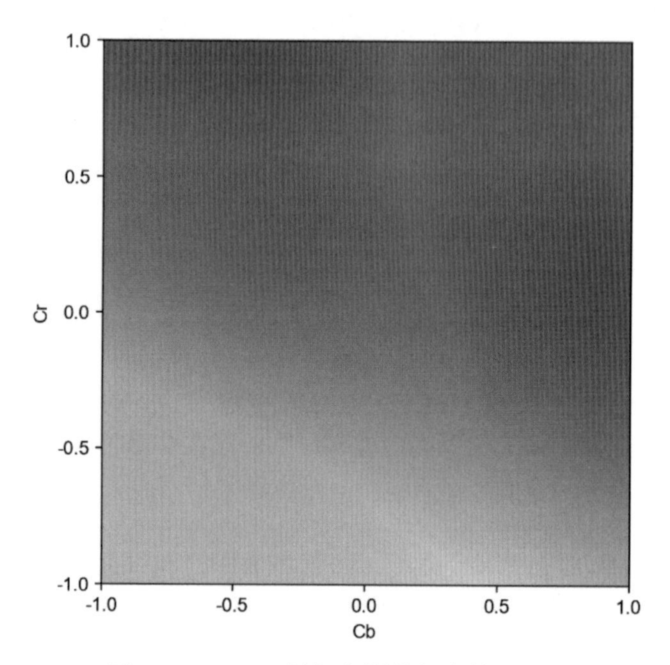

▲ 圖 2-29 YCrCb 顏色空間的色度值變化示意圖

在 OpenCV 中，人們可以實現不同顏色空間的轉換。下面的程式範例完成了從 RGB 顏色空間（OpenCV 中預設的通道順序是 BGR）到 YCrCb 顏色空間、HSV 顏色空間及 CIELAB 顏色空間的轉換，並對 3 個通道進行了對應顯示。

```
import os
import cv2
import matplotlib.pyplot as plt

os.makedirs('results/colorspace', exist_ok=True)

# 讀取範例影像（預設為 BGR 格式）
img_path = '../datasets/samples/lena256rgb.png'
img_bgr = cv2.imread(img_path)

# 將影像從 BGR 轉換到 YCrCb 顏色空間
img_ycrcb = cv2.cvtColor(img_bgr, cv2.COLOR_BGR2YCrCb)
# 將影像從 BGR 轉換到 HSV 顏色空間，_FULL 用於映射到 255 範圍
img_hsv = cv2.cvtColor(img_bgr, cv2.COLOR_BGR2HSV_FULL)
```

```
# 將影像從 BGR 轉換到 CIELAB 顏色空間
img_lab = cv2.cvtColor(img_bgr, cv2.COLOR_BGR2LAB)

def vis_3channels(img, labels, save_path):
    fig = plt.figure(figsize=(8, 3))
    for i in range(3):
        ax = fig.add_subplot(1, 3, i + 1)
        im = ax.imshow(img[:,:,i], cmap='jet', vmin=0, vmax=255)
        fig.colorbar(im, ax=ax, fraction=0.045)
        ax.set_axis_off()
        ax.set_title(labels[i] + ' channel')
    plt.savefig(save_path)
    plt.close()

vis_3channels(img_ycrcb, ['Y','Cr','Cb'],'./results/colorspace/ycrcb.png')
vis_3channels(img_hsv, ['H','S','V'], './results/colorspace/hsv.png')
vis_3channels(img_lab, ['L*','a*','b*'], './results/colorspace/lab.png')
```

OpenCV 實現不同顏色空間相互轉換的結果如圖 2-30 所示。

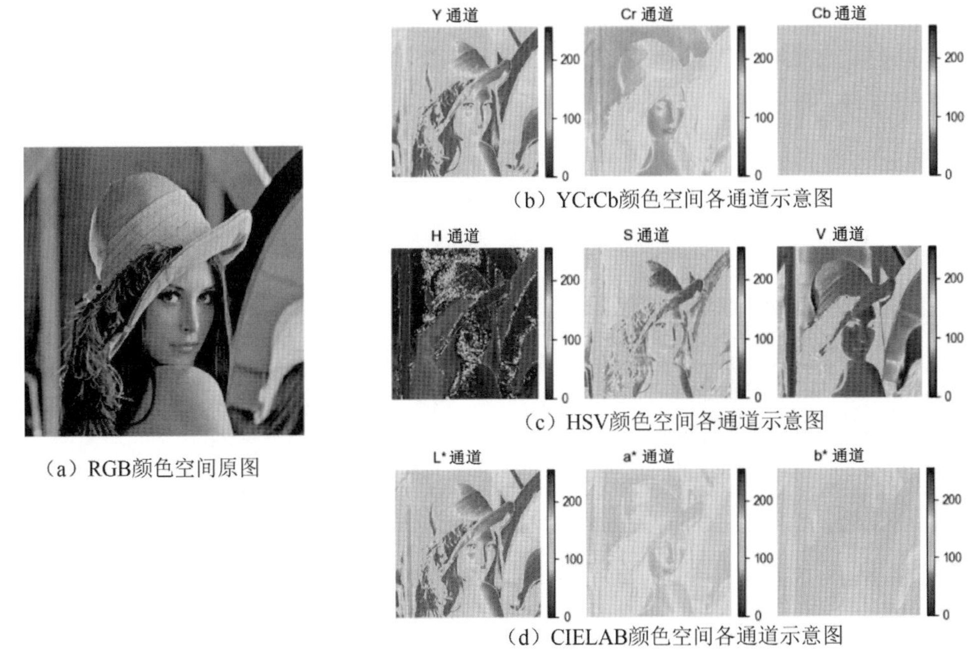

▲ 圖 2-30 OpenCV 實現不同顏色空間相互轉換的結果

2.3 影像的影調調整方法

在前面，我們已經基本了解了成像的基本原理與一些關鍵概念、相機 ISP 的處理流程，以及各種場景的顏色空間及其特點。下面正式進入影像處理基礎內容的介紹，即對影像進行一些基本的操作和分析。首先，來了解一下影像影調調整的相關概念。

2.3.1 直方圖與對比度

影調（Tone）是攝影和影像藝術加工領域的常用術語，廣義上包含了影像的光影關係及色調風格。這裡特別注意影像的光影關係，也就是畫面的明暗對比，以及黑白灰各個影調層次（亮度區間）的比例及其分佈。根據不同區間的亮度像素比重，可以將影像分為許多種不同的影調類型，常見的影調類別有高調、低調、中間調；如果再細分，還可以分成高長調、高中調、高短調等一系列的影調類型。

高調指的是由淺灰色到白色的範圍佔據了影像的大部分，與剩下的少量深色形成對比；而低調則相反，主要由深灰色到黑色範圍內的暗區像素組成，較亮的部分作為對比；中間調影像則更加常見，通常是用不同亮度的灰色作為主色調，因此畫面可以更加豐富而有層次感。不同影調一般用來表現不同的情感和風格，比如，低調可以傳達出莊重、肅穆、深沉的感覺，而高調則更加容易讓人產生輕盈、明快的感覺。圖 2-31 分別展示了**低調**、**高調**、**中間調**類型的影像。

（a）暗區佔比較多的低調影像

（b）暗區佔比較少的高調影像

（c）灰度層次分佈均勻的中間調影像

▲ 圖 2-31 低調、高調、中間調類型的影像

為了更加方便地看到影像的影調類型，即各個亮度範圍內像素所佔的比例，通常需要借助影像的**直方圖（Histogram）**。直方圖是一種常用的觀察資料分佈的統計方式，它對相同設定值（或是由於設定值相近被分到同一個箱中）的資料進行整理，並對不同的設定值分別計數，從而直觀地得到資料的分佈。對影像的直方圖來說，被統計的就是影像像素的設定值。以常見的 8bit 類型的灰度圖為例，其像素點的設定值範圍是 [0, 255]，因此可以看作 256 個分箱，統計影像中各個設定值的數量，並放到對應的箱中，就可以得到影像的直方圖。為了統一進行比較，一般還會對直方圖除以影像大小（總像素數）進行歸一化，即每個箱對應的值不再是該值的像素數，而是其所佔所有像素的比例。對於圖 2-31 所示的三張影像，分別畫出其直方圖，如圖 2-32 所示。可以看到，高調類型影像的像素集中分佈在右邊設定值較大的亮區，而低調類型影像的像素則更多分佈在左邊設定值較小的暗區。中間調類型影像的像素分佈較均勻，集中在中間區域。

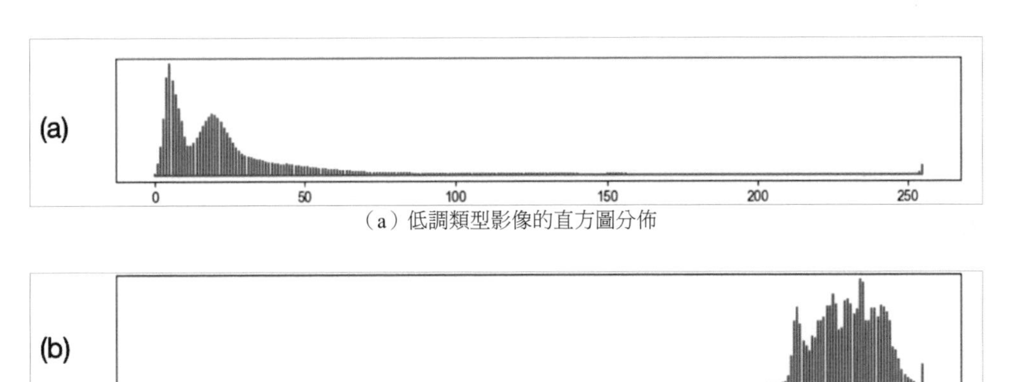

（a）低調類型影像的直方圖分佈

（b）高調類型影像的直方圖分佈

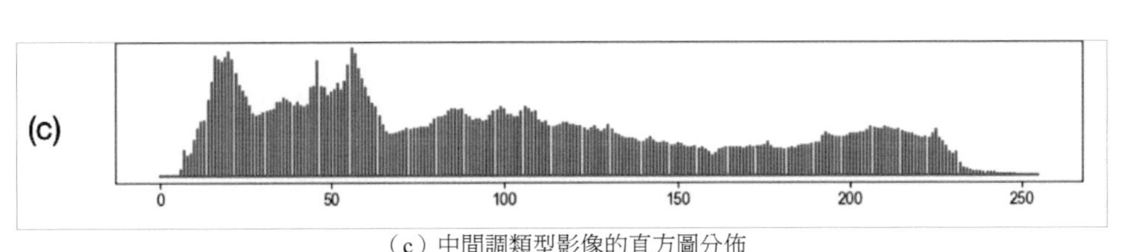

（c）中間調類型影像的直方圖分佈

▲ 圖 2-32 不同影調對應的直方圖

直方圖對應於像素值的**機率密度函數（Probability Density Function，PDF）**，或離散變數的**機率質量函數（Probability Mass Function，PMF）**，因此可以對直方圖進行累加（離散值）或積分（連續值）得到**累積分佈函數（Cumulative Distribution Function，CDF）**。以 0 ～ 255 範圍的影像為例，直方圖得到 CDF 的方式就是對所有小於 i 的數量進行求和，作為 CDF 的第 i 個值，數學形式如下：

$$\mathrm{cdf}(i)=\sum_{k\le i}\mathrm{hist}(k)$$

從 CDF 與直方圖的關係可知，如果某值附近的直方圖較為集中，那麼 CDF 在對應位置的斜率就會較大，相反則斜率較小。因此，透過 CDF 也可以看出影像的影調特徵。仍然以圖 2-31 所示的三張影像為例，畫出其對應的 CDF（即圖 2-32 所示直方圖的累積），如圖 2-33 所示。可以看出，暗區較多的低調類型影像，其 CDF 在較小的位置就達到了較高的數值，因此呈現出上凸的曲線形式；而亮區較多的高調類型影像則剛好相反，由於其大部分像素都集中在設定值較大的位置，因此在前面的暗區增長緩慢，斜率較小，而在後面則斜率突然增大，曲線呈現下凸的形態。實際上，透過直方圖或 CDF，可以大致知道一張影像的影調分佈情況，包括從暗區到亮區的各個亮度區間佔比，以及整圖的基礎亮度和對比度等。這裡著重介紹對比度的概念，以及它是如何表現在直方圖中的。

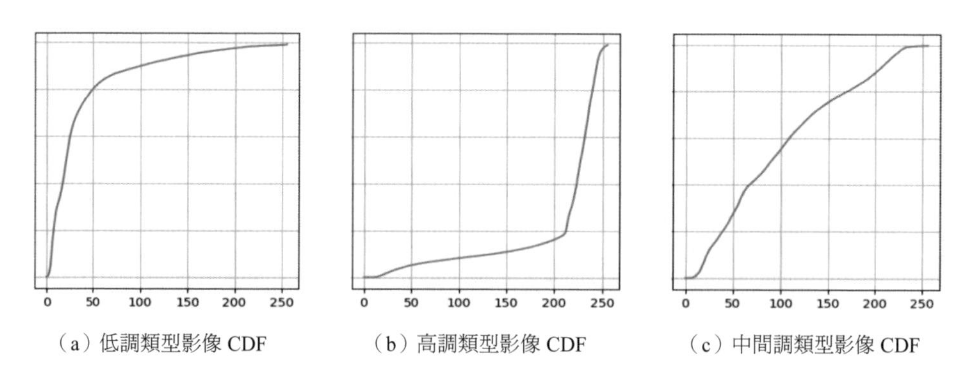

（a）低調類型影像 CDF　（b）高調類型影像 CDF　（c）中間調類型影像 CDF

▲ 圖 2-33 圖 2-31 所示三幅影像的 CDF

對比度（Contrast）是一種用於度量影像的明暗對比和反差的概念，亮部越亮、暗部越暗，則對比度就越大，人們對影像的視覺感受也就越清楚、明晰；而相反，亮區和暗區相差較小，則所有內容的像素值都比較接近，亮度比較平，不容易表現不同內容的明暗關係，因此看上去會有些灰蒙。我們可以用歸一化後的影像亮度最大值與最小值的差來量化地描述對比度。在影像的直方圖上，我們可以直觀地看到影像全域的對比度，以及經過某種調整後對比度的變化。如圖 2-34 所示，對其中的三張影像，從圖 2-34（a）到圖 2-34（c）對比度逐漸提高。從直方圖的分佈上來說，低對比度的直方圖分佈較為集中，而對應的影像也較為灰蒙；而高對比的直方圖較為分散，對應的影像對比度也較強，從視覺觀感上看也更加通透、清晰。

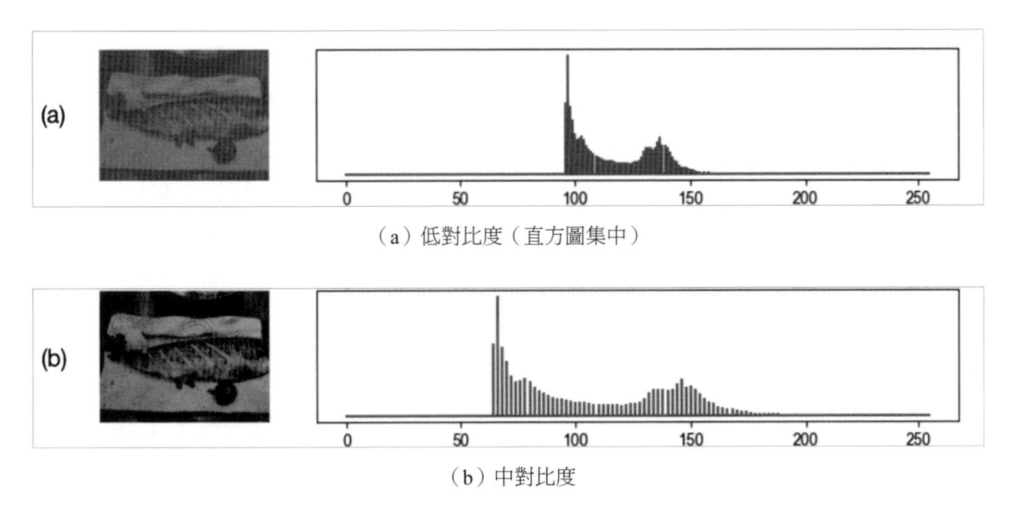

（a）低對比度（直方圖集中）

（b）中對比度

▲ 圖 2-34 不同對比度影像的直方圖

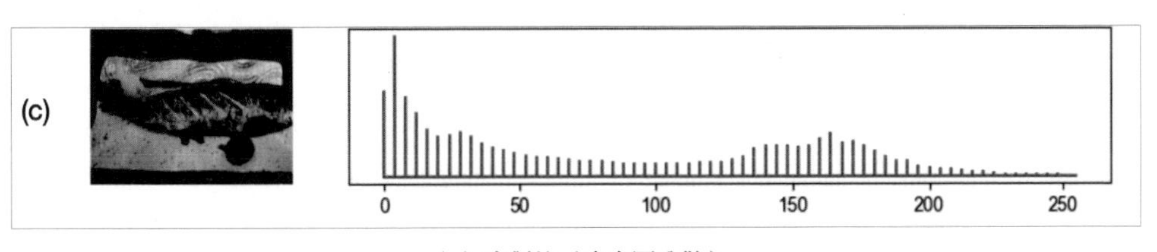

（c）高對比（直方圖分散）

▲ 圖 2-34 不同對比度影像的直方圖（續）

從直方圖來說，像素值可以設定值的範圍是一定的（如 8bit 的 256 個值），對比度低的影像往往像素值分佈較為集中，從而將影像中的差別用比較少的像素差進行表示，這樣就會使得對這些內容差異的視覺分辨更加困難，同時也浪費了很多可用的區間。而相反，一個對比度更好的影像一般會在直方圖上分佈較為均勻，從而最大限度地利用設定值空間，並且放大不同內容的差異，突出影像細節。因此，為了提高畫質，往往需要提高對比較低影像的對比度，下面就簡單介紹幾種常見的對比度提升的演算法策略。

2.3.2 對比度拉伸與直方圖均衡

首先，對於在直方圖中只佔據一部分區間的低對比度影像，一個簡單的方法就是對影像進行歸一化，比如，對於一個亮度直方圖只分佈在 [80, 120] 區間的影像，我們可以將它透過 min-max 歸一化的方式線性映射到 [0, 255]，就可以提高它的對比度了。但是這種方法有一個明顯的侷限，那就是它需要計算最大值、最小值作為當前影像的對比度，可能會有這種情況：影像直方圖分佈非常集中，但是在其他亮度區域也並不為 0，如在亮區和暗區都有少量的像素。這樣一來，透過 min-max 歸一化進行直方圖拉伸後就無法完全對該圖的對比度進行增強了。這時候我們自然會想到，可以根據一張影像當前的直方圖分佈，對其自我調整地進行處理，儘量將像素值少的區間合併到一起，而將像素值多的主要內容所在像素區間儘量分散開。這種想法的經典方法就是**直方圖均衡（Histogram Equalization，HE）**。

直方圖均衡的目的就是盡可能地將原影像的直方圖變成均勻分佈，或說將原影像的 CDF 變成 $y=x$ 的斜率均衡的線性形式，為簡便起見，這裡將影像範圍記作 [0, 1]。直方圖均衡是透過逐像素的重新映射來實現的，比如，原影像中設定值為 6 的元素在輸出影像上統一被映射為 13。這樣一來，問題就變成了如何透過原影像的直方圖或 CDF 資訊找到這個映射表。而有意思的是，這個映射表並不需要額外計算，直接使用 CDF 曲線即可將影像對應為均勻分佈直方圖的影像。

這個問題的證明也並不複雜，只需要想到兩個約束關係即可：第一，映射曲線必然是單調遞增的，這樣才可以保證沒有亮度反轉，即本來較暗的地方映射後變亮，直方圖均衡只是提高對比，不能改變原影像的亮度次序關係；第二，映射後的直方圖是均勻的，也就是說其 CDF 是 $y=x$ 的曲線。對於第一個約束，既然映射前後順序不變，那麼映射前比某個值小的數有多少，映射後則還有多少。假設映射之前的亮度值 s 被映射後變成了 d，記錄映射函數為 $f(\cdot)$，則有 $d = f(s)$，原影像中比 d 小的像素數量和直方圖均衡後比 s 小的像素數量分別可以表示為積分（離散情況下即求和）形式，於是有

$$\int_0^s \mathrm{hist}_{\mathrm{src}}(x)\mathrm{d}x = \int_0^d \mathrm{hist}_{\mathrm{dst}}(x)\mathrm{d}x$$

式中，$\mathrm{hist}_{\mathrm{src}}$ 和 $\mathrm{hist}_{\mathrm{dst}}$ 分別表示映射前後的直方圖。對於連續的直方圖（PDF）積分得到的就是 CDF，同時考慮到映射後的 CDF 是 $y=x$ 的形式，於是就獲得了以下等式：

$$\mathrm{cdf}_{\mathrm{src}}(s) = \mathrm{cdf}_{\mathrm{dst}}(d) = d = f(s)$$

此時我們發現，要想滿足輸出結果為 $y=x$ 的均衡情況，則需要 $f(s) = \mathrm{cdf}_{\mathrm{src}}(s)$，也就是說，需要用原影像的 CDF 作為映射曲線。這就是直方圖均衡的基本想法。

利用 OpenCV 中的函數 cv2.normalize 和 cv2.equalizeHist 可以實現影像的直方圖拉伸和直方圖均衡。下面的程式展示了對影像的對比度進行的增強操作，並將結果與直方圖顯示在了同一張圖中。

```
import os
import cv2
import numpy as np
import matplotlib.pyplot as plt
import matplotlib.gridspec as gridspec

os.makedirs('results/hist', exist_ok=True)

# 讀取 RGB 樣例影像
```

```
img_path = '../datasets/samples/lena256rgb.png'
img_rgb = cv2.imread(img_path)[:,:,::-1].copy()

# 轉為灰度值並計算其直方圖
img = cv2.cvtColor(img_rgb, cv2.COLOR_RGB2GRAY)
hist = cv2.calcHist([img], [0], None, [256], [0, 256])

# 直方圖拉伸提高對比
stretch_out = cv2.normalize(img, None, 0, 255, cv2.NORM_MINMAX)
# 計算直方圖拉伸後影像的直方圖
stretch_hist = cv2.calcHist([stretch_out], [0], None, [256], [0, 256])

# 直方圖均衡
he_out = cv2.equalizeHist(img)
# 計算均衡後影像的直方圖
he_hist = cv2.calcHist([he_out], [0], None, [256], [0, 256])

# 定義函數，將影像和直方圖畫到同一行中
def plot_img_hist(gs, row, img, hist):
    ax_img = plt.subplot(gs[row, 0])
    ax_hist = plt.subplot(gs[row, 1:])
    ax_img.imshow(img, 'gray', vmin=0, vmax=255)
    ax_img.axis('off')
    ax_hist.stem(hist, use_line_collection=True, markerfmt='')
    ax_hist.set_yticks([])

# 結果視覺化
fig = plt.figure(figsize=(8, 5))
gs = gridspec.GridSpec(3, 4)
# 顯示原始灰度影像及其直方圖
plot_img_hist(gs, 0, img, hist)
# 直方圖拉伸後的影像及其直方圖
plot_img_hist(gs, 1, stretch_out, stretch_hist)
# 直方圖均衡後的影像及其直方圖
plot_img_hist(gs, 2, he_out, he_hist)

plt.savefig('./results/hist/hist_compare.png')
plt.close()
```

原影像、min-max 直方圖拉伸效果圖與直方圖均衡效果圖如圖 2-35 所示。圖中從上到下分別所示為原影像、min-max 直方圖拉伸效果圖及直方圖均衡效果圖。可以看出，直方圖拉伸的效果較弱，而且由於亮區不完全為零，導致亮區主要區域未能被完全拉伸到 255。而直方圖均衡後的變化較大，這裡由於量化誤差的存在，實際上無法完全達到均勻分佈（CDF 為 $y=x$），但是各個區域分佈已經基本接近均勻分佈了，在效果圖上也可以看到，相比於原影像，直方圖均衡後的影像亮區更亮，暗區更暗，整體對比也更加強烈。

雖然直方圖均衡可以有效提高影像的對比度，但是該方法有其局限性。首先，直方圖均衡是對全圖進行統一處理的，只能區分不同的亮度值，不同位置相同的亮度值都被映射到了相同的數值。但實際上在一張影像中，不同區域有不同的直方圖分佈特徵（見圖 2-36）。有些局部可能對比度較好，不需要過多地提高對比；而有些區域可能偏平，則需要提高對比更多一些。

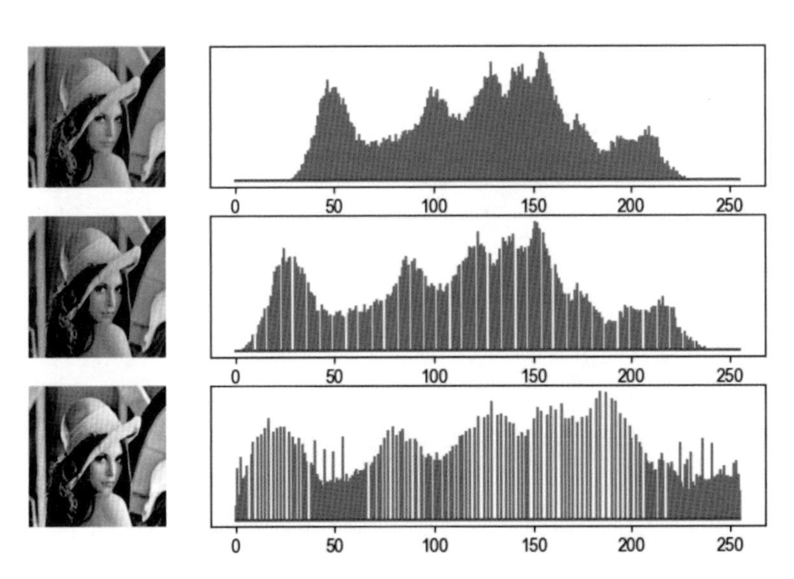

▲ 圖 2-35 原影像、min-max 直方圖拉伸效果圖與直方圖均衡效果圖

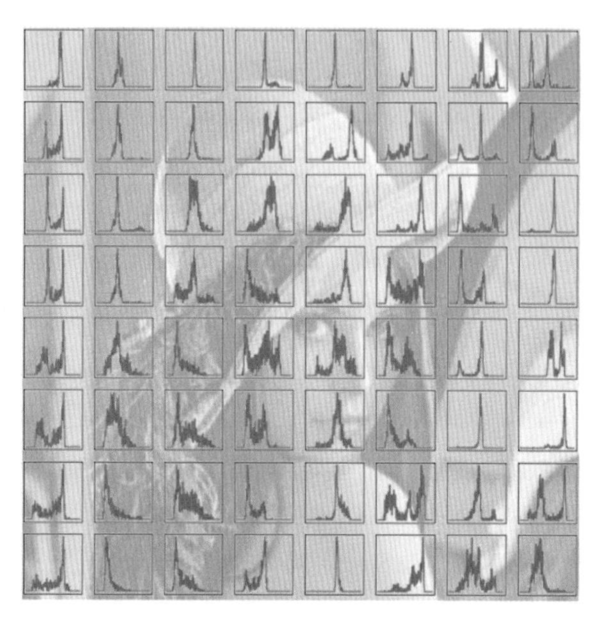

▲ 圖 2-36 影像各個局部的直方圖分佈有較大差異

為了使不同的區域得到不同的處理偏向，需要對影像的局部進行自我調整操作。另外，直方圖均衡的效果較強，對對比度的校正力度較大，因此有時候得到結果的對比度過強，在亮區和暗區出現「曝光過度」和「死黑」的現象，這也是在對比度校正中需要避免的。為了處理上述問題，人們對簡單的對比度拉伸和直方圖均衡進行了不同方式的改進，下面就來了解一下對比度增強演算法的改進策略及演算法流程。

2.3.3 對比度增強演算法的改進策略

前面提到，直方圖均衡方法由於其全域操作的性質，可能引起在不同亮度分佈的區域效果不理想。通常將這類操作稱為**全域對比度增強（Global Contrast Enhancement，GCE）**，與之相對的就是**局部對比度增強（Local Contrast Enhancement，LCE）**。局部對比度增強的直接想法就是對影像進行分塊處理，對每個局部的區塊分別統計其直方圖分佈，並進行對比度調整；然後將所有區塊的處理結果進行整理，得到全圖的處理結果。

應用該想法得到的一種局部對比度增強演算法是 **POSHE（Partially Overlapped Sub-block Histogram Equalization）**演算法，或可以稱為部分重疊子區塊直方圖均衡演算法。它的想法如下：首先將影像劃分為若干有重疊部分的區塊，比如，以 64×64 作為一個局部的區塊，然後以 32 作為步進值獲取所有的區塊，那麼臨近的區塊之間就會有 1/2 或 1/4 的重疊。POSHE 演算法部分重疊分塊示意圖如圖 2-37 所示。對於每個重疊的區塊，分別計算局部的直方圖，然後用來對該區塊內的所有像素點進行映射。由於有重疊部分的存在，有些像素點會被計算多次，那麼其輸出的結果就是多次映射後的結果的平均值。POSHE 演算法可以視為兩種局部對比度增強策略的折中，一種策略是逐像素確定鄰域並計算局部直方圖進行映射，另一種策略是直接劃分成不重疊的區塊並分別操作。第一種逐像素計算的策略效率過低，而不重疊的區塊則容易在邊界處出現區塊效應的假影。POSHE 演算法既可以較快速地完成計算，又由於重疊邊緣的平均操作使得邊界過渡更加自然，減少了可能的邊界效應。

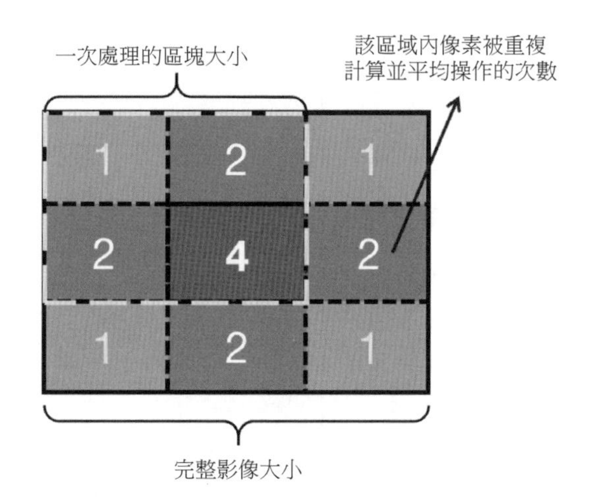

▲ 圖 2-37 POSHE 演算法部分重疊分塊示意圖

下面要介紹的另一種局部對比度增強演算法稱為 **CLAHE（Contrast Limited Adaptive Histogram Equalization）演算法**，即對比度限制自我調整直方圖均衡演算法。和 POSHE 演算法類似，它也可以透過分塊處理實現局部自我調整處理，但是 CLAHE 演算法有另一個重要的特性，那就是「對比度限制」。所謂的「對比度限制」主要是為了緩和某些分佈較為特殊的直方圖均衡後效果不理想的情況。我們已經知道，直方圖均衡的映射曲線就是原影像的 CDF 曲線，因此，如果直方圖分佈比較極端化，如集中分佈在暗區一側（說明影像本身較暗且較平），那麼其 CDF 在暗區的斜率就會非常大，從而曲線很快就會達到一個比較大的值。這樣的 CDF 會將影像對應得過亮。當對影像進行局部對比度增強時，由於區域變小，待統計的像素數變少，因此得到的直方圖自然更容易出現這種特殊的分佈。CLAHE 演算法為了限制對比度過於增強，採用了以下方法：首先，設置一個設定值 ClipThr，對於局部直方圖中大於 ClipThr 的位置統一截斷為 ClipThr，並統計被截取掉的像素點數 N；然後將這 N 個像素平均分配到直方圖的所有分箱中，記亮度等級總數為 L（如 L=256），則每個亮度經過對比度限制調整後，其數值由 x 變為 $\min(x, \text{ClipThr}) + N/L$。CLAHE 演算法對直方圖的處理過程如圖 2-38 所示。

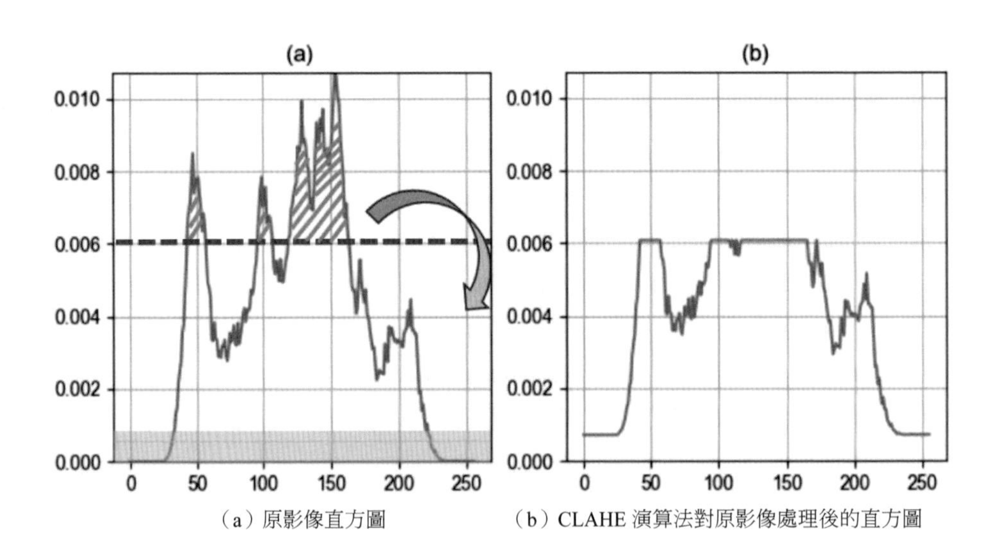

（a）原影像直方圖　（b）CLAHE 演算法對原影像處理後的直方圖

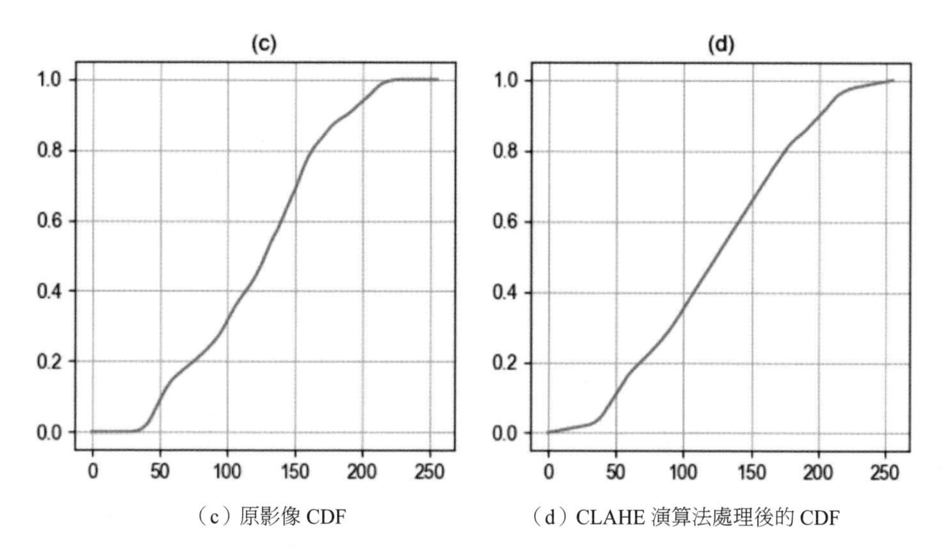

（c）原影像 CDF　　（d）CLAHE 演算法處理後的 CDF

▲ 圖 2-38 CLAHE 演算法對直方圖的處理過程

圖 2-38 還展示了對直方圖進行處理後對應的 CDF 的變化，下面結合圖中的範例，考慮這個操作對直方圖均衡來說表示什麼。首先，由於直方圖對應 CDF 的斜率（導數），因此將直方圖進行截斷並將多出來的像素數量重新平均分配，實際上就是修正 CDF 曲線的斜率，使其相對不要出現某個位置斜率過大的情況。由於 CDF 曲線是映射曲線，因此它的斜率過大可能會導致上面所說的映射將某個小區間分散到很大的區間帶來的負面效果。而 CLAHE 演算法的截斷操作可以一定程度地緩解這個問題，使映射曲線相對保守，避免特殊場景下的效果問題。可以設想一個極端情況，如果 ClipThr=0，那麼所有分箱中的值都被截斷為 0，然後平均分配所有像素點數，每個分箱的點數就會相等，從而得到的 CDF 曲線就是 $y=x$ 的直線，即不需要進行處理；而如果 ClipThr 大於直方圖中的最大值，那麼就相當於還是用原來的 CDF 進行映射，也就是直方圖均衡。從這個角度來看，CLAHE 演算法透過控制 ClipThr 參數，在原來的對比度與均衡化的對比度之間進行權衡調整。用 OpenCV 中的 CLAHE 函數可以對影像進行局部直方圖均衡操作，其中的主要參數有兩個：局部處理的分區塊大小（tileGridSize）和上面提到的 ClipThr（clipLimit）。程式如下所示。不同參數的 CLAHE 演算法處理結果如圖 2-39 所示。可以看出，截斷設定值越小，即截斷的越多，越傾向於

保留原影像影調；而截斷設定值越大，截斷的越少，越傾向於直方圖均衡的效果。不同分區塊大小的處理結果也有所不同，主要表現在局部的區塊效應和影調反轉等效果上。

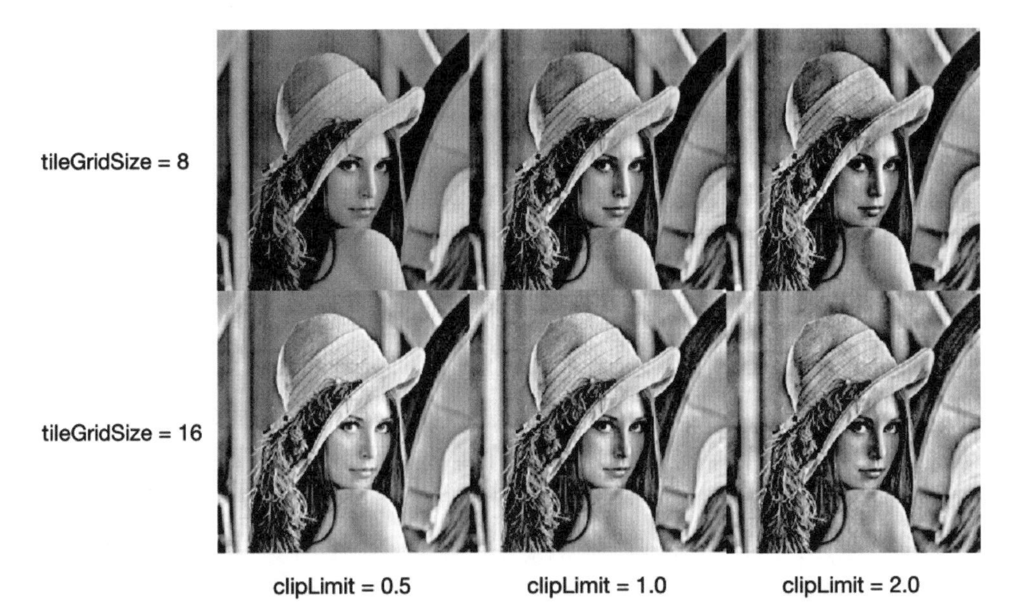

▲ 圖 2-39 不同參數的 CLAHE 演算法處理結果

```
import os
import cv2
import numpy as np
import matplotlib.pyplot as plt
import matplotlib.gridspec as gridspec

os.makedirs('results/clahe', exist_ok=True)
# 讀取 RGB 樣例影像
img_path = '../datasets/samples/lena256rgb.png'
img_rgb = cv2.imread(img_path)[:,:,::-1].copy()
# 轉為灰度值並計算其直方圖
img = cv2.cvtColor(img_rgb, cv2.COLOR_RGB2GRAY)

clip_limit_list = [0.5, 2.0, 3.0]
tile_size_list = [8, 16]
```

```
for clip_limit in clip_limit_list:
    for tile_size in tile_size_list:
        clahe = cv2.createCLAHE(clipLimit=clip_limit,
                                tileGridSize=(tile_size, tile_size))
        clahe_out = clahe.apply(img)
        cv2.imwrite('results/clahe/clahe_limit{}_tile{}.png'\
                    .format(clip_limit, tile_size), clahe_out)
```

2.4 影像常見的空間操作

在上面的影調調整部分中，我們主要介紹了透過直方圖修改影像對比度相關的影調處理操作。這些操作的最終形式都可以看作將像素值映射成另一個像素值，而不同的演算法關注於如何求解或設計映射曲線（查閱資料表），以實現映射後某種影調的需求。在本節中，我們討論另外一類演算法，即影像的空間操作，這類演算法不改變像素的設定值，但是改變其空間位置，也就是將某個像素值從當前位置映射到另外的位置。這類操作其實比較常見，比如，對影像進行翻轉，就是沿著中心軸對兩側像素點的位置進行調換。這裡主要介紹兩大類空間操作：基本影像變換（仿射變換、透視變換等），以及光流與幀間對齊。首先，我們從簡單的平移、縮放這類變換開始說起。

2.4.1 基本影像變換：仿射變換與透視變換

平移（Translation）變換是最基本的也是最簡單的變換，因此我們先用平移來熟悉影像變換的相關概念。平移變換示意圖如圖 2-40 所示，可以看出，平移變換將所有像素點以相同的位移移動到目標位置。由於它對於所有的點都移動同樣的位移，因此，它的數學形式也較為簡單，那就是

$$x' = x + a$$
$$y' = y + b$$

式中，(x, y) 表示某個像素原來的座標；(x', y') 為平移後的座標。由於移動量與原座標無關，因此 a 和 b 是常數。為了方便計算，通常將影像變換操作寫成矩陣的形式（矩陣本身一般可以看作表示空間變換的方式），然後用變換矩陣與原座標（向量形式）進行矩陣乘法的方式計算出對應的目標座標。但是平移變換的數學形式包括常數項，似乎無法直接寫成矩陣乘座標向量的形式，為了解決這個問題，我們將座標進行擴充，形成 $(x, y, 1)$ 的形式，最後的 1 用來進行常數項操作。透過這種方式，寫出平移變換的矩陣形式如下：

$$\begin{bmatrix} x' \\ y' \\ 1 \end{bmatrix} = \begin{bmatrix} 1 & 0 & a \\ 0 & 1 & b \\ 0 & 0 & 1 \end{bmatrix} \begin{bmatrix} x \\ y \\ 1 \end{bmatrix}$$

接下來我們看**縮放（Scale）**變換如何進行映射。縮放變換示意圖如圖 2-41 所示。

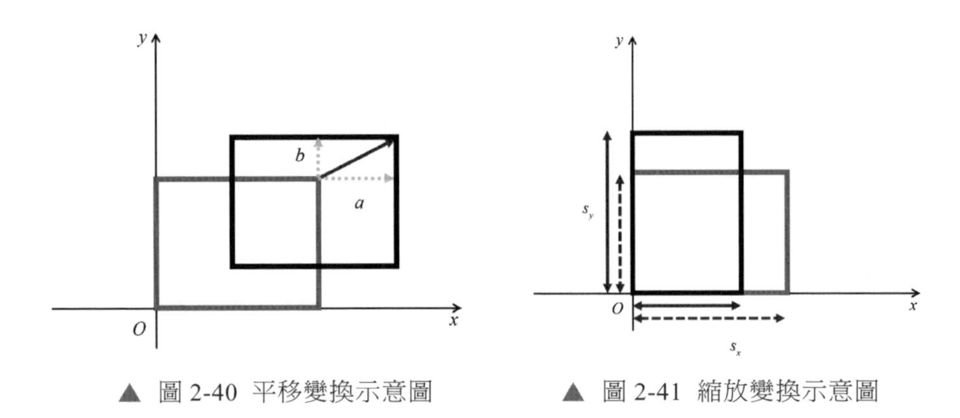

▲ 圖 2-40 平移變換示意圖　　▲ 圖 2-41 縮放變換示意圖

可以看出，縮放前後座標點的對應關係是固定比例的（對平移來說，變換前後的對應關係是固定差值的），也就是說，只需要對原像素點的座標乘以 x 和 y 方向的縮放係數，即可得到新的座標點。按照上面的寫法，可以寫出縮放變換的矩陣形式：

$$\begin{bmatrix} x' \\ y' \\ 1 \end{bmatrix} = \begin{bmatrix} s_x & 0 & 0 \\ 0 & s_y & 0 \\ 0 & 0 & 1 \end{bmatrix} \begin{bmatrix} x \\ y \\ 1 \end{bmatrix}$$

還有一種基礎的影像變換是**旋轉（Rotation）**變換。對於旋轉變換，我們需要指定兩個參數：旋轉中心和旋轉角度。這裡預設圍繞著原點進行，角度為 θ（方向為逆時鐘，採用了直角座標系中預設的角度定義的方向），旋轉變換示意圖如圖 2-42 所示。

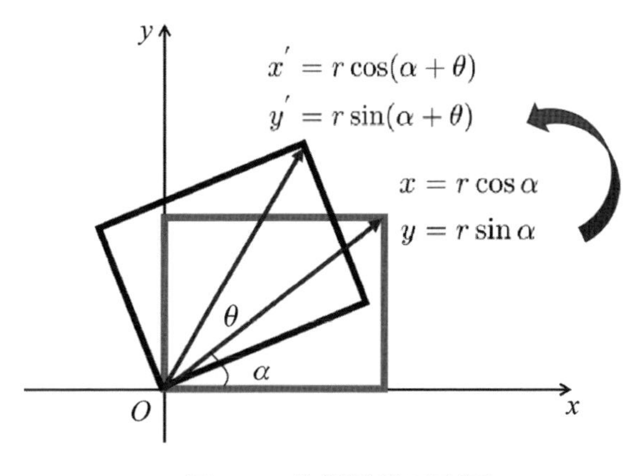

▲ 圖 2-42 旋轉變換示意圖

旋轉變換的數學形式相比於上面的平移變換、縮放變換來說並不是特別直觀，但是也可以透過簡單的推導得到。首先，對於原始座標中的點 (x, y)，記其與 x 正半軸的夾角為 a，到原點的距離（模長）為 r，那麼，參考極座標標記法與直角座標的轉換關係，可以將其直角座標用 r 和 a 表示出來，即

$$x = r\cos\alpha$$
$$y = r\sin\alpha$$

考慮旋轉圍繞原點進行，變換前後模長 r 不變，因此變換後的座標可以寫成僅在角度上增加一個 θ 的形式，即

$$x' = r\cos(\alpha+\theta)$$
$$y' = r\sin(\alpha+\theta)$$

利用三角函數公式對角度和進行拆分，並代入原來的座標，即可得到以下的形式：

$$x' = r\cos(\alpha+\theta) = r\cos\alpha\cos\theta - r\sin\alpha\sin\theta = x\cos\theta - y\sin\theta$$
$$y' = r\sin(\alpha+\theta) = r\sin\alpha\cos\theta + r\cos\alpha\sin\theta = y\cos\theta + x\sin\theta$$

這個等式已經建立起了目標座標點 (x', y') 與原始座標點 (x, y) 的對應關係，借助這個關係，即寫入出旋轉變換的矩陣形式（原點為旋轉中心）：

$$\begin{bmatrix} x' \\ y' \\ 1 \end{bmatrix} = \begin{bmatrix} \cos\theta & -\sin\theta & 0 \\ \sin\theta & \cos\theta & 0 \\ 0 & 0 & 1 \end{bmatrix} \begin{bmatrix} x \\ y \\ 1 \end{bmatrix}$$

透過平移、縮放和旋轉，我們可以將一個矩形映射到一個長、寬變化且位置移動的矩形。下面介紹另一種變換，可以將矩形拉成平行四邊形。這種變換稱為**錯切（Shear）**變換，它的示意圖如圖 2-43 所示。

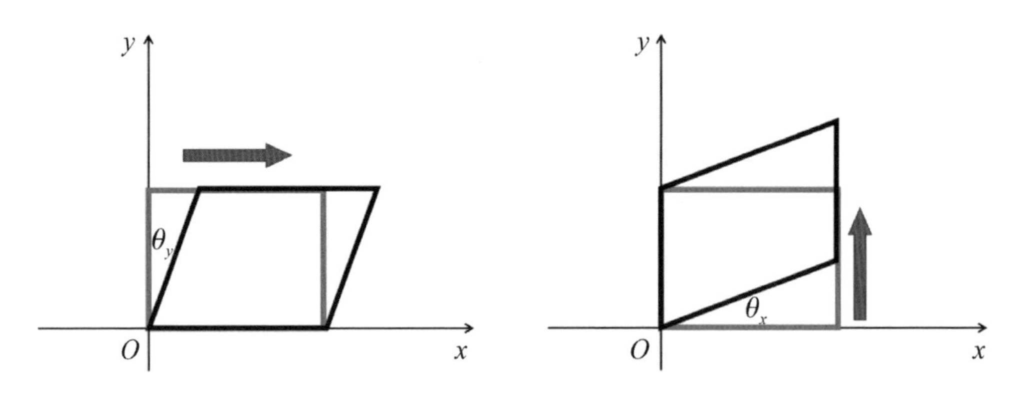

▲ 圖 2-43 錯切變換示意圖

參考圖 2-43，錯切變換可以在 x 或 y 方向上進行，參數為錯切的角度 θ。以沿著 x 方向拉伸的錯切為例，我們可以發現，在這個過程中，每個點的 y 座標是保持不變的，而 x 座標進行一定程度的移動，但是與前面的平移不同，它對於每個位置的點 x 的移動量是不同的。但在錯切操作中，不同點的 x 的移動量是有規律的，即它與 y 值相關，y 值越大移動量越大，且移動量和 y 座標為線性關係。線性係數就是圖中的 $\tan(\theta_y)$。根據這個規律，可以寫出錯切的矩陣表示形式：

$$\begin{bmatrix} x' \\ y' \\ 1 \end{bmatrix} = \begin{bmatrix} 1 & \tan\theta_y & 0 \\ \tan\theta_x & 1 & 0 \\ 0 & 0 & 1 \end{bmatrix} \begin{bmatrix} x \\ y \\ 1 \end{bmatrix}$$

觀察上面幾種變換的矩陣形式，可以發現，這些變換矩陣的最後一行都為 [0, 0, 1]，這說明所有的變換都沒有影響前後增廣的三維座標最後的常數項 1。如果從三維的角度來看，最後一個 1 可以看作另一個座標軸 z，即 $z=1$，變換前後沒有影響 z 軸的值，換句話說，變換是在成像平面上進行的。這些變換前後的直線仍然為直線，並且平行關係保持不變。上述的這些變換統稱為**仿射變換（Affine Transformation）**，仿射變換可以用一個 2×3 的變換矩陣來表示（去掉了相同的最後一行）。考慮到矩陣變換的組合可以表示為各個變化矩陣的乘積，因此，對於一個複雜的仿射變換，也可以拆解為若干基本變換的組合，並透過 3×3 的矩陣的乘積進行等效操作。仿射變換具有保持平行性的特點，只需要確定三個點的映射關係，即可求解出仿射變換矩陣，並以此對影像施加對應的仿射變換。

另外，平移和旋轉變換，只改變了影像的位置關係，沒有改變其形狀，而縮放和錯切變換則改變了影像的形狀。平移和旋轉變換通常被形象地稱為**剛性變換（Rigid Transformation）**，表示其可以類比於對剛體的操作，只能行動位置，但是不能扭曲、拉伸使其變形。

相比於仿射變換，**透視變換（Perspective Transformation）**是一種應用範圍更加廣泛的影像變換方式。透視變換來源於透視投影，它可以看作將一個平面上的內容投影到另一個空間平面上，或從成像的角度說，它表示被成像的目標平面在三維空間中的變換映射到投影平面的結果。和仿射變換不同，透視變換不再是平面內的變換，而涉及不同平面之間的對應關係。一個透視投影的示意圖如圖 2-44 所示。

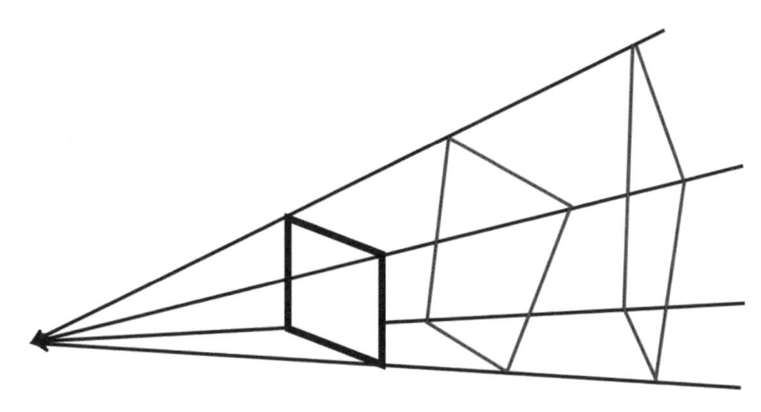

▲ 圖 2-44　一個透視投影的示意圖

可以看到，透視投影具有「近大遠小」的特徵，因此對目標來說，如果它沿著成像光線所在的座標軸（z 軸）方向進行了一些三維空間的旋轉，那麼它投影到成像平面的結果就不能再保持平行性了。另外，由於變化對 z 軸不再進行限制，因此可以引入對 z 的操作，但是最終還要映射回 z=1 的成像平面。反映到位置向量上就是，得到的目標位置需要對第三個維度進行歸一化以得到 x 和 y 的座標，即 $[x, y, z]$ 與 $[x/z, y/z, 1]$ 是等價的。這就表示對透視變換的矩陣形式來說，變換矩陣乘以係數是不改變其意義的。那麼我們將變換矩陣除以 3×3 矩陣的最後一個元素，即得到以下形式的透視變換矩陣：

$$\begin{bmatrix} x' \\ y' \\ 1 \end{bmatrix} = \begin{bmatrix} a_1 & a_2 & b_1 \\ a_3 & a_4 & b_2 \\ c_1 & c_2 & 1 \end{bmatrix} \begin{bmatrix} x \\ y \\ 1 \end{bmatrix}$$

結合仿射變換，我們發現，透視變換多出了兩個參數 c_1 和 c_2，這兩個參數用來控制透視變換的程度，其餘的參數仍然與仿射變換相同，a_1-a_4 表示線性變換（即旋轉和縮放），而 b_1 和 b_2 表示平移變換。由於透視變換矩陣的參數增加了，所以需要 4 組對應的點才能確定出透視變換矩陣，並對全圖施加透視操作。

下面利用 OpenCV 中的仿射變換和透視變換函數 cv2.warpAffine 和 cv2.warpPerspective 來分別實現對影像的仿射變換與透視變換。首先，根據各種基本變換（平移、縮放、旋轉和錯切），直接定義指令引數並對影像進行對應處理，同時還支援多個基礎變換的組合來合成一個最終的仿射變換矩陣。對於透視變換，我們採用 OpenCV 中的函數來求解透視變換矩陣，這個函數為 cv2.getPerspectiveTransform，該函數以 4 組變換前後的對應點作為輸入，並輸出計算得到的變換矩陣。仿射變換的程式如下所示。

```
import os
import cv2
import numpy as np
import os
import cv2
import numpy as np

os.makedirs('results/transform', exist_ok=True)
```

```
img_path = '../datasets/samples/cat1.png'
image = cv2.imread(img_path)

def set_affine_matrix(op_types=['scale'], params=[(1, 1)]):
    assert len(op_types) == len(params)
    tot_affine_mat = np.eye(3, 3, dtype=np.float32)
    op_mat_ls = list()
    for op_type, param in zip(op_types, params):
        if op_type == 'scale':
            scale_x, scale_y = param
            affine_mat = np.array(
                [[scale_x, 0, 0],
                [0, scale_y, 0],
                [0, 0, 1]], dtype=np.float32)
        if op_type == 'translation':
            trans_x, trans_y = param
            affine_mat = np.array(
                [[1, 0, trans_x],
                [0, 1, trans_y],
                [0, 0, 1]], dtype=np.float32)
        if op_type == 'rot':
            theta = param
            cost, sint = np.cos(theta), np.sin(theta)
            affine_mat = np.array(
                [[cost, sint, 0],
                [-sint, cost, 0],
                [0, 0, 1]], dtype=np.float32)
        if op_type == 'shear':
            phi_x, phi_y = param
            tant_x, tant_y = np.tan(phi_x), np.tan(phi_y)
            affine_mat = np.array(
                [[1, tant_x, 0],
                [tant_y, 1, 0],
                [0, 0, 1]], dtype=np.float32)
        op_mat_ls.append(affine_mat[:2, :])
        tot_affine_mat = affine_mat.dot(tot_affine_mat)
    return tot_affine_mat[:2, :], op_mat_ls
```

```
test_types = ['translation', 'scale', 'rot', 'shear']
test_params = [(15, 2), (1.1, 0.8), 0.15, (-0.3, 0.2)]

affine_mat, op_mat_ls = set_affine_matrix(test_types, test_params)
print(affine_mat)

height, width = image.shape[:2]
affined = cv2.warpAffine(image, affine_mat, (width, height),
                              flags=cv2.INTER_LINEAR)
cv2.imwrite('results/transform/affined_out.png', affined)

inter_img = image
for idx in range(len(test_types)):
    print(test_types[idx])
    print(op_mat_ls[idx])
       inter_img = cv2.warpAffine(inter_img, op_mat_ls[idx],
                                      (width, height), flags=cv2.INTER_LINEAR)
    cv2.imwrite('results/transform/affined_out_step{}_{}.png'\
                .format(idx, test_types[idx]), inter_img)
```

在上面的程式中，我們透過 test_types 和 test_params 設置了 4 個基本變換及其參數，然後透過矩陣乘法合成了最終的仿射變換矩陣，並利用 cv2.warpAffine 函數對影像進行了相應的變換操作。同時，我們還逐步對影像施加了 4 個基本操作，並儲存了中間結果以便查看每個操作對影像的改變，以及驗證了分步操作最終的結果與組合後的矩陣進行的操作是否一致。列印結果如下，仿射變換結果如圖 2-45 所示。

```
[[ 1.1384975  -0.12513968 16.827183  ]
 [ 0.05609524  0.815251    2.471931  ]]
translation
[[ 1.  0. 15.]
 [ 0.  1.  2.]]
scale
[[1.1 0.  0. ]
 [0.  0.8 0. ]]
rot
```

```
[[ 0.9887711   0.14943813  0.        ]
 [-0.14943813  0.9887711   0.        ]]
shear
[[ 1.         -0.30933625  0.        ]
 [ 0.20271003  1.          0.        ]]
```

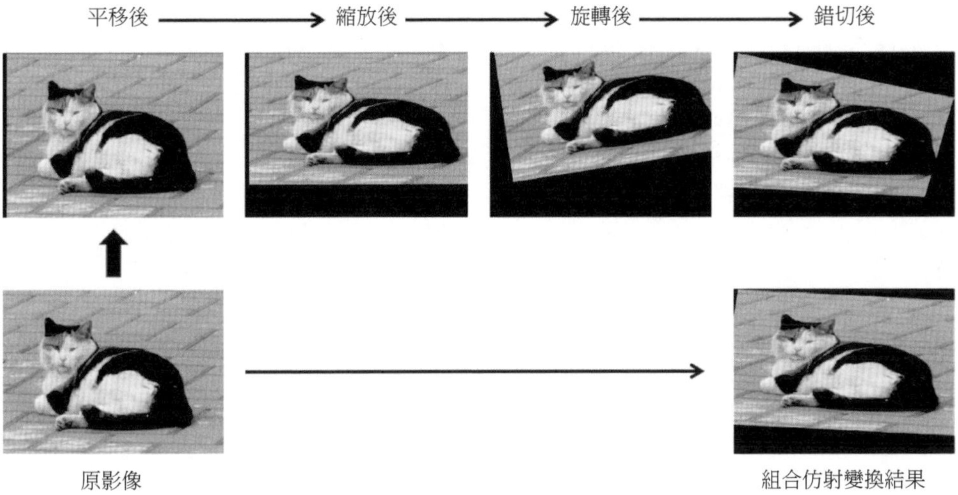

平移後 → 縮放後 → 旋轉後 → 錯切後

原影像　　組合仿射變換結果

▲ 圖 2-45 仿射變換結果

可以看出，分步操作過程中由於有影像邊界的階段，導致與直接一次做完所有變換的組合操作相比，分佈操作的最終結果被截去了部分內容。對於兩者都有內容的區域，可以看出組合仿射變換與分步操作的結果是一致的，也驗證了仿射變換可以由多個基礎變換組合的性質。

下面的程式實現了對於輸入影像設置 4 個映射點對，並求解透視變換矩陣並以此對原影像進行透視變換的過程。透視變換結果如圖 2-46 所示。

```
import os
import cv2
import numpy as np

os.makedirs('results/transform', exist_ok=True)
img_path = '../datasets/samples/cat2.png'
image = cv2.imread(img_path)
```

```
def transform_image(img, points1, points2):
    height, width = img.shape[0], img.shape[1]
    matrix = cv2.getPerspectiveTransform(points1, points2)
    res = cv2.warpPerspective(img, matrix, (width, height))
    return res, matrix

points1 = np.float32([[0, 0], [0, 255], [255, 0], [255, 255]])
points2 = np.float32([[10, 80], [80, 180], [200, 20], [240, 240]])
res, matrix = transform_image(image, points1, points2)
print("perspective matrix : \n", matrix)
cv2.imwrite('results/transform/perspective.png', res)
```

輸出的透視變換矩陣如下：

```
perspective matrix :
 [[ 2.42945959e-01  3.83548541e-01  1.00000000e+01]
 [-2.85509326e-01  6.37494022e-01  8.00000000e+01]
 [-2.51076040e-03  1.36298422e-03  1.00000000e+00]]
```

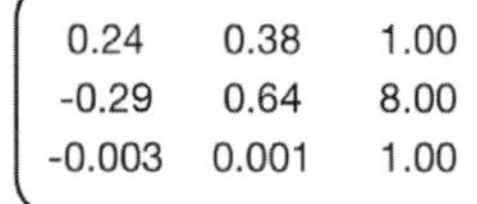

▲ 圖 2-46 透視變換結果

可以看出，經過透視變換後，原影像中的平行線不再保持平行，物體的形狀也被改變。

2.4.2 光流與幀間對齊

下面介紹電腦視覺中的另一個重要概念：**光流（Optic Flow）**，以及利用光流進行的像素點空間變換，即幀間對齊。連續幀之間的對齊是許多後續畫質處理任務，如降噪、超解析度等的關鍵前置步驟，其效果也會影響後續處理的效果及假影情況，因此在畫質演算法中有著重要的意義。下面先來了解一下什麼是光流。

光流，顧名思義，指的是「光」（反映在影像中即不同亮度的像素點）的「流動」（在不同時刻、不同幀影像上的位移），它表示的是三維空間中的被拍攝物體在成像平面上像素運動的瞬時速度。光流的定義示意圖如圖 2-47 所示，對於前後兩幀影像，其中 3 個不同的像素點分別進行了不同的移動，將這些像素點各自的行動計算出來，就獲得了每個像素點的光流值。每個像素點的光流值是一個向量，由 x 和 y 兩個方向的移動分量組成，因此一般以兩通道的圖來表示。為了方便顯示，一般會將不同移動向量的不同方向賦予不同的顏色，而亮度表示向量的模長，這樣就可以用一張偽彩色圖直觀地表示出光流。

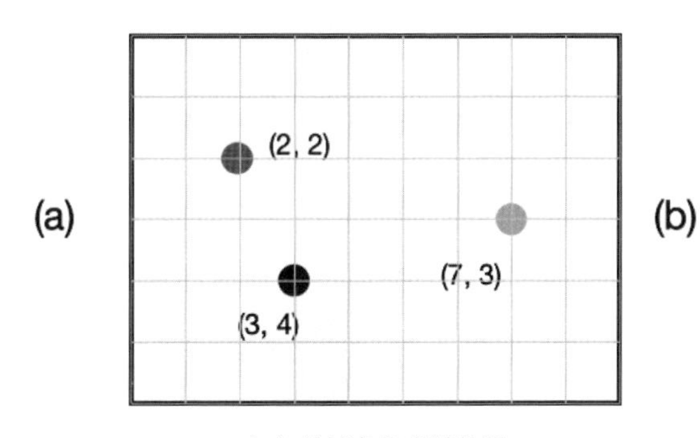

（a）前幀各像素點位置

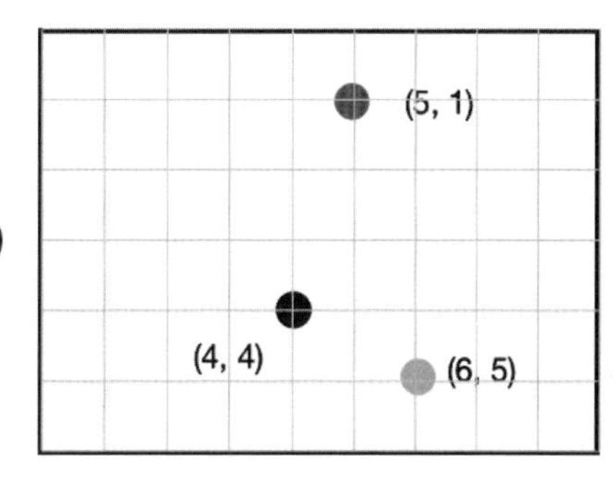

（b）後幀各像素點位置

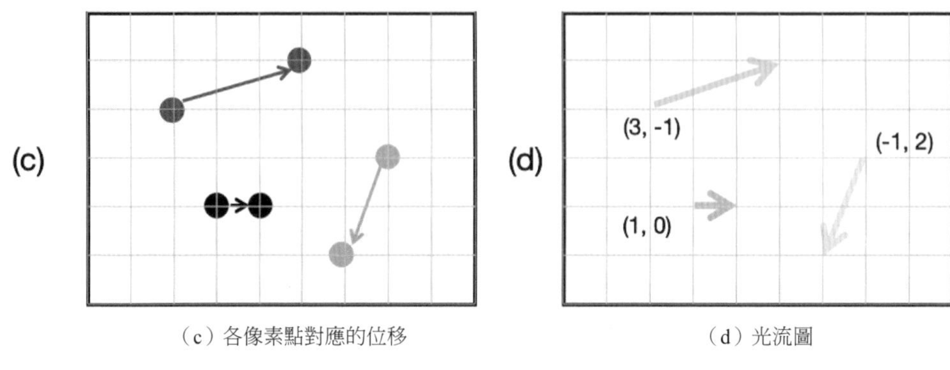

（c）各像素點對應的位移　　（d）光流圖

▲ 圖 2-47 光流的定義示意圖

光流演算法就是透過前後兩幀影像去估計各個像素點的運動情況資訊，這個資訊對於很多場景都是非常重要的，如後面將要講到的降噪、超解析度等任務，為了提高效果，通常需要多幀進行融合，而由於不同幀成像的時刻不同，因此它們之間往往會由於成像裝置不穩定或被拍攝物體移動等因素，導致幀間不能像素級對齊，因此就需要對當前幀和目標幀的光流進行估計，然後以此對當前幀逐像素地對齊到目標幀，用於後續任務。求解光流任務實際上就是求解前幀中的像素點在後幀上的位置，或說兩幀之間像素點的對應關係。光流演算法可以分為兩種：稀疏光流和稠密光流。其中稀疏光流只對影像中的部分特徵點進行光流計算，而稠密光流需要對影像中的所有像素點進行光流計算。

下面用 OpenCV 中已實現的幾種光流演算法來嘗試計算視訊中兩幀間的光流圖。首先是 Farneback 演算法，它是一種經典的稠密光流演算法，它的主要思想是利用多項式展開來近似表示每個像素的鄰域，然後將影像中二維空間的像素位置投影到以多項式的各項為基底函數的空間進行求解。為了避免大運動在小鄰域上無法觀測到，該演算法還使用了影像金字塔進行多尺度的計算。另一種光流演算法是 PCA-Flow 演算法，它的主要想法是對訓練集中的光流圖先進行 PCA 分解求出特徵分量，然後結合上面的特徵分量，以回歸的方式對稀疏光流進行修正，得到稠密光流圖。還有一種將要實驗的光流演算法稱為 DeepFlow 演算法，該演算法利用類卷積神經網路的方式建模，利用區塊和多尺度的策略電腦串流。在透過不同演算法計算好光流後，即可呼叫 cv2.remap 函數，利用光流將前一幀對齊到後一幀上，這個過程通常稱為**扭曲（Warp）映射**，實驗程式如下所示。

```
import os
import cv2
import numpy as np
import matplotlib.pyplot as plt


def optical_flow_warp(img1, img2, method='deepflow'):
    assert img1.shape == img2.shape
    h, w = img1.shape[:2]
    if img1.ndim == 3 and img1.shape[-1] == 3:
        # 將影像轉為灰度圖，用於光流計算
        img1_gray = cv2.cvtColor(img1, cv2.COLOR_BGR2GRAY)
        img2_gray = cv2.cvtColor(img2, cv2.COLOR_BGR2GRAY)
    # 需要安裝下列 package
    # pip install opencv-contrib-python
    # pip list | grep opencv
    #     opencv-contrib-python       4.7.0.72
    #     opencv-python               4.7.0.72
    if method == 'deepflow':
        of_func = cv2.optflow.createOptFlow_DeepFlow()
    elif method == 'farneback':
        of_func = cv2.optflow.createOptFlow_Farneback()
    elif method == 'pcaflow':
        of_func = cv2.optflow.createOptFlow_PCAFlow()
    # 計算得到的光流是後一幀到前一幀的變化量，為了將前一幀映射為後一幀，需要反向
    flow = -1.0 * of_func.calc(img1_gray, img2_gray, None)
    remap_mat = np.zeros_like(flow)
    # flow size: [h, w, 2], 通道 0：dx，通道 1：dy
    # 1 x w
    remap_mat[:, :, 0] = flow[:, :, 0] + np.arange(w)
    # h x 1
    remap_mat[:, :, 1] = flow[:, :, 1] + np.arange(h)[:, np.newaxis]
    res = cv2.remap(img1, remap_mat, None, cv2.INTER_LINEAR)

    # 將光流向量影像轉為 BGR 彩色影像
    vis_hsv = np.zeros((h, w, 3), dtype=np.uint8)
```

```
    vis_hsv[..., 1] = 255
    mag, angle = cv2.cartToPolar(flow[..., 0], flow[..., 1])
    vis_hsv[..., 0] = angle * 255 / np.pi / 2
    vis_hsv[..., 2] = cv2.normalize(mag, None, 0, 255, cv2.NORM_MINMAX)
    flow_vis = cv2.cvtColor(vis_hsv, cv2.COLOR_HSV2BGR)
    return res, flow, flow_vis

if __name__ == "__main__":

    os.makedirs('results/optical_flow', exist_ok=True)
    frame0 = cv2.imread('../datasets/frames/frame_1.png')
    frame1 = cv2.imread('../datasets/frames/frame_2.png')

    for method in ['farneback', 'pcaflow', 'deepflow']:
        warped_frame0, optical_flow, flow_vis = \
            optical_flow_warp(frame0, frame1, method)
        cv2.imwrite(f'results/optical_flow/{method}_warped_frame0.png',\
                warped_frame0)
        cv2.imwrite(f'results/optical_flow/{method}_flowmap.png',\
                flow_vis)
```

幾種光流演算法的實驗效果如圖 2-48 所示。

(a) 前幀影像

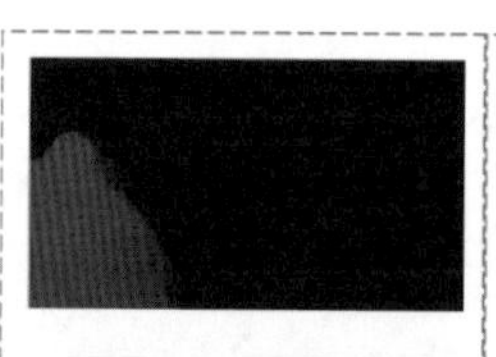

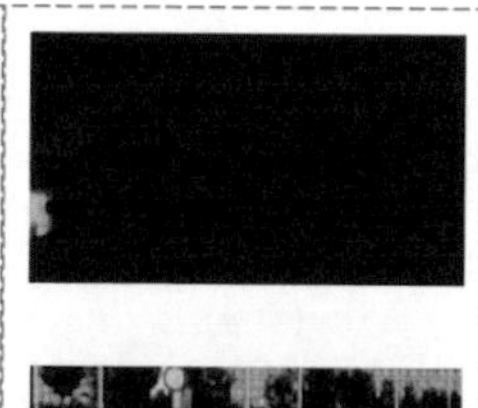

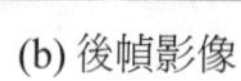

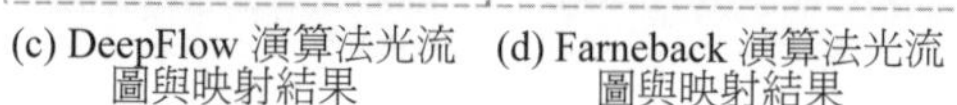

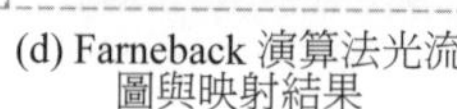

(b) 後幀影像　(c) DeepFlow 演算法光流圖與映射結果　(d) Farneback 演算法光流圖與映射結果　(e) PCA-Flow 演算法光流圖與映射結果

▲ 圖 2-48 各光流演算法的實驗效果

2.5 影像的頻域分析與影像金字塔

現在我們已經了解了關於影像像素值的映射和空間位置的變化，在本節中，我們換一個角度對影像的內容和特徵進行分析，這個新的角度稱為**頻域**（**Frequency Domain**）。與頻域相對，前面所討論的以像素的座標和值組成的影像被稱為**空域**（**Spatial Domain**）。影像的頻域透過二維傅立葉轉換得到，它可以直觀地展示空域中隱含的影像的一些資訊，並且由頻域分析衍生出來的影像金字塔及小波變換處理等工具也在影像處理中有重要的作用。下面首先介紹一下傅立葉轉換的基本原理和頻域的特性。

2.5.1 傅立葉轉換與頻域分析

傅立葉轉換（**Fourier Transform**）基於一個基本的原理，這個原理可以簡單地理解為，對於一個滿足一定條件的訊號，可以用不同頻率的週期訊號（實際上用的是正 / 餘弦訊號）的加權疊加對其進行擬合。不同頻率的週期訊號在疊加中所佔的權重是多少，也就可以看作在原始訊號中的該頻率成分有多少。傅立葉轉換是一種積分變換，它可以透過採樣相關原理，推廣到離散形式。由於這裡處理的是離散訊號（由離散的像素點組成的影像），所以這裡僅介紹離散傅立葉轉換（DFT）的相關內容。下面先從一維離散傅立葉轉換開始介紹。

一維傅立葉轉換的數學形式如下：

$$X(k)=\sum_{n=0}^{N-1}x(n)\mathrm{e}^{-\mathrm{j}2\pi kn/N}$$

式中，$x(n)$ 為一維時域訊號。傅立葉轉換的基本設定為時域到頻域的變換，輸入可以看作隨時間變化的訊號經過離散化後的結果，因此 n 為整數。右邊的 $\mathrm{e}^{-\mathrm{j}2\pi kn/N}$ 就是前面所說的週期訊號，根據尤拉公式

$$\mathrm{e}^{\mathrm{i}x}=\cos(x)+\mathrm{i}\sin(x)$$

可以將上面的虛數指數拆解成正 / 餘弦函數。其中 N 為離散訊號的長度，k 對應不同的頻率，透過改變 k，可以獲得不同頻率的週期訊號，然後與 $x(n)$ 對應相乘後求和（實際上這個過程是一個卷積操作，在連續訊號中為積分形式），即可得到訊號所包含的該 k 值下（也就是該頻率成分）的分量。由於指數形式的週期訊號是複數，因此得到的頻譜也是複數。一般對其分別取複數的模和相角進行分析，複數頻譜取餘值後被稱為**振幅譜（Amplitude Spectrum）**，而其相角被稱為**相位譜（Phase Spectrum）**。

對於二維離散傅立葉轉換，其數學形式與上述的是類似的，只需要將一維的週期訊號變為二維，並與二維的輸入訊號進行卷積即可。最後得到的也是二維的頻譜，其數學形式如下：

$$X(k,l)=\sum_{n=0}^{N-1}\sum_{m=0}^{M-1}x(m,n)\mathrm{e}^{-\mathrm{j}2\pi(km/M+ln/N)}$$

可以看到，其中的 M 和 N 分別是影像橫縱兩個方向的長度，輸出結果也是與原影像同樣大小的二維複數影像，對其求解模值和相位，即可得到振幅譜和相位譜。

下面用一個簡單的程式範例來計算一張影像的頻譜。二維離散傅立葉轉換可以用 numpy.fft.fft2 函數來直接實現（**FFT** 是 **Fast Fourier Transform** 的縮寫，即快速傅立葉轉換，FFT 是 DFT 一個加速版的實現），其程式如下。

```
import os
import cv2
import numpy as np

os.makedirs('results/fft_test', exist_ok=True)

# 影像及其頻譜圖
img_path = '../datasets/samples/butterfly256rgb.png'
img_bgr = cv2.imread(img_path)
img = cv2.cvtColor(img_bgr, cv2.COLOR_BGR2GRAY)
cv2.imwrite('results/fft_test/butterfly_gray.png', img)
img = img / 255.0
# 透過二維 FFT 轉到頻域
```

```
spec = np.fft.fftshift(np.fft.fft2(img))
print(f"frequency domain, size is {spec.shape}, type is {spec.dtype}")
# 計算振幅譜和相位譜
amp, phase = np.abs(spec), np.angle(spec)
print(f"amplitude max: {np.max(amp):.4f}, min: {np.min(amp):.4f}")
print(f"amplitude max: {np.max(phase):.4f}, min: {np.min(phase):.4f}")

cv2.imwrite('./results/fft_test/amp.png', \
            np.clip(amp, 0, 200) / 200 * 255)
cv2.imwrite('./results/fft_test/phase.png', \
            (phase + np.pi) / (2 * np.pi) * 255)
```

為了便於展示，在最後儲存程式時對振幅進行截斷，並對相位進行歸一化，得到的結果如圖 2-49 所示。

首先來說明一下如何分析頻譜圖。由於程式中應用了 numpy.fft.fftshift 函數，因此得到的振幅譜和相位譜的低頻區域在影像的中心部分。隨著到中心的距離變遠，其頻率逐漸增大。因此，從振幅譜中可以看出影像各個頻率成分的比例關係，對影像來說，低頻代表著其緩慢的變化，影像中的低頻分量表示其粗略的輪廓和漸變的形態；高頻則代表著邊緣、細節和紋理，即變化比較劇烈的區域的量。舉例來說，一塊平坦的藍天區域或起伏平緩的沙漠，這些影像的低頻分量就會相對多一些；而對草叢、密鋪的石子路，以及毛髮豐富的動物來說，這些影像中豐富的紋理和細節則會表現在頻譜中的高頻分量上。另外，由於二維影像有 x 和 y 上的方向性，這一點也可以在頻譜中表現出來，一個基本的原則：如果原影像中有朝向某個方向的分量，那麼振幅譜中與該方向垂直的方向就會有較大的設定值，如圖 2-49（a）所示蝴蝶身上的紋理，從左上到右下方向的線條較多，因此得到的振幅譜影像中，從右上到左下方向就有一條明顯的亮線。這個規律可以直觀地理解為，對原影像中某方向的分量（如有豎向的條紋，即與 y 軸平行的分隔符號），它對 x 方向來說才能表現出其變化（豎條紋沿著條紋方向是均勻的，而「穿過」不同的條紋才會檢測到高頻資訊），因此其反映到頻譜上是 x 方向某頻率的值變大。其他的方向也是同理。

（a）輸入影像

（b）振幅譜

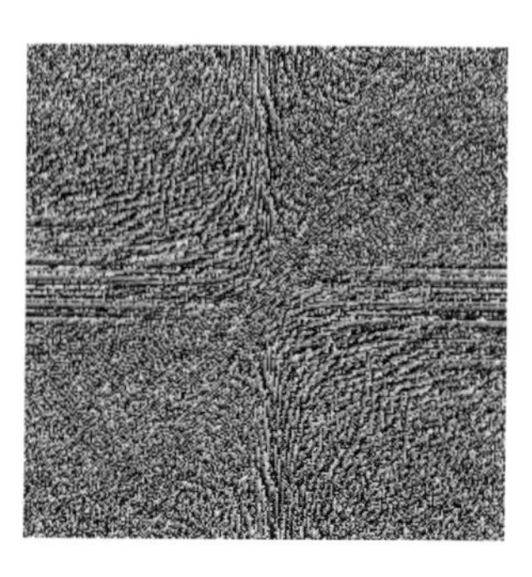
（c）相位譜

▲ 圖 2-49 二維離散傅立葉轉換示意圖

振幅譜和相位譜共同組成了影像的頻域，那麼兩者哪個更加重要呢？我們可以透過一個簡單的實驗來說明一下：將 A 和 B 兩張影像分別變換到頻域，並且分別分解為振幅譜和相位譜，然後用影像 A 的振幅譜與影像 B 的相位譜結合得到一張新的頻譜圖，同理對影像 B 的振幅譜和影像 A 的相位譜進行組合。然後分別對兩張新得到的頻譜圖進行反變換，得到空域的影像。振幅譜和相位譜交叉組合實驗流程示意圖如圖 2-50 所示。

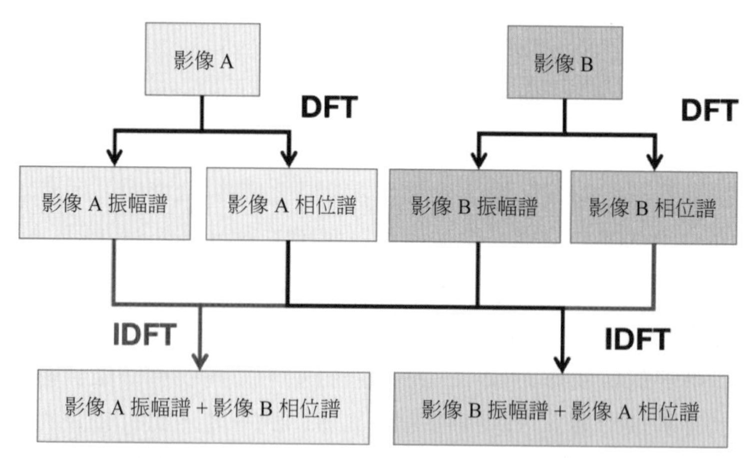

▲ 圖 2-50 振幅譜和相位譜交叉組合實驗流程示意圖

用程式實現這個過程，程式如下。

```
import os
import cv2
import numpy as np

os.makedirs('results/fft_test', exist_ok=True)

# 讀取兩張不同的範例影像，並進行 FFT 變換
img_path_1 = '../datasets/samples/butterfly256rgb.png'
img_path_2 = '../datasets/samples/lena256rgb.png'
img_bgr_1 = cv2.imread(img_path_1)
img_bgr_2 = cv2.imread(img_path_2)
img1 = cv2.cvtColor(img_bgr_1, cv2.COLOR_BGR2GRAY)
img2 = cv2.cvtColor(img_bgr_2, cv2.COLOR_BGR2GRAY)
cv2.imwrite('results/fft_test/mix_1.png', img1)
cv2.imwrite('results/fft_test/mix_2.png', img2)
img1, img2 = img1 / 255.0, img2 / 255.0
spec1 = np.fft.fftshift(np.fft.fft2(img1))
spec2 = np.fft.fftshift(np.fft.fft2(img2))
# 分別計算振幅譜和相位譜
amp1, phase1 = np.abs(spec1), np.angle(spec1)
amp2, phase2 = np.abs(spec2), np.angle(spec2)

# 分別生成兩個新頻譜：影像 A 振幅譜 + 影像 B 相位譜，以及影像 B 振幅譜 + 影像 A 相位譜
amp1phase2 = np.zeros_like(spec1)
amp1phase2.real = amp1 * np.cos(phase2)
amp1phase2.imag = amp1 * np.sin(phase2)
amp2phase1 = np.zeros_like(spec2)
amp2phase1.real = amp2 * np.cos(phase1)
amp2phase1.imag = amp2 * np.sin(phase1)
# 反變換後儲存生成的影像
img_amp1phase2 = np.fft.ifft2(np.fft.fftshift(amp1phase2)).real
cv2.imwrite('./results/fft_test/mix_amp1phase2.png', img_amp1phase2 * 255)
img_amp2phase1 = np.fft.ifft2(np.fft.fftshift(amp2phase1)).real
cv2.imwrite('./results/fft_test/mix_amp2phase1.png', img_amp2phase1 * 255)
```

振幅譜和相位譜交叉組合的實驗結果如圖 2-51 所示。

從實驗結果可以看出，對一張影像來說，替換或改變其振幅譜，仍然可以看出影像的資訊，而改變了相位譜則很難在重建出的影像中得到原影像的資訊，說明相位譜中包含了更多影像的空間資訊。實際上，傅立葉轉換有一個重要的性質，那就是其空域的移動經過傅立葉轉換後會造成相位的改變。而人們對於影像內容的理解更多的也是基於其空間位置資訊的，也就是說，這種資訊基本被編碼在了影像的相位譜中，因此單純根據相位譜即可恢復出很多影像的內容資訊。

（a）影像 A

（b）影像 B

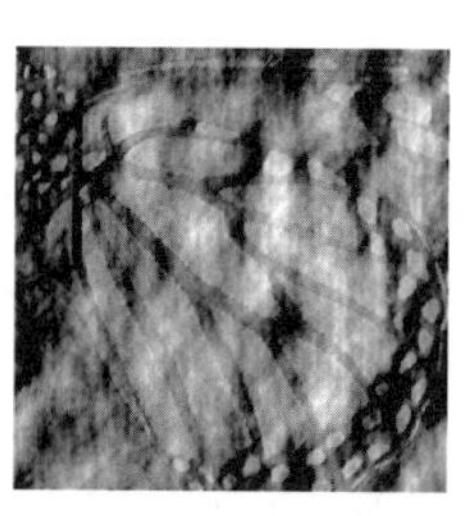
（c）影像 B 振幅譜 + 影像 A 相位譜

（d）影像 A 振幅譜 + 影像 B 相位譜

▲ 圖 2-51 振幅譜和相位譜交叉組合的實驗結果

由於透過傅立葉轉換將影像分解到了各個頻率成分中，並且透過頻譜也可以對影像進行重建，所以一個直接的想法就是，是否可以人為將影像中的某些頻率成分進行保留或去除，從而獲得需要的頻率分量。比如，如果知道某種干擾或雜訊主要在高頻區域，那麼就可以透過在頻譜中操作，去除或壓制高頻的值，然後反變換得到處理後的影像，這樣處理後，影像中的干擾、雜訊就可以被壓制掉。其實這就是**頻域濾波（Frequency Domain Filter）**的基本想法。比較常見的頻域濾波有**低通濾波（Low-pass Filtering）**和**高通濾波（High-pass Filtering)**，其中，低通濾波在某個頻率處進行截止，大於該值的頻率分量被消除，低通濾波的作用主要是提取低頻形態資訊，而忽略細節和紋理。而高通濾波器則相反，對小於截止頻率的分量進行消除，從而提取高頻的細節和紋理資訊，忽略其亮度和顏色的漸變。我們用程式來實現低通濾波和高通濾波，如下所示。

```
import os
import cv2
import numpy as np

os.makedirs('results/fft_test', exist_ok=True)

img_path = '../datasets/samples/butterfly256rgb.png'
img_bgr = cv2.imread(img_path)
img = cv2.cvtColor(img_bgr, cv2.COLOR_BGR2GRAY) / 255.0
h, w = img.shape
# 透過二維 FFT 轉到頻域
spec = np.fft.fftshift(np.fft.fft2(img))
# 頻域低通、高通濾波
low_mask = np.zeros((h, w), dtype=np.float32)
cv2.circle(low_mask, (w // 2, h // 2), 10, 1, -1)
high_mask = 1 - low_mask
# 頻域 mask 與頻譜相乘
lp_spec = spec * low_mask
hp_spec = spec * high_mask
# 計算低通和高通濾波後的振幅譜並儲存
lp_amp = np.abs(lp_spec)
hp_amp = np.abs(hp_spec)
cv2.imwrite('./results/fft_test/lowpass_amp.png', \
            np.clip(lp_amp, 0, 200) / 200 * 255)
cv2.imwrite('./results/fft_test/highpass_amp.png', \
            np.clip(hp_amp, 0, 200) / 200 * 255)
# FFT 反變換回空域並取實部，得到頻域濾波後的影像
lp_img = np.fft.ifft2(np.fft.fftshift(lp_spec)).real
hp_img = np.fft.ifft2(np.fft.fftshift(hp_spec)).real
cv2.imwrite('./results/fft_test/lowpass_img.png', lp_img * 255)
cv2.imwrite('./results/fft_test/highpass_img.png', hp_img * 255)
```

高通濾波和低通濾波振幅譜與濾波結果如圖 2-52 所示。

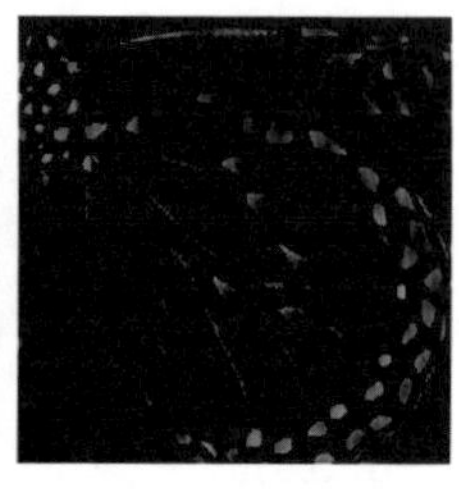

（a）高通濾波振幅譜與濾波結果

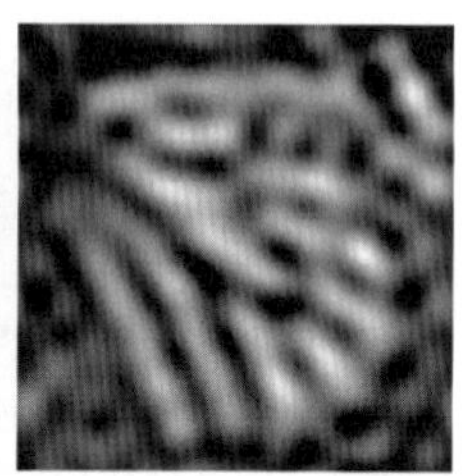

（b）低通濾波振幅譜與濾波結果

▲ 圖 2-52 高通濾波和低通濾波振幅譜與濾波結果

可以看出，經過低通濾波後，影像的低頻資訊，即輪廓和大範圍的亮度變化被保留，而邊緣和細節都被去掉；而高通濾波後的影像則只保留了比較高頻的資訊，即邊緣和紋理，影像的亮度變化等漸變的內容被消除掉。

頻率濾波是影像傅立葉轉換的簡單應用。實際上，根據影像的頻域可以得到一些通用的分析結論（有些結論可以作為影像處理和畫質增強的先驗）與統計規律，並衍生出相對應的處理手段。下面就來討論自然影像的頻域統計特性。

2.5.2 自然影像的頻域統計特性

儘管不同影像差別很大，但是研究表明 [1]，對自然影像（Natural Image）來說，它們的振幅譜是有一定規律的。影像的空間頻率（Spatial Frequency）與平均振幅（Average Amplitude）之間存在著**倒數冪律（Reciprocal Power Law）**，即平均振幅正比於空間頻率的 $-\alpha$ 次方，其數學形式如下：

$$A = kf^{-\alpha}$$

式中，A 和 f 分別表示振幅與頻率；k 和 α 是係數。這個規律說明了以下幾點資訊：首先，不同的自然影像，除了比較特殊的情況，通常具有類似的細節程度。其次，在自然影像中含有較多的低頻分量，也就是說自然影像的主要設定值基本都是漸變的，而細節則是在這些漸變的基礎上增加的內容資訊，這些高頻內容的含量相比於漸變的低頻從能量上來說更少。可以簡單地驗證一下這個規律，對上面等式的兩邊取對數，可以得到：

$$\log(A)=\log(k)-\alpha\log(f)$$

也就是說，對不同影像的振幅和頻率作雙對數圖，可以近似得到一個線性關係，其斜率為 $-a$。取若干自然影像，按照上面的方式作圖，不同影像的振幅與頻率雙對數（log-log）圖如圖 2-53 所示。可以看到，不同影像雖然內容差異較大，但是其在頻譜分佈上均遵循倒數冪律。

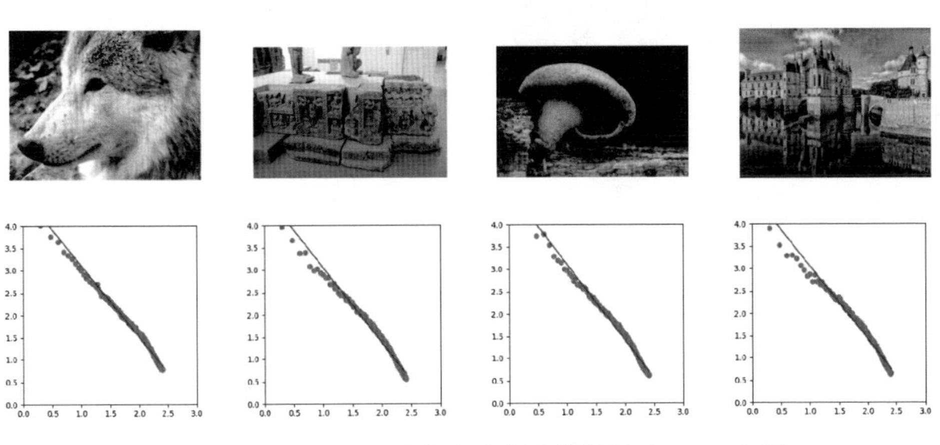

▲ 圖 2-53 不同影像的振幅與頻率雙對數（log-log）圖

2.5.3 影像金字塔：高斯金字塔與拉普拉斯金字塔

有了傅立葉轉換和頻域的工具，我們可以對影像的不同頻率進行分別處理，這在很多場景和應用中是有效的。但是頻域變換以及頻域的處理相對複雜，一個更為簡潔的方式是透過對原影像進行下採樣，從而獲得更加模糊的小圖，用來表示偏低頻的影像資訊。另外，我們可以將下採樣的圖再透過上採樣重建原本的尺寸，然後與原影像求差值。由於經過了下採樣和上採樣的過程，影像細節遺失，因此與原影像的差異主要表現在細節上，這樣我們就獲得了影像偏高頻的資訊。這種透過縮放，將影像變換到不同尺寸，以便分別進行分析處理的策略一般稱為**多尺度（Multi-scale）**。將影像進行多次重複下採樣，可以得到一組不同尺度的影像，這組影像被形象地稱為**影像金字塔**。

常見的金字塔主要有**高斯金字塔（Gaussian Pyramid）**和**拉普拉斯金字塔（Laplacian Pyramid）**。其中，高斯金字塔對影像進行逐級下採樣，每次下採樣的結果為金字塔的一層，將影像下採樣的結果從下向上排列，其中，上一層的尺寸為下一層的一半。高斯金字塔生成過程示意圖如圖 2-54 所示。

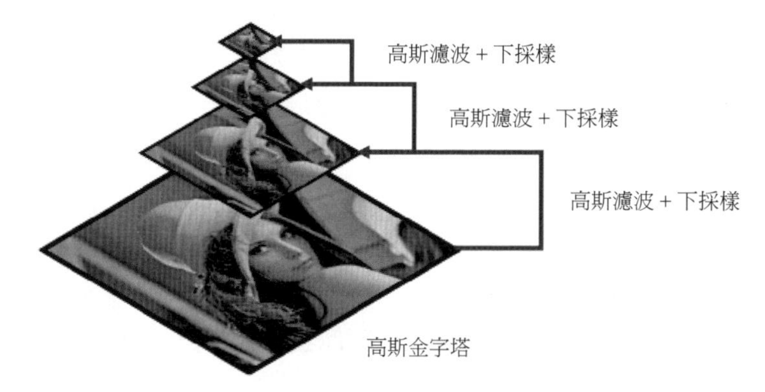

▲ 圖 2-54 高斯金字塔生成過程示意圖

高斯金字塔的下採樣主要由兩個步驟組成：首先用高斯核心對影像進行濾波；然後透過等間距採樣得到更小的上一層影像。高斯濾波的作用在於防止高頻對採樣產生影響，由採樣定理可知，要想使採樣不產生混疊（Aliasing）效應而影響效果，需要對頻率範圍進行一定的約束。對於這個問題，我們也可以這樣直觀地理解：越模糊的影像越有利於壓縮，因為它沒有太複雜的細節資訊，即使用小圖也能表達清楚；而細節豐富、紋理多的影像則需要用更大的圖來儲存。高斯金字塔的每個層可以大致認為對應於頻譜中的不同頻率範圍，越小的圖頻率範圍越窄，只包含很少的低頻資訊；而越大的圖則頻率範圍越寬，因此包含更多的中高頻資訊。

拉普拉斯金字塔與高斯金字塔的建構過程類似（見圖 2-55），在拉普拉斯金字塔中，除了最後一層（圖 2-55 所示的頂層），所有層都需要與上一層的小圖求殘差，即將上一層的圖上採樣到與下層同等大小，然後求出差值。頂層直接保留高斯濾波下採樣的結果。這個差值表現的是當前層的細節資訊，大致對應於頻譜中的某個頻帶。越大的圖，其對應的頻帶位置越接近高頻，反之則越接近低頻。

拉普拉斯金字塔的生成可以看作一種遞迴的「低頻亮度＋高頻細節」的分解方式，分別對低頻資訊和高頻資訊進行處理，可以滿足很多不同的需求，如需要亮度保持不變的細節提升或需要漸變亮度過渡均勻的影像融合等，因此拉普拉斯金字塔在很多演算法中都有廣泛的應用。另外，對比高斯金字塔和拉普拉斯金字塔可以發現，實際上可以直接用高斯金字塔逐層縮放相減的方式得到對應的拉普拉斯金字塔。

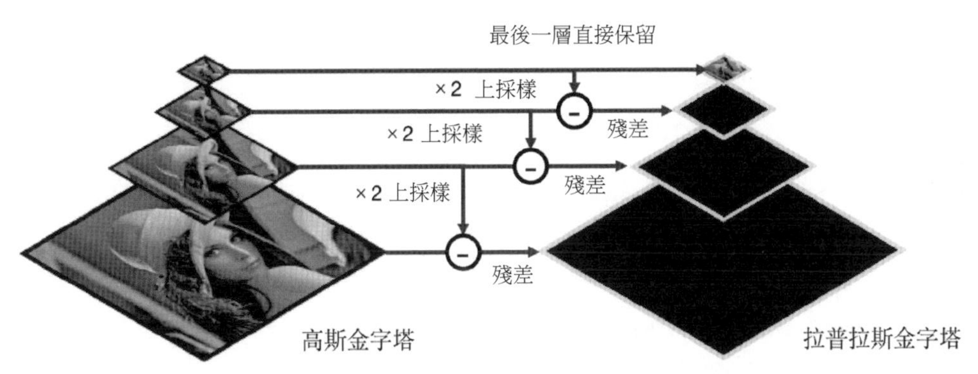

▲ 圖 2-55 拉普拉斯金字塔生成過程示意圖

拉普拉斯金字塔迭代進行殘差計算，並且保留了最後的最低頻率成分（頂層），只需要對其進行反向操作，逐層加回殘差，即可重建原始影像。一些基於拉普拉斯金字塔的演算法最後通常也需要對處理後的拉普拉斯金字塔進行逐層累加的重建得到輸出結果。拉普拉斯金字塔重建原始影像的過程如圖 2-56 所示。

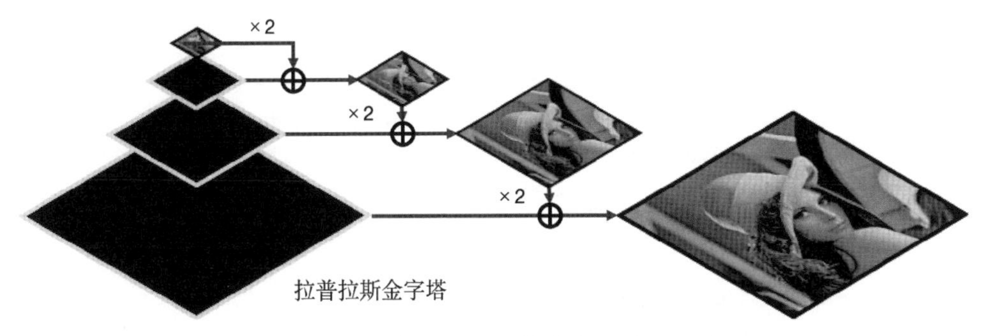

▲ 圖 2-56 拉普拉斯金字塔重建原始影像的過程

下面用 OpenCV 程式實現建構高斯金字塔和拉普拉斯金字塔的函數，並呼叫函數為測試影像分別生成高斯金字塔與拉普拉斯金字塔。OpenCV 中的 cv2.pyrDown 和 cv2.pyrUp 可以實現高斯濾波下採樣和上採樣的過程，程式如下所示。

```
import os
import numpy as np
import cv2

def build_gaussian_pyr(img, pyr_level=5):
    # 建立高斯金字塔
    gauss_pyr = list()
    cur = img.copy()
    gauss_pyr.append(cur)
    # 逐步下採樣並加入金字塔
    for i in range(1, pyr_level):
        cur_h, cur_w = cur.shape[:2]
        cur = cv2.pyrDown(cur,
            dstsize=(int(np.round(cur_w / 2)), int(np.round(cur_h / 2))))
        gauss_pyr.append(cur)
    return gauss_pyr

def build_laplacian_pyr(img, pyr_level=5):
    # 建立拉普拉斯金字塔
    laplace_pyr = list()
    cur = img.copy()
    # 逐步下採樣，並計算差值，加入拉普拉斯金字塔
    for i in range(pyr_level - 1):
        cur_h, cur_w = cur.shape[:2]
        down = cv2.pyrDown(cur,
                dstsize=(int(np.round(cur_w / 2)), int(np.round(cur_h / 2))))
        up = cv2.pyrUp(down, dstsize=(cur_w, cur_h))
        lap_layer = cur.astype(np.float32) - up
        laplace_pyr.append(lap_layer)
        cur = down
    # 最後一層為高斯下採樣，非差值
    laplace_pyr.append(cur)
```

```
    return laplace_pyr

def collapse_laplacian_pyr(laplace_pyr):
    # 從拉普拉斯金字塔重建影像
    pyr_level = len(laplace_pyr)
    # 逐步上採樣，並加入差剖面圖
    tmp = laplace_pyr[-1].astype(np.float32)
    for i in range(1, pyr_level):
        lvl = pyr_level - 1 - i
        cur = laplace_pyr[lvl]
        cur_h, cur_w, _ = cur.shape
        up = cv2.pyrUp(tmp, dstsize=(cur_w, cur_h)).astype(cur.dtype)
        tmp = cv2.add(cur, up)
    return tmp

if __name__ == "__main__":
    os.makedirs('results/pyramid', exist_ok=True)
    img_path = '../datasets/samples/cat2.png'
    image = cv2.imread(img_path)
    print(f"input image size: ", image.shape)

    # 測試結果
    gauss_pyr = build_gaussian_pyr(image)
    # 列印高斯金字塔各層影像尺寸，並進行儲存
    for idx, layer in enumerate(gauss_pyr):
        print(f"[Gaussian Pyramid] layer: {idx}, size: {layer.shape}")
        cv2.imwrite(f'./results/pyramid/gauss_lyr{idx}.png', layer)

    laplacian_pyr = build_laplacian_pyr(image)
    # 列印拉普拉斯金字塔各層影像尺寸，並進行儲存
    os.makedirs('./results/pyramid/', exist_ok=True)
    for idx, layer in enumerate(laplacian_pyr):
        print(f"[Laplacian Pyramid] layer: {idx}, size: {layer.shape}")
        cv2.imwrite(f'./results/pyramid/laplace_lyr{idx}.png',
                    np.abs(layer).astype(np.uint8))
```

列印出的輸入影像及金字塔各層影像尺寸如下。

```
input image size:  (256, 256, 3)
[Gaussian Pyramid] layer: 0, size: (256, 256, 3)
[Gaussian Pyramid] layer: 1, size: (128, 128, 3)
[Gaussian Pyramid] layer: 2, size: (64, 64, 3)
[Gaussian Pyramid] layer: 3, size: (32, 32, 3)
[Gaussian Pyramid] layer: 4, size: (16, 16, 3)
[Laplacian Pyramid] layer: 0, size: (256, 256, 3)
[Laplacian Pyramid] layer: 1, size: (128, 128, 3)
[Laplacian Pyramid] layer: 2, size: (64, 64, 3)
[Laplacian Pyramid] layer: 3, size: (32, 32, 3)
[Laplacian Pyramid] layer: 4, size: (16, 16, 3)
```

OpenCV 實現高斯金字塔與拉普拉斯金字塔的結果如圖 2-57 所示（因不同層級尺寸差距較大，影像放大至了同樣尺寸，並調整了亮度對比度以便於顯示）。

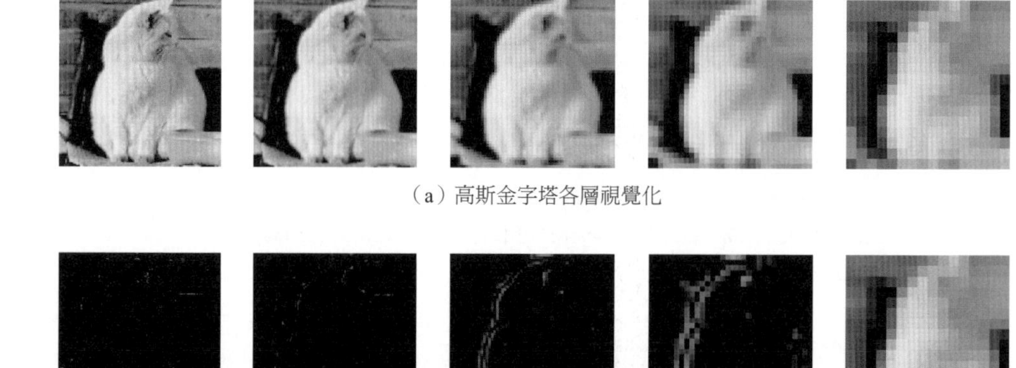

（a）高斯金字塔各層視覺化

（b）拉普拉斯金字塔各層視覺化

▲ 圖 2-57 OpenCV 實現高斯金字塔與拉普拉斯金字塔的結果

3 影像與視訊降噪演算法

本章討論視訊和影像的降噪任務，以及各種經典降噪演算法的設計想法與實現。**降噪**是畫質演算法（甚至可以說是一切訊號處理演算法，包括語音處理演算法等）領域一個古老又經典的難題，自從有了各種訊號擷取手段，雜訊（Noise）就與之相伴而生。

降噪指的就是透過某些技術手段，將訊號中的雜訊去掉或衰減，同時較為完整地保留下有效訊號（人們實際感興趣的那部分內容）。影像降噪的方式是多樣的，既可以在硬體裝置、擷取方式等方面進行，也可以透過演算法後處理來進行，不同的演算法在性能、效果、適用範圍上各有優勢。本章首先介紹雜訊的來源與數學模型；然後對降噪演算法的困難與策略介紹；最後詳細講解一些降噪的經典演算法，包括傳統降噪演算法及深度學習降噪演算法。

3.1 雜訊的來源與數學模型

3.1.1 影像雜訊的物理來源

對影像處理，雜訊就是成像器件和成像流程的固有屬性在成像過程中對影像帶來的干擾和波動，從廣義上來說，各種對影像的干擾都可以被視為雜訊，包括固定模式雜訊和隨機雜訊。固定模式雜訊相對較穩定且可以確定，因此透過一些影像處理方法可以消除掉，因此一般所說的雜訊普遍指的是**隨機雜訊（Random Noise）**。隨機雜訊來源於成像流程中的多個步驟，下面按照順序說明。

首先，成像的第一個步驟就是光線透過光學元件照射到感測器，透過光電效應激發出電子，根據不同的光強度對應產生不同程度的電訊號。理論上來說，光源發出的光子數量越多，感測器上接收到的光子也應該越多，對應產生的亮度訊號（對應影像的亮度值）就越大。但是在這個過程中，由於光的量子特性，打到感測器各個像素點上的光子數量具有一定的隨機性，這個隨機的數量服從**卜松分佈（Poisson Distribution）**。卜松分佈的數學形式如下：

$$P(X=k)=\frac{\mathrm{e}^{-\lambda}\lambda^{k}}{k!}$$

卜松分佈示意圖如圖 3-1 所示。

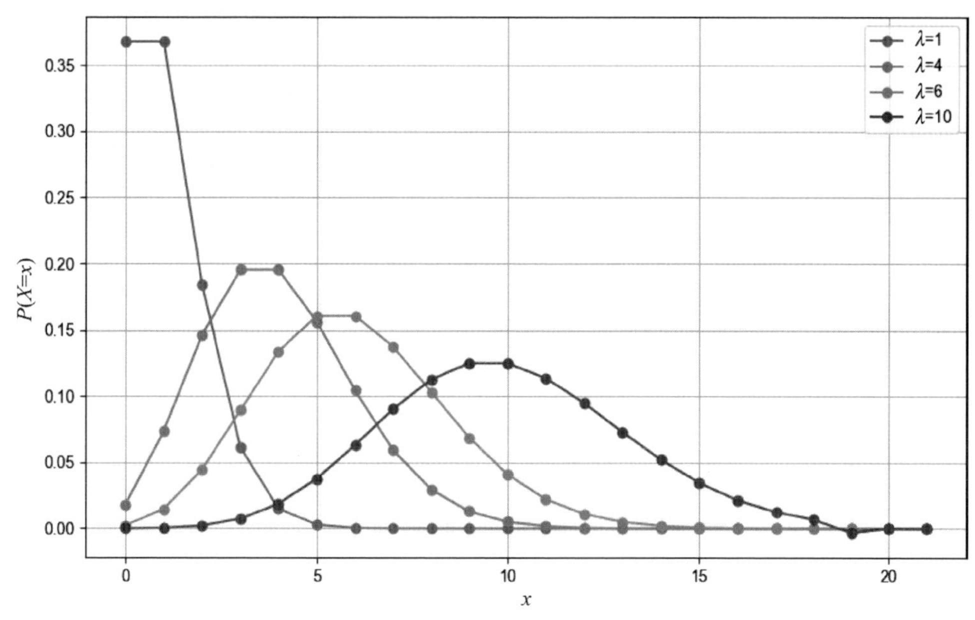

▲ 圖 3-1 卜松分佈示意圖

光子數量的隨機性，經過光電轉換及增益（相當於乘以一定的係數）後，對應到影像上，則影像中的像素亮度值也會存在對應的隨機性。這種由於光子的量子效應引起的雜訊通常稱為**光子散粒雜訊（Photon Shot Noise）**。從卜松分佈示意圖可以看出，光子散粒雜訊是與訊號的大小相關的，訊號越大則雜訊的方差越大，也就是雜訊的不確定性越強。但是，根據平時的經驗可知，在強光下雜訊反而不明顯，而在暗光下雜訊會更明顯。這就需要引入另一個概念，那就是**訊號雜訊比（Signal-to-Noise Ratio，SNR）**。

訊號雜訊比是衡量訊號與雜訊的比例關係的度量，它反映的是有效訊號在含噪訊號中相對比例的大小。SNR 的數學定義為

$$\text{SNR} = 20\lg(s/n)\text{dB}$$

式中，s 和 n 分別表示訊號和雜訊的幅度。SNR 度量的是兩者功率（能量）的比例，因此需要對幅度進行平方，取對數後變成了係數 2，另外的係數 10 用於轉為分貝。對某個固定強度的訊號來說，s 就是一組訊號採樣點的平均值，而 n 就是其標準差。在光子散粒雜訊的卜松分佈運算式中，參數 λ 對應於輸入訊號的強度，由於卜松分佈的平均值和方差都是 λ（標準差為 $\sqrt{\lambda}$），因此只考慮光子散粒雜訊訊號的訊號雜訊比為 $20\lg(\sqrt{\lambda})$，與輸入訊號的大小正相關。換句話說，輸入訊號越大，訊號雜訊比越高，成像受到的雜訊影響越小，反之則越大。這個結論與人們的經驗相符（實際上，在暗光下增益值通常會被提高，因此雜訊也會被放大）。

另外，在相機進行曝光時，內部的感測器會被加熱，在感測器上累積的熱量會激發出一定的熱電子，形成暗電流。在不對相機輸入光線的情況下，理論情況下感測器輸出的結果應該為 0，但是由於暗電流的存在，輸出結果並不是 0，而是有一定隨機性的較小的數值。在正常有光的成像情況下，暗電流和光電效應所轉換的電流會被混合在一起，從而對影像形成干擾。通常來說，需要對相機的暗電流進行標定，但是由於熱效應產生的電子數量也具有統計上的隨機性，因此會帶來**暗電流雜訊（Dark Current Noise）**。由於暗電流與累積的熱量有關，因此曝光時間久則暗電流雜訊的影響大，另外溫度越高暗電流雜訊也越明顯。因此，為了降低暗電流雜訊，在硬體層面的方案就是對感測器進行製冷，在演算法層面則可以透過降噪對暗電流雜訊進行抑制。

還有另外一種較為重要的雜訊類型，即讀取**雜訊（Read Noise）**，它是由相機對訊號進行讀取放大並進行模數轉換時，由於熱效應等非理想因素的影響而產生的。讀取雜訊主要與讀出電路的設計及所用的元器件類型等因素有關，由於讀取雜訊可以被認為與訊號無關，因此通常被建模為高斯分佈。

此外，在相機成像過程中還有很多步驟和器件也會產生不同的雜訊（如行雜訊、量化雜訊等），這裡就不再進行詳述。上面所述的幾種常見雜訊及其特性，對後續將要講到的各種降噪模型的設計來說，是非常重要的先驗知識。為了更進一步地描述和應用這些雜訊的資訊，需要首先對雜訊進行數學形式的建模。

3.1.2 雜訊的數學模型

通常來說，成像過程中的隨機雜訊可以被簡單劃分為兩類：一類是與訊號相關的雜訊；另一類則是與器件和成像流程有關，而與訊號大小無關的雜訊。這兩類雜訊通常被分別建模為**卜松雜訊（Poisson Noise）**和**高斯雜訊（Gaussian Noise）**，用數學形式可以表示為

$$y = x + n_{\mathrm{p}} + n_{\mathrm{g}}$$

式中，x 為**乾淨影像（Clean Image）**；n_{p} 和 n_{g} 分別代表卜松雜訊和高斯雜訊；y 為**有噪影像（Noisy Image）**。在演算法設計和模擬中，通常利用上述的兩種分佈類型（有的只採用高斯雜訊）對資料進行加噪模擬。下面結合程式實現對影像的卜松雜訊和高斯雜訊的模擬。

首先，對卜松雜訊來說，其分佈與影像像素值相關，因此，需要對原影像的像素值進行處理，並以此作為卜松分佈的參數1來產生雜訊，程式如下所示（對灰度圖操作）。

```
import os
import cv2
import numpy as np
import matplotlib.pyplot as plt

def add_poisson_noise_gray(img_gray, scale=0.5):
    noisy = np.random.poisson(img_gray)
    poisson_noise = noisy - img_gray
    noisy = img_gray + scale * poisson_noise
    noisy = np.round(np.clip(noisy, a_min=0, a_max=255))
    return noisy.astype(np.uint8)

if __name__ == "__main__":
    os.makedirs('./results/noise_simu', exist_ok=True)
    img_path = '../datasets/srdata/Set12/05.png'
    img = cv2.imread(img_path)[:,:,0]
    poisson_scale_ls = [0.3, 1.2, 1.8]
    N = len(poisson_scale_ls)
```

```
fig = plt.figure(figsize=(10, 6))
for sid, s in enumerate(poisson_scale_ls):
    noisy = add_poisson_noise_gray(img, scale=s)
    fig.add_subplot(2, N, sid + 1)
    plt.imshow(noisy, cmap='gray')
    plt.axis('off')
    plt.title(f'Poisson, scale={s}')
    fig.add_subplot(2, N, N + sid + 1)
    plt.imshow(np.abs(noisy * 1.0 - img), cmap='gray')
    plt.axis('off')
plt.savefig(f'results/noise_simu/poisson.png')
plt.close()
```

上述程式對一張灰度圖施加了不同程度的卜松雜訊，其得到的結果如圖 3-2 所示。

Poisson, scale=1.2

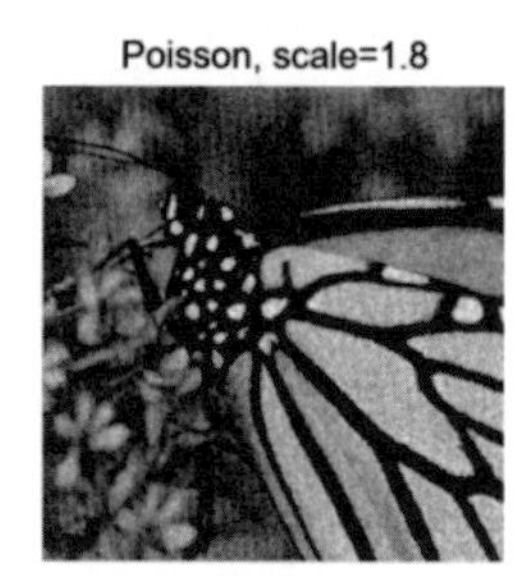

（a）加不同程度的卜松雜訊的結果

（b）不同程度雜訊影像（有噪影像與原影像殘差大小）

▲ 圖 3-2 卜松雜訊模擬

從求取殘差得到的雜訊影像可以看出，卜松雜訊與影像中的灰度值大小有關，灰度值大，區域的雜訊往往也較大。對原影像中不同灰度值像素上被疊加上的卜松雜訊按照灰度值分別進行統計，得到的統計圖如圖 3-3 所示（scale=1.2，選擇了 5 個不同的灰度值進行展示，比如，原影像灰度值為 80 的像素點經過卜松雜訊加噪後，其灰度值不再都是 80，而是以 80 為平均值的卜松分佈，對原影像灰度值為 80 的點被處理後的灰度值進行統計並畫出其直方圖，即可看到這個分佈的設定值情況）。可以看出，其分佈基本符合前面所展示的卜松分佈，雜訊的方差隨著輸入灰度值的增大而變大。

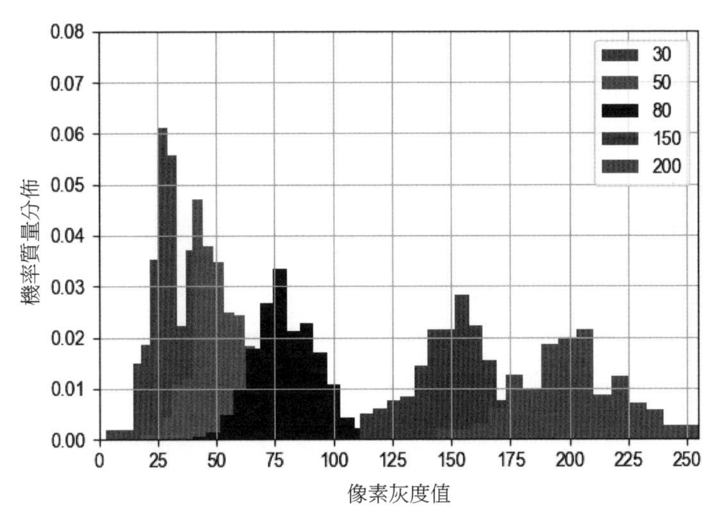

▲ 圖 3-3 卜松雜訊在不同灰度值有效訊號下的分佈圖

同理，我們也可以對高斯雜訊進行演算法模擬。高斯雜訊由於與灰度值大小無關，因此模擬程式更加簡潔，只需要指定雜訊的方差參數 sigma（高斯雜訊預設平均值為 0），對應生成一張高斯分佈的雜訊圖譜，然後與原影像進行疊加即可。具體程式如下所示。

```
import os
import cv2
import numpy as np
import matplotlib.pyplot as plt
```

```
def add_gaussian_noise_gray(img_gray, sigma=15):
    h, w = img_gray.shape
    gaussian_noise = np.random.randn(h, w) * sigma
    noisy = img_gray + gaussian_noise
    noisy = np.round(np.clip(noisy, a_min=0, a_max=255))
    return noisy.astype(np.uint8)

if __name__ == "__main__":
    os.makedirs('./results/noise_simu', exist_ok=True)
    img_path = '../datasets/srdata/Set12/05.png'
    img = cv2.imread(img_path)[:,:,0]
    gaussian_sigma_ls = [15, 25, 50]
    N = len(gaussian_sigma_ls)
    fig = plt.figure(figsize=(10, 6))
    for sid, sigma in enumerate(gaussian_sigma_ls):
        noisy = add_gaussian_noise_gray(img, sigma)
        fig.add_subplot(2, N, sid + 1)
        plt.imshow(noisy, cmap='gray')
        plt.axis('off')
        plt.title(f'Gaussian, sigma={sigma}')
        fig.add_subplot(2, N, N + sid + 1)
        plt.imshow(np.abs(noisy * 1.0 - img), cmap='gray')
        plt.axis('off')
    plt.savefig(f'results/noise_simu/gaussian.png')
    plt.close()
```

程式對應的結果如圖 3-4 所示。

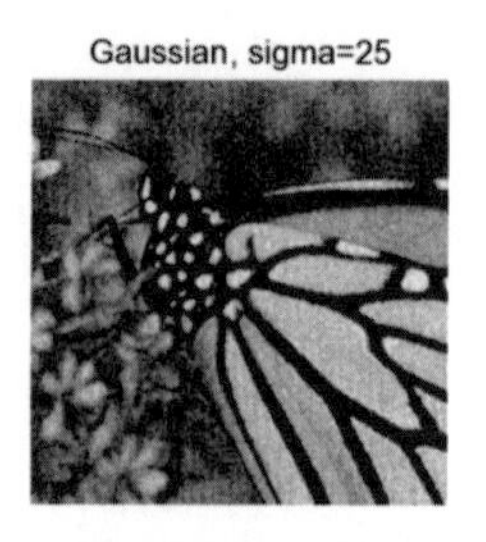

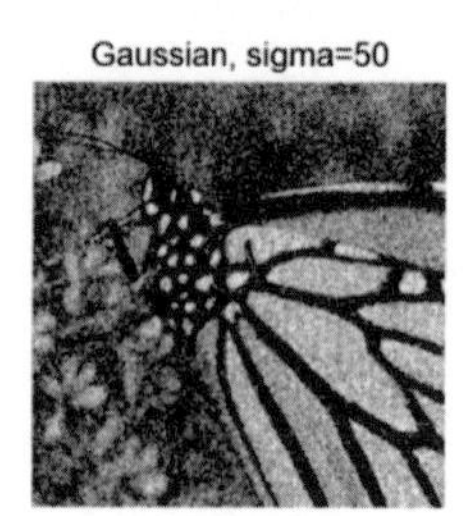

（a）加不同程度的高斯雜訊的結果

▲ 圖 3-4 高斯雜訊模擬

（b）不同程度雜訊影像（有噪影像與原影像殘差大小）

▲ 圖 3-4 高斯雜訊模擬（續）

從圖 3-4 可以看出，在高斯雜訊圖中看不出原影像的資訊，說明高斯雜訊與原影像的灰度值無關，只取決於高斯分佈方差的大小。對雜訊殘差進行統計，可以得到高斯雜訊的分佈（採用 sigma=25 的情況，結果如圖 3-5 所示），可以看出，其分佈是一個較為標準的高斯分佈曲線。

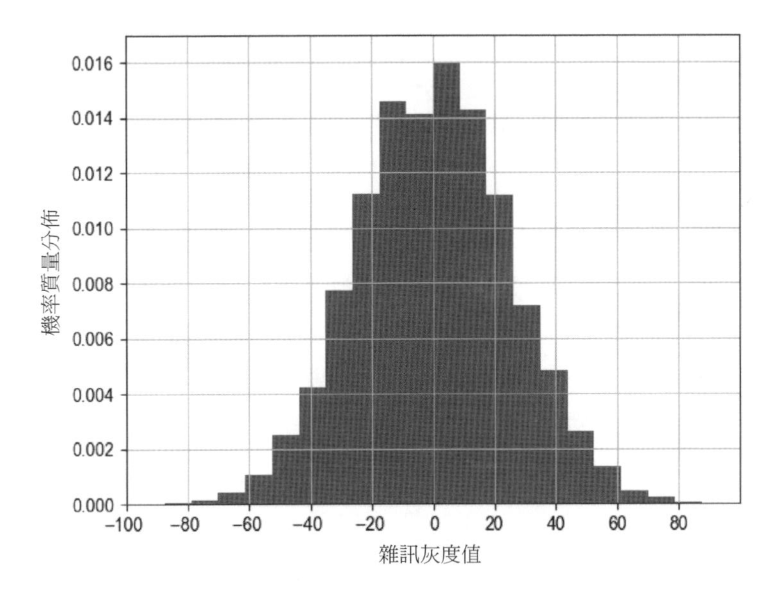

▲ 圖 3-5 高斯雜訊分佈圖

對高斯雜訊，很多文獻中經常出現一個概念，叫作 **AWGN**，即**加性高斯白色雜訊（Additive White Gaussian Noise）**。下面解釋一下這個概念：首先，它是一個高斯雜訊，即各個點的設定值符合高斯分佈；另外，加性雜訊區別於乘性雜訊，是與原始訊號相加進行干擾的雜訊，而乘性雜訊則是作為因數乘在原始訊號上的（乘性雜訊可以透過取對數的方式將乘變成加，這個在後面的一些演算法中會遇到）。最後重點解釋一下什麼叫作「白色雜訊」（White Noise）。所謂的白色雜訊，指的是在功率譜上各頻率成分基本均勻的雜訊，功率譜是隨機訊號分析中的概念，回想第 2 章中討論的頻譜分析和傅立葉轉換相關內容，滿足一定條件的隨機過程的功率譜就是其自相關函數的傅立葉轉換。因此，根據傅立葉轉換的相關知識，如果讓傅立葉轉換後的強度為均勻的常數，那麼自相關的結果是僅在 0 處有值的脈衝，換句話說，也就是每個點與前後的其他點都不相關。對色光來說，全頻譜成分代表白光，因此符合上句描述的被稱為「白色雜訊」，高斯白色雜訊在白色雜訊約束的基礎上對強度施加了額外高斯分佈的約束。

白色雜訊是區別於有色雜訊（Colored Noise）而言的，類似於白色雜訊的得名方式，所謂的某種「顏色」的雜訊，實際上就是指該雜訊的功率譜分佈與那種色光的類似。常見的有色雜訊包括紅雜訊、藍雜訊、紫雜訊等。這些有色雜訊通常用在訊號處理領域，由於與這裡的影像降噪任務相關性不大，所以這裡就不再展開介紹。

上面的實驗都只展示了對於灰度圖的加噪模擬。在實際應用中，更普遍的實際上是 RGB 彩色影像的降噪，因此也需要對 RGB 影像的雜訊進行模擬。彩色影像由於多了顏色資訊，因此可能產生彩噪，即不僅使亮度有變化，同時顏色（即 RGB 的比例）也會受到干擾。下面模擬一個彩色影像的高斯雜訊，與灰度高斯雜訊程式基本一致，程式如下所示。圖 3-6 所示為彩色影像的高斯雜訊模擬。

```
import os
import cv2
import numpy as np
import matplotlib.pyplot as plt

def add_gaussian_noise_color(img_rgb, sigma=15):
    h, w, c = img_rgb.shape
    gaussian_noise = np.random.randn(h, w, c) * sigma
```

```
    noisy = img_rgb + gaussian_noise
    noisy = np.round(np.clip(noisy, a_min=0, a_max=255))
    return noisy.astype(np.uint8)

if __name__ == "__main__":
    img_path = '../datasets/srdata/Set5/head_GT.bmp'
    img = cv2.imread(img_path)[:,:,::-1]
    gaussian_sigma_ls = [15, 25, 50]
    N = len(gaussian_sigma_ls)
    fig = plt.figure(figsize=(10, 3))
    for sid, sigma in enumerate(gaussian_sigma_ls):
        noisy = add_gaussian_noise_color(img, sigma)
        fig.add_subplot(1, N, sid + 1)
        plt.imshow(noisy)
        plt.axis('off')
        plt.title(f'Gaussian, sigma={sigma}')
    plt.savefig(f'results/noise_simu/gaussian_color.png')
    plt.close()
```

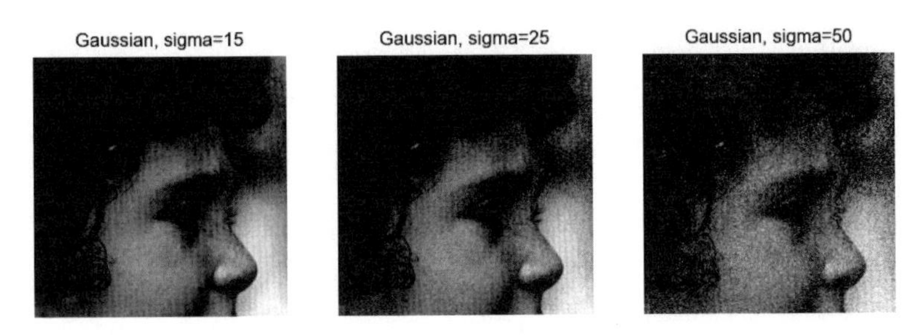

▲ 圖 3-6 彩色影像的高斯雜訊模擬

除了上述的高斯雜訊與卜松雜訊，還有其他的常見雜訊也可以透過數學方式模擬。比如，一種由干擾或像素失效等因素引起的隨機的黑白噪點，通常被形象地稱為椒鹽雜訊（Salt-and-Pepper Noise，白點即鹽，黑點為胡椒）。這種雜訊的模擬策略比較簡單，即根據一定的比例，隨機取出部分像素置為黑點或白點即可。椒鹽雜訊的模擬程式如下所示。

```
import cv2
import numpy as np
import matplotlib.pyplot as plt

def add_salt_pepper_noise(img,
                          salt_ratio=0.01,
                          pepper_ratio=0.01):
    speckle_noisy = img.copy()
    h, w = speckle_noisy.shape[:2]
    num_salt = np.ceil(img.size * salt_ratio)
    salt_rid = np.random.choice(h, int(num_salt))
    salt_cid = np.random.choice(w, int(num_salt))
    speckle_noisy[salt_rid, salt_cid, ...] = 255
    num_pepper = np.ceil(img.size * pepper_ratio)
    pepper_rid = np.random.choice(h, int(num_pepper))
    pepper_cid = np.random.choice(w, int(num_pepper))
    speckle_noisy[pepper_rid, pepper_cid, ...] = 0
    return speckle_noisy

if __name__ == "__main__":

    img_path = '../datasets/srdata/Set12/05.png'
    img = cv2.imread(img_path)[:,:,0]

    # 設置不同參數
    salt_pepper_ratio = [
        (0.01, 0.01),
        (0.05, 0.01),
        (0.01, 0.05)]

    N = len(salt_pepper_ratio)
    fig = plt.figure(figsize=(10, 3))
    for sid, s in enumerate(salt_pepper_ratio):
        noisy = add_salt_pepper_noise(img,
                                      salt_ratio=s[0],
                                      pepper_ratio=s[1])
        fig.add_subplot(1, N, sid + 1)
        plt.imshow(noisy, cmap='gray')
        plt.axis('off')
```

```
    plt.title(f'salt {s[0]}, pepper {s[1]}')
plt.savefig(f'results/noise_simu/salt_pepper.png')
plt.close()
```

椒鹽雜訊模擬如圖 3-7 所示。

▲ 圖 3-7 椒鹽雜訊模擬

3.2 降噪演算法的困難與策略

3.2.1 降噪演算法的困難

從前面的分析和討論可以看出，雜訊難以去除的重要原因在於其隨機性，成像的過程就相當於對服從某種雜訊分佈的隨機變數進行採樣。對於每個像素點，雖然雜訊在該點的分佈可以估計，但是對該次採樣取得的具體值則無法確定。雜訊的隨機性是降噪演算法的困難，因此，降噪的基本策略也就是透過某些方式消除或減弱這種隨機性。

減弱隨機性可以透過不同的方案來實現，比如，從硬體和成像過程的層面，可以透過增大光圈、增大感測器中感光元件的大小（也就是提高每個像素所對應的物理感光結構的面積）等方式來增加各像素獲得的光子數量，以此來提高訊號雜訊比。另外，可以透過時間或空間的融合，來等效地增加光子數量。比如，透過多幀曝光取平均的方式，可以降低雜訊隨機性的影響。對高斯雜訊或卜松雜訊來說，多次成像時間間隔如果足夠短，那麼可以近似認為有效訊號的值是不變的，而雜訊每次隨機設定值，因此同位置含噪像素的平均值應該趨於真實值。這就是常見的多幀降噪想法。另外，還可以在空間上進行等效增加，比如，將臨近的 2×2 的像素點作為一個像素輸出，這樣可以提高每個像素點實際的光子數量，從而提升解析力，尤其是可以為訊號雜訊比高的暗光場景帶來明顯的提升。但是上述方案也都有各自的不足：對多幀降噪來說，由於在時間維度上連續進行曝光，所以不同幀之間的對齊也是一個需要解決的問題；而像素融合的方案又會使得出影像的解析度降低。

對降噪演算法來說，最關鍵的困難在於如何在雜訊壓制和細節保留之間取得合理的折中。在乾淨影像中往往也會存在很多紋理細節，而雜訊可能會和細節混合，從而淹沒部分細節內容（見圖 3-8）。通常的降噪演算法需要考慮鄰域資訊，這種方式對高頻細節區域來說較難實現（乾淨影像鄰近像素點可能本身差異就較大）。因此，對於雜訊去除的力度過大，往往會損傷細節，而且也會對弱紋理區域過度平滑，導致所謂的「塗抹感」或「油畫感」，即細節不自然。而對於雜訊的去除力度小，又會導致降噪不完全。細節和雜訊的權衡和降噪力度的控制是降噪演算法設計中的重點。為了獲得合適的降噪效果，在工程層面往往需要對雜訊強度進行估計，或對雜訊進行一定程度的回填以防止細節損失過多，而在演算法設計層面則可以採用更多的先驗（如非局部的結構紋理相似性）來對細節和雜訊進行分辨，盡可能保留細節並抑制隨機雜訊。

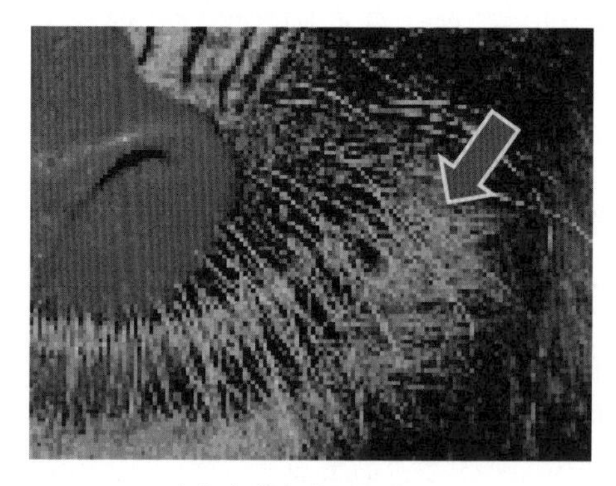

（a）無雜訊乾淨影像

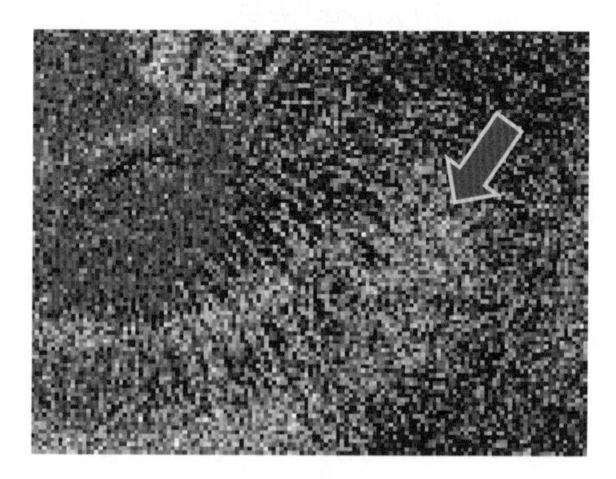

（b）含高斯雜訊影像

▲ 圖 3-8 紋理區域的細節被雜訊淹沒

3.2.2 盲降噪與非盲降噪

在降噪任務中還有一對常用的概念需要介紹，那就是**盲降噪（Blind Denoising）**和**非盲降噪（Non-blind Denoising）**。通常來說，影像恢復任務中的盲（Blind）指的是退化參數未知。對於降噪任務，盲降噪指的就是雜訊水準未知的降噪；而非盲降噪則是指預先知道雜訊水準，並針對該水準的雜訊進行降噪方案的設計。比如，對於高斯降噪任務，盲降噪可以直接處理不同 sigma 值的雜訊；而非盲降噪需要預先指定 sigma 值，然後對不同 sigma 值採用不同的模型或參數，在實際使用時也需要對應傳入雜訊水準參考，即 sigma 值。

在基於網路模型的高斯降噪方法中，往往透過手動生成一定 sigma 值的模擬高斯雜訊並與乾淨影像結合的方式來獲取有噪影像，然後用得到的有噪影像及其對應的乾淨影像形成訓練樣本對用於模型訓練和驗證。對這種設定，可以透過訓練時用固定的 sigma 值生成資料對的方式訓練某個雜訊強度下的非盲降噪模型，也可以透過將 sigma 值在一定範圍內設定值，使模型可以自我調整於不同雜訊強度來獲得盲降噪模型。通常來說，非盲降噪的效果相對盲降噪更好，因此在實際應用中，一般先對雜訊進行估計，然後將雜訊估計結果作為先驗與降噪模型結合應用於降噪任務。

3.2.3 高斯降噪與真實雜訊降噪

降噪任務中還有一個問題需要注意，那就是模擬生成的雜訊與成像得到的真實雜訊的差距。首先，高斯雜訊或高斯 - 卜松雜訊模型是降噪任務中比較常見的設定，這種數學模型可以在一定程度上模擬雜訊的分佈，而且便於設計演算法與驗證、評測不同演算法的效果。但是，高斯雜訊與真實的雜訊還是有較大的差異的，因此在高斯雜訊資料集中訓練的模型在一些實際雜訊場合難以泛化（見圖 3-9）。

為了解決這個問題，後續產生了一些演算法將目標直接設定為了對真實雜訊進行有效降噪。對深度學習方法來說，真實雜訊降噪可以透過收集真實雜訊資料對訓練模型來實現。由於理想的無噪情況並不存在，而且還要考慮輸入、輸出資料的對齊問題，所以真實雜訊資料對的收集也有一定的難度和限制。一種可行的方法是透過實驗室進行擷取，利用固定的場景和相機，進行連續多次曝光，將多幀結果平均作為乾淨影像（即訓練真實標籤），與各幀一起組成訓練樣本對。這種擷取真實資料的方案要求場景中不能有運動物體，以免導致場景覆蓋不足，影響模型訓練結果。因此，還有一些方案是透過模擬更真實的雜訊來實現的，比如透過雜訊建模、影像處理流程分析與參數標定等方法來模擬雜訊從輸入到經過 ISP 流程處理的整個流程或部分關鍵流程，使雜訊更符合物理分佈，並且較完整地模擬成像結果中雜訊的各種扭曲。這樣生成的雜訊資料對與測試集更接近，因此更容易泛化。

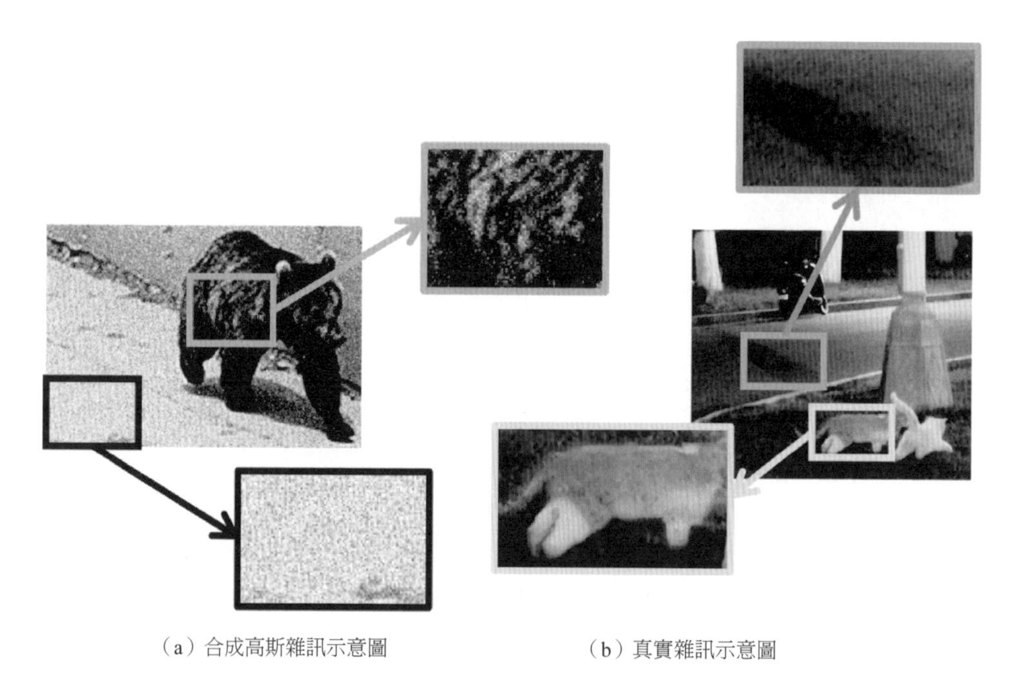

（a）合成高斯雜訊示意圖　　（b）真實雜訊示意圖

▲ 圖 3-9 合成高斯雜訊與真實雜訊示意圖

3.2.4 降噪演算法的評價指標

降噪演算法的目的是對影像中的雜訊進行過濾，使得到的結果更加接近無噪影像。在實驗評估演算法時，通常將一張無雜訊的乾淨影像按照一定的程度和雜訊類型進行加噪，然後在該影像上測試降噪演算法的效果。一個好的降噪演算法的輸出結果應該盡可能地接近無雜訊的乾淨影像。通常採用 **PSNR（峰值訊號雜訊比，Peak Signal-to-Noise Ratio）** 來評價降噪演算法的性能。PSNR 的基本原則是計算乾淨影像與降噪結果之間逐點的像素值差異。這個差異用 MSE（均方誤差，Mean Square Error）來衡量。PSNR 的計算公式如下：

$$\mathrm{PSNR}(\mathrm{pred},\mathrm{clean}) = 10\lg\frac{\mathrm{peakValue}^2}{\mathrm{MSE(pred,clean)}} = 20\lg\frac{\mathrm{peakValue}}{\sqrt{\frac{1}{N}\sum_{i,j}(\mathrm{pred}_{i,j}-\mathrm{clean}_{i,j})^2}}$$

式中，peakValue 指的是影像像素值範圍的最大值，對常用的 8bit 儲存來說，peakValue 就是 255，如果經過了歸一化，那麼 peakValue 就是 1；MSE 為預測影像與乾淨影像的均方誤差，即各個像素點對應的差值平方的平均數；i 和 j 表示像素點座標；N 表示影像的總像素數。透過 10lg 取對數的方式將峰值訊號雜訊比轉為以 dB 為單位的量。PSNR 與上面提到的 SNR 類似，區別在於 SNR 的分子項是實際的訊號強度，而 PSNR 的則為峰值訊號強度。

PSNR 可以在演算法處理前後進行度量，用來衡量演算法的增益，輸入雜訊影像與乾淨影像的 PSNR 表示雜訊影像的污染程度，輸出結果與乾淨影像的 PSNR 表示降噪結果與乾淨影像的差異，輸出對輸入在 PSNR 上提高越多，演算法的效果越明顯。如果將輸入的 PSNR 固定，那麼就可以用演算法輸出與乾淨影像的 PSNR 大小來評價不同演算法的效果。一般來說對雜訊較弱或降噪效果較好的情況來說，PSNR 一般都大於 30dB，甚至更大；而對於有明顯雜訊的情況，PSNR 通常為 20 ～ 30dB。比此範圍還小的 PSNR 說明雜訊過大，或降噪結果與乾淨影像有明顯差距，降噪效果不理想。

儘管 PSNR 是一種簡單、有效的評估度量，但是這種逐像素求差值的方法與人類對於影像的視覺感知並不完全相符。比如，對於亮度和對比度的微小改變，人類對其視覺觀感的差別並不明顯，但是反映到 PSNR 或 MSE 中，就會對計算出的結果影響較大。為了讓對於影像品質的度量指標與人類的視覺感知方式更加相似，人們提出了另一個經典指標，即 **SSIM（結構相似性，Structural Similarity）**。SSIM 透過三個方面對兩張影像的相似性進行評價，分別是亮度（Luminance）、對比度（Contrast）和結構（Structure）。其中，亮度反映在影像上就是平均值；對比度則用除去了平均值差異影響的像素值的分佈情況，也即方差來表示；最後，將亮度和對比度的因素都去除，剩下的就是兩張影像歸一化後的結構相似度。因此，SSIM 就是這三個值綜合的結果，如下所示：

$$\text{SSIM}(x,y)=[l(x,y)]^{\alpha}[c(x,y)]^{\beta}[s(x,y)]^{\gamma}$$

式中，$l(x,y)$、$c(x,y)$ 和 $s(x,y)$ 分別表示亮度、對比度和結構相似性函數。對這三個函數的設計需要使 SSIM 滿足以下幾個性質：首先是對稱性，即交換 x 和 y 不影響結果；然後是有界性，SSIM 計算出的值應該小於等於 1；最後希望 SSIM 取最大值 1 的充要條件是 x 和 y 相等。這幾個性質都是符合人們的直觀的。為了滿足這些性質，設計出來的三個函數的數學形式如下：

$$l(x,y)=\frac{2\mu_x\mu_y+C_1}{\mu_x^2+\mu_y^2+C_1}$$

$$c(x,y)=\frac{2\sigma_x\sigma_y+C_2}{\sigma_x^2+\sigma_y^2+C_2}$$

$$s(x,y)=\frac{\sigma_{xy}+C_3}{\sigma_x\sigma_y+C_3}$$

式中，C_1、C_2 和 C_3 為常數項，以避免分母過小。為了簡便計算，將 SSIM 公式中的指數參數 α、β 和 γ 都設置為 1，在這種情況下，觀察上面三個等式可以發現，對比度與結構相似度可以透過將 C_3 設置為 $C_2/2$ 進行化簡，化簡後得到的 SSIM 公式可以寫成以下形式：

$$\text{SSIM}(x,y)=\frac{(2\mu_x\mu_y+C_1)(2\sigma_{xy}+C_2)}{(\mu_x^2+\mu_y^2+C_1)(\sigma_x^2+\sigma_y^2+C_2)}$$

在 SSIM 計算中，一般透過局部方式對不同的位置按照化簡後的 SSIM 公式計算 SSIM，然後對得到的 SSIM 值進行平均。在實現中，通常採用滑動窗的方式，每次只處理視窗內的像素。這個過程可以用平均值濾波或高斯濾波的方式實現。另外，SSIM 還有一些改進版本，如參考多個尺度下結構相似性的 **MS-SSIM（多尺度結構相似性，Multi-Scale SSIM）**，MS-SSIM 透過下採樣實現對不同尺度結構一致性的參考，在感知的角度與人類視覺系統的回應更加符合。

下面用程式實現 PSNR 和 SSIM 的計算，並對不同處理後的影像與原影像分別計算 PSNR 和 SSIM。程式如下所示。

```
import os
import cv2
import numpy as np

def calc_psnr(img1, img2, peak_value=255.0):
    img1, img2 = np.float64(img1), np.float64(img2)
    mse = np.mean((img1 - img2) ** 2)
    psnr = 10 * np.log10((peak_value ** 2) / mse)
    return psnr

def calc_ssim(img1, img2, win_size=11, sigma=1.5, L=255.0):
    assert img1.shape == img2.shape
    if img1.ndim == 2:
        img1 = np.expand_dims(img1, axis=2)
        img2 = np.expand_dims(img2, axis=2)
    C1 = (0.01 * L) ** 2
    C2 = (0.03 * L) ** 2
    img1, img2 = np.float64(img1), np.float64(img2)
    ssim_ls = list()
    winr = (win_size - 1) // 2
    for ch_id in range(img1.shape[-1]):
        cur_img1 = img1[:, :, ch_id]
        cur_img2 = img2[:, :, ch_id]
        mu1 = cv2.GaussianBlur(cur_img1, \
                ksize=[win_size, win_size], sigmaX=sigma)
        mu2 = cv2.GaussianBlur(cur_img2, \
                ksize=[win_size, win_size], sigmaX=sigma)
        mu11 = cv2.GaussianBlur(cur_img1**2, \
                ksize=[win_size, win_size], sigmaX=sigma)
        mu22 = cv2.GaussianBlur(cur_img2**2, \
                ksize=[win_size, win_size], sigmaX=sigma)
        mu12 = cv2.GaussianBlur(cur_img1*cur_img2, \
                ksize=[win_size, win_size], sigmaX=sigma)
        sigma1_2 = mu11 - mu1 ** 2
        sigma2_2 = mu22 - mu2 ** 2
        sigma12 = mu12 - mu1 * mu2
```

```
        nume = (2 * mu1 * mu2 + C1) * (2 * sigma12 + C2)
        deno = (mu1 ** 2 + mu2 ** 2 + C1) * (sigma1_2 + sigma2_2 + C2)
        ssim_map = nume / deno
        ssim = np.mean(ssim_map[winr:-winr, winr:-winr])
        ssim_ls.append(ssim)
    return np.mean(ssim_ls)

if __name__ == "__main__":

    os.makedirs('results/psnr_ssim', exist_ok=True)
    img_path = '../datasets/samples/baboon256rgb.png'
    img = cv2.imread(img_path)
    img_blur5 = cv2.blur(img, (5, 5))
    img_blur10 = cv2.blur(img, (10, 10))
    img_ratio = img * 0.8 + 100
    img_minus5 = img - 10.0
    img_noisy25 = img + np.random.randn(*img.shape) * 25

    cv2.imwrite('results/psnr_ssim/img_blur5.png',\
                np.clip(img_blur5, 0, 255))
    cv2.imwrite('results/psnr_ssim/img_blur10.png',\
                np.clip(img_blur10, 0, 255))
    cv2.imwrite('results/psnr_ssim/img_ratio.png',\
                np.clip(img_ratio, 0, 255))
    cv2.imwrite('results/psnr_ssim/img_minus5.png',\
                np.clip(img_minus5, 0, 255))
    cv2.imwrite('results/psnr_ssim/img_noisy25.png',\
                np.clip(img_noisy25, 0, 255))

    print("====== PSNR ======")
    psnr_blur5 = calc_psnr(img_blur5, img)
    psnr_blur10 = calc_psnr(img_blur10, img)
    psnr_ratio = calc_psnr(img_ratio, img)
    psnr_minus5 = calc_psnr(img_minus5, img)
    psnr_noisy25 = calc_psnr(img_noisy25, img)

    print("blur5 PSNR: ", psnr_blur5)
    print("blur10 PSNR: ", psnr_blur10)
    print("ratio PSNR: ", psnr_ratio)
```

```
print("minus5 PSNR: ", psnr_minus5)
print("noisy25 PSNR: ", psnr_noisy25)

print("====== SSIM ======")
ssim_blur5 = calc_ssim(img_blur5, img)
ssim_blur10 = calc_ssim(img_blur10, img)
ssim_ratio = calc_ssim(img_ratio, img)
ssim_minus5 = calc_ssim(img_minus5, img)
ssim_noisy25 = calc_ssim(img_noisy25, img)

print("blur5 SSIM: ", ssim_blur5)
print("blur10 SSIM: ", ssim_blur10)
print("ratio SSIM: ", ssim_ratio)
print("minus5 SSIM: ", ssim_minus5)
print("noisy25 SSIM: ", ssim_noisy25)
```

在上面的程式中，我們對原影像分別進行了以下幾種操作：5×5 的平均值濾波（img_blur5），10×10 的平均值濾波（img_blur10）、像素值尺度的縮放和偏置（img_ratio）、對原影像減去一個常數值（img_minus5），以及對原影像加高斯雜訊（img_noisy25）。不同操作處理後的影像如圖 3-10 所示。

從圖 3-10 可以看出，平均值濾波視窗越大，影像品質越差；像素值尺度的縮放和偏置對人眼觀感來說，主要影響了亮度和對比度，影像內容與原影像比較一致；對原影像減去一個常數值的操作也只影響對於亮度的感知，對影像品質的影響相對較小；高斯雜訊對原影像中的細節產生了干擾，畫質的降低較明顯。下面來分析這些處理結果分別對應的 PSNR 與 SSIM，如下所示。

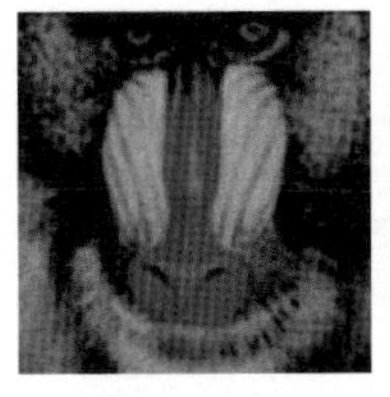
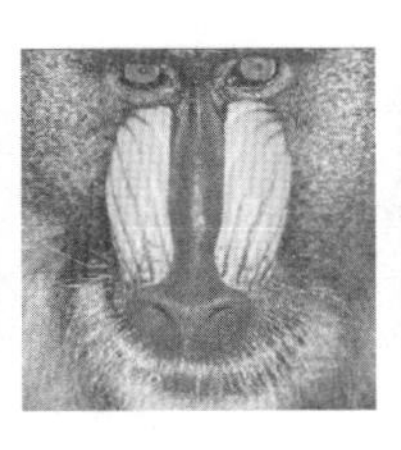
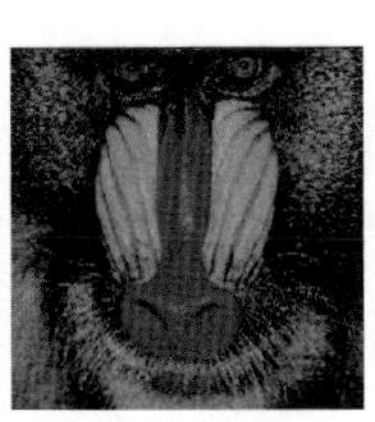
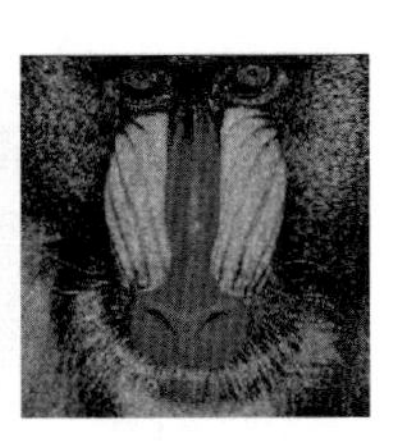

▲ 圖 3-10 不同操作處理後的影像（用於計算 PSNR 與 SSIM）

```
====== PSNR ======
blur5 PSNR:  19.3731574717926
blur10 PSNR:  18.338303436045894
ratio PSNR:  9.990559141191264
minus5 PSNR:  28.130803608679106
noisy25 PSNR:  20.19202622898883
====== SSIM ======
blur5 SSIM:  0.35337550483191493
blur10 SSIM:  0.2224965377949244
ratio SSIM:  0.7713106823047992
minus5 SSIM:  0.980571075681487
noisy25 SSIM:  0.6442041513621614
```

這個結果直觀地說明了 PSNR 與 SSIM 在評價兩張影像相似性任務中的不同偏重。首先來看 PSNR，對於 blur5 和 blur10，模糊程度越高，資訊損失越大，與原影像的差距也就越大，因此從 PSNR 上來看，blur5 的 PSNR 相對 blur10 的更大。而對於 ratio，由於亮度值與原影像差距過大，因此 PSNR 非常小（< 10 dB）。而由於原影像中的細節較多，因此 minus5 的結果與 blur5/10 相比影響更小，故 PSNR 更大。最後，高斯雜訊的引入也使得影像與原影像的差距較大（sigma=25，雜訊相對較強），因此 PSNR 較小，只有約 20dB。

而對 SSIM 來說，我們可以發現，ratio 和 minus5 的 SSIM 比 noisy25 和 blur5 /10 大。儘管這兩個操作比較大地影響了輸出結果與原影像的亮度差異，但是由於沒有破壞影像內容與結構，在主觀視覺感知上畫質較好，因此反映到 SSIM 中指標也較高。這也是 SSIM 相對於 PSNR 更加符合人類的感知模式的範例。

3.3 傳統降噪演算法

在深度學習網路模型出現以前，影像降噪任務已經有了很多不同的解決方案。這裡為了與深度學習網路模型的演算法方案進行區別，將這些方案統稱為傳統降噪演算法。傳統降噪演算法的主要想法包括利用空間相似性的空域濾波、利用影像自相似性的非局部匹配和濾波，以及變換域（如傅立葉域或小波域）

濾波等。這些傳統降噪演算法中的很多思想和結論被後來的深度學習方案參考，用於了網路結構和演算法流程的設計。下面，首先從最基本的空域濾波開始講起。

3.3.1 空域濾波：平均值、高斯與中值濾波器

空域濾波基於影像空間連續性的先驗。在前面的頻譜分析中曾經提到過，自然影像的低頻成分佔大多數比重，越高頻的成分一般佔比越小，而從不同頻率成分的空間分佈上來說，自然影像中只有紋理和邊緣處的高頻成分較多，而其他區域更多以漸變的低頻成分為主。對自然影像來說，相鄰像素點的設定值趨近於相同或相近。因此，對於有雜訊的像素點，透過對其周圍區域的像素值進行統計和平均（或加權平均），可以得到對該點真實值的相對比較穩定可靠的估計。

對鄰域進行權重設置並用於加權求和的範本就是**空域濾波器（Spatial Filter）**。最簡單的濾波器是平均**值濾波器（Mean Filter）**，它的濾波器核心中的每個元素都有相同的值，其值為總像素數的倒數。比如，對於一個 3×3 的平均值濾波器，其各個位置的數值為

$$\frac{1}{9}\begin{bmatrix}1 & 1 & 1\\ 1 & 1 & 1\\ 1 & 1 & 1\end{bmatrix}$$

用 3×3 的平均值濾波器進行濾波，實際上就是對當前像素區域內的 9 個值（8 個鄰域再加上自身）進行平均，然後將平均後的結果作為當前像素的輸出結果。平均值濾波操作簡單，計算效率也較高，可以有效抑制雜訊，使結果更加平滑，從而更加符合自然影像的先驗。但平均值濾波也有一些問題，比如，由於平均值濾波對鄰域範圍內各點賦予了相同的權重，所以容易造成邊緣資訊的模糊。

另一種類似的方案是採用**高斯濾波器（Gaussian Filter）**。高斯濾波器與平均值濾波器不同，它對於鄰域內的所有像素值不再賦予同樣的權重，而是按照高斯分佈，使距離當前像素點越近的值相對越大，即計算加權平均時所佔的

比例更高，而參與計算的像素與當前位置像素之間的距離越大濾波器值越小，也就是加權平均時的權重越小。高斯濾波器具體的設定值由其尺寸（如 3×3、5×5、11×11 等）和高斯分佈的 sigma 值共同決定。不同尺寸和 sigma 值的高斯濾波器的範例如圖 3-11 所示。高斯濾波器的優點在於對於越近的值賦予越大的權重，而且不同方向的權重分佈一致（各向同性），這個設定是符合直覺的，即距離越近的點的值相同或相近的機率會更高，且各個方向的貢獻在沒有先驗的情況下應該保持一致（最大熵原理）。當然，高斯濾波也會造成一定程度的邊緣模糊。

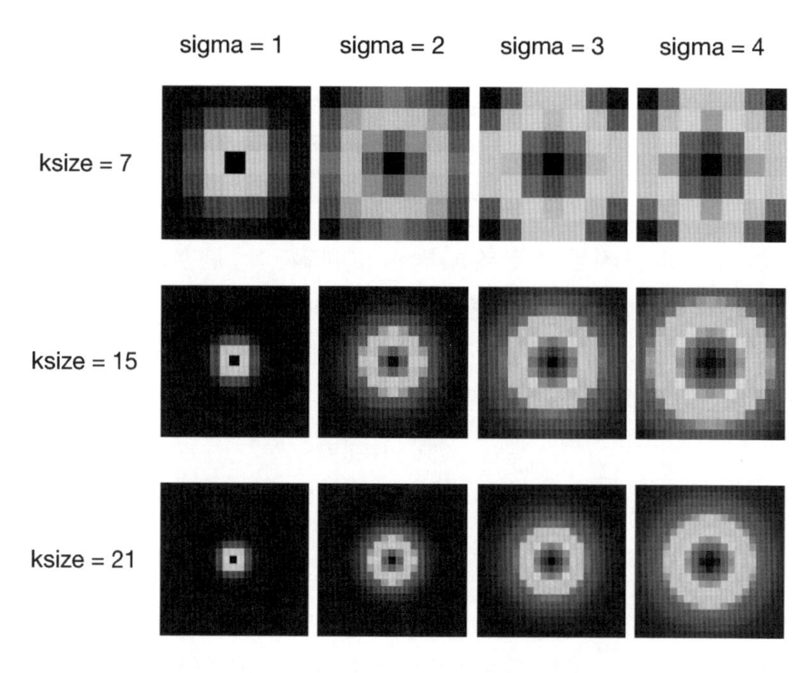

▲ 圖 3-11 不同尺寸和 sigma 值的高斯濾波器的範例

最後介紹一種特殊的空域濾波方式：**中值濾波（Median Filtering）**。與之前的兩種濾波對鄰域線性加權求和不同，中值濾波需要對鄰域進行排序，然後取其中值作為當前像素的預測值。中值濾波器非常適合處理脈衝形態的雜訊，如前面模擬的椒鹽雜訊。其原因也很好理解：由於椒鹽雜訊的「錯誤值」較大，因此如果按照加權平均的方式來做，這些與原值不相關的強雜訊就會對最後的加權平均產生過強的影響。而中值濾波只需要進行排序後取中值，沒有對被取出的值進行加權，因此並不會受到強雜訊的影響（值過大或過小的噪點隻會影響中值取哪一個，不會影響到其值）。

下面用 OpenCV 分別實現對於不同雜訊的空域濾波。這幾個不同的空域濾波在 OpenCV 中均有實現，其中平均值濾波為 cv2.blur，高斯濾波為 cv2.GaussianBlur，中值濾波為 cv2.medianBlur。我們用之前程式中的雜訊模擬函數為影像增加雜訊，並透過空域濾波進行降噪。程式如下所示。

```
import os
import cv2
import numpy as np
# 這裡直接使用之前程式中模擬高斯雜訊和椒鹽雜訊的函數
# 相關函數被整理並存在 ./utils/simu_noise.py 檔案中
from utils.simu_noise import add_gaussian_noise_color, \
                            add_salt_pepper_noise

os.makedirs('results/spatial_filters', exist_ok=True)
img_rgb_path = '../datasets/samples/lena256rgb.png'
img = cv2.imread(img_rgb_path)

# 各種濾波器處理高斯雜訊
gauss_noisy = add_gaussian_noise_color(img, sigma=50)
cv2.imwrite('results/spatial_filters/gauss_noisy.png', gauss_noisy)

# 高斯濾波
gauss_filtered = cv2.GaussianBlur(gauss_noisy, (5, 5), 0)
cv2.imwrite('results/spatial_filters/gauss_filtered.png', gauss_filtered)
# 平均值濾波
mean_filtered = cv2.blur(gauss_noisy, (5, 5))
cv2.imwrite('results/spatial_filters/mean_filtered.png', mean_filtered)
# 中值濾波
median_filtered = cv2.medianBlur(gauss_noisy, 5)
cv2.imwrite('results/spatial_filters/median_filtered.png',\
            median_filtered)

# 中值濾波器和高斯濾波器處理椒鹽雜訊
# 增加椒鹽雜訊
img_gray_path = '../datasets/srdata/Set12/01.png'
```

```
img_gray = cv2.imread(img_gray_path)
speckle_noisy = add_salt_pepper_noise(img_gray, \
                        salt_ratio=0.02, pepper_ratio=0.02)
cv2.imwrite('results/spatial_filters/speckle_noisy.png', speckle_noisy)

# 中值濾波處理椒鹽雜訊
speckle_median_filtered = cv2.medianBlur(speckle_noisy, 5)
cv2.imwrite('results/spatial_filters/speckle_median_filtered.png',\
            speckle_median_filtered)
# 高斯濾波處理椒鹽雜訊
speckle_gauss_filtered = cv2.GaussianBlur(speckle_noisy, (5, 5), 0)
cv2.imwrite('results/spatial_filters/speckle_gauss_filtered.png', \
            speckle_gauss_filtered)
```

空域濾波結果示意圖如圖 3-12 所示。

（a）高斯雜訊有噪影像

（b）高斯雜訊平均值濾波

（c）高斯雜訊高斯濾波

（d）高斯雜訊中值濾波

（e）椒鹽雜訊有噪影像

（f）椒鹽雜訊的高斯濾波降噪

（g）椒鹽雜訊的中值濾波降噪

▲ 圖 3-12 空域濾波結果示意圖

從圖 3-12 可以看出，對高斯雜訊來說，上述幾種空域濾波都會帶來一定的模糊，其中平均值濾波帶來的模糊最為嚴重；而高斯濾波由於對遠距離的點降低了權重，因而模糊程度較弱。另外，中值濾波對於高斯雜訊的處理並沒有太多優勢。但是對於椒鹽雜訊，高斯濾波輸出效果較差，雜訊點附近的像素受到雜訊點加權求和的影響而產生斑點。而中值濾波利用了鄰域值的順序分佈及雜訊的稀疏性特點，可以較好地去除椒鹽雜訊。

3.3.2 非局部平均值演算法

基於相鄰點像素一致性的空域濾波雖然簡單可行，但是最主要的缺陷就是會損傷有效訊號，即乾淨影像中的邊緣和細節。從原理來分析，這種對於邊緣、細節的損傷可以歸結於用於平均的鄰域並不一定都與當前像素點類似，鄰域像素點選取少則樣本少，降噪效果弱；而相反，鄰域擴大則又會讓鄰域內各點的差異性更大，更容易損傷細節。那麼，有沒有可能設計出一種更好的方式，找到和目標像素類似的點，然後用這些點進行加權平均呢？

對於這個問題的直觀解法就是**非局部平均值（Non-Local Means）演算法**，一般簡稱 NL-Means 演算法。NL-Means 演算法原理圖如圖 3-13 所示。

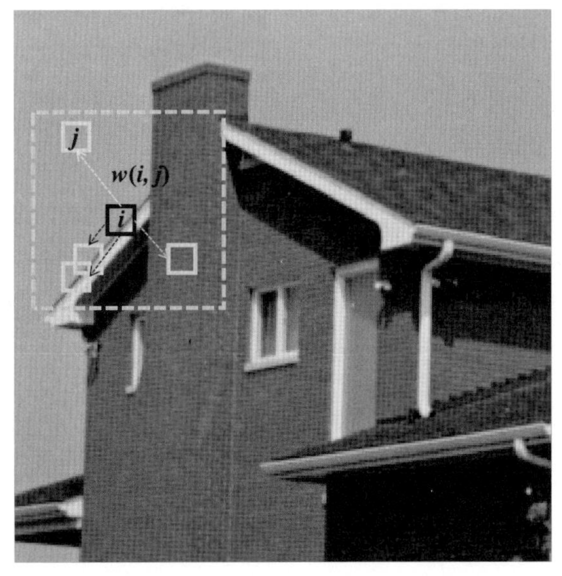

▲ 圖 3-13 NL-Means 演算法原理圖

從名稱可以看出，NL-Means 演算法是一種非局部的演算法，也就是不侷限於鄰域平均。實際上，NL-Means 演算法對於每個像素點都要取其鄰域，然後在預測某個像素點 i 的值時，將該點的鄰域 $\boldsymbol{N}(i)$ 與其他任一個像素點 j 的鄰域 $\boldsymbol{N}(j)$ 計算相似度，根據兩者的相似度決定在多大程度上用像素點 j 的值 $\boldsymbol{v}(j)$ 對像素點 i 的真實值進行預測。比如，圖 3-13 所示的目標點 i 在屋頂的邊緣上，因此該點的鄰域與其他處於同一邊緣的像素點的鄰域更相似一些，這些點都可以以更高的權重來預測目標點的值，而與天空和牆體上的像素點則差異較大，因此這些點對於預測目標點 i 的貢獻相對較小。這個過程的數學形式如下：

$$\boldsymbol{v}'(i) = \sum_j \boldsymbol{w}(i,j)\boldsymbol{v}(i)$$

$$\boldsymbol{w}(i,j) = \frac{1}{z}\exp\left(-\frac{-\| \boldsymbol{N}(i) - \boldsymbol{N}(j)\ ^2}{h^2}\right)$$

由於可以在全域範圍內找到更多的與當前點更為類似的點作為參考，因此相對於普通局部的空域濾波演算法，NL-Means 演算法往往對原影像的細節和邊緣損傷小。但是 NL-Means 演算法由於需要非局部的密集距離計算，因此計算複雜度也大大增加。在演算法實現中，一般並不會對全圖型計算權重，而是對每個待處理的點設置一個搜索視窗，對視窗內的像素進行權重計算並加權融合。比如，搜索視窗可以設置為 21×21，而鄰域可以選擇 7×7。鄰域尺寸一般需要稍微大一些以便獲得局部的影像資訊，如是否為邊緣或某種模式的紋理，但是尺寸的增加也會提高演算法的複雜度。

NL-Means 演算法實質上利用了影像的**自相似性（Self-similarity）先驗**，也就是說，某種模式（Pattern）在同一張影像中往往會多次出現。對於真實世界的自然影像，紋理和邊緣往往具有一定的重複性和連貫性。這個先驗在其他的影像恢復和畫質任務中也有相關的應用。

下面用 OpenCV 中的 cv2.fastNlMeansDenoisingColored 函數對帶有高斯雜訊的 RGB 影像進行 NL-Means 演算法降噪，並與高斯濾波降噪的結果進行對比，程式如下所示。

```
import os
import cv2
import numpy as np
import matplotlib.pyplot as plt
from utils.simu_noise import add_gaussian_noise_color

os.makedirs('results/nlmeans', exist_ok=True)
img_path = '../datasets/samples/lena256rgb.png'
img = cv2.imread(img_path)[...,::-1]

# 加入高斯雜訊
noisy_img = add_gaussian_noise_color(img, sigma=25)

# 採用鄰域為 5×5、搜索視窗為 21×21 的 NL-Means 演算法
nlm_out = cv2.fastNlMeansDenoisingColored(noisy_img, None, h=10, hColor=10,
                                          templateWindowSize=5,
                                          searchWindowSize=21)
nlm_diff = np.sum(np.abs(nlm_out - noisy_img), axis=2)

# 採用 5×5 的高斯濾波作為對比
gauss_out = cv2.GaussianBlur(noisy_img, (5, 5), 0)
gauss_diff = np.sum(np.abs(gauss_out - noisy_img), axis=2)

fig = plt.figure(figsize=(8, 5))
fig.add_subplot(231)
plt.imshow(noisy_img)
plt.axis('off')
plt.title('(a)')
fig.add_subplot(232)
plt.imshow(nlm_out)
plt.axis('off')
plt.title('(b)')
fig.add_subplot(233)
plt.imshow(nlm_diff, cmap='gray')
plt.axis('off')
plt.title('(c)')
fig.add_subplot(235)
plt.imshow(gauss_out)
plt.axis('off')
```

```
plt.title('(d)')
fig.add_subplot(236)
plt.imshow(gauss_diff, cmap='gray')
plt.axis('off')
plt.title('(e)')

plt.savefig('./results/nlmeans/output.png')
```

NL-Means 演算法效果（與高斯濾波對比）如圖 3-14 所示。

（a）有噪影像（高斯雜訊）

（b）NL-Means 演算法處理結果

（c）NL-Means 演算法的雜訊（演算法處理前後的差值）

（d）高斯濾波結果

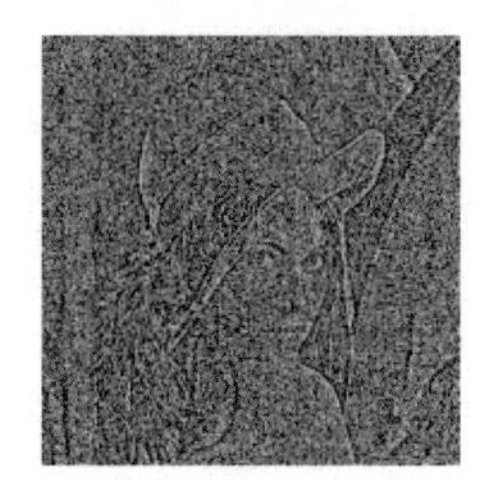

（e）高斯濾波演算法的雜訊

▲ 圖 3-14 NL-Means 演算法效果（與高斯濾波對比）

從降噪前後的差值圖可以看出，相比於高斯濾波，NL-Means 演算法對原訊號的破壞更小，因此可以降低演算法雜訊（Method Noise），即由於演算法處理引入的假影，更進一步地保持影像細節的完整性。

3.3.3 小波變換降噪演算法

除了空域的各種降噪演算法，還有一類降噪演算法，統稱為**變換域降噪（Transform Domain Denoising）演算法**。這裡的變換域可以是頻域、小波域等，變換域降噪的核心思想是透過對影像施加某種變換，讓雜訊和有效訊號盡可能地在變換域空間中分離開，然後應用某種處理或過濾方式，將雜訊去除，並反變換回原始影像空間，得到降噪後的影像。

這裡以高斯白色雜訊為例，由於高斯雜訊在頻域分佈比較均匀，而自然影像以低頻為主，將影像變換到二維傅立葉域後，高頻部分的雜訊佔比較多，訊號雜訊比低，因此可以利用之前提到的低通濾波等方式在頻域對雜訊進行過濾或壓制。由於傅立葉轉換是可逆的，將處理後的頻譜反變換回去即可得到頻域降噪的結果。

與頻域濾波類似的還有**小波域降噪（Wavelet Domain Denoising）**，即透過對影像進行小波變換，得到各級小波係數，然後根據有效訊號和雜訊在係數中的不同分佈對其進行處理，最後反變換回影像空間。首先，我們來了解一下小波變換的基本原理。**小波變換（Wavelet Transform）**是訊號處理領域一種常用的訊號分析和處理手段，它利用一系列尺度不同的**小波函數（Wavelet Function）**對訊號的不同位置計算相關性，從而將訊號分解到不同尺度上，並且還能保持其時域（空域）資訊。對影像來說，小波分解一般指二維**離散小波變換（Discrete Wavelet Transform，DWT）**，DWT 是可逆的，即可以透過**逆離散小波變換（Inverse Discrete Wavelet Transform，IDWT）**對小波變換結果進行重構，得到原始影像。

與前面提到的影像金字塔類似，小波變換也是一種多尺度方法，相比於傅立葉轉換以正餘弦訊號為基底函數，小波函數具有局部性的優點，即小波函數只在有限的區間內有值且在區間邊界逐漸衰減到 0（這也是其名稱 Wavelet 的含義）。這個性質使得小波變換可以提取出影像不同空間位置的尺度係數（類似傅立葉轉換的各個頻率分量）資訊。小波變換的結果與小波的選取有關，常用的小波函數有 Haar 小波、Morlet 小波等。對影像進行一次小波變換，可以將影像分解為 4 個分量，每個分量的寬、高都是原影像的 1/2，這 4 個分量分別記作：LL、LH、HL、HH，或 cA、cH、cV、cD，其中 LL 或 cA 代表低頻部分，LH 或 cH 代表橫向高頻細節，HL 或 cV 代表縱向高頻細節，HH 或 cD 表示對角線方向的高頻細節。這裡用 Python 的 pywt 函式庫（可以透過 pip install PyWavelets 進行安裝）中的 pywt.dwt2 和 pywt.idwt2 函數來實驗對影像的小波變換與反變換。程式如下所示。

```
import os
import cv2
import numpy as np
import pywt
import matplotlib.pyplot as plt

os.makedirs('results/wavelet', exist_ok=True)
img = cv2.imread('../datasets/srdata/Set12/02.png')[...,0]

# 二維離散小波變換將影像分解到小波域
coeff = pywt.dwt2(img, 'haar')
LL, (LH, HL, HH) = coeff
print('input size: ', img.shape)
print('wavelet decompose sizes: \n',
      LL.shape, LH.shape, HL.shape, HH.shape)

# 展示分解結果
fig = plt.figure(figsize=(6, 6))
fig.add_subplot(221)
plt.imshow(LL, cmap='gray')
plt.axis('off')
plt.title('LL')
fig.add_subplot(222)
plt.imshow(np.abs(LH), cmap='gray')
plt.axis('off')
plt.title('LH')
fig.add_subplot(223)
plt.imshow(np.abs(HL), cmap='gray')
plt.axis('off')
plt.title('HL')
fig.add_subplot(224)
plt.imshow(np.abs(HH), cmap='gray')
```

```
plt.axis('off')
plt.title('HH')
plt.savefig('./results/wavelet/dwt.png')
plt.close()

# IDWT 小波係數重建原始影像
recon = pywt.idwt2(coeff, 'haar')
print('is reconstruction correct? ', np.allclose(img, recon))
```

輸出結果如下，可以看到小波變換後的重構結果與原始輸入影像一致，即小波變換是可逆的。

```
input size:  (256, 256)
wavelet decompose sizes:
 (128, 128) (128, 128) (128, 128) (128, 128)
is reconstruction correct?  True
```

小波變換示意圖如圖 3-15 所示。

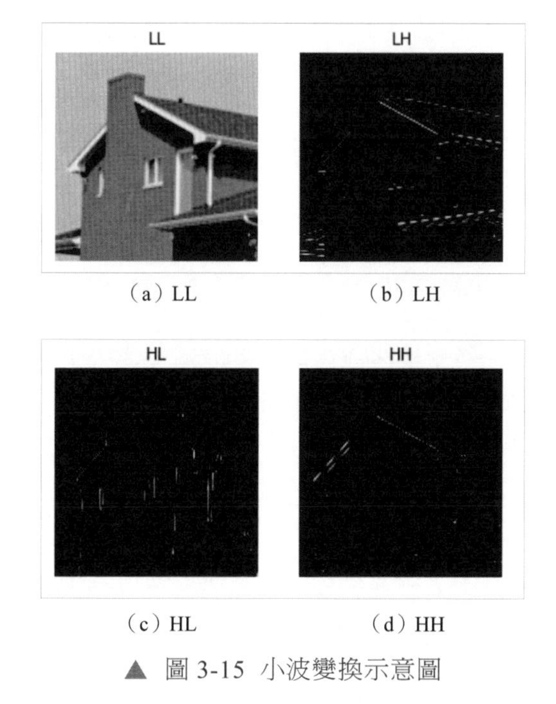

（a）LL （b）LH

（c）HL （d）HH

▲ 圖 3-15 小波變換示意圖

如果將小波變換後的 LL 分量作為新的輸入影像，繼續進行小波變換，那麼小波變換就可以遞迴進行下去，類似影像金字塔的操作，提取到多尺度、多層級的細節特徵，這個過程通常稱為小波分解（Wavelet Decomposition）。小波變換降噪就是在多級分解後的小波係數上操作的。小波域的降噪基於這樣一個先驗知識：經過小波變換後，有效訊號的能量分佈較為集中，反映在小波係數上就是係數設定值較大；而相反，雜訊經過小波變換後往往較為分散，且係數較小。因此，對小波係數中較小的那些係數進行衰減或壓制等處理，然後反變換回原影像，可以在一定程度上去除雜訊。這就是基於小波變換的降噪的基本想法。

從該想法出發，主要需要解決的問題有兩個：設定值如何選擇，以及如何進行小波係數的衰減。設定值的選擇方法有很多種，不同的小波降噪方法有不同的設定值計算方式，比如，對 **VisuShrink 演算法**來說，它的設定值採用全域相同的數值，其計算公式為

$$\text{thr} = \sigma\sqrt{2\log(N)}$$

式中，σ 為估計的雜訊強度；N 為像素數。而對 **BayesShrink 演算法**來說，它的設定值對於每一層小波係數分別自我調整地進行計算，計算公式如下：

$$\text{thr} = \frac{\sigma^2}{\sqrt{\max\left(\overline{v^2} - \sigma^2, 0\right)}}$$

式中，σ 為估計的雜訊強度；$\overline{v^2}$ 為當前子圖係數平方的平均值。

對每一層的各個係數子圖來說，計算好設定值後，下一步就需要利用設定值 thr 對係數進行收縮（Shrink）。通常設定值收縮有兩種方式：一種是硬設定值（Hard Threshold）收縮，即將絕對值小於 thr 的係數直接置為 0；另一種是軟設定值（Soft Threshold）收縮，即將絕對值小於 thr 的係數直接置為 0，並將絕對值大於 thr 的係數的絕對值減去 thr，向著 0 的方向靠近。這兩種方式都有其問題：硬設定值收縮會引入不連續性，而軟設定值收縮則對訊號的係數也進行了衰減。兩種設定值收縮方式的函數影像如圖 3-16 所示。

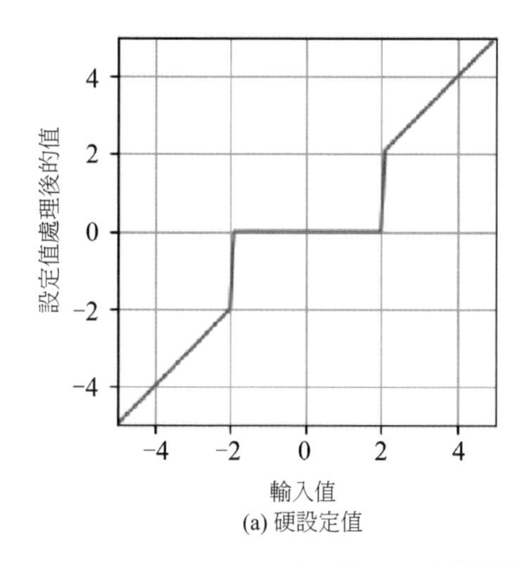

(a) 硬設定值

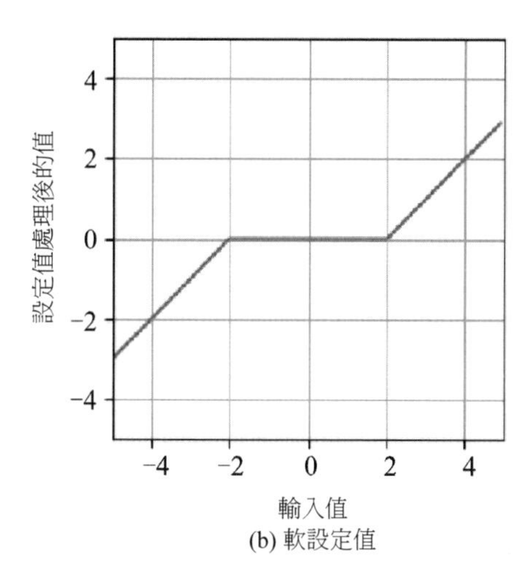

(b) 軟設定值

▲ 圖 3-16 兩種設定值收縮方式的函數影像

下面透過程式實現小波域係數衰減的降噪方案，其中，多尺度的小波分解與重構可以用 pywt 函式庫中的 pywt.wavedec2 與 pywt.waverec2 來實現，程式如下所示。

```
import os
import cv2
import numpy as np
import pywt
from utils.simu_noise import add_gaussian_noise_gray

def calc_visu_thr(N, sigma):
    thr = sigma * np.sqrt(2 * np.log(N))
    return thr

def calc_bayes_thr(coeff, sigma):
    eps = 1e-6
    signal_var = np.mean(coeff ** 2) - sigma ** 2
    signal_var = np.sqrt(max(signal_var, 0)) + eps
    thr = sigma ** 2 / signal_var
    return thr

def shrinkage(coeff, thr, mode="soft"):
    assert mode in {"soft", "hard"}
```

```
    out = coeff.copy()
    out[np.abs(coeff) < thr] = 0
    if mode == "soft":
        shrinked = (np.abs(out[np.abs(coeff) > thr]) - thr)
        sign = np.sign(out[np.abs(coeff) > thr])
        out[np.abs(coeff) > thr] = sign * shrinked
    return out

def wavelet_denoise(img, wave, level, sigma,
                    shrink_mode="soft", thr_mode="visu"):
    assert thr_mode in {"visu", "bayes"}
    dwt_out = pywt.wavedec2(img, wavelet=wave, level=level)
    dn_out = [dwt_out[0]]
    n_level = len(dwt_out) - 1
    if thr_mode == "visu":
        thr = calc_visu_thr(img.size, sigma)
    for lvl in range(1, n_level + 1):
        cur_lvl = list()
        for sub in range(len(dwt_out[lvl])):
            coeff = dwt_out[lvl][sub]
            if thr_mode == "bayes":
                thr = calc_bayes_thr(coeff, sigma)
            out = shrinkage(coeff, thr, mode=shrink_mode)
            cur_lvl.append(out)
        dn_out.append(tuple(cur_lvl))
    recon = pywt.waverec2(dn_out, wavelet=wave)
    return recon

if __name__ == "__main__":

    os.makedirs('results/wavelet', exist_ok=True)
    img = cv2.imread('../datasets/srdata/Set12/02.png')[...,0]
    noisy = add_gaussian_noise_gray(img, sigma=15)
    cv2.imwrite(f'./results/wavelet/noisy_15.png', noisy)

    for mode in ["hard", "soft"]:
        for thr in ["visu", "bayes"]:
            denoised = wavelet_denoise(img,
```

```
                          wave="haar", level=3, sigma=15,
                          shrink_mode=mode, thr_mode=thr)
    cv2.imwrite(f'./results/wavelet/dn_{mode}_{thr}.png', denoised)
```

不同設定值選擇和兩種設定值收縮方式的結果如圖 3-17 所示。

(a) 有噪影像 ,o=15

(b) 硬設定值 ,BayesShrink 演算法

(c) 硬設定值 ,VisuShrink 演算法

(d) 軟設定值 ,BayesShrink 演算法

(e) 軟設定值 ,VisuShrink 演算法

▲ 圖 3-17 不同設定值選擇和兩種設定值收縮方式的結果

3.3.4 雙邊濾波與導向濾波

前面曾討論過降噪對邊緣的損傷，因此如何在平滑雜訊的同時保持邊緣的準確性對降噪來說是非常重要的。這類可以在保持邊緣的同時實現平滑的濾波方法統稱為**保邊濾波（Edge-preserving Filtering）演算法**。本節介紹兩種經典的保邊濾波演算法：**雙邊濾波（Bilateral Filtering）演算法**和**導向濾波（Guided Filtering）演算法**。

首先介紹雙邊濾波演算法 [1]。在引入雙邊濾波的改進前，先來回顧高斯濾波對邊緣的損傷問題。高斯濾波對邊緣的損傷如圖 3-18 所示。對平坦區域，高斯濾波可以根據距離來判斷加權的多少，從而得到對目標像素的預測，這種權重計算方式是合理的。但是對於物體交界的邊緣區域，由於兩側的像素值一般差距較大，所以僅憑像素間的空間距離來判斷兩個像素點的相似程度就變得不合理了。對於邊緣左側的像素 B 來說，邊緣右側的像素點與 B 點並不屬於同一個區域，為了保證邊緣不被平滑掉，應該在加權過程中降低邊緣右側像素點的權重。那麼，問題就變成了如何將這個約束加入到權重的計算求解中。

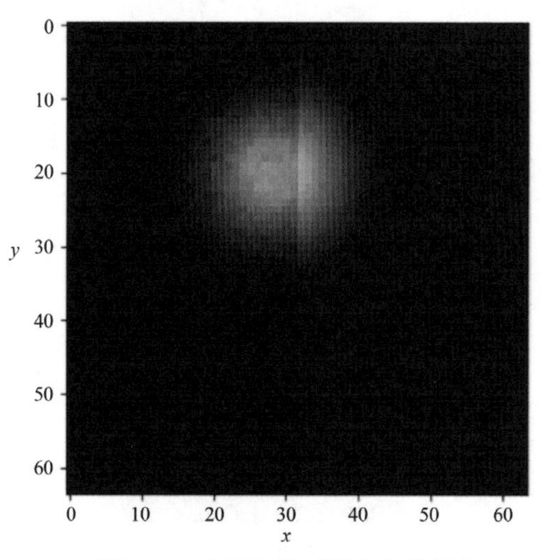

▲ 圖 3-18 高斯濾波對邊緣的損傷

既然邊緣兩側的值差距較大，那麼如果在對周圍像素點加權的同時考慮像素值的差異，並賦予像素值接近的更大權重，對像素值差異大的降低權重，那麼即可實現更好的保邊效果。這就是雙邊濾波的基本思想。雙邊濾波中的「雙邊」指的就是這兩種權重因數：鄰近性（Closeness/Domain）和像素值的相似性（Similarity/Range）。鄰近性參與加權的方式與高斯濾波相同，而像素值的相似性則與鄰近性類似，即對不同的像素點計算與目標像素點的距離，並用高斯函數進行加權，距離越近權重越大。雙邊濾波的數學形式如下：

$$v'(i)=\frac{1}{Z_i}\sum_j \exp\left(-\frac{\|\mathrm{loc}(i)-\mathrm{loc}(j)\|^2}{2\sigma_\mathrm{d}^2}\right)\exp\left(-\frac{\|v(i)-v(j)\|^2}{2\sigma_\mathrm{r}^2}\right)v(j)$$

式中，i 為待預測的目標像素；j 為所有用於計算權重並加權求和的其他像素；兩個 exp 項中的前一個為鄰近性權重，即與高斯濾波相同的權重，由 i 和 j 的距離差異〔函數 loc(i) 表示取 i 像素的座標〕決定，而後一個則是雙邊濾波中引入的值域相似性權重〔函數 $v(i)$ 表示取 i 像素的值〕，由 i 和 j 的像素值決定；Z_i 為歸一化係數。公式中有兩個參數可以影響濾波效果，分別是 σ_d 和 σ_r。其中 σ_d 表示空間中高斯核心的模糊程度，這個參數設定值越大，說明空間相近點的貢獻越大，結果越模糊，越偏向高斯濾波；而 σ_r 表示值域中相鄰點的貢獻，該參數越大，說明更大的設定值範圍內像素點的貢獻也越大，從而更加偏向值域濾波（由於值域濾波只與像素點的值有關，沒有參考空間資訊，因此實際上是一個直方圖變換），可以使保邊效果更顯著，但是同時會讓單峰的影像直方圖被一定程度地壓縮。圖 3-19 展示了雙邊濾波在邊緣處計算的鄰近性權重與像素值的相似性權重，以及它們共同作用之後的權重圖。可以看出，透過雙邊濾波，在邊緣處基本可以只利用同側類似的像素值進行預測，從而實現保邊效果。

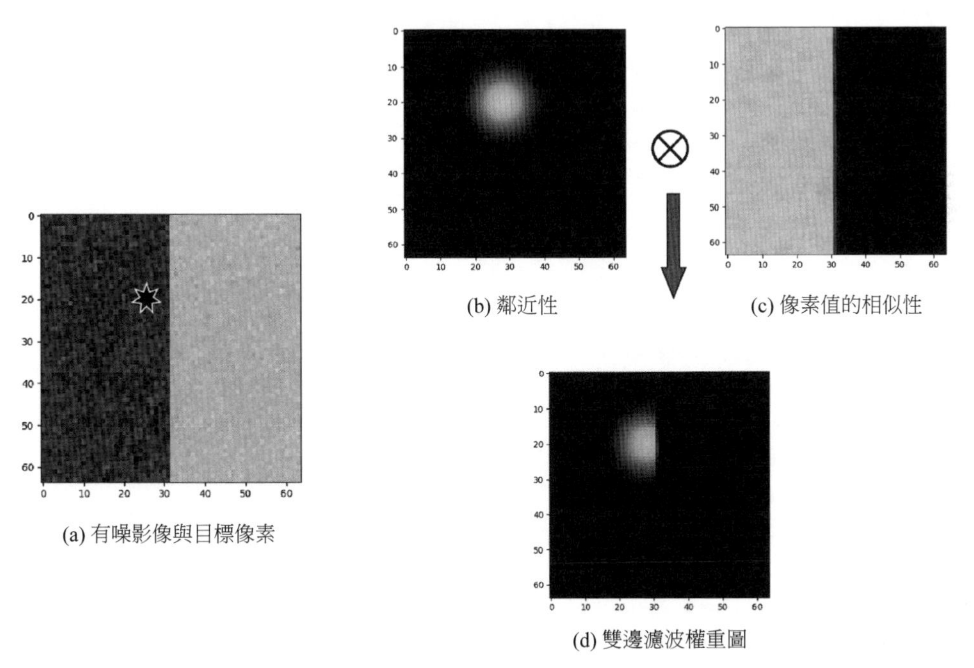

▲ 圖 3-19 雙邊濾波保邊效果示意圖

接下來用 OpenCV 中的 cv2.bilateralFilter 函數實驗不同參數下的雙邊濾波效果。首先取一張灰度影像並加入高斯雜訊，然後對不同的參數組合進行測試。程式如下所示。不同參數的雙邊濾波結果如圖 3-20 所示。

```
import os
import numpy as np
import cv2
import matplotlib.pyplot as plt
from utils.simu_noise import add_gaussian_noise_gray

os.makedirs('results/bilateral', exist_ok=True)
img_path = '../datasets/srdata/Set12/04.png'
img = cv2.imread(img_path)[:,:,0]

# 高斯雜訊
noisy_img = add_gaussian_noise_gray(img, sigma=25)

sigma_color_ls = [10, 50, 200]
sigma_space_ls = [1, 5, 20]

fig = plt.figure(figsize=(12, 12))
M, N = len(sigma_color_ls), len(sigma_space_ls)

cnt = 1
for sc in sigma_color_ls:
    for ss in sigma_space_ls:
        bi_out = cv2.bilateralFilter(noisy_img, \
                                     d=31, sigmaColor=sc, sigmaSpace=ss)
        fig.add_subplot(M, N, cnt)
        plt.imshow(bi_out, cmap='gray')
        plt.axis('off')
        plt.title(f'sigma_color={sc}, sigma_space={ss}')
        cnt += 1

plt.savefig(f'results/bilateral/bilateral.png')
plt.close()
```

從圖 3-20 可知，對每一行來說，sigma_space 增加會使得輸出結果更加模糊，即空間上的平滑性更強。而觀察同一列的結果可知，sigma_color 的改變也會導致輸出影像的平滑和對比度的變化，但是都可以在一定程度上造成保邊作用，即平坦區域的雜訊被平滑而邊緣仍然保持相對銳利。

雙邊濾波可以實現保邊效果，但是也有一些固有的缺陷，如計算複雜度較高、容易在邊緣處出現梯度翻轉假影現象等。為了解決上述問題，需要介紹另一種保邊濾波演算法，即導向濾波演算法。導向濾波演算法計算複雜度低（線性時間複雜度），並且可以有效緩解梯度翻轉效應，另外，導向濾波演算法不但可以對一張影像進行保邊平滑和降噪，還可以用一張影像作為參考，對另一張影像的邊緣進行修正，這使得導向濾波演算法不僅在降噪平滑領域被廣泛應用，同時還可以被用於對影像摳圖（Matting）、去霧化等場景。導向濾波演算法需要兩張影像作為輸入：一個是導向影像 I；另一個是輸入影像 p。該演算法的基本目標就是使輸出影像的梯度儘量與導向影像 I 相近，但是亮度與輸入影像 p 相近，當 I 和 p 為相同的有噪影像時，導向濾波演算法對該影像進行保邊濾波。

▲ 圖 3-20 不同參數的雙邊濾波結果

導向濾波演算法[2]基於這樣一個假設：在一個局部小視窗 w_k 內，輸出影像 q 可以用導向影像 I 的線性組合來表示，即

$$q_i = a_k I_i + b_k, \quad i \in w_k$$

這個式子表明，輸出影像 q 在局部與導向影像 I 的邊緣是一致的，如果導向影像 I 中有一個邊緣，那麼由於輸出影像 q 是 I 的線性組合，對上式兩側求梯度，可以發現輸出影像 q 的邊緣位置與導向影像 I 的一致，且邊緣梯度的大小與導向影像 I 僅差一個係數。另外，由於導向濾波是對輸入影像的雜訊進行平滑（數值上儘量與輸入影像一致），因此可以將輸出影像看作輸入影像減去雜訊的結果，也就是

$$q_i = p_i - n_i, \quad i \in w_k$$

而我們的目標是希望輸出影像與輸入影像盡可能接近，結合上述等式，得到最佳化目標函數為

$$\arg\min \sum_{i \in w_k} \left[\left(a_k I_i + b_k - p_i \right)^2 + \varepsilon a_k^2 \right]$$

最後一項 εa_k^2 為正則項（Regularization），以防止係數過大造成不穩定。對最佳化目標函數進行求解，可以得到：

$$a_k = \frac{\text{cov}_k(I, p)}{\text{var}_k(I) + \varepsilon}, \quad b_k = \overline{p}_k - a_k \overline{I}_k$$

根據得出的 a_k 和 b_k，即可計算在某個視窗內的像素 i 的輸出結果 q_i。由於像素 i 可能在多個視窗內，因此最終像素 i 的輸出結果為不同視窗計算出的結果的平均值。當輸入影像 p 與導向影像 I 為相同影像時，上式中的協方差 cov 和方差 var 就是相同的值，於是輸出就可以寫成以下形式：

$$a_k = \frac{\text{var}_k(p)}{\text{var}_k(p) + \varepsilon}, \quad b_k = (1 - a_k) \overline{p}_k$$

代入線性組合的式子中，得到輸出結果為

$$
\begin{aligned}
q_i &= a_k p_i + (1 - a_k)\overline{p}_k \\
&= \overline{p}_k + a_k(p_i - \overline{p}_k) \\
&= \overline{p}_k + \frac{\operatorname{var}_k(p)}{\operatorname{var}_k(p) + \varepsilon}(p_i - \overline{p}_k)
\end{aligned}
$$

可以看出，當輸入影像和導向影像相同時，輸出結果可以看作由局部平均值 $\overline{p}_k$ 與進行了縮放的局部細節 $(p_i - \overline{p}_k)$ 組合而成。其中，視窗 w_k 中輸入影像的方差可以透過影響細節的縮放係數來影響輸出。當視窗中的方差較小時，a_k 中的分子趨於 0，分母趨於 ε，因此 a_k 就約等於 0，此時，q_i 約等於 $\overline{p}_k$ ，也就是說，在方差較小的平坦區域，導向濾波的效果約等於一個平均值濾波的效果，這種情況表現了導向濾波的平滑效果。而對於方差較大的情況，a_k 中的分子、分母近似相等（ε 很小可以忽略），即約等於 1，此時 q_i 近似等於 p_i，即基本無誤地保留了原影像的資訊，這種情況表現了導向濾波的保邊特性。另外，由於這種線性性質，導向濾波可以防止邊緣處的梯度翻轉。

從上面的公式中可以發現，影像導向濾波的參數可以用平均值、方差、協方差等統計量進行計算，考慮到局部特性，可以透過對上述統計量圖進行平均值濾波來實現。下面是導向濾波演算法的程式範例。

```
import os
import cv2
import numpy as np
import matplotlib.pyplot as plt
from utils.simu_noise import add_gaussian_noise_gray

def calc_mean(img, radius):
    res = cv2.boxFilter(img, cv2.CV_32F,\
            (radius, radius), borderType=cv2.BORDER_REFLECT)
    return res

def guided_filter_gray(guidance, image, radius, eps):
    image = image.astype(np.float32)
    guidance = guidance.astype(np.float32)
    # 計算導向影像、輸入影像的平均值影像
```

```
    mean_I = calc_mean(guidance, radius)
    mean_p = calc_mean(image, radius)
    # 計算導向影像和輸入影像的協方差矩陣和導向影像方差
    mean_Ip = calc_mean(image * guidance, radius)
    cov_Ip = mean_Ip - mean_I * mean_p
    var_I = calc_mean(guidance ** 2, radius) - mean_I ** 2
    # 計算局部求解的 a 和 b
    a = cov_Ip / (var_I + eps)
    b = mean_p - a * mean_I
    # 計算導向濾波輸出結果
    mean_a = calc_mean(a, radius)
    mean_b = calc_mean(b, radius)
    out = mean_a * guidance + mean_b
    return out

if __name__ == "__main__":

    os.makedirs('results/guided_filter', exist_ok=True)
    # 讀取影像
    img_path = '../datasets/srdata/Set12/04.png'
    image = cv2.imread(img_path)[:,:,0]
    image = add_gaussian_noise_gray(image, sigma=25)
    guided_image = image.copy()

    # 轉為 float 類型
    image = image.astype(np.float32) / 255.0
    guided_image = guided_image.astype(np.float32) / 255.0

    # 進行原影像導向濾波（保邊平滑）
    radius_list = [11, 21, 31]
    eps_list = [0.005, 0.05, 0.5]

    fig = plt.figure(figsize=(12, 12))
    M, N = len(radius_list), len(eps_list)

    cnt = 1
    for radius in radius_list:
        for eps in eps_list:
            guide_out = guided_filter_gray(guided_image, image, radius, eps)
```

```
        # 濾波結果儲存
        guide_out_u8 = np.uint8(guide_out * 255.0)
        fig.add_subplot(M, N, cnt)
        plt.imshow(guide_out_u8, cmap='gray')
        plt.axis('off')
        plt.title(f'radius={radius}, eps={eps}')
        cnt += 1

plt.savefig(f'results/guided_filter/guided.png')
plt.close()
```

上述程式中採用了不同的 radius（控制局部性的強弱）和 eps（控制濾波程度的強弱），得到的結果如圖 3-21 所示。

▲ 圖 3-21 不同參數的導向濾波結果

3.3.5 BM3D 濾波演算法

本節介紹傳統影像降噪演算法中的經典演算法：**BM3D 濾波（Block-Matching 3D Filtering）演算法**[3]。該演算法基於前面提到的**非局部區塊匹配（Block-Matching）**的想法，對匹配到的不同區塊的內容進行 3D 濾波操作，然後對結果進行聚合。BM3D 濾波演算法融合了非局部平均、相似區塊匹配、頻域變換、維納濾波（Wiener Filter）、串聯操作等多種思想，步驟相對於之前的濾波演算法更加煩瑣，但降噪效果有明顯的提升。BM3D 濾波演算法流程圖如圖 3-22 所示。

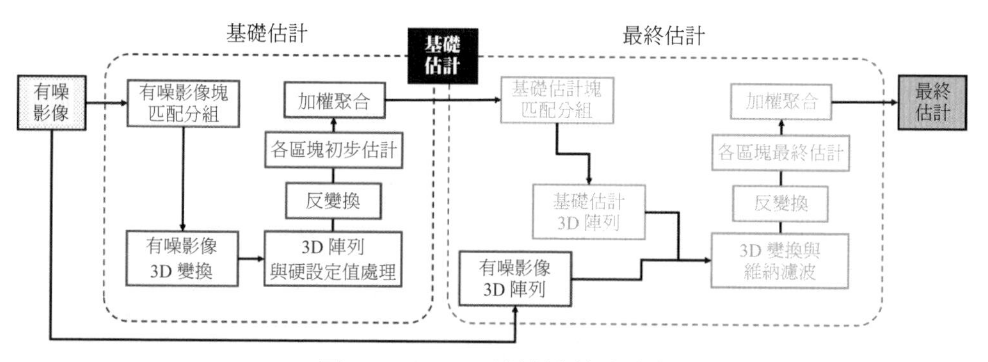

▲ 圖 3-22 BM3D 濾波演算法流程圖

可以看到，BM3D 濾波演算法整體分為兩次串聯的估計，分別稱為**基礎估計（Basic Estimate）**和**最終估計（Final Estimate）**。每次估計中又都包含 3 個相同或相似的操作，分別是：區塊匹配分組（Grouping）、協作過濾（Collaborative Filtering，該操作在兩次估計中不同，在第一次中為硬設定值處理，在第二次中為維納濾波），以及加權聚合（Aggregation）。在基礎估計部分，首先對於當前要處理的區塊，找到與其相似的各種區塊，並將它們堆疊為一個 3D 陣列；然後進行硬設定值處理，即將這個 3D 陣列進行 DCT（離散餘弦變換），這裡的變換在堆疊的維度上（即不同區塊相同位置的像素點）進行，再對變換後的結果進行硬設定值處理；之後進行反變換。硬設定值處理可以利用影像的自相似性，對同一組中的各區塊進行初步估計，基本思想與 NL-Means 演算法的處理類似。將各個估計好的區塊放回到原始的位置。最後，對於這種區區塊級的估計，重疊部分的像素點可能會有多個估計，利用加權平均的方式對這些估計值進行整合，即可得到基礎估計的結果。

得到基礎估計的結果後，需要重新進行區塊匹配分組操作。這時由於已經透過基礎估計對有噪影像進行了降噪，因此可以用基礎估計的結果來更精確地計算匹配，得到匹配位置後，分別建立兩個 3D 陣列：一個從原始有噪影像中按照位置取區塊組成；另一個從基礎估計結果中取區塊組成。接下來，以基礎估計結果組成的 3D 陣列的能量譜作為參考，對有噪影像 3D 陣列進行維納濾波。維納濾波是一種線性濾波，它的目標是在一定約束條件下最佳化輸出和期望輸出的最小平方誤差。將濾波後的係數反變換到 3D 陣列，並與前面一樣，將處理後得到的各個區塊的輸出放回原位置，再進行加權平均對所有的區塊進行整合，即可得到最終估計的結果，也就是 BM3D 濾波演算法降噪後的結果。

我們可以透過 Python 的 bm3d 函式庫中的函數來實驗 BM3D 濾波演算法的效果（需要先透過 pip install bm3d 進行安裝）。程式如下所示。BM3D 濾波演算法的降噪結果如圖 3-23 所示。可以看出，透過基礎估計已經可以較好地平滑雜訊，而最終估計結果相比於基礎估計結果可以保留更多的細節紋理。

```
import os
import cv2
import numpy as np
import matplotlib.pyplot as plt
import bm3d
from utils.simu_noise import add_gaussian_noise_gray

os.makedirs('results/bm3d', exist_ok=True)
img = cv2.imread('../datasets/srdata/Set12/01.png')[:,:,0]

sigma = 25
noisy = add_gaussian_noise_gray(img, sigma=sigma)

out_step1 = bm3d.bm3d(noisy,
        sigma_psd=sigma, stage_arg=bm3d.BM3DStages.HARD_THRESHOLDING)
out_step2 = bm3d.bm3d(noisy,
        sigma_psd=sigma, stage_arg=bm3d.BM3DStages.ALL_STAGES)
```

```
cv2.imwrite('results/bm3d/noisy.png', noisy)
cv2.imwrite('results/bm3d/out_step1.png', out_step1)
cv2.imwrite('results/bm3d/out_step2.png', out_step2)
```

（a）有噪影像

（b）基礎估計結果

（c）BM3D 兩階段結果

▲ 圖 3-23 BM3D 濾波演算法的降噪結果

3.4 深度學習降噪演算法

本節介紹基於深度學習和神經網路的降噪演算法和模型。對這類演算法來說，由於其可以透過設計網路結構與訓練策略自我調整地學習到訊號與雜訊的特徵，因此其研究想法與傳統演算法有所不同。深度學習降噪演算法更多地關注以下幾個方面：如何透過設計網路結構和訓練方式，使之更加適應降噪任務，即保持影像內容的細節清晰度，並能分離雜訊；如何將相關先驗加入到網路模型與訓練中，這個方面可以與傳統演算法的基本想法進行結合；如何設計訓練資料，使之更進一步地模擬實際場景中遇到的真實雜訊情況；如何對網路進行輕量化，在保持較好效果的基礎上提高計算效率。針對這些問題，研究者提供了各種各樣的解決方案，下面就以其中較為經典的模型為例，來討論深度學習是如何被用來處理降噪問題的。

3.4.1 深度殘差降噪網路 DnCNN 和 FFDNet

首先介紹一種基於殘差學習（Residual Learning）的降噪網路 **DnCNN**（**Denoising Convolutional Neural Network**）[4]。DnCNN 是用網路處理降噪任務較早的模型，它的結構示意圖如圖 3-24 所示。

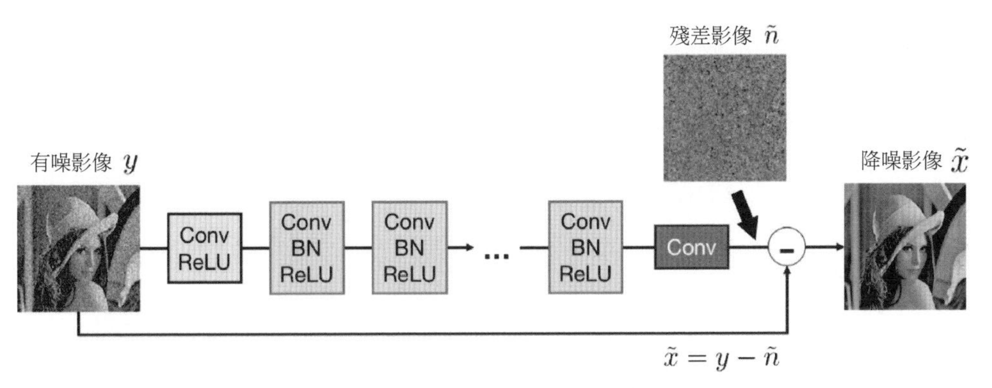

▲ 圖 3-24 DnCNN 結構示意圖

可以看到，DnCNN 由卷積層（Conv）、批歸一化（Batch Normalization，BN）層及 ReLU 啟動層組成，是一個點對點的結構，並且沒有下採樣相關的操作，直接對輸入有噪影像進行降噪處理，並最終得到預測結果。其中，除了第一層和最後一層，中間各層都採用了 BN 進行處理。同時最後一層不進行啟動，直接卷積輸出。DnCNN 中的關鍵是殘差學習的策略。如圖 3-24 所示，其主幹網絡結構實際輸出的不是無噪影像，而是殘差影像（Residual Image），即對雜訊的估計。網路的損失函數最佳化的是殘差影像與雜訊之間的差距。也就是說，最終還需要從有噪影像中減去預測的殘差，才能得到降噪影像的估計。

DnCNN 模型的相關實驗證明了 BN 層和殘差學習的作用。透過消融實驗結果的對比可以發現，同時加入 BN 層和殘差學習的效果是最好的，BN 層對於最終的 PSNR 有提升，而殘差學習可以提高訓練階段模型收斂的穩定性。DnCNN 並非第一個採用 CNN 的方式處理降噪任務的演算法，但是由於其所採用的結構訓練穩定且效果較好，整體模型也比較簡單，因此 DnCNN 為後續基於網路模型的降噪演算法提供了一個較好的基準線。

DnCNN 的訓練資料透過加入特定方差的高斯雜訊進行合成，對於雜訊強度已知的降噪任務（非盲降噪），則只需要用同一強度的雜訊進行退化（如 sigma=15），然後以此資料訓練的模型來處理該強度下的雜訊。對於非盲降噪任務，可以透過一定強度範圍（如 sigma∈[0, 50]）內的雜訊模擬來生成訓練資料，用於對該範圍內隨機強度的雜訊進行處理。這兩種訓練得到的模型分別記為 DnCNN-S 和 DnCNN-B。實驗表明，這兩種模型在測試資料集上的效果均好於之前的其他網路模型和傳統方法，如 BM3D 濾波演算法。

DnCNN 的網路模型用 PyTorch 實現，程式如下，透過隨機輸入代表一個批次影像尺寸的張量資料測試該網路的實現。

```
import torch
import torch.nn as nn

class ConvBNReLU(nn.Module):
    def __init__(self, nf, kernel_size):
        super(ConvBNReLU, self).__init__()
        pad = kernel_size // 2
        self.conv = nn.Conv2d(nf, nf, kernel_size=kernel_size, padding=pad)
        self.bn = nn.BatchNorm2d(nf)
        self.relu = nn.ReLU(inplace=True)
    def forward(self, x):
        x = self.conv(x)
        x = self.bn(x)
        x = self.relu(x)
        return x

class DnCNN(nn.Module):
    def __init__(self, img_nc=3, nf=64, num_layers=17):
        super(DnCNN, self).__init__()
        self.in_conv = nn.Conv2d(img_nc, nf, kernel_size=3, padding=1)
        self.body = nn.Sequential(
            *[ConvBNReLU(nf, 3) for _ in range(num_layers - 2)]
            )
        self.out_conv = nn.Conv2d(nf, img_nc, kernel_size=3, padding=1)
    def forward(self, x):
        noisy = x
```

```
        x = self.in_conv(x)
        x = self.body(x)
        pred_noise = self.out_conv(x)
        return noisy - pred_noise

x_in = torch.randn((1, 1, 128, 128))
dncnn = DnCNN(img_nc=1, nf=64, num_layers=17)
print(dncnn)
x_out = dncnn(x_in)
print('DnCNN input size: ', x_in.size())
print('DnCNN output size: ', x_out.size())
```

測試列印網路結構的程式與測試結果輸出如下。

```
DnCNN(
  (in_conv): Conv2d(1, 64, kernel_size=(3, 3), stride=(1, 1), padding=(1, 1))
  (body): Sequential(
    (0): ConvBNReLU(
      (conv): Conv2d(64, 64, kernel_size=(3, 3), stride=(1, 1), padding=(1, 1))
      (bn): BatchNorm2d(64, eps=1e-05, momentum=0.1, affine=True,
track_running_stats=True)
      (relu): ReLU(inplace=True)
    )
    (1): ConvBNReLU(
      (conv): Conv2d(64, 64, kernel_size=(3, 3), stride=(1, 1), padding=(1, 1))
      (bn): BatchNorm2d(64, eps=1e-05, momentum=0.1, affine=True,
track_running_stats=True)
      (relu): ReLU(inplace=True)
    )
    (2): ConvBNReLU(
      (conv): Conv2d(64, 64, kernel_size=(3, 3), stride=(1, 1), padding=(1, 1))
      (bn): BatchNorm2d(64, eps=1e-05, momentum=0.1, affine=True,
track_running_stats=True)
      (relu): ReLU(inplace=True)
    )
    (3): ConvBNReLU(
      (conv): Conv2d(64, 64, kernel_size=(3, 3), stride=(1, 1), padding=(1, 1))
      (bn): BatchNorm2d(64, eps=1e-05, momentum=0.1, affine=True,
```

```
track_running_stats=True)
      (relu): ReLU(inplace=True)
    )
    (4): ConvBNReLU(
      (conv): Conv2d(64, 64, kernel_size=(3, 3), stride=(1, 1), padding=(1, 1))
      (bn): BatchNorm2d(64, eps=1e-05, momentum=0.1, affine=True,
track_running_stats=True)
      (relu): ReLU(inplace=True)
    )
    (5): ConvBNReLU(
      (conv): Conv2d(64, 64, kernel_size=(3, 3), stride=(1, 1), padding=(1, 1))
      (bn): BatchNorm2d(64, eps=1e-05, momentum=0.1, affine=True,
track_running_stats=True)
      (relu): ReLU(inplace=True)
    )
    (6): ConvBNReLU(
      (conv): Conv2d(64, 64, kernel_size=(3, 3), stride=(1, 1), padding=(1, 1))
      (bn): BatchNorm2d(64, eps=1e-05, momentum=0.1, affine=True,
track_running_stats=True)
      (relu): ReLU(inplace=True)
    )
    (7): ConvBNReLU(
      (conv): Conv2d(64, 64, kernel_size=(3, 3), stride=(1, 1), padding=(1, 1))
      (bn): BatchNorm2d(64, eps=1e-05, momentum=0.1, affine=True,
track_running_stats=True)
      (relu): ReLU(inplace=True)
    )
    (8): ConvBNReLU(
      (conv): Conv2d(64, 64, kernel_size=(3, 3), stride=(1, 1), padding=(1, 1))
      (bn): BatchNorm2d(64, eps=1e-05, momentum=0.1, affine=True,
track_running_stats=True)
      (relu): ReLU(inplace=True)
    )
    (9): ConvBNReLU(
      (conv): Conv2d(64, 64, kernel_size=(3, 3), stride=(1, 1), padding=(1, 1))
      (bn): BatchNorm2d(64, eps=1e-05, momentum=0.1, affine=True,
track_running_stats=True)
      (relu): ReLU(inplace=True)
```

```
    )
    (10): ConvBNReLU(
      (conv): Conv2d(64, 64, kernel_size=(3, 3), stride=(1, 1), padding=(1, 1))
      (bn): BatchNorm2d(64, eps=1e-05, momentum=0.1, affine=True,
track_running_stats=True)
      (relu): ReLU(inplace=True)
    )
    (11): ConvBNReLU(
      (conv): Conv2d(64, 64, kernel_size=(3, 3), stride=(1, 1), padding=(1, 1))
      (bn): BatchNorm2d(64, eps=1e-05, momentum=0.1, affine=True,
track_running_stats=True)
      (relu): ReLU(inplace=True)
    )
    (12): ConvBNReLU(
      (conv): Conv2d(64, 64, kernel_size=(3, 3), stride=(1, 1), padding=(1, 1))
      (bn): BatchNorm2d(64, eps=1e-05, momentum=0.1, affine=True,
track_running_stats=True)
      (relu): ReLU(inplace=True)
    )
    (13): ConvBNReLU(
      (conv): Conv2d(64, 64, kernel_size=(3, 3), stride=(1, 1), padding=(1, 1))
      (bn): BatchNorm2d(64, eps=1e-05, momentum=0.1, affine=True,
track_running_stats=True)
      (relu): ReLU(inplace=True)
    )
    (14): ConvBNReLU(
      (conv): Conv2d(64, 64, kernel_size=(3, 3), stride=(1, 1), padding=(1, 1))
      (bn): BatchNorm2d(64, eps=1e-05, momentum=0.1, affine=True,
track_running_stats=True)
      (relu): ReLU(inplace=True)
    )
  )
  (out_conv): Conv2d(64, 1, kernel_size=(3, 3), stride=(1, 1), padding=(1, 1))
)
DnCNN input size:  torch.Size([1, 1, 128, 128])
DnCNN output size:  torch.Size([1, 1, 128, 128])
```

FFDNet（FFD 表示 Fast-and-Flexible Denoising）[5] 可以看作基於 DnCNN 想法的改進，它的結構示意圖如圖 3-25 所示。首先，輸入影像被轉換成下採樣後在通道中堆疊的子圖；然後加入雜訊水準圖（Noise Level Map），共同送入主幹網絡，主幹網絡採用無殘差連接的 DnCNN 形式，直接輸出降噪後的子圖；最後進行反變換，得到降噪影像。

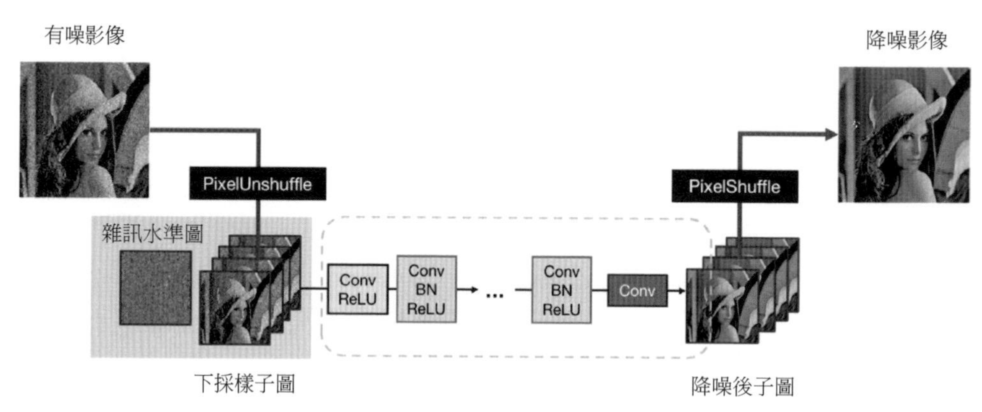

▲ 圖 3-25 FFDNet 結構示意圖

FFDNet 對於 DnCNN 的改進主要有兩點。第一，採用了超解析度模型中提出的經典的提升效率模組：PixelShuffle 和 PixelUnshuffle（也稱為 Depth-to-Space 和 Space-to-Depth）。這兩個模組的操作示意圖如圖 3-26 所示。第二，加入雜訊水準圖作為輸入，提高了網路對於不同雜訊強度的適應能力，並且可以處理空變的雜訊情況（空間相同的雜訊直接輸入常數項雜訊水準圖，空間變異的情況直接輸入各個位置的雜訊強度即可）。

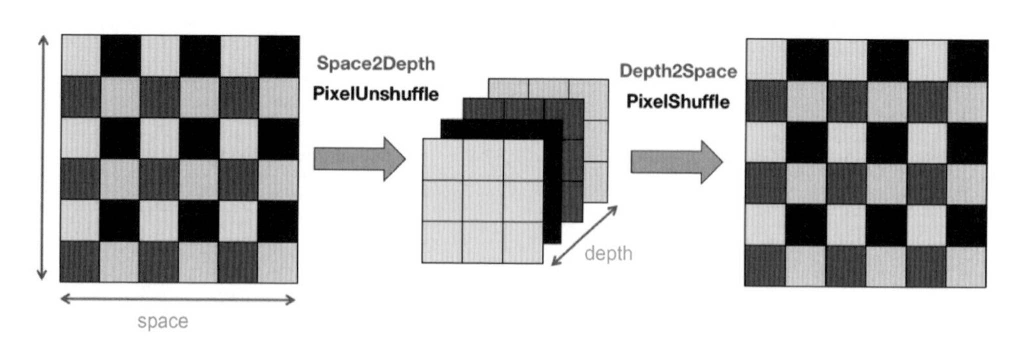

▲ 圖 3-26 PixelShuffle 和 PixelUnshuffle 操作示意圖

首先來介紹第一個改進。如圖 3-25 所示，PixelUnshuffle 透過對原影像空間維度等間隔採樣，並在通道中進行堆疊，使得影像的空間解析度降低，同時增加了通道數。PixelShuffle 則為上述操作的逆過程，即將不同通道的像素點按照採樣的位置在原影像上進行重新排列。引入子圖操作的主要目的是提升網路的效率。一般的提高網路效率方案通常需要減少網路層數或卷積核心個數（特徵圖通道數），但是這類操作也降低了網路的學習能力。PixelUnshuffle 模組只在空間和通道數方面對像素點進行重排，因此可以在不損失影像資訊的基礎上降低參與網路計算的輸入影像的尺寸，從而加速後續的網路層計算。另外，在子圖上做卷積也可以有效擴大影像的感知域，從而可以允許使用更少的層數。這個改進對應的就是 FFDNet 中的「Fast」，即相比於原本的 DnCNN 的效率提升。

第二個改進則對應於 FFDNet 中的「Flexible」，即可擴充性或適應性。前面提到 DnCNN-S 需要對每個雜訊水準的有噪影像分別訓練模型，而 DnCNN-B 雖然有一定泛化性，但是在真實的複雜雜訊場景下仍然降噪效果有限。FFDNet 的結構透過傳入雜訊水準圖的方式更進一步地適應不同強度的雜訊，這種結構可以被視為由雜訊輸入控制的對應於不同強度的降噪網路。另外，由於雜訊水準圖可以在不同位置設定值不同，因此該網路也可以處理空間上強度不同的雜訊。雜訊水準圖的引入可以使網路在降噪和保持細節方面取得更好的平衡。

FFDNet 的程式實現範例如下。

```
import numpy as np
import torch
import torch.nn as nn
import torch.nn.functional as F

class FFDNet(nn.Module):

    def __init__(self, in_ch, out_ch, nf=64, nb=15):
        super().__init__()
        scale = 2
        self.down = nn.PixelUnshuffle(scale)
        # 輸入通道數 +1 為雜訊強度圖
        module_ls = [
```

```
            nn.Conv2d(in_ch*(scale**2) + 1, nf, 3, 1, 1),
            nn.ReLU(inplace=True)
        ]
        for _ in range(nb - 2):
            cur_layer = [
                nn.Conv2d(nf, nf, 3, 1, 1),
                nn.ReLU(inplace=True)
            ]
            module_ls = module_ls + cur_layer
        module_ls.append(nn.Conv2d(nf, out_ch*(scale**2), 3, 1, 1))
        self.body = nn.Sequential(*module_ls)
        self.up = nn.PixelShuffle(scale)

    def forward(self, x_in, sigma):
        # 保證輸入尺寸 pad 到可以 2 倍下採樣
        h, w = x_in.shape[-2:]
        new_h = int(np.ceil(h / 2) * 2)
        new_w = int(np.ceil(w / 2) * 2)
        pad_h, pad_w = new_h - h, new_w - w
        # F.pad 的順序為 left/right/top/bottom
        x = F.pad(x_in, (0, pad_w, 0, pad_h), "replicate")
        x = self.down(x)
        sigma_map = sigma.repeat(1, 1, new_h//2, new_w//2)
        x = self.body(torch.cat((x, sigma_map), dim=1))
        x = self.up(x)
        out = x[:, :, :h, :w]
        return out

if __name__ == "__main__":
    dummy_in = torch.randn(2, 1, 64, 64)
    sigma = torch.randn(2, 1, 1, 1)
    ffdnet = FFDNet(in_ch=1, out_ch=1, nf=64, nb=15)
    print(ffdnet)
    out = ffdnet(dummy_in, sigma)
    print('FFDNet input size: ', dummy_in.size())
    print('FFDNet output size: ', out.size())
```

測試結果輸出如下。

```
FFDNet(
  (down): PixelUnshuffle(downscale_factor=2)
  (body): Sequential(
    (0): Conv2d(5, 64, kernel_size=(3, 3), stride=(1, 1), padding=(1, 1))
    (1): ReLU(inplace=True)
    (2): Conv2d(64, 64, kernel_size=(3, 3), stride=(1, 1), padding=(1, 1))
    (3): ReLU(inplace=True)
    (4): Conv2d(64, 64, kernel_size=(3, 3), stride=(1, 1), padding=(1, 1))
    (5): ReLU(inplace=True)
    (6): Conv2d(64, 64, kernel_size=(3, 3), stride=(1, 1), padding=(1, 1))
    (7): ReLU(inplace=True)
    (8): Conv2d(64, 64, kernel_size=(3, 3), stride=(1, 1), padding=(1, 1))
    (9): ReLU(inplace=True)
    (10): Conv2d(64, 64, kernel_size=(3, 3), stride=(1, 1), padding=(1, 1))
    (11): ReLU(inplace=True)
    (12): Conv2d(64, 64, kernel_size=(3, 3), stride=(1, 1), padding=(1, 1))
    (13): ReLU(inplace=True)
    (14): Conv2d(64, 64, kernel_size=(3, 3), stride=(1, 1), padding=(1, 1))
    (15): ReLU(inplace=True)
    (16): Conv2d(64, 64, kernel_size=(3, 3), stride=(1, 1), padding=(1, 1))
    (17): ReLU(inplace=True)
    (18): Conv2d(64, 64, kernel_size=(3, 3), stride=(1, 1), padding=(1, 1))
    (19): ReLU(inplace=True)
    (20): Conv2d(64, 64, kernel_size=(3, 3), stride=(1, 1), padding=(1, 1))
    (21): ReLU(inplace=True)
    (22): Conv2d(64, 64, kernel_size=(3, 3), stride=(1, 1), padding=(1, 1))
    (23): ReLU(inplace=True)
    (24): Conv2d(64, 64, kernel_size=(3, 3), stride=(1, 1), padding=(1, 1))
    (25): ReLU(inplace=True)
    (26): Conv2d(64, 64, kernel_size=(3, 3), stride=(1, 1), padding=(1, 1))
    (27): ReLU(inplace=True)
    (28): Conv2d(64, 4, kernel_size=(3, 3), stride=(1, 1), padding=(1, 1))
  )
  (up): PixelShuffle(upscale_factor=2)
)
FFDNet input size:  torch.Size([2, 1, 64, 64])
FFDNet output size:  torch.Size([2, 1, 64, 64])
```

3.4.2 雜訊估計網路降噪：CBDNet

FFDNet 雖然可以加入雜訊水準圖作為自我調整的參考，但是還需要預先對雜訊強度和分佈進行估計。下面介紹的 **CBDNet**[6] 對於該問題進行了最佳化，可以實現真實影像雜訊的盲降噪。CBDNet 中的 CBD 指的是 **Convolutional Blind Denoising**，也是該演算法的主要改進之一，即在網路模型內部對影像雜訊進行估計，並將估計結果作為引導，傳入降噪網路，以實現更強泛化性能的盲降噪效果。CBDNet 結構示意圖如圖 3-27 所示。

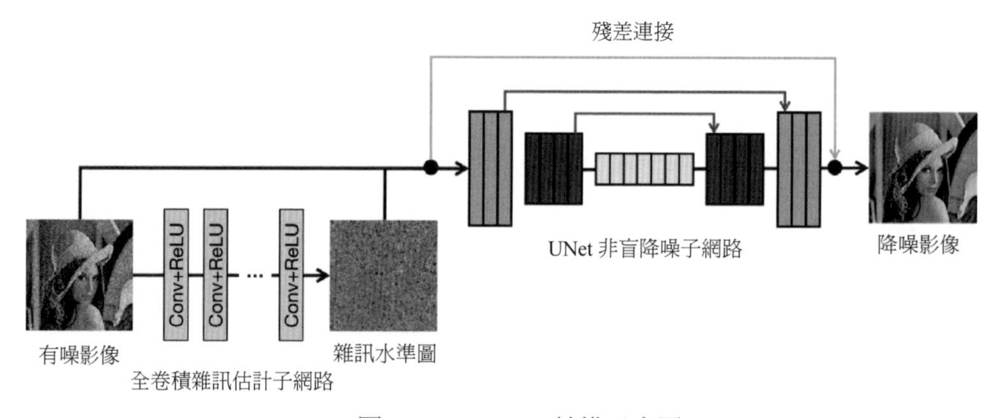

▲ 圖 3-27 CBDNet 結構示意圖

首先，CBDNet 的結構主要包括兩個組成部分，分別是全卷積雜訊估計子網路（Noise Estimation Subnetwork）和 UNet 非盲降噪子網路（Non-blind Denoising Subnetwork）。全卷積雜訊估計子網路的作用是從有噪影像中估計出一個代表雜訊強度的雜訊水準圖，並與有噪影像一起送進 UNet 非盲降噪子網路，用於得到降噪影像。全卷積雜訊估計子網路結構較簡單，由一定數量的卷積層和啟動層串聯而成。而 UNet 非盲降噪子網路採用 UNet 結構，即先對特徵圖進行多次下採樣再進行上採樣，並將下採樣階段的中間結果透過跳線連接到上採樣的中間結果中，用於補充由於下採樣損失的細節資訊。另外，降噪網路考慮殘差學習的方案，即用 UNet 預測雜訊，然後與有噪影像相加後得到降噪影像。

全卷積雜訊估計子網路的加入使得 CBDNet 可以自我調整處理不同強度的雜訊影像，而且由於兩階段的設計，可以顯式獲取雜訊水準估計的中間結果，因此，CBDNet 可以支援對於降噪強度的手動調整，即互動式降噪。比如，一個簡單的方法就是對雜訊水準圖乘以一個給定的係數，即可讓後續的 UNet 非盲降噪子網路增大或減小降噪的力度，從而在雜訊壓制與細節保留的權衡中取得合適的結果。另外，對於估計的雜訊水準圖和降噪影像，在訓練時都需要計算損失函數，從而最佳化雜訊估計網路。CBDNet 的損失函數包括三個部分：重建損失（Reconstruction Loss，L_{rec}）、非對稱損失（Asymmetric Loss，L_{asymm}）、全變分損失（Total Variation Loss，L_{TV}）。其中，重建損失即降噪影像和真實無噪影像的差值的平方，是直接最佳化輸出到目標值的基本損失函數；非對稱損失和全變分損失施加於雜訊水準圖估計結果上，用於最佳化雜訊估計。非對稱損失透過對雜訊水準預測結果低於真實值的預測施加相比於高於真實值的預測更大的懲罰權重，從而使預測結果偏向於更高，儘量避免預測強度低於真實值。引入非對稱損失的原因在於：實驗發現，當非盲降噪的雜訊估計值大於真實值時，降噪效果相對也較滿意（但可能會損失一些較弱的細節），而如果估計值小於真實值，那就會產生明顯的雜訊殘留，效果不佳。因此，人們希望對預測過低的情況施加更大權重，從而減少低估雜訊的情況。最後，全變分損失對輸出雜訊水準圖的梯度進行約束，使預測出來的雜訊水準圖更加平滑。

除了以上對於模型和訓練的改進，CBDNet 的另一個重要貢獻是針對真實雜訊降噪而設計的訓練集建構方法。首先，CBDNet 採用真實雜訊影像和合成雜訊影像共同建構的訓練集進行網路訓練。真實雜訊影像的無噪目標圖是由對同一個靜態場景拍攝的許多影像（可能有上百張圖）進行平均得到的；而合成雜訊則採用了改進的雜訊模型，相比於只考慮 AWGN 的方案，CBDNet 的雜訊退化方案更加複雜，它首先考慮了 raw 影像上的高斯 - 卜松混合雜訊，並且考慮了 ISP 中的去馬賽克和 Gamma 校正，以及後續的 JPEG 壓縮等操作對於雜訊的改變，從而使得合成雜訊結果更加符合真實情況。對比這兩種方案，合成資料的優勢在於可以獲得高品質且多樣的無噪乾淨影像，但是缺點在於真實影像中的雜訊並不能完全被雜訊模型模擬；另外，雖然真實資料的雜訊分佈更真實，但是由於其擷取和配對方式的限制，只能在靜態場景中擷取資料，成本較高，而且透過平均之後的結果得到的無噪乾淨影像通常會過於平滑，因此會影響模型對於細節的處理。基於上述原因，CBDNet 將合成資料與真實資料合併來訓練模型。由於真實資料的雜訊水準圖未知，因此只需要最佳化 L_{rec} 項和 L_{TV} 項。實驗表明，這種混合資料來源的訓練方案可以有效提高真實影像的降噪效果。

CBDNet 結構用 PyTorch 實現的程式範例如下，可以看到全卷積雜訊估計子網路 NoiseEstNetwork 和 UNet 非盲降噪子網路 UnetDenoiser。與之前類似，這裡類比輸入一個批次的 Tensor 資料對網路進行測試。

```
import torch
import torch.nn as nn
import torch.nn.functional as F

class ConvReLU(nn.Module):
    def __init__(self, in_ch, out_ch):
        super().__init__()
        self.conv = nn.Conv2d(in_ch, out_ch, 3, 1, 1)
        self.relu = nn.ReLU(inplace=True)
    def forward(self, x):
        out = self.relu(self.conv(x))
        return out

class UpAdd(nn.Module):
    def __init__(self, in_ch, out_ch):
        super().__init__()
        self.deconv = nn.ConvTranspose2d(in_ch, out_ch, 2, 2)
    def forward(self, x1, x2):
        # x1 為小尺寸特徵圖，x2 為大尺寸特徵圖
        x1 = self.deconv(x1)
        diff_h = x2.size()[2] - x1.size()[2]
        diff_w = x2.size()[3] - x1.size()[3]
        pleft = diff_w // 2
        pright = diff_w - pleft
        ptop = diff_h // 2
        pbottom = diff_h - ptop
        x1 = F.pad(x1, (pleft, pright, ptop, pbottom))
        return x1 + x2
```

```
class NoiseEstNetwork(nn.Module):
    """
    雜訊估計子網路，全卷積形式
    """
    def __init__(self, in_ch=3, nf=32, nb=5):
        super().__init__()
        module_ls = [ConvReLU(in_ch, nf)]
        for _ in range(nb - 2):
            module_ls.append(ConvReLU(nf, nf))
        module_ls.append(ConvReLU(nf, in_ch))
        self.est = nn.Sequential(*module_ls)

    def forward(self, x):
        return self.est(x)

class UnetDenoiser(nn.Module):
    """
    降噪子網路，UNet 結構
    """
    def __init__(self, in_ch=3, nf=64):
        super().__init__()
        self.conv_in = nn.Sequential(
            ConvReLU(in_ch * 2, nf),
            ConvReLU(nf, nf)
        )
        self.down = nn.AvgPool2d(2)
        self.conv1 = nn.Sequential(
            ConvReLU(nf, nf * 2),
            *[ConvReLU(nf * 2, nf * 2) for _ in range(2)]
        )
        self.conv2 = nn.Sequential(
            ConvReLU(nf * 2, nf * 4),
            *[ConvReLU(nf * 4, nf * 4) for _ in range(5)]
        )
        self.up1 = UpAdd(nf * 4, nf * 2)
        self.conv3 = nn.Sequential(
            *[ConvReLU(nf * 2, nf * 2) for _ in range(3)]
        )
```

```
        self.up2 = UpAdd(nf * 2, nf)
        self.conv4 = nn.Sequential(
            *[ConvReLU(nf, nf) for _ in range(2)]
        )
        self.conv_out = nn.Conv2d(nf, in_ch, 3, 1, 1)

    def forward(self, x, noise_level):
        x_in = torch.cat((x, noise_level), dim=1)
        ft = self.conv_in(x_in) # nf, 1
        d1 = self.conv1(self.down(ft))  # 2nf, 1/2
        d2 = self.conv2(self.down(d1))  # 4nf, 1/4
        u1 = self.conv3(self.up1(d2, d1))  # 2nf, 1/2
        u2 = self.conv4(self.up2(u1, ft))  # nf, 1
        res = self.conv_out(u2) # nf, 1
        out = x + res
        return out

class CBDNet(nn.Module):
    def __init__(self,
                 in_ch=3,
                 nf_e=32, nb_e=5,
                 nf_d=64):
        super().__init__()
        self.noise_est = NoiseEstNetwork(in_ch, nf_e, nb_e)
        self.denoiser = UnetDenoiser(in_ch, nf_d)

    def forward(self, x):
        noise_level = self.noise_est(x)
        out = self.denoiser(x, noise_level)
        return out, noise_level

if __name__ == "__main__":
    dummy_in = torch.randn(4, 3, 67, 73)
    cbdnet = CBDNet()
    pred, noise_level = cbdnet(dummy_in)
    print('pred size: ', pred.size())
    print('noise_level size: ', noise_level.size())
```

測試輸出結果如下所示。

```
pred size:  torch.Size([4, 3, 67, 73])
noise_level size:  torch.Size([4, 3, 67, 73])
```

3.4.3 小波變換與神經網路的結合：MWCNN

對網路結構的設計也是深度學習模型降噪的關鍵環節。**MWCNN**[7] 在網路結構上對降噪模型進行了改進。MWCNN 全稱為 **Multi-level Wavelet CNN**，即多級小波 CNN。它的主要目的在於在對降噪模型的感受野進行擴大與計算效率之間尋找一個更好的平衡。對感受野的擴大，通常的方法是透過串聯的池化（Pooling）下採樣來縮減特徵圖尺寸，從而使得卷積操作的影響可以對應到原影像中更大的範圍。但是用這種方式縮減尺寸必然會帶來資訊的損失，因此研究者又提出了一些替代方案，如膨脹卷積〔Dilated Convolution，也叫作空洞卷積（Atrous Convolution）〕，這種方式可以不犧牲解析度而獲得更大的感受野，但是膨脹卷積容易產生棋盤格效應（Gridding Artifast），這個對於底層影像處理任務來說有較大的負面作用。為了處理感受野的問題，MWCNN 參考了傳統影像處理中常用的小波變換的想法，用小波變換替代池化下採樣，在保持原影像全部資訊的同時（小波變換是可逆的）縮減了影像尺寸，同時擴大了網路的感受野。

MWCNN 結構示意圖如圖 3-28 所示。在整體網路結構上，MWCNN 採用了類似 UNet 的結構，先透過一定步驟的卷積和下採樣，降低影像解析度提取更大範圍的特徵資訊，然後透過多階段的上採樣過程，並融合之前下採樣的特徵圖，將特徵圖恢復到原影像的尺寸，並以此進行重建。UNet 通常採用池化與轉置卷積進行下採樣和上採樣的步驟，而 MWCNN 則利用 DWT 和 IDWT 來實現這兩個步驟。在每次 DWT 下採樣之後，經過若干卷積層對特徵子帶進行處理，以便更進一步地利用頻帶間的依賴關係。在上採樣時，需要透過 IDWT 直接減少通道數並放大特徵圖尺寸，然後與前面對應的特徵圖進行相加融合。最終，與 UNet 類似，重建得到的特徵圖進行卷積處理後即可得到最終的輸出結果。MWCNN 與 DnCNN 等模型的配置類似，也是主幹網絡輸出殘差影像，降噪影像需要用輸入影像減去殘差影像獲得。

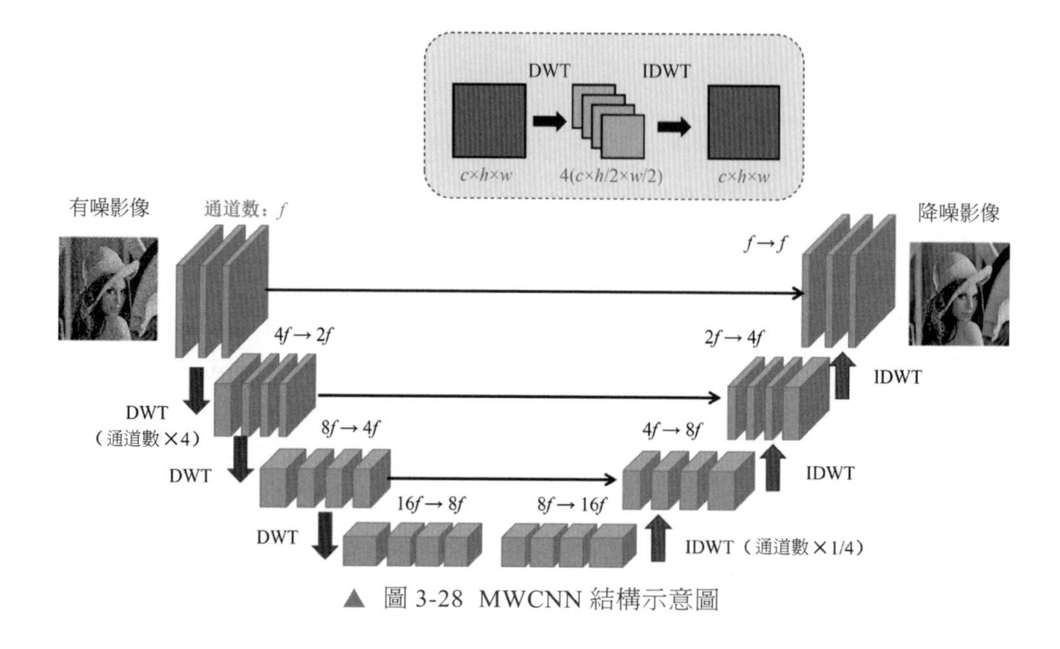

▲ 圖 3-28 MWCNN 結構示意圖

下面重點介紹下 DWT 和 IDWT 操作。在前面的小波變換降噪內容中，我們已經了解了小波變換的含義與效果。在神經網路模型中，我們可以利用卷積來實現小波變換。對 MWCNN 中採用的 Haar 小波來說，特徵圖的 LL、LH、HL、HH 4 個子帶的獲取可以用步進值為 2、卷積核心大小為 2×2 的卷積操作來實現，4 個子帶分別對應的卷積核心如下所示：

$$\boldsymbol{f}_{\mathrm{LL}}=\begin{bmatrix}1 & 1\\ 1 & 1\end{bmatrix},\ \boldsymbol{f}_{\mathrm{LH}}=\begin{bmatrix}-1 & -1\\ 1 & 1\end{bmatrix},\ \boldsymbol{f}_{\mathrm{HL}}=\begin{bmatrix}-1 & 1\\ -1 & 1\end{bmatrix},\ \boldsymbol{f}_{\mathrm{HH}}=\begin{bmatrix}1 & -1\\ -1 & 1\end{bmatrix}$$

透過一定的數學形式，DWT 操作可以與前面提到的池化下採樣及膨脹卷積建立聯繫，DWT 可以被視為對於池化下採樣或膨脹卷積的一種改進和推廣。由於 DWT 和 IDWT 是無損可逆的變化，以及小波變換對於空域和頻域共同定位的良好性質，MWCNN 在降噪、超解析度等影像恢復任務上表現較好，甚至對於目標分類任務也有增益。

下面是 MWCNN 的 PyTorch 程式的實現，其中 DWT 和 IDWT 透過下採樣後子圖的線性計算得到，等價於前面提到的步進值為 2、卷積核心大小為 2×2 的固定參數的卷積處理。

```
import torch
import torch.nn as nn

# torch.Tensor 實現 DWT 和 IDWT 操作
# 等價於透過 4 個不同的 2×2 卷積實現
class DWT(nn.Module):
    def __init__(self):
        super().__init__()
        self.requires_grad = False
    def forward(self, x):
        x1 = x[:, :, 0::2, 0::2] / 2
        x2 = x[:, :, 1::2, 0::2] / 2
        x3 = x[:, :, 0::2, 1::2] / 2
        x4 = x[:, :, 1::2, 1::2] / 2
        LL = x1 + x2 + x3 + x4
        LH = (x2 + x4) - (x1 + x3)
        HL = (x3 + x4) - (x1 + x2)
        HH = (x1 + x4) - (x2 + x3)
        out = torch.cat((LL, LH, HL, HH), dim=1)
        return out

class IDWT(nn.Module):
    def __init__(self):
        super().__init__()
        self.requires_grad = False
    def forward(self, x):
        n, c, h, w = x.size()
        out_c = c // 4
        out_h, out_w = h * 2, w * 2
        LL = x[:, 0*out_c: 1*out_c, ...] / 2
        LH = x[:, 1*out_c: 2*out_c, ...] / 2
        HL = x[:, 2*out_c: 3*out_c, ...] / 2
        HH = x[:, 3*out_c: 4*out_c, ...] / 2
        x1 = (LL + HH) - (LH + HL)
        x2 = (LL + LH) - (HL + HH)
        x3 = (LL + HL) - (LH + HH)
        x4 = LL + LH + HL + HH
        out = torch.zeros(n, out_c, out_h, out_w,
                                      dtype=torch.float32)
```

```
        out[:, :, 0::2, 0::2] = x1
        out[:, :, 1::2, 0::2] = x2
        out[:, :, 0::2, 1::2] = x3
        out[:, :, 1::2, 1::2] = x4
        return out

# MWCNN 下採樣階段（編碼器）中的組成模組
class DownBlock(nn.Module):
    def __init__(self, in_ch, out_ch, dilate1=2, dilate2=1):
        super().__init__()
        self.body = nn.Sequential(
            nn.Conv2d(in_ch, out_ch, 3, 1, 1),
            nn.ReLU(inplace=True),
            nn.Conv2d(out_ch, out_ch, 3, 1, dilate1,
                      dilation=dilate1),
            nn.ReLU(inplace=True),
            nn.Conv2d(out_ch, out_ch, 3, 1, dilate2,
                      dilation=dilate2),
            nn.ReLU(inplace=True)
        )

    def forward(self, x):
        out = self.body(x)
        return out

# MWCNN 上採樣階段（解碼器）中的組成模組
class InvBlock(nn.Module):
    def __init__(self, in_ch, out_ch, dilate1=2, dilate2=1):
        super().__init__()
        self.body = nn.Sequential(
            nn.Conv2d(in_ch, in_ch, 3, 1, dilate1,
                      dilation=dilate1),
            nn.ReLU(inplace=True),
            nn.Conv2d(in_ch, in_ch, 3, 1, dilate2,
                      dilation=dilate2),
            nn.ReLU(inplace=True),
            nn.Conv2d(in_ch, out_ch, 3, 1, 1),
            nn.ReLU(inplace=True)
        )
```

```
    def forward(self, x):
        out = self.body(x)
        return out

# 輸出模組
class OutBlock(nn.Module):
    def __init__(self, in_ch, out_ch):
        super().__init__()
        self.body = nn.Sequential(
            nn.Conv2d(in_ch, in_ch, 3, 1, 2, dilation=2),
            nn.ReLU(inplace=True),
            nn.Conv2d(in_ch, in_ch, 3, 1, 1, dilation=1),
            nn.ReLU(inplace=True),
            nn.Conv2d(in_ch, out_ch, 3, 1, 1)
        )

    def forward(self, x):
        out = self.body(x)
        return out

class MWCNN(nn.Module):
    """
    MWCNN 主網路，採用 DWT 和 IDWT 實現特徵圖下 / 上採樣
    """
    def __init__(self, in_ch, nf):
        super().__init__()
        self.dwt = DWT()
        self.idwt = IDWT()
        self.dl0 = DownBlock(in_ch, nf, 2, 1)
        self.dl1 = DownBlock(4*nf, 2*nf, 2, 1)
        self.dl2 = DownBlock(8*nf, 4*nf, 2, 1)
        self.dl3 = DownBlock(16*nf, 8*nf, 2, 3)
        self.il3 = InvBlock(8*nf, 16*nf, 3, 2)
        self.il2 = InvBlock(4*nf, 8*nf, 2, 1)
        self.il1 = InvBlock(2*nf, 4*nf, 2, 1)
        self.outblock = OutBlock(nf, in_ch)

    def forward(self, x):
```

```
        x0 = self.dl0(x)
        x1 = self.dl1(self.dwt(x0))
        x2 = self.dl2(self.dwt(x1))
        x3 = self.dl3(self.dwt(x2))
        x3 = self.il3(x3)
        x_r2 = self.idwt(x3) + x2
        x_r1 = self.idwt(self.il2(x_r2)) + x1
        x_r0 = self.idwt(self.il1(x_r1)) + x0
        out = self.outblock(x_r0) + x
        print("[MWCNN] downscale sizes:")
        print(x0.size(), x1.size(), x2.size(), x3.size())
        print("[MWCNN] reconstruction sizes:")
        print(x_r2.size(), x_r1.size(), x_r0.size(), out.size())
        return out

if __name__ == "__main__":

    dummy_in = torch.randn(1, 3, 64, 64)
    # 測試 DWT 和 IDWT
    dwt = DWT()
    idwt = IDWT()
    dwt_out = dwt(dummy_in)
    idwt_recon = idwt(dwt_out)
    is_equal = torch.allclose(dummy_in, idwt_recon, atol=1e-6)
    print("Is equal after DWT and IDWT? ", is_equal)

    # 測試 MWCNN 網路
    mwcnn = MWCNN(in_ch=3, nf=32)
    output = mwcnn(dummy_in)
```

程式輸出結果如下所示。

```
Is equal after DWT and IDWT?  True
[MWCNN] downscale sizes:
torch.Size([1, 32, 64, 64]) torch.Size([1, 64, 32, 32]) torch.Size([1, 128,
16, 16]) torch.Size([1, 512, 8, 8])
[MWCNN] reconstruction sizes:
```

```
torch.Size([1, 128, 16, 16]) torch.Size([1, 64, 32, 32]) torch.Size([1, 32,
64, 64]) torch.Size([1, 3, 64, 64])
```

可以看出，DWT 和 IDWT 可以可逆地對特徵圖進行下採樣和復原。MWCNN 的結構類似於 UNet，編碼器各階段的輸出尺寸逐漸減小，且通道數逐漸增多；解碼器則相反，通道數減少、尺寸增大，尺寸變化在 MWCNN 中透過 DWT 和 IDWT 實現。

3.4.4 視訊降噪：DVDNet 和 FastDVDNet

接下來介紹視訊降噪的經典模型及其改進。視訊降噪任務是影像降噪任務的自然推廣，它可以直接透過逐幀處理的方式用影像降噪模型來實現，但是這樣的方式忽略了對視訊中幀間資訊的利用。**DVDNet（Deep Video Denoising Network）**[8] 提出了一種兩階段方式的視訊降噪網路結構，目的在於更高效率地利用視訊中的時序資訊。DVDNet 結構示意圖如圖 3-29 所示。

DVDNet 分為兩個主要的步驟，分別是**空域降噪（Spatial Denoising）**和**時域降噪（Temporal Denoising）**。如果要處理的目標幀為第 i 幀，那麼需要找到它臨近的幀共同參與計算，比如從第 $i\text{-}T$ 幀到第 $i+T$ 幀，共 $k=2T+1$ 幀。首先，透過空域降噪網路對這 k 幀影像分別進行降噪處理，然後將這 $2T$ 幀降噪後的鄰域影像向目標幀電腦串流並進行扭曲映射對齊，將得到的多幀中間結果送入時域降噪網路進行降噪，得到第 i 幀的降噪結果。也就是說，DVDNet 實際上對視訊的每一幀分別進行處理，但是在計算時會將目標幀及其鄰域共同作為輸入，只輸出目標幀的降噪結果。

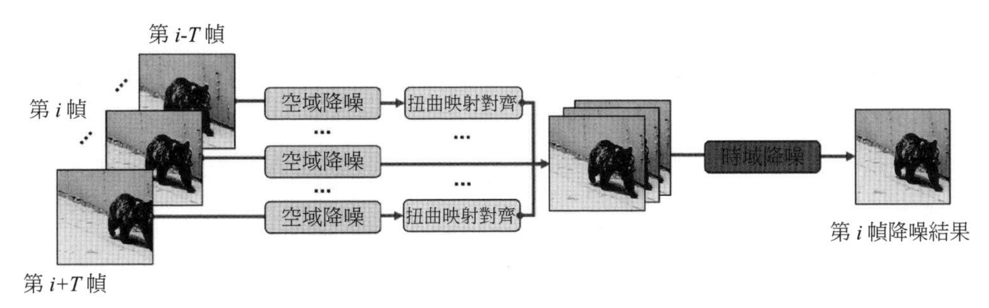

▲ 圖 3-29 DVDNet 結構示意圖

空域降噪和時域降噪的網路結構如圖 3-30 所示。兩個子網路都需要輸入雜訊圖（Noise Map）作為降噪的參考，空域降噪只需要單幀，而時域降噪需要對齊好的多幀影像。從結構上來看，兩個子網路都採用了串聯的 Conv+BN+ReLU 的經典結構，並利用殘差學習方式，輸出雜訊的預測結果，並與原影像相減得到降噪結果。另外，為了提高計算速度與減少記憶體需求，兩個子網路都先對輸入影像進行了 1/4 尺度的下採樣（即 FFDNet 中的 PixelUnshuffle 模組），獲取低解析度輸入進行處理，再對最終得到的結果進行 PixelShuffle 以提高到原影像解析度尺寸。

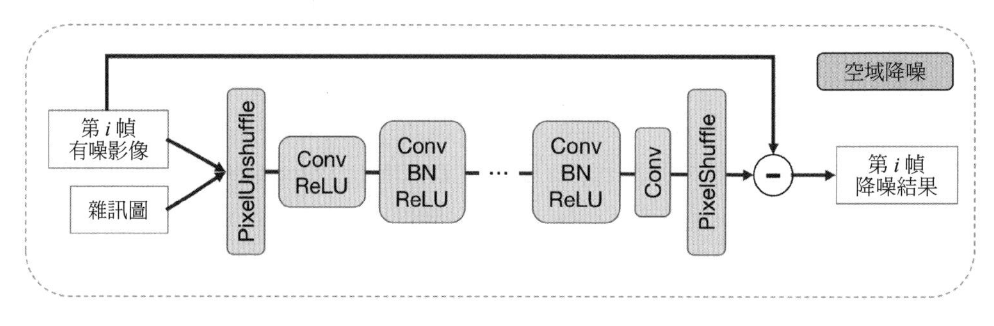

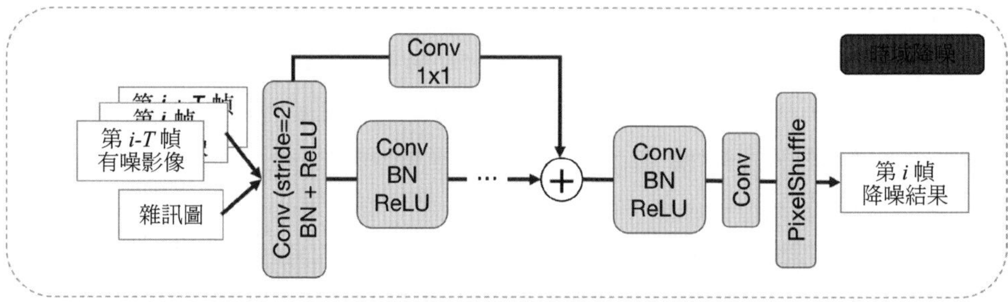

▲ 圖 3-30 空域降噪與時域降噪的網路結構

對於前後幀對齊，DVDNet 採用了 DeepFlow 電腦串流，並以此進行**運動補償（Motion Compensation）**來對齊鄰近幀和目標幀。顯然，最終的降噪結果與對齊的品質，即光流的計算，有密切關係，如果光流對齊沒有做好，那麼多幀的融合很容易產生鬼影（Ghost Artifact）。另外，顯式電腦串流也會限制網路的處理速度。

基於對這些問題的考慮，**FastDVDNet**[9] 在 DVDNet 的基礎上提出了改進，取消了 DVDNet 中的顯式光流計算與運動補償模組，透過兩階段的串聯降噪網路，實現了點對點的降噪。FastDVDNet 結構示意圖如圖 3-31 所示。

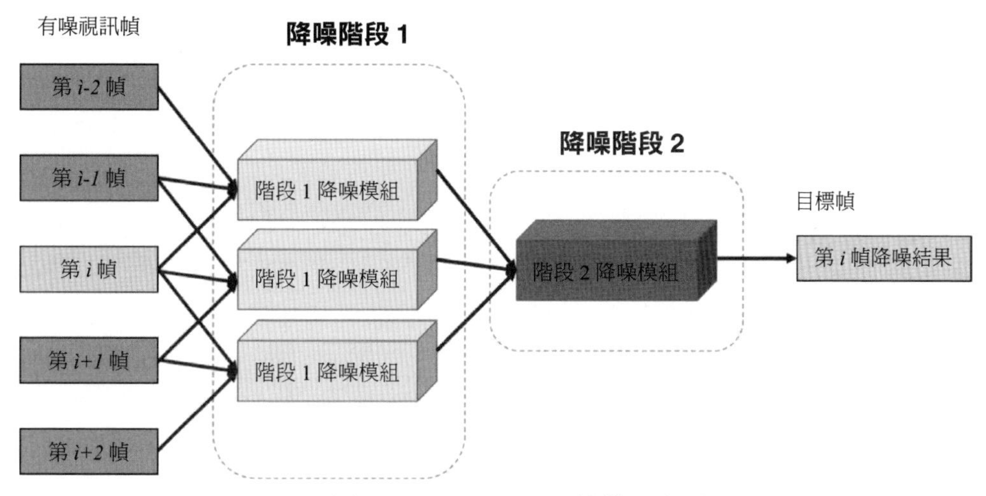

▲ 圖 3-31 FastDVDNet 結構示意圖

首先，在 FastDVDNet 的降噪階段 1 中，先用降噪模組對各幀的 3 幀鄰域進行降噪處理，然後將得到的結果送入降噪階段 2 的降噪模組中，對上一級的初步降噪結果再次進行處理。兩個階段的降噪模組都是 UNet 形式。注意到在降噪階段 1 中，每一幀取了前後鄰域共 3 幀影像作為輸入，輸出的是中間 1 幀的降噪結果，然後降噪階段 2 又以降噪階段 1 中 3 幀的輸出作為輸入，因此降噪階段 2 的每一幀都利用了其前後 3 幀的時序資訊，而降噪階段 2 則進一步隱式利用了時序資訊對初步降噪的結果進行再次降噪。這個結構避免了顯式光流計算，從而提高了計算速度並減少了出現鬼影的機率。另外，圖 3-31 所示的分別進行 3 幀鄰域的兩階段網路處理，在感受範圍上等價於對中間幀以 5 幀鄰域直接進行處理（不進行串聯），但實驗表明，透過 3 幀兩階段的處理結果要優於直接用 5 幀作為輸入的單階段處理結果。

下面用程式實現 FastDVDNet 的基本模型結構並執行測試，程式如下所示。

```
import torch
import torch.nn as nn

class ConvBNReLU(nn.Module):
    """
    基本模組：[Conv + BN + ReLU]
    stride = 2 用來實現下採樣
    groups = nframe 用來實現各幀分別處理（多幀輸入層）
    """
    def __init__(self, in_ch, out_ch, stride=1, groups=1):
        super().__init__()
        self.conv = nn.Conv2d(in_ch, out_ch,
                        3, stride, 1,
                        groups=groups, bias=False)
        self.bn = nn.BatchNorm2d(out_ch)
        self.relu = nn.ReLU(inplace=True)
    def forward(self, x):
        out = self.conv(x)
        out = self.bn(out)
        out = self.relu(out)
        return out

class Down(nn.Module):
    """
    UNet 壓縮部分的下採樣模組
    """
    def __init__(self, in_ch, out_ch):
        super().__init__()
        self.down = ConvBNReLU(in_ch, out_ch, stride=2)
        self.conv = ConvBNReLU(out_ch, out_ch)
    def forward(self, x):
        out = self.down(x)
        out = self.conv(out)
        return out

class Up(nn.Module):
    """
    UNet 擴充部分的上採樣模組
```

```
    """
    def __init__(self, in_ch, out_ch):
        super().__init__()
        self.conv1 = ConvBNReLU(in_ch, in_ch)
        self.conv2 = nn.Conv2d(in_ch, out_ch * 4,
                               3, 1, 1, bias=False)
        self.upper = nn.PixelShuffle(2)
    def forward(self, x):
        out = self.conv1(x)
        out = self.conv2(out)
        out = self.upper(out)
        return out

class InputFrameFusion(nn.Module):
    """
     各幀分別做卷積後透過卷積融合
    """
    def __init__(self, in_ch, out_ch, nframe=5, nf=30):
        super().__init__()
        self.conv_sep = ConvBNReLU(nframe * (in_ch + 1),
                                   nframe * nf,
                                   stride=1, groups=nframe)
        self.conv_fusion = ConvBNReLU(nf * nframe, out_ch)
    def forward(self, x):
        out = self.conv_sep(x)
        out = self.conv_fusion(out)
        return out

class UnetDenoiser(nn.Module):
    def __init__(self, in_ch=3):
        super().__init__()
        nf = 32
        self.in_ch = in_ch
        self.in_fusion = InputFrameFusion(in_ch, nf, nframe=3)
        self.down1 = Down(nf, nf * 2)
        self.down2 = Down(nf * 2, nf * 4)
        self.up1 = Up(nf * 4, nf * 2)
        self.up2 = Up(nf * 2, nf)
        self.conv_last = ConvBNReLU(nf, nf)
        self.conv_out = nn.Conv2d(nf, in_ch,
```

```
                                   3, 1, 1, bias=False)
    def forward(self, x, noise_map):
        # x.size(): [n, nframe(=3), c, h, w]
        # noise_map.size(): [n, 1, h, w]
        assert x.dim() == 5 and x.size()[1] == 3
        multi_in = torch.cat(
            [x[:, 0, ...], noise_map,
             x[:, 1, ...], noise_map,
             x[:, 2, ...], noise_map], dim=1)
        print(f"[UnetDenoiser] network in size: "\
              f" {multi_in.size()}")
        feat = self.in_fusion(multi_in)
        d1 = self.down1(feat)
        d2 = self.down2(d1)
        u1 = self.up1(d2)
        u2 = self.up2(u1 + d1)
        out = self.conv_last(u2 + feat)
        res = self.conv_out(out)
        pred = x[:, 1, ...] - res
        print(f"[UnetDenoiser] \n down sizes: "\
              f" {feat.size()}-{d1.size()}-{d2.size()}")
        print(f"   up sizes: {u1.size()}-{u2.size()}-{out.size()}")
        return pred

class FastDVDNet(nn.Module):
    """
    降噪階段 2 視訊降噪網路，結構均為 UnetDenoiser
    """
    def __init__(self, in_ch=3):
        super().__init__()
        self.in_ch = in_ch
        self.denoiser1 = UnetDenoiser(in_ch=in_ch)
        self.denoiser2 = UnetDenoiser(in_ch=in_ch)

    def forward(self, x, noise_map):
        # x size: [n, nframe(=5), c, h, w]
        assert x.size()[1] == 5
        assert x.size()[2] == self.in_ch
        # stage 1
```

```
        print("====== STAGE I =======")
        out1 = self.denoiser1(x[:, 0:3, ...], noise_map)
        out2 = self.denoiser1(x[:, 1:4, ...], noise_map)
        out3 = self.denoiser1(x[:, 2:5, ...], noise_map)
        print(f"[FastDVDNet] STAGE I out sizes: \n"\
              f"{out1.size()}, {out2.size()}, {out3.size()}")
        # stage 2
        print("====== STAGE II =======")
        stage2_in = torch.stack((out1, out2, out3), dim=1)
        out = self.denoiser2(stage2_in, noise_map)
        print(f"[FastDVDNet] STAGE II out sizes: {out.size()}")
        return out

if __name__ == "__main__":
    noisy_frames = torch.randn(4, 5, 1, 128, 128)
    noise_map = torch.randn(4, 1, 128, 128)
    fastdvd = FastDVDNet(in_ch=1)
    output = fastdvd(noisy_frames, noise_map)
```

測試輸出結果如下所示。

```
====== STAGE I =======
[UnetDenoiser] network in size:  torch.Size([4, 6, 128, 128])
[UnetDenoiser]
 down sizes:  torch.Size([4, 32, 128, 128])-torch.Size([4, 64, 64, 64])-
torch.Size([4, 128, 32, 32])
   up sizes: torch.Size([4, 64, 64, 64])-torch.Size([4, 32, 128, 128])-
torch.Size([4, 32, 128, 128])
[UnetDenoiser] network in size:  torch.Size([4, 6, 128, 128])
[UnetDenoiser]
 down sizes:  torch.Size([4, 32, 128, 128])-torch.Size([4, 64, 64, 64])-
torch.Size([4, 128, 32, 32])
   up sizes: torch.Size([4, 64, 64, 64])-torch.Size([4, 32, 128, 128])-
torch.Size([4, 32, 128, 128])
[UnetDenoiser] network in size:  torch.Size([4, 6, 128, 128])
[UnetDenoiser]
 down sizes:  torch.Size([4, 32, 128, 128])-torch.Size([4, 64, 64, 64])-
torch.Size([4, 128, 32, 32])
   up sizes: torch.Size([4, 64, 64, 64])-torch.Size([4, 32, 128, 128])-
```

```
torch.Size([4, 32, 128, 128])
[FastDVDNet] STAGE I out sizes:
torch.Size([4, 1, 128, 128]), torch.Size([4, 1, 128, 128]), torch.Size([4,
1, 128, 128])
====== STAGE II =======
[UnetDenoiser] network in size:  torch.Size([4, 6, 128, 128])
[UnetDenoiser]
 down sizes:  torch.Size([4, 32, 128, 128])-torch.Size([4, 64, 64, 64])-
torch.Size([4, 128, 32, 32])
   up sizes: torch.Size([4, 64, 64, 64])-torch.Size([4, 32, 128, 128])-
torch.Size([4, 32, 128, 128])
[FastDVDNet] STAGE II out sizes: torch.Size([4, 1, 128, 128])
```

3.4.5 基於 Transformer 的降噪方法：IPT 與 SwinIR

Transformer 模型是一種有別於 CNN 的重要的網路模型範式，最早用於自然語言處理（Natural Language Processing，NLP）相關任務，將要處理的最小單元（通常是單字）視為 token，然後利用**自注意力機制（Self-attention Mechanism）**建模各個 token 之間的關係，並用於相關預測任務。自注意力機制的操作流程如圖 3-32 所示。

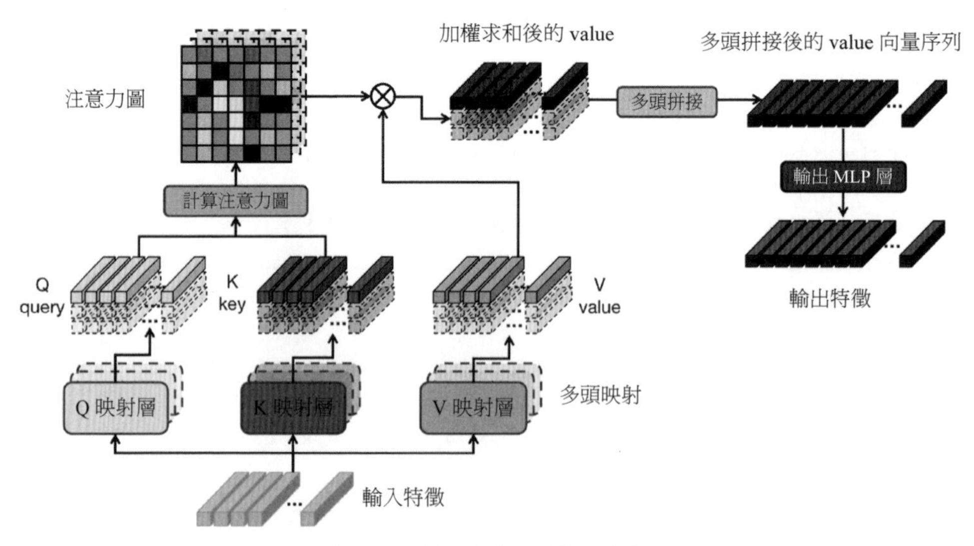

▲ 圖 3-32 自注意力機制的操作流程

下面結合圖 3-32 來詳細介紹自注意力機制的操作流程。首先，自注意力機制的輸入是一個特徵向量序列，如果考慮 batchsize，則其尺寸應該為 $[n, l, f]$，其中 n 表示 batchsize，即同一批次處理的樣本數，l 表示序列長度，f 表示序列中每個元素（即輸入特徵向量）的維度。輸入特徵首先分別進入三個映射層，分別為 Q、K 和 V 映射層。其中 **Q** 表示 **query**，**K** 表示 **key**，**V** 表示 **value**。query 是一個特徵的查詢內容，key 是被查詢的內容，用這兩個結果求解內積，就類似於在檢索系統中根據搜索內容去資料庫裡查詢相關項目的過程。而 value 則表示當前位置的值，後續計算實際上都是基於 value（實際上是加權後的 value）來進行的。Q、K、V 映射層可以透過線性網路層實現，由於它們來源於同一個輸入，因此稱為自注意力。另外，為了增加網路的表達能力，通常會設計多組 Q、K、V 映射層，得到多組 QKV 向量序列，這種機制稱為**多頭（Multi-head）**。多頭之間由於相互獨立，因此可以獲得更多樣化的表達能力。應用多頭的自注意力計算需要在後面的步驟中對多頭輸出的結果進行融合。

得到 QKV 向量序列後，如前所述，需要用 Q 和 K 進行相關性計算，實際上就是對序列中的所有位置兩兩計算 Q 和 K 中向量的內積。假設映射得到的 QKV 向量的維度為 d，那麼這三個輸出的大小均為 $[n,l,d]$。對於 Q 和 K 元素間的內積，可以將 K 轉置後進行計算，即 $[n,l,d]$ 和 $[n,d,l]$ 在第二和三維度上做矩陣乘法，得到的結果為 $[n, l, l]$，然後經過縮放處理（除以 d 的平方根，用於補償內積求和帶來的方差放大作用），逐行進行歸一化，得到的結果就是注意力圖（Attention Map）。將注意力圖與 V 矩陣進行矩陣乘，得到大小為 $[n,l,d]$ 的張量，這裡由於注意力圖已歸一化，因此得到的這個結果可以看作對於序列中各點原本 value 的加權求和，而且權重和為 1。對於輸入資料，透過這種方式操作後，每個位置的輸出結果都與其他所有位置進行了連結，因此由其組成的 Transformer 模型具有更強的全域建模能力。

將該張量進行多頭拼接和 MLP（多層感知機）網路映射，可以得到整個流程的輸出結果。由這種計算方式得到的模組稱為**多頭自注意力（Multi-head Self-attention）模組**，通常簡稱為 **MSA 模組**。MSA 模組是組成 Transformer 模型的最基本單元，Transformer 模型的主幹結構就是串聯的 MSA 模組，每個模組中的核心操作即 MSA 操作，除此之外還包括如 LayerNorm、MLP 網路和殘差結構等其他部分。

為了更清楚地展示其計算過程，下面用 PyTorch 實現一個 MSA 模組，主要程式如下所示。

```
import torch
import torch.nn as nn

class MSA(nn.Module):
    def __init__(self,
                 in_dim,
                 n_head=8,
                 head_dim=64,
                 dropout=0.1):
        super().__init__()
        # 多頭輸出總維度
        dim = n_head * head_dim
        self.n_head = n_head
        self.head_dim = head_dim
        # 注意力圖左乘 value，因此需要每行歸一化
        self.softmax = nn.Softmax(dim=-1)
        self.dropout = nn.Dropout(dropout)
        # Q/K/V 映射層
        self.proj_qkv = nn.Linear(in_dim, dim * 3, bias=False)
        self.proj_out = nn.Sequential(
            nn.Linear(dim, dim),
            nn.Dropout(dropout)
        )
    def forward(self, x):
        # x size: [n, l, d]
        n, l, _ = x.size()
        h, d = self.n_head, self.head_dim
        qkv = self.proj_qkv(x) # [n, l, 3hd]
        q, k, v = torch.chunk(qkv, 3, dim=-1) # [n, l, hd]
        q = q.reshape(n, l, h, d).transpose(1, 2) # [n, h, l, d]
        k = k.reshape(n, l, h, d).transpose(1, 2)
        v = v.reshape(n, l, h, d).transpose(1, 2)
        # attn_map size: [n, h, l, l]
        attn_map = torch.matmul(q, k.transpose(2, 3)) / (d ** 0.5)
        attn_map = self.dropout(self.softmax(attn_map))
        out = torch.matmul(attn_map, v) # [n, h, l, d]
        out = out.transpose(1, 2).reshape(n, l, h * d)
```

```
        # [n, l, hd] -> [n, l, hd]
        out = self.proj_out(out)
        return out

if __name__ == "__main__":
    # 測試 MSA 模組對於向量序列的處理結果
    dummy_in = torch.randn(1, 10, 32)
    msa = MSA(in_dim=32, n_head=4, head_dim=16, dropout=0.1)
    out = msa(dummy_in)
    print(f"MSA input: {dummy_in.size()}\n   output: {out.size()}")
```

測試輸出結果如下所示。

```
MSA input: torch.Size([1, 10, 32])
   output: torch.Size([1, 10, 64])
```

隨著 Transformer 類型的模型（如 BERT 等）在 NLP 任務中展現巨大潛力，電腦視覺領域也逐漸接受了 Transformer 範式用於影像的語義辨識和底層處理等任務。一個簡單且經典的基於 Transformer 的主幹網絡（Backbone）就是 **ViT（Vision Transformer）**，ViT 模型的結構如圖 3-33 所示。

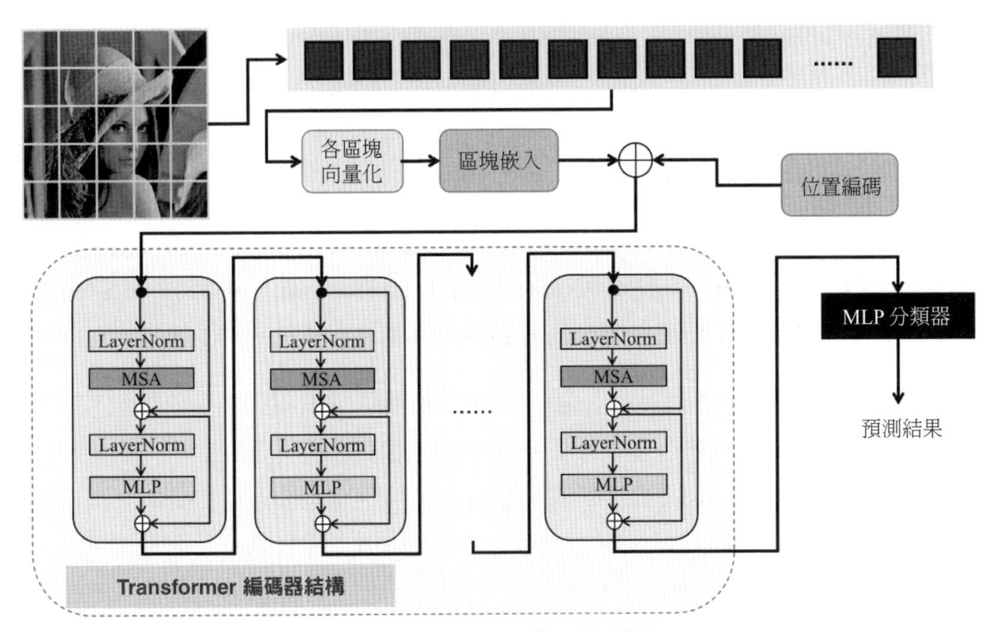

▲ 圖 3-33 ViT 模型的結構

ViT 的主要組成部分就是一個由多個 MSA 模組串聯而成的 Transformer 編碼器結構，最後連線一個 MLP 網路，用於預測類別。由於影像天然並不是一個序列結構（不像敘述可以直接以詞為 token 轉為序列），因此第一步需要將影像轉為 Transformer 模型可以處理的序列結構。ViT 首先將影像等尺寸不重疊地劃分為區塊（Patch），然後將區塊拉平成為向量。比如，對於一個 8×8 的 RGB 圖，即可拉平稱為 192 維的向量。然後，利用一個通常稱為嵌入層（Embedding Layer）的 MLP 網路，對輸入向量進行映射（嵌入到特徵隱空間），將得到的特徵向量與位置編碼（Position Encoding）進行結合。位置編碼是為了對每個區塊的不同位置進行區分所做的編碼，由於 Transformer 模型將每個 token 作為獨立的元素處理，沒有考慮 token 之間的位置關係，因此需要透過位置編碼進行補償，使位置關係不完全遺失。進入 Transformer 模型後，每個自注意力模組由 MSA、LayerNorm 和 MLP 組合而成，並且在 MSA 和 MLP 後進行了殘差連接。LayerNorm 是類似於 BatchNorm 的一種歸一化方式，不同於 BatchNorm 對同一批次不同樣本進行平均，LayerNorm 針對同一個樣本中的所有特徵進行規範化處理。最終，主幹網絡的輸出結果送入後續的任務層，如 MLP 分類器，用於實現分類等預測任務。這就是 ViT 模型的基本流程。

Transformer 模型相比於 CNN 的優勢在於其可以建模更廣範圍的依賴性關係，通常認為其上限高於對等的 CNN 範式模型。但是同時它也缺少了 CNN 的空間平移不變性、局部性等歸納偏置（Inductive Bias），因此可能更適合於巨量資料量和大模型任務場景。隨著大模型領域的發展，Transformer 模型也獲得了非常廣泛的應用。

本節介紹的就是基於 Transformer 處理底層影像任務的兩個經典模型演算法：**IPT（Pre-trained Image Processing Transformer）演算法**和 **SwinIR（Swin Transformer Image Restoration）演算法**。首先介紹 IPT 演算法。

IPT 演算法 [10] 基於 Transformer 架構處理影像恢復相關問題，它的流程示意圖如圖 3-34 所示。IPT 演算法採用常用的影像恢復類問題，包括降噪、超解析度、去雨等任務共同對 Transformer 模型進行訓練，模型主幹部分為 Transformer 編 / 解碼器，其中，在解碼器階段還加入了任務編碼。IPT 整體是一個多頭多端的結構，從而對多個任務的訓練資料同時進行訓練，以提高模型的泛化性。在訓練階段，除了常規的監督學習損失函數，為了讓模型更進一步地表徵影像，還加入了對比學習損失（Contrastive Learning Loss）函數，即透過計算各個區塊之間的相似性，使來自同一張影像的各個區塊特徵距離更近，不同影像的各個區塊特徵距離更遠。

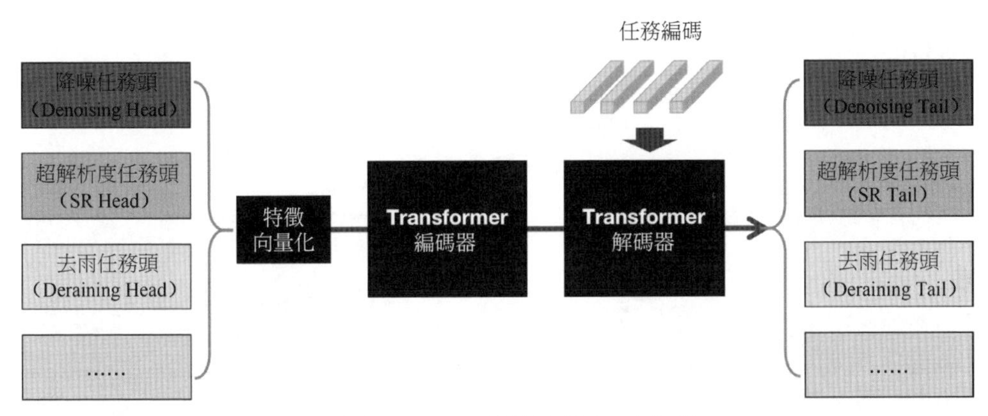

▲ 圖 3-34 IPT 演算法流程示意圖

為了驗證效果，IPT 演算法在 ImageNet 資料集上對各個影像處理任務進行了預訓練（比常見的底層視覺模型訓練資料集更大），結果表明多工預訓練 IPT 演算法在這些任務上可以取得很好的效果。另外，實驗表明，Transformer 模型在巨量資料量任務上優勢更顯著。將經典 CNN 模型用更多的資料量進行訓練，儘管效果也會隨著資料量加大而有所提升，但是到一定程度後效果的提升不再明顯，網路效果趨於飽和；而對應的 Transformer 模型雖然在小資料量任務上的效果不如經典 CNN 模型，但是隨著資料量加大，其效果提升更加顯著，從而在資料量達到一定階段後效果持續優於 CNN 模型。這也說明了 Transformer 模型對於 CNN 模型的局部性等先驗假設的放棄可以在一定程度上帶來更強大的表現能力。

另一個比較常用的基於 Transformer 的底層視覺模型是 SwinIR[11]。SwinIR 模型是基於 Swin Transformer 想法的影像恢復網路。**Swin** 的含義是 **Shifted Window**，即**位移視窗**。在傳統的 Transformer 模型（如上面的 ViT 模型）中，QKV 的注意力求解是全域的，即對整張影像中的每兩個區塊都直接有計算，這自然會導致非常高的複雜度。

為了提高計算效率，可以將注意力限制在一個視窗內，每個視窗單獨進行計算，即每個區塊特徵都只與同一視窗內的所有特徵計算注意力圖，這種操作可以顯著減小計算量，但是也會帶來一個問題，那就是不同視窗中的特徵資訊沒有交流，從而失去了 Transformer 模型全域連接的優勢。Swin Transformer 模組的創新之處就在於，不同層採用不同的分窗方式，位移視窗注意力機制如圖 3-35 所示。

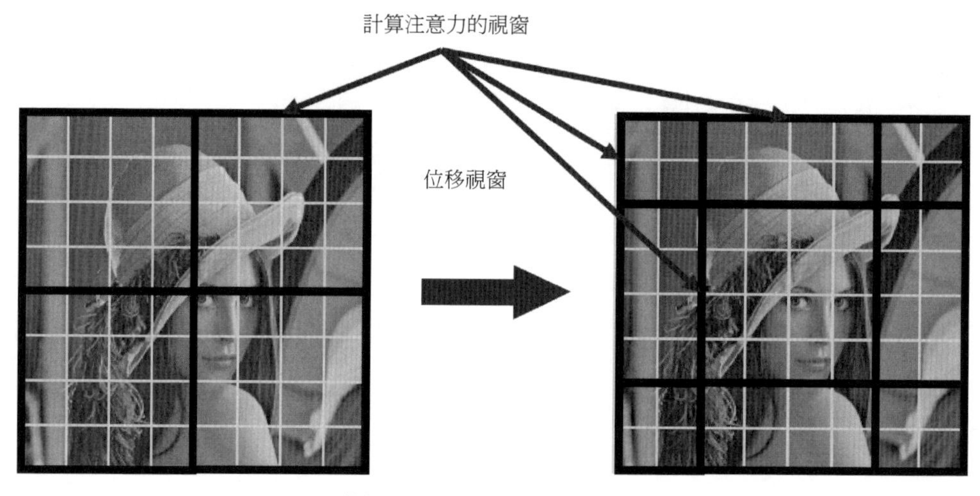

▲ 圖 3-35 位移視窗注意力機制

對於 Swin Transformer 模組，上一層和下一層都是在視窗內計算（局部的）注意力的，但是對視窗的劃分進行了平移（可以想像在無限大的特徵圖上，視窗整體進行了位移，圖中右邊的視窗形狀實際上是位移後的視窗被特徵圖尺寸截斷的效果）。透過位移視窗的策略，可以讓同一個區塊特徵在前後兩層中分別與不同的區塊集合計算注意力，這樣既溝通了不同視窗的特徵資訊，又減小了計算量。

SwinIR 就是利用 Swin Transformer 模組進行堆疊形成的網路，用於處理影像恢復類問題，包括降噪、超解析度等，其網路結構圖如圖 3-36 所示。由於 CNN 對於淺層特徵的提取效果較穩定，因此先透過 CNN 結構提取影像的淺層特徵，然後將特徵圖送入網路的主幹部分用於進一步提取特徵。主幹部分為多個殘差 Swin Transformer（RSTB）模組的堆疊，每個模組包括多個 Swin

Transformer 層和一個卷積層，卷積層可以補償 Transformer 模型缺少的影像的歸納偏置，以便將處理後的特徵用於後續 CNN 重建。影像重建模組利用淺層和深層的特徵共同對目標影像進行重構，這部分主要還是採用殘差卷積模組來實現。最終效果表明，SwinIR 演算法可以用更小規模（參數量更少）的模型實現更優的效果，反映出 Swin Transformer 模組對於各種底層視覺任務也是有增益的。

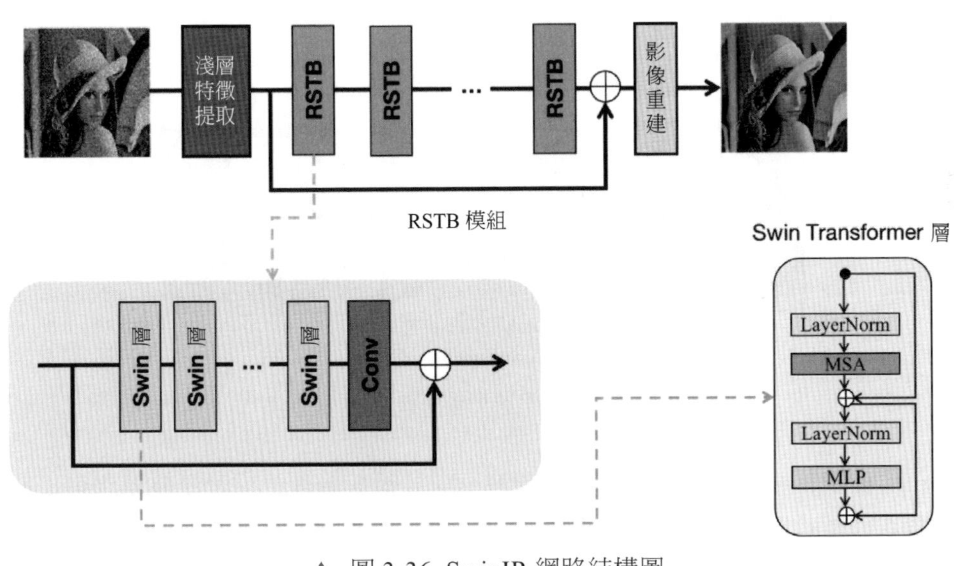

▲ 圖 3-36 SwinIR 網路結構圖

3.4.6 自監督降噪演算法：Noise2Noise、Noise2Void 與 DIP

本節介紹幾種自監督（Self-supervised）降噪演算法。「自監督」指的是機器學習方案的一種模式，相對於經典的基於深度學習和神經網路的影像降噪演算法，自監督降噪演算法需要預先收集或製備有噪 - 無噪樣本對並用來訓練（有監督），不需要無噪影像作為訓練目標，讓網路回歸擬合到目標上。自監督降噪演算法透過對影像退化和神經網路一些先驗知識的挖掘，在沒有真實無噪影像的基礎上也可以獲得較好的降噪效果。這一點對於真實世界的影像降噪是非常有幫助的（因為真實世界的乾淨無噪樣本無法或很難獲取）。下面就以幾種經典演算法：**Noise2Noise**、**Noise2Void** 及**深度影像先驗**（**Deep Image Prior**，**DIP**）為例，討論自監督降噪的想法和方法。

首先來看 **Noise2Noise** 演算法[12]，它的基本流程如圖 3-37 所示。該演算法不需要擷取有噪 - 無噪樣本對，只需要對同一個訊號擷取兩次有噪影像，即用一個有噪影像透過網路去擬合另一個有噪影像。最終訓練好的網路就可以用來降噪。

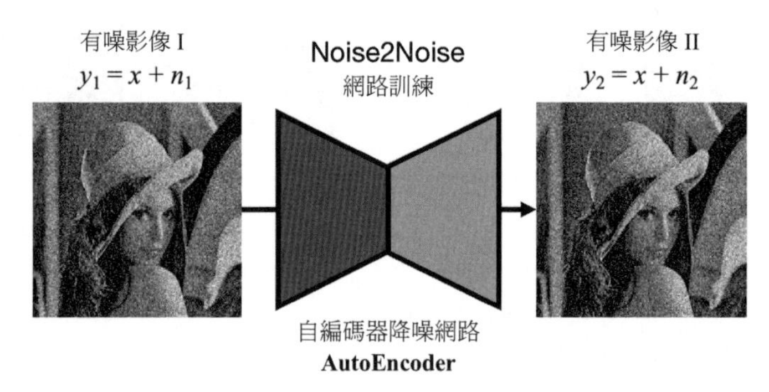

▲ 圖 3-37 Noise2Noise 演算法的基本流程

這種演算法直觀上似乎並不好理解，對於雜訊影像的學習最終得到可以輸出降噪影像的網路是如何實現的呢？要理解這個問題，首先需要對基於網路訓練的深度學習降噪演算法的過程和性質有一定的了解。

對有監督的網路模型降噪演算法來說，透過對大量資料集的擬合，網路最佳化輸出影像與乾淨影像差異的過程實際上就是尋求經驗誤差最小化的過程，即在網路本身的先驗約束下，盡可能地擬合到有噪影像所對應的乾淨影像上。然而，降噪問題本身是一個反問題，它具有一定程度的多義性，同一個乾淨區塊可能退化到多個有噪區塊；同理，同一個有噪區塊可能對應到多個乾淨區塊。當用足夠多的資料對網路進行訓練時，對於一個有噪區塊，由於訓練集中可能有多個對應的乾淨區塊，所以網路會傾向於擬合這些對應值的平均值（期望），從而使總的經驗誤差最小。

既然擬合的是對應乾淨區塊的數學期望，那麼，如果雜訊是零平均值的，那麼就可以用有噪影像作為擬合目標了，因為有噪區塊中的訊號成分經過平均後與直接擬合乾淨區塊相同，而其中的雜訊成分經過平均成了 0（資料量足夠且雜訊平均值為 0）。這個現象可以用一個更直觀的例子來說明：如果要測量室內的溫度，由於溫度計的誤差，我們可以測量 3 次取平均值作為最終的結果，比如，最終的評價結果為 25℃，那麼這 3 次測量的結果都是 25℃，還是分別為 24℃、25℃和 26℃，對於最終的結果並沒有影響。這就是 Noise2Noise 演算法的基本原理。

對真實場景的降噪任務來說，一般需要連續擷取多張靜態有噪影像，並用它們的平均值作為乾淨目標影像。這種擷取自然是困難且耗費較大的。而 Noise2Noise 演算法可以只擷取兩張有噪影像，其中一張作為輸入，另一張作為擬合目標，即可對網路進行訓練。根據上面所述的原理，經過訓練後的網路的輸出結果可以基本排除雜訊的影響，從而得到降噪結果。

儘管 Noise2Noise 演算法不需要擷取或合成乾淨目標影像，但是仍然需要擷取兩張有噪影像，這在某些特殊的成像裝置或場景中仍然是難以滿足的。因此，**Noise2Void 演算法** [13] 對這種演算法進行了改進，它可以允許完全無對應關係的有噪影像（不需要同場景）對網路進行訓練。換句話說，有噪影像自身學習自身，並且去掉影像中的雜訊。Noise2Void 演算法的基本流程如圖 3-38 所示。

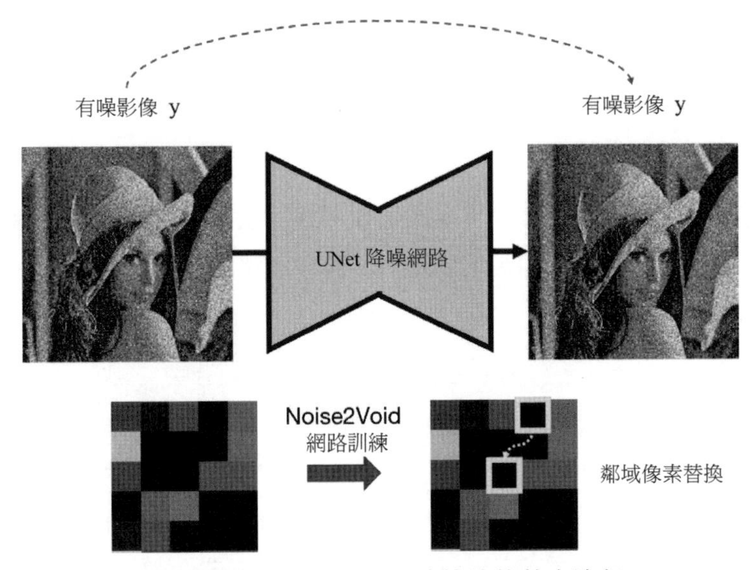

▲ 圖 3-38 Noise2Void 演算法的基本流程

這個演算法的想法有兩個重點：一個是自身學習自身如何避免學到脈衝函數（即只有自己對應位置為 1、其他位置都為 0 的平凡解，相當於沒有做任務處理即輸出）；另一個是這種演算法為何可以去除雜訊。

首先，為了避免學到脈衝函數，Noise2Void 演算法採用了**盲點（Blind Spot）**鄰域策略，即在網路的感知域中，去除中心點，使網路不可能學到平凡解。在實現過程中，採用鄰域像素替換來實現這個過程，即用鄰域隨機的某個像素的值替換掉當前中心點位置的值。在損失函數計算時，只對這些位置進行計算，強行使網路利用周圍鄰域資訊學習到該點的值（有雜訊的真實值）。

第二個重點是 Noise2Void 演算法可以實現降噪的原因，可以結合以下先驗假設進行理解。首先，由於自然影像的先驗性質，我們可以認為，有噪影像中的有效訊號是空域相關的（至少是鄰域相關的，即每個像素與周圍的像素都有一定的關係，這也是影像恢復的理論基礎），而其中每個像素的雜訊都是空間無關的，只可能和它對應的像素位置的訊號有關。那麼，利用上述盲點鄰域策略，中心點的值只能由周圍鄰域（不含自身）進行重建，那麼由於訊號的空間相關性，可以透過周圍訊號對該點的有效訊號進行重建，而由於雜訊的空間無關性，在重建的過程中無法對雜訊進行恢復，因此網路學習到的就只有訊號成分，而雜訊成分在大量資料的訓練下被去除掉了。當然，對於不滿足該先驗條件的情況，如平坦區域單點的有效訊號，由於不滿足與鄰域的相關性，因此容易被當作雜訊去除；對於細紋理保持較差，結果容易過度平滑。這些問題也反映了 Noise2Void 演算法的一些局限性。

下面再來討論一種自監督降噪演算法，稱為**深度影像先驗演算法**，即 DIP 演算法 [14]。顧名思義，它想說明的是深度神經網路附帶一些先驗，可以用來進行影像恢復。

DIP 演算法不同於傳統影像深度學習方法，它的基本流程如圖 3-39 所示，DIP 演算法雖然用到了網路模型，但是並沒有像常見的深度學習方法一樣利用訓練集對網路進行訓練。相反，它只用一張要被處理的有噪影像來「訓練」網路（實際上，這張影像不僅可以是有噪影像，還可以是模糊的、部分缺失的或由壓縮導致的區塊狀假影等退化的影像，DIP 演算法並不是透過建模退化來處理某類任務的，而是從建模訊號的角度，直接利用先驗知識對影像進行重構）。訓練方法是輸入一個隨機的影像，用網路去擬合逼近有噪影像。在訓練過程中，迭代一定次數後，我們會發現輸出的結果是一個無噪的乾淨影像，然後隨著訓練的繼續迭代進行，雜訊逐漸被加在乾淨影像上，得到對目標擬合得更加準確的有噪影像。在這個過程中，只有我們找準時機將訓練提前截斷，才可以得到與退化影像（Degradation Map）對應的乾淨影像。

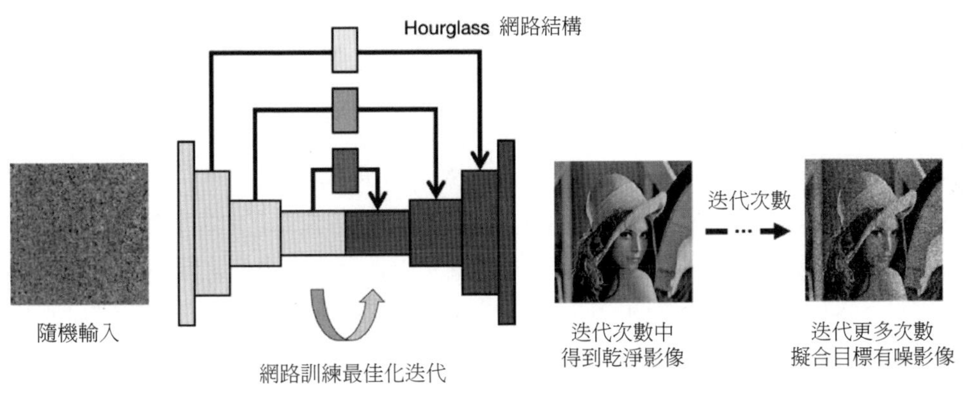

▲ 圖 3-39 DIP 演算法的基本流程

那麼為何會出現這樣的現象呢？經過實驗可以發現，深度網路模型天然地對自然影像具有低阻抗（Low Impedance）特性，而對雜訊具有高阻抗特性。通俗來說，就是網路更「容易」學習有效訊號，而對於常見的雜訊或其他假影（如壓縮塊狀假影）則比較難學到。DIP 演算法的發明者進行了以下實驗：讓目標分別為純雜訊影像、無雜訊的自然影像、有雜訊的自然影像等，然後迭代訓練網路擬合，並列印各個步驟的 MSE（均方誤差）。透過均方誤差趨勢可以看到，對於無雜訊的自然影像，在較早的迭代步驟中 MSE 會很快下降收斂，有雜訊的自然影像次之，而對於純雜訊影像，在網路前面一定次數的迭代中 MSE 幾乎不下降，而在後面才開始擬合。這提示我們，該模型對於自然狀態的影像天然具有一定的先驗知識，即可以很流暢地建構出影像，而雜訊則因為不符合深度網路的先驗而被拒絕。利用這個性質，可以將 DIP 演算法用在各種影像恢復任務中。

DIP 演算法可以對退化影像直接進行擬合，免去了網路模型訓練的麻煩，但是也帶來了一些問題。比如，DIP 演算法對於任何影像都需要迭代計算，因此計算量較大，基於訓練的方案雖然訓練成本高，但是預測階段比較簡單、直接，效率更高。另外，DIP 演算法一個最關鍵的要素就是停止迭代的時間，停止迭代的位置會直接影響最終輸出的效果。而通用且合適的停止策略很難被找到。

3.4.7 Raw 域降噪策略與演算法：Unprocess 與 CycleISP

這裡討論 Raw 域降噪的相關方案。前面提到的很多模型和演算法都是對灰度圖或 RGB 影像進行降噪的，那麼為什麼要研究 Raw 域降噪呢？首先，Raw 域影像，即感測器輸出的結果（Bayer 陣列）中的雜訊更加符合前面提到的高斯 - 卜松雜訊分佈模型，而經過了後續的 ISP 後，雜訊形態會發生改變。另外，對去馬賽克、ISP 的降噪等模組來說，其計算時需要考慮鄰域資訊，還會導致鄰近像素點相互作用而將雜訊在空間中的形態改變，從而令演算法難以捕捉，也難以與影像中有效訊號的紋理細節進行區分。另外，常見 RGB 域的 AWGN 模擬方式實際上很難模擬真實世界擷取到的 RGB 影像的雜訊形態，因此導致用這些合成加性雜訊資料訓練出的模型在實際應用中的泛化性能很受限制。

Raw 域降噪雖然有諸多優點，但是 Raw 域有噪 - 無噪真實資料對擷取相對較為困難，需要多幀連續曝光，並且需要去除裝置微小的位移及環境亮度的變化等干擾項。因此，一個自然的想法就是透過雜訊分佈模型在 Raw 域人為模擬並增加雜訊，然後用模擬的 ISP 流程對雜訊進行處理，得到的 RGB 資料就具有了更加接近真實資料的雜訊形態。而在 Raw 域降噪後，透過 ISP，在 RGB 域的雜訊也應該被去除。此外，對於 Raw 域影像的獲取，可以透過高畫質乾淨影像的 RGB 域影像進行反處理（Unprocess），即對所有 ISP 的流程進行模擬並反向操作，即可得到模擬的 Raw 域影像。後面將該方法稱為 **Unprocess 演算法** [15]。Unprocess 演算法流程圖如圖 3-40 所示。

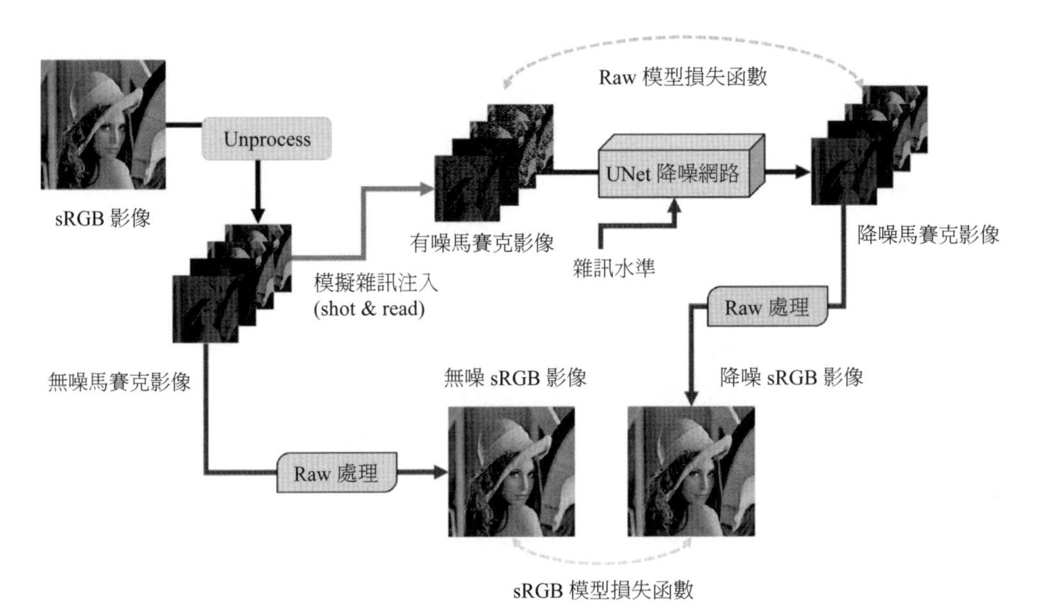

▲ 圖 3-40 Unprocess 演算法流程圖

Unprocess 操作是該演算法的核心，它指的是首先對 ISP 進行逐步逆向操作，以從乾淨無噪的 sRGB 影像中重新得到 Bayer 陣列的 Raw 影像，或是將相同顏色像素集中在一起的馬賽克影像（Mosaic，等價於 Bayer 陣列 Raw 影像）。其次，在 Raw 域對影像進行雜訊注入，這裡主要考慮光子散粒雜訊和讀取雜訊（即 Shot Noise 和 Read Noise），透過高斯 - 卜松雜訊模型來模擬。再次，透過 UNet 降噪網路，結合傳入的雜訊水準，直接在 Raw 域馬賽克影像上進行降噪，得到降噪後的馬賽克影像。最後，透過 Raw 域到 RGB 域的處理過程，將其重新轉為 sRGB 影像。並且對無噪馬賽克圖施加同樣的操作，從而保證 sRGB 域中的無噪 GT 和降噪結果處理參數對齊。對於網路訓練，可以根據損失函數的不同得到兩種模型，Raw 模型基於 Raw 域施加監督損失函數，即在直接降噪後的馬賽克影像和無噪的馬賽克影像之間施加損失，而 sRGB 模型考慮到最終結果還是要呈現到 RGB 影像中，因此對經過了 Raw 處理的 sRGB 結果進行約束。

在 Unprocess 過程中，主要考慮了幾個常見的 ISP 步驟的逆變換，處理操作主要包括逆色調映射、逆 Gamma 壓縮、將 sRGB 轉為 RGB（透過 CCM 矩陣逆變換），以及逆白平衡（即去掉白平衡乘上的增益值），然後去除數位增益（Digital Gain），這樣即可得到模擬的無噪 Raw 格式資料。實驗表明，透過這種方法進行資料模擬和網路訓練，可以在效率更高的情況下取得更好的真實雜訊降噪效果。

下面介紹 **CycleISP** 演算法 [16]，CycleISP 演算法主要解決的是減少模擬雜訊資料對與真實雜訊之間差異的問題。它的主要想法是透過網路學習到影像的 RGB 到 Raw 和 Raw 到 RGB 的轉換映射，然後將 RGB 影像轉到 Raw 域中加噪後再轉回到 RGB 域，形成更加符合真實雜訊分佈的訓練資料。CycleISP 演算法流程圖如圖 3-41 所示。

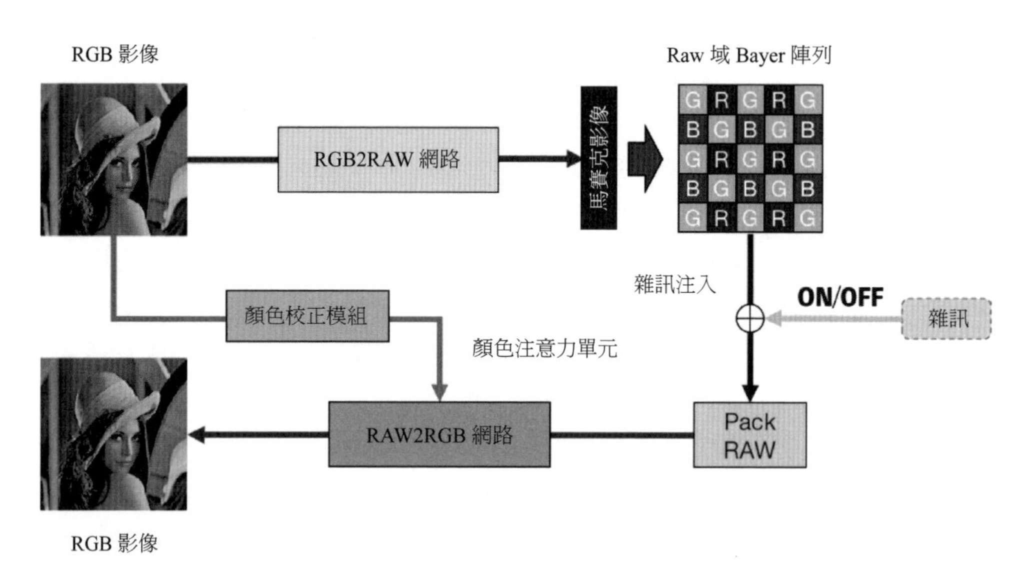

▲ 圖 3-41 CycleISP 演算法流程圖

CycleISP 演算法利用雙向循環的結構對 RGB 域和 Raw 域的轉換進行模擬。首先，CycleISP 演算法透過一個正向 RGB2RAW 網路將 RGB 轉換到馬賽克影像的 4 通道；然後利用去馬賽克的反變換（即 Mosaic 操作）轉為 Raw 域的 Bayer 陣列。最後在 Raw 域加入雜訊，並透過逆向 RAW2RGB 反變換為 RGB 影像。整個過程的循環一致性保證了這兩個網路的效果。另外，為了輔助

RGB 顏色的準確恢復，還採用了顏色校正模組，並在 RAW2RGB 網路中設計了顏色注意力單元（Color Attention Unit）對顏色資訊進行利用。作為 Raw 域和 RGB 域遷移的循環網路，在對正逆向網路進行訓練時，需要關閉雜訊注入，即只需要讓網路準確學到兩個域的轉換。網路訓練需要先單獨對 RGB2RAW 網路和 RAW2RGB 網路進行訓練，然後進行聯合訓練。在網路訓練好之後，將雜訊注入開啟，即可模擬 Raw 域有噪影像轉換到 RGB 域的結果。這個結果相比於 AWGN 更加接近雜訊的物理模型，從而更符合真實降噪任務。這個結論也在 CycleISP 演算法對真實雜訊的降噪實驗中獲得了驗證。

MEMO

4 影像與視訊超解析度

本章討論視訊和影像的**超解析度（SR）**任務。超解析度通常簡稱為超分，超解析度任務是畫質需求的核心任務，簡單來說，它的目的就是透過一定的技術手段，對影像的細節豐富度、內容的細膩程度，以及整體的通透性與解析力進行提升，從而最佳化人們對於影像的視覺觀感，在某些場景下還可以有助下游任務的處理。圖 4-1 所示為影像超解析度效果示意圖（基於 Real-ESRGAN×4 upscale）。

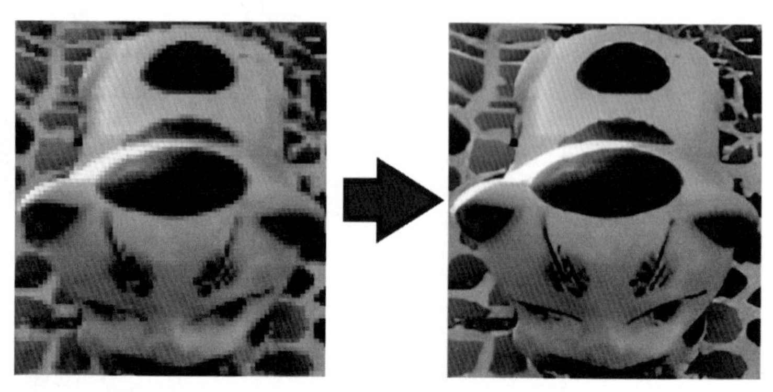

▲ 圖 4-1 影像超解析度效果示意圖 =（基於 Real-ESRGAN ×4 upscale）

人們平時透過各種方式擷取，以及在網路上看到的影像和視訊往往都具有不同程度的畫質退化，再疊加上對影像的各種處理過程，影像內容的細節往往會有不同程度的遺失和損傷。舉例來說，在觀看視訊直播時，由於受限於網路頻寬等因素，畫質效果往往很難達到直接播放一個高畫質視訊的效果，對於這種問題，應用超解析度技術可以提升使用者的觀感。另外，人們每天使用的表情包圖片，經過各種傳播和儲存，由於中途的尺寸縮放、影像壓縮等退化，一般會變得越來越「糊」，有的甚至產生了「電子包漿」。這些退化也可以使用超解析度技術進行一定的補償，從而得到緩解，得到一張更加符合清晰自然影像效果的高解析度影像。

實際上，超解析度技術的應用範圍是非常廣泛的，除了上述的與人的主觀畫質感受相關的直播、影像處理及手機 / 相機的拍攝等場景，在一些特殊的影像中，也會對超解析度技術有需求。比如，遙感衛星影像處理，一般的衛星影像由於距離限制，通常解析度相對較低，影響了相關人員對地物資訊的判讀。而超解析度技術可以對遙感影像的解析度進行提升，從而提升專家對地理資訊的分析能力和判斷準確度，因此該技術對於土地資源利用、環境分析監測等下游任務都有所助益。對於醫學影像、智慧交通、監控裝置等場景，超解析度技術也具有重要的應用價值。

本章主要講解超解析度任務，包括任務設定及傳統演算法，以及經典的深度學習模型。另外，對於與實際專案應用聯繫較緊密的兩個超解析度子任務：真實世界的超解析度模型與輕量化超解析度模型，本章也將詳細介紹。除此之外，本章還會涉及視訊超解析度任務的方案，並探討視訊超解析度與影像超解析度的區別和聯繫。在最後，本章會對超解析度演算法的一些最佳化方向進行簡要整理，以便加深讀者對任務的理解。這裡首先從解析度的概念及超解析度任務的設定開始講起。

4.1 超解析度任務概述

4.1.1 解析度與超解析度任務

解析度（Resolution）從其最廣義的意義上來說，指的是某種訊號系統所能辨識最小粒度的能力。對影像來說，影像的解析度一般指的是空間解析度（在視訊中，有時也用時間解析度這個說法來表示不同幀的連續性），也就是各個像素點在空間中表徵對應物理物件細節的能力。對相機成像來說，相機的光學系統本身並不是理想的，它有多方面的限制，按照透鏡成像模型，物理空間中的點，成像出來的往往是一個彌散圓，彌散圓的直徑決定了畫面的模糊程度。另外，由於感測器中感光像素數量的限制，成像過程相當於對連續的光訊號進行了空間採樣，這種採樣也限制了影像最終的解析度。下面用一張影像來形象地說明解析度的意義。解析度問題及其來源如圖 4-2 所示。

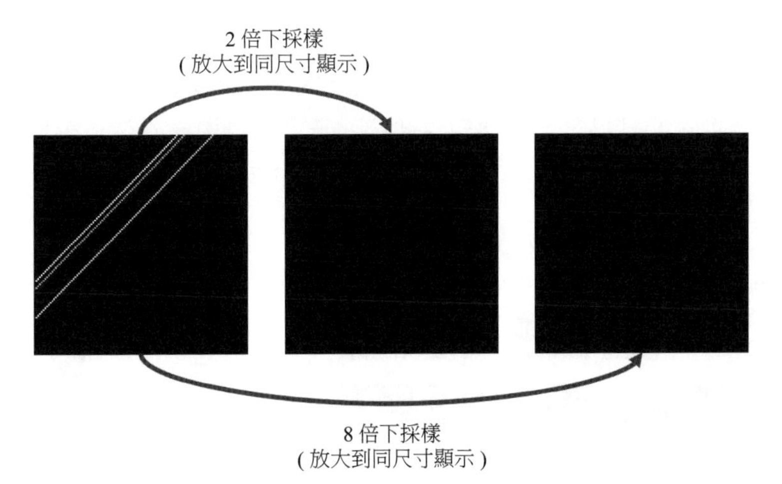

▲ 圖 4-2 解析度問題及其來源

在圖 4-2 中，最左邊所示的是高解析度下可以清晰分辨的三條線，它們之間間隔一段距離。在經過不和程度的下採樣縮放後，這些線之間的界限逐漸變得不明顯，對模糊程度低的情況，我們還可以分辨出距離較遠的兩條線之間的差別，但是隨著模糊程度的增大，經過某個臨界值後，這些線在我們看來已經變成了一條更粗的線，此時它們的區別已經無法被分辨。對自然影像來說，這種現象會使得人們關注的目標物體中的細節和紋理遺失，從而影響影像品質。簡單來說，這種現象就是超解析度任務所需要重點處理的問題。

超解析度從廣義上來說包含兩種不同的任務：一種是與光學相關的超解析度任務，它的目的是突破系統的**衍射極限（Diffraction Limit）**，即在針孔成像模型下，由於光的衍射導致兩個相鄰的光斑在一定範圍內無法被分辨，與光學相關的超解析度技術一般應用在顯微成像等領域，以獲得真實的高畫質影像；而另一種則是在相機成像場景下，突破相機的光學系統，以及感測器尺寸和像素數的限制，對成像結果的空間細節進行增強和提升，以獲得更加清晰的成像效果。本章中討論的影像和視訊的超解析度都屬於後者。

超解析度任務本質上是一個**影像恢復（Image Restoration）**問題，或影像訊號的**反問題（Inverse Problem）**，它假設輸入的影像都是由一張高品質影像經過某種模糊卷積與下採樣等過程退化得到（正向退化）的，我們的任務就是透過退化影像還原或恢復原始的高品質影像（逆向還原）。由於退化過程中是有資訊損耗的（見圖 4-3），也就是說，多個不同的輸入可能會對應於相同的退化結果，因此超解析度任務也是一個**不適定問題（Ill-posed Problem）**，要獲得更符合實際的結果，就需要對原始影像及高畫質影像到低清影像的關係設計合理的先驗，並透過一定的手段學習到最可能的逆向映射。

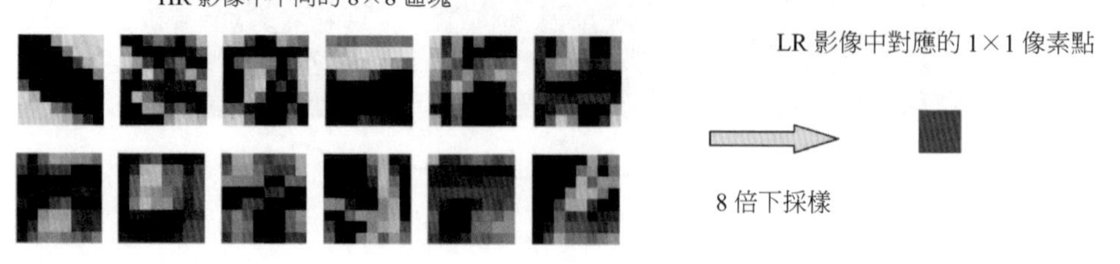

▲ 圖 4-3 超解析度任務的病態性

由於這個逆向求解的過程較為複雜、解空間較大，因此超解析度任務也衍生出了很多不同的研究相關和工程相關的方向。在開始介紹超解析度演算法之前，這裡先對後面經常出現的術語及不同的任務設定進行簡單介紹。

4.1.2 超解析度的任務設定與特點

從最直觀的方面來說，超解析度可以分為需要放大尺寸（像素數量）的超解析度及等尺寸的超解析度兩類。這個區分根據的是輸入、輸出尺寸關係的不同，放大尺寸的超解析度演算法的目的是將一張小尺寸影像處理成一張大尺寸影像（比如，將 256 像素 × 256 像素的輸入影像超解析度為 1024 像素 ×1024 像素的影像），同時使得大尺寸影像仍然能保持較高的解析度。另外一些演算法雖然不對影像的尺寸進行放大，但是會對較低品質原影像的邊緣和細節進行補充，使輸出影像具有更好的畫質效果，這些演算法也可以歸屬於等尺寸的超解析度演算法。常見的超解析度演算法以第一種，即放大尺寸的超解析度演算法為主，通常將輸入的待放大的低解析度影像記作 **LR（Low Resolution）影像**，而與之對應的高解析度影像記作 **HR（High Resolution）影像**。

對放大尺寸的超解析度任務來說，通常的研究任務設定是對 LR 影像進行固定倍率的放大，然後分析與 HR 影像的近似程度或視覺觀感。最常見的放大倍率一般是 ×2 和 ×4。對於特別大的倍率，比如 ×8 或 ×16，往往需要單獨進行研究，因為在大倍率縮放過程中，影像資訊遺失較多，所以需要更強的先驗資訊。這類超解析度任務一般需要限定在某類特定資料分佈中，如人臉影像，並且在網路設計中加入了更多的對於資料分佈先驗資訊的學習過程，從而達到了類似編碼生成的效果。

除了固定倍率的放大尺寸超解析度任務，還有一些演算法研究的是任意倍率超解析度（Arbitrary Scale Super-Resolution）策略。任意倍率超解析度的基本想法是將影像的放大看成在實數範圍的插值和離散化問題，透過利用已知的影像特徵資訊與座標位置資訊，預測出放大後各個座標位置對應的像素值。我們知道，人們所看到的真實物理世界的影像可以被視為連續的，而對物理世界的成像由於感測器像素數量的限制，輸出影像被離散化。從這個角度來看，影像放大的過程可以被視為查詢已賦值離散像素點之間的實數座標位置像素值的過程。對於這類任務，往往透過網路來模擬連續影像的表示，並且透過不同縮放比例的 LR-HR 之間的訓練，使得網路對連續的影像進行建模。在實際測試階段，由於輸入的座標可以是連續值，因此可以實現任意倍率的縮放。

常見的超解析度任務可以被視為以下退化的結果：

$$y = (k * x) \downarrow_s$$

式中，x 為 HR 影像；k 是**退化核心（Degradation Kernel）**，用於對原始 HR 影像進行卷積。然後將影像進行 s 倍下採樣，得到 LR 影像（即公式中的 y）。放大尺寸的超解析度演算法的目的就是對 y 進行恢復，使得恢復的結果儘量接近真實的 x，從而具有更好的細節效果。

最早對於超解析度模型的研究通常基於已知的退化核心 k 對影像進行退化降質。為了與真實退化近似，以及方便對不同模型和演算法的效果進行對比，在關於超解析度的研究中通常採用**雙三次下採樣（Bicubic-down，簡記為 BI）**和**高斯模糊後下採樣（Blur-Down，簡記為 BD）**來模擬影像的退化。許多經典的超解析度模型都是基於這類標準的退化方式進行最佳化和測試的，並且已經可以達到相對較好的效果。但由於真實世界的退化並不一定是 BI 或 BD，因此這類演算法往往在其他的退化核心下表現不佳。為了解決這個問題，人們對未知退化核心的低解析度資料的超解析度任務進行了研究，這類任務通常被稱為**盲超解析度（Blind Super-Resolution）任務**。盲超解析度任務可以透過顯式預測退化核心或隱式模擬退化過程等方案實現，具體的策略與實現後面會詳細介紹。

與盲超解析度任務類似的另一個任務類型通常被稱為**真實世界超解析度（Real World Super-Resolution）任務**，它主要是為了解決在固定的 BI 和 BD 退化下訓練的模型無法被較好應用到真實的低品質影像畫質提升任務中的問題。與退化核心未知的盲超解析度任務不同，真實世界超解析度任務涉及的範圍更廣一些，它包含了實際場景中任何可能的退化方式與退化強度，因此最接近真實任務需求的設定。真實世界超解析度任務可能不僅需要對不同的退化核心和下採樣帶來的模糊進行處理，還要對影像雜訊（可能經過各種處理，如相機的 ISP，以及網路傳輸、儲存、壓縮等過程的雜訊）進行去除，因此對模型和資料的要求也更高。真實世界超解析度任務在流程上的側重點及演算法設計方案與常規的超解析度任務也有所不同，在後面將以幾類處理方式為例，詳細討論不同真實世界超解析度任務的方案。

最後，從演算法的最終目標來看，超解析度任務也可以分為兩個支線，分別是以**保真度（Fidelity）**為主要目的的超解析度任務和以**視覺感知效果（Perceptual）**為最佳化目標的超解析度任務。以保真度為主要目的的超解析度演算法主要最佳化與原影像在數值上的相似性程度，即盡可能與原影像在數值上接近。前面提到了超解析度任務的病態性，一張低解析度影像可以對應多張細節不同的高解析度影像，由於資訊損失，具體對應到哪張高解析度影像是無法確定的，因此為了與所有可能的高解析度影像的距離都更接近，最終演算法最佳化出來的是一個無細節偏向的影像（類似最小平方解）。這樣的結果相對比較真實，但同時更缺乏高頻細節。而以視覺感知效果為最佳化目標的超解析度演算法則會合理增加細節（類似於在所有可能對應的高解析度影像中選擇一張作為最終輸出），這樣得到的預測結果可能與真實高畫質影像有區別，但是在視覺效果上更符合預期。兩種超解析度演算法所得到的結果示意圖如圖 4-4 所示。可以看出，對於難以準確預測的細節區域，以保真度為主要目的的超解析度演算法會盡可能真實地還原出更加高頻的資訊，但是還原出的結果仍然有些模糊。而以視覺感知效果為最佳化目標的超解析度演算法增加的高頻細節更多，從整體效果上看，影像也更加清晰，但是放大後會發現很多細節（相對於真實的 HR 影像）並不準確。

超解析度演算法的保真度與視覺感知效果通常是一個需要折中權衡（Trade Off）的項目，一般來說，更關注保真度會損失一定的細節紋理的補償，因此影響視覺感知效果，結果相對模糊一些；而更關注視覺感知效果則保真度往往有限，在紋理豐富的場景中結果容易產生瑕疵（特別是有意義的符號和紋理，如文字、茂盛的樹葉等），對有些任務來說，這種瑕疵是不可接受的。因此，在專案應用中對這兩者保持何種傾向，需要根據具體的任務類型和演算法效果來具體地確定。

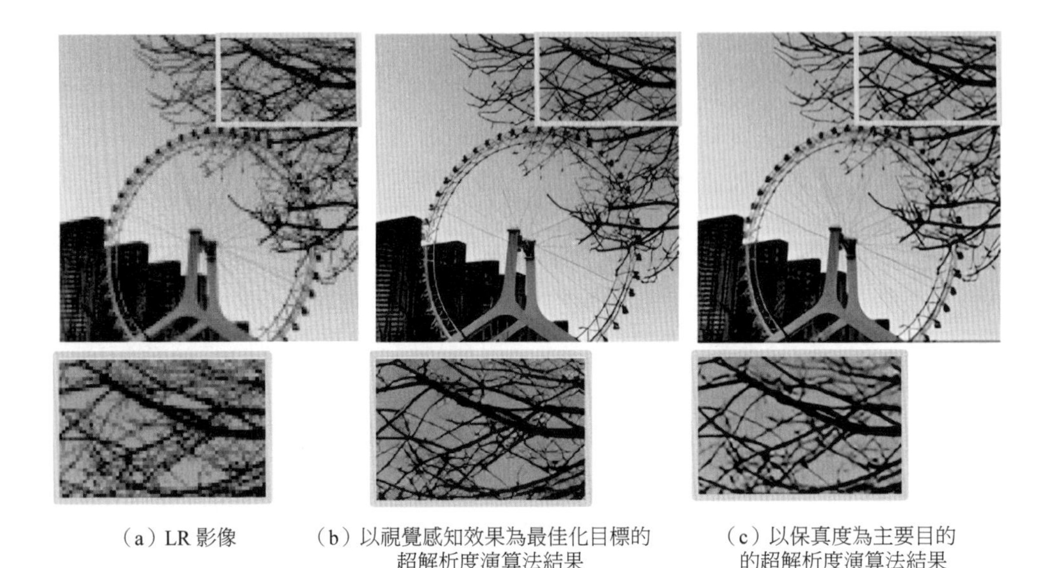

（a）LR 影像　（b）以視覺感知效果為最佳化目標的超解析度演算法結果　（c）以保真度為主要目的的超解析度演算法結果

▲ 圖 4-4 兩種超解析度演算法所得到的結果示意圖

4.1.3 超解析度的評價指標

上面提到了超解析度演算法的兩個向度：保真度和視覺感知效果，因此評價超解析度演算法的表現也有這樣的兩類指標。其中，對於保真度的評價與降噪任務的評價類似，也是基於 PSNR 和 SSIM 的，它度量的是超解析度後的結果與下採樣前的結果的相似度。PSNR 和 SSIM 這類指標實際上是所有影像恢復類任務的通用指標。但是，如之前所討論的，超解析度任務不僅限於對高畫質影像的恢復，而且要考慮結果的視覺感知效果，因此人們還設計了一些其他指標來評價超解析度演算法的效果，常用的一些視覺感知效果指標包括 LPIPS、NIQE、BRISQUE 等，下面分別對它們進行簡單介紹。

首先是 **LPIPS**，它的全稱為 **Learned Perceptual Image Patch Similarity**，即**習得感知影像區塊相似性**。該指標利用訓練好的神經網路提取各級資訊，從而獲取更加符合人類感知的、更加堅固的結構特徵和語義特徵相似性。對常用的客觀影像品質評價指標 PSNR 和 SSIM 來說，它們可以看作在淺層上進行像素等級的對比，因此在很多情況下效果不理想。比如，對於一張模糊的低質影像，它的各個像素亮度接近高品質影像，但是其細節、邊緣較為模糊，甚至沒有原影像的結構，而另一張低質影像基本保持了原影像的結構，但是像素有一定的位移和扭曲，並且有一定的顏色扭曲，在這種情況下，人類往往會判斷後者的視覺感知效果更好，因為它更大程度地保留了原影像的結構資訊，但是在採用 PSNR、SSIM 等的方法計算中，這種扭曲、位移和顏色的改變等對結果的評價影響較大，因此與人類感知不符，具有一定的局限性。

LPIPS 採用 CNN 類網路模型對影像的相似性進行度量，由於 CNN 本身具有一定的平移不變性，因此對於扭曲、位移等容易在像素級指標計算上不穩定的干擾更加堅固。LPIPS 計算原理示意圖如圖 4-5 所示。

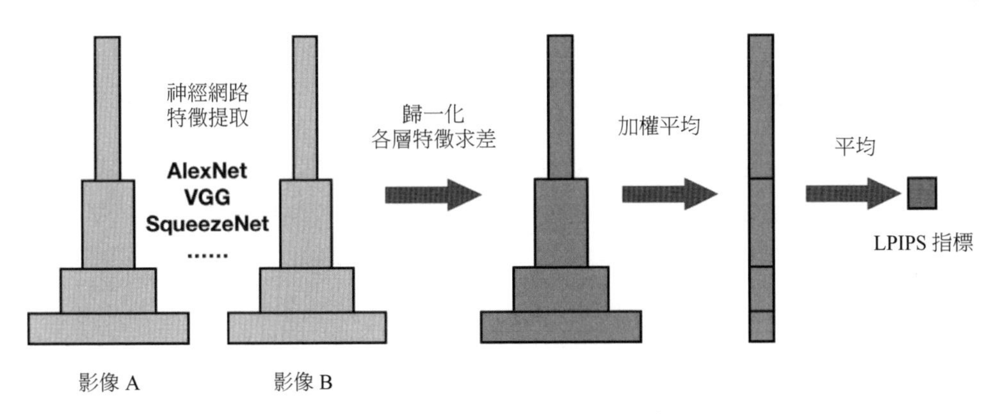

▲ 圖 4-5 LPIPS 計算原理示意圖

計算感知相似度的具體步驟如下：對於兩個影像區塊，透過某訓練好的主幹網絡（如 VGG、AlexNet、SqueezeNet 等）對影像區塊進行特徵提取，然後對得到的啟動後的特徵圖在通道維度上進行歸一化（Normalization），最後對每個通道計算兩者的歐氏距離，並在空間維度和不同網路層維度上進行平均，從而得到兩張影像的差距指標。

LPIPS 透過對不同網路結構及訓練監督的方式進行嘗試，發現不同的網路結構都可以被用來作為特徵提取器來度量兩張影像的感知相似度，並且對於有監督、自監督和無監督的網路結構也都適用。但是未經訓練的網路沒有該效果，說明該效果並不是網路結構本身的功能，而是透過對於大量影像的訓練獲得的具有感知意義的特徵先驗。LPIPS 具有三種不同的實現方式，分別記作 lin、tune 和 scratch，其中 lin 表示保留在高階語義任務上訓練好的網路權重，然後在其上訓練一個線性層，用於加權，這個操作相當於在一個現有的特徵空間中進行「感知校準（Perceptual Calibration）」；tune 表示以預訓練的權重為初值，在感知評價的資料集上進行微調（Fine Tuning）；scratch 則表示直接用感知評價資料集從頭開始訓練（Train From Scratch）。實驗表明，這三種實現方式在常見的幾種不同的影像恢復任務中均能取得較好的結果，並且相比於 PSNR、SSIM 等影像處理類評價指標，LPIPS 可以獲得更好的與人類感知的一致性。另外，透過學習各通道權重感知校準的實現方式，統計其在不同層的特徵權重分佈可以發現，淺層權重較小，更加稀疏，說明淺層資訊多數被忽略，而深層資訊則被利用得更多。這也表明了，LPIPS 可以有效利用 PSNR 等像素級淺層資訊所缺乏的感知語義和結構資訊。

下面用 Python 中的 IQA-PyTorch 來計算不同退化的 LPIPS 指標，由於該指標反映了兩張影像特徵空間的差距，因此數值越小，說明兩張影像在感知上越接近。對畫質恢復任務評價來說，輸入真實高品質影像與演算法恢復的影像，LPIPS 值越小也就說明演算法的恢復效果越好。程式如下所示。

```
import cv2
import numpy as np
import torch
import torch.nn.functional as F
import pyiqa

print('all available metrics: ')
print(pyiqa.list_models())

device='cpu'
lpips_metric = pyiqa.create_metric('lpips', device=device)
print('LPIPS is lower better? ', lpips_metric.lower_better)
psnr_metric = pyiqa.create_metric('psnr', device=device)
print('PSNR is lower better? ', psnr_metric.lower_better)
```

```
img = cv2.imread('../datasets/srdata/Set5/baby_GT.bmp')[...,::-1].copy()
H, W = img.shape[:2]

# 測試模糊損失的 LPIPS (以 PSNR 指標作為對比)
gt_tensor = torch.FloatTensor(img).permute(2,0,1) / 255.0
gt_tensor = gt_tensor.unsqueeze(0) # [1, 3, H, W]
down2_tensor = F.interpolate(gt_tensor, scale_factor=0.5, mode='area')
down2_tensor = F.interpolate(down2_tensor, (H, W), mode='bicubic')
down4_tensor = F.interpolate(gt_tensor, scale_factor=0.25, mode='area')
down4_tensor = F.interpolate(down4_tensor, (H, W), mode='bicubic')
lpips_score = lpips_metric(gt_tensor, down2_tensor).item()
psnr = psnr_metric(gt_tensor, down2_tensor).item()
print(f'LPIPS score of down2 is : '\
      f'{lpips_score:.4f} (PSNR: {psnr:.4f})')
lpips_score = lpips_metric(gt_tensor, down4_tensor).item()
psnr = psnr_metric(gt_tensor, down4_tensor).item()
print(f'LPIPS score of down4 is : '\
      f'{lpips_score:.4f} (PSNR: {psnr:.4f})')

# 測試空間變換損失的 LPIPS
mat_src = np.float32([[0, 0],[0, H-1],[W-1, 0]])
mat_dst = np.float32([[0, 0],[10, H-10],[W-10, 10]])
mat_trans = cv2.getAffineTransform(mat_src, mat_dst)
warp_img = cv2.warpAffine(img, mat_trans, (W, H))
warp_tensor = torch.FloatTensor(warp_img).permute(2,0,1) / 255.0
warp_tensor = warp_tensor.unsqueeze(0) # [1, 3, H, W]
lpips_score = lpips_metric(gt_tensor, warp_tensor).item()
psnr = psnr_metric(gt_tensor, warp_tensor).item()
print(f'LPIPS score of warp is : '\
      f'{lpips_score:.4f} (PSNR: {psnr:.4f})')
```

輸出結果如下所示。

```
all available metrics:
['ahiq', 'brisque', 'ckdn', 'clipiqa', 'clipiqa+', 'clipiqa+_rn50_512',
'clipiqa+_vitL14_512', 'clipscore', 'cnniqa', 'cw_ssim', 'dbcnn', 'dists',
'entropy', 'fid', 'fsim', 'gmsd', 'hyperiqa', 'ilniqe', 'lpips', 'lpips-
```

```
vgg', 'mad', 'maniqa', 'maniqa-kadid', 'maniqa-koniq', 'ms_ssim', 'musiq',
'musiq-ava', 'musiq-koniq', 'musiq-paq2piq', 'musiq-spaq', 'nima', 'nima-
vgg16-ava', 'niqe', 'nlpd', 'nrqm', 'paq2piq', 'pi', 'pieapp', 'psnr',
'psnry', 'ssim', 'ssimc', 'tres', 'tres-flive', 'tres-koniq', 'uranker',
'vif', 'vsi']
Loading pretrained model LPIPS from
/home/jzsherlock/.cache/torch/hub/checkpoints/LPIPS_v0.1_alex-df73285e.pth
LPIPS is lower better?  True
PSNR is lower better?  False
LPIPS score of down2 is : 0.1256 (PSNR: 36.0400)
LPIPS score of down4 is : 0.2970 (PSNR: 30.6454)
LPIPS score of warp is : 0.1582 (PSNR: 15.3865)
```

可以看到，上述 LPIPS 分數結果是基於 AlexNet 的預訓練模型進行計算的。在上述程式中測試了 2 倍和 4 倍下採樣並上採樣回原尺寸的結果，以及一個經過仿射變換的影像的結果。為了進行對比，還計算了各個測試用例對應的 PSNR 結果。對下採樣模糊的結果，倍率越高，結果越差，關於這一點，LPIPS 與 PSNR 是符合的。但是對影像空間變換和扭曲操作，因為像素發生了偏移，因此 PSNR 這種像素級評價指標往往會效果較差。但是對於 LPIPS 來說，它主要計算的是在感知特徵維度上的差異，因此雖然有微小的位移，但是由於影像內容沒有太大變動，畫質也基本保持了原來的狀態，因此可以獲得相對較好的分數。這也是 LPIPS 感知度量在影像品質評價中的優勢。

下面介紹另外兩種常見的影像品質評估指標，即 **NIQE（Natural Image Quality Evaluator）** 和 **BRISQUE（Blind/Referenceless Image Spatial Quality Evaluator）**。它們都是基於自然影像固有的品質敏感（Quality-Aware，即影像畫質不同特徵分佈也會有變化）的統計特性，並且透過多元高斯分佈建模。對於受到某種退化或擾動的影像，其統計分佈會偏離自然影像的分佈，利用這些統計特徵計算偏離的程度，即可對影像的品質進行評價，判斷其是否具有自然的高品質影像表觀。NIQE 和 BRISQUE 的基本流程如圖 4-6 所示。

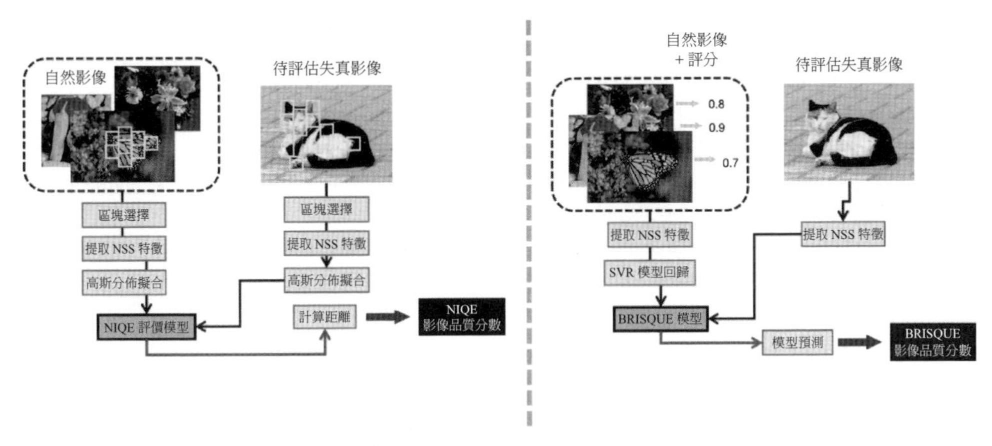

▲ 圖 4-6 NIQE 和 BRISQUE 的基本流程

NIQE 和 BRISQUE 都是基於影像空域的 **NSS（Natural Scene Statistics）特徵**進行計算的。兩者的主要不同點在於，NIQE 不對人類主觀評分進行擬合，而是直接計算特徵分佈偏差，並將其作為評價的結果。而 BRISQUE 會利用提取到的 NSS 特徵對人類主觀評分進行擬合，對擬合後的模型進行保持，並且對有退化的影像提取特徵後透過模型預測對應的人類主觀評分。NIQE 在計算過程中，需要對影像進行分塊，並計算有統計意義的影像內容區塊中的特徵。而 BRISQUE 則直接對整張影像進行特徵提取，並利用對應的意見分數（Opinion Score），回歸出一個 SVR 模型。在測試階段，對一張影像，BRISQUE 先用與 NIQE 同樣的方式提取特徵，然後經過 SVR 模型進行評分預測。由於這個區別，NIQE 通常可以適應不同類型的扭曲和退化，而 BRISQUE 則需要訓練與使用的扭曲類型相同。但是對同一種扭曲來說，由於 BRISQUE 對人類主觀評分進行了擬合，因此 BRISQUE 一般比 NIQE 具有更強的與人類畫質感知的一致性。

下面仍然利用 IQA-PyTorch 來計算 NIQE 和 BRISQUE 的分數。程式如下所示。

```
import cv2
import numpy as np
import torch
```

```
import torch.nn.functional as F
import pyiqa

device='cpu'
niqe_metric = pyiqa.create_metric('niqe', device=device)
print('NIQE is lower better? ', niqe_metric.lower_better)
brisque_metric = pyiqa.create_metric('brisque', device=device)
print('BRISQUE is lower better? ', brisque_metric.lower_better)
psnr_metric = pyiqa.create_metric('psnr', device=device)
print('PSNR is lower better? ', psnr_metric.lower_better)

img = cv2.imread('../datasets/srdata/Set5/baby_GT.bmp')[...,::-1].copy()
H, W = img.shape[:2]

# 測試模糊損失的 NIQE (以 PSNR 指標作為對比)
gt_tensor = torch.FloatTensor(img).permute(2,0,1) / 255.0
gt_tensor = gt_tensor.unsqueeze(0) # [1, 3, H, W]
down2_tensor = F.interpolate(gt_tensor, scale_factor=0.5, mode='area')
down2_tensor = F.interpolate(down2_tensor, (H, W), mode='bicubic')
down4_tensor = F.interpolate(gt_tensor, scale_factor=0.25, mode='area')
down4_tensor = F.interpolate(down4_tensor, (H, W), mode='bicubic')

niqe_score = niqe_metric(down2_tensor).item()
brisque_score = brisque_metric(down2_tensor, gt_tensor).item()
psnr = psnr_metric(gt_tensor, down2_tensor).item()
print(f'down2 NIQE : {niqe_score:.4f} '\
      f'BRISQUE: {brisque_score:.4f} (PSNR: {psnr:.4f})')
niqe_score = niqe_metric(down4_tensor).item()
brisque_score = brisque_metric(down4_tensor, gt_tensor).item()
psnr = psnr_metric(gt_tensor, down4_tensor).item()
print(f'down4 NIQE : {niqe_score:.4f} '\
      f'BRISQUE: {brisque_score:.4f} (PSNR: {psnr:.4f})')
```

輸出結果（NIQE 和 BRISQUE 越小，表示畫質越好）如下所示。

```
NIQE is lower better?  True
BRISQUE is lower better?  True
```

```
PSNR is lower better?  False
down2 NIQE : 4.6250 BRISQUE: 33.7809 (PSNR: 36.0400)
down4 NIQE : 7.6058 BRISQUE: 54.8489 (PSNR: 30.6454)
```

4.2 超解析度的傳統演算法

在本節中，先介紹幾種和超解析度任務相關的傳統演算法。當前學術界和工業界較為關注基於網路模型和深度學習的超解析度演算法，而在許多深度學習超解析度演算法的設計中，都不同程度地參考或參考了傳統演算法中的一些思想，因此在介紹這些模型之前，了解「前深度學習時代」的超解析度和細節增強方法也是很有必要的。首先從最簡單的上採樣插值演算法（尺寸擴充的超解析度相同的同類任務）和銳化演算法（等尺寸超解析度的類似任務）開始討論，然後介紹幾種典型的非深度學習網路方案的超解析度演算法。

4.2.1 上採樣插值演算法與影像銳化處理

一般所說的超解析度任務需要對影像尺寸進行放大，提高像素數量，從而使得畫面可以顯示出更多的細節內容。尺寸放大操作會使得原始 LR 影像中的像素對應到預測結果的多個像素中，由於採樣時已經損失了高頻部分的細節資訊，因此這個一對多的變換通常是不可逆的。對於多出來的像素如何進行計算，這就是上採樣插值演算法的核心。

在影像處理中，比較常用的上採樣插值演算法主要有**最近鄰插值（Nearest-Neighbor Interpolation）**、**雙線性插值（Bilinear Interpolation）**及**雙三次插值（Bicubic Interpolation）**。這三種插值演算法都可以用來放大影像尺寸，提升解析度，從效果上看，雙三次插值演算法的效果最好，而最近鄰插值演算法的效果最弱。相對應地，雙三次插值演算法的計算複雜度也更高，而最近鄰插值演算法的則最低。下面首先來看最近鄰插值演算法，其原理如圖 4-7 所示。

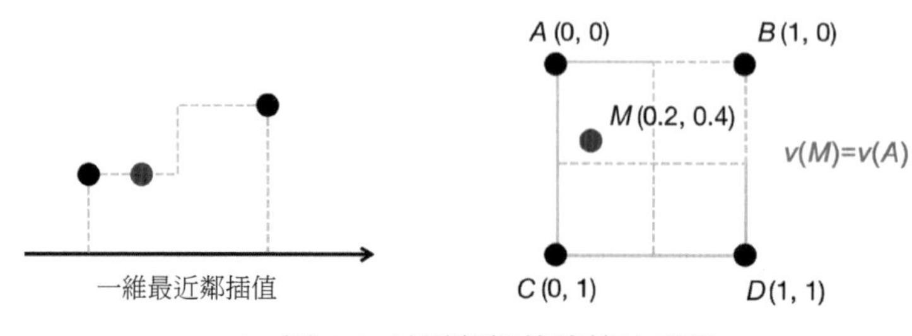

▲ 圖 4-7 最近鄰插值演算法原理

圖 4-7 中展示了一維和二維上的最近鄰插值演算法的原理。最近鄰插值演算法操作簡單，對於待插值的位置，找到已知數值的點中與它最近的點，並將該點的數值作為待求位置的值。最近鄰插值演算法相當於用已知點將所有空間分成了不同的區間，其中每個區間設定值相同，即區間中心點的已知值相同。這種演算法雖然簡單易操作，計算效率高，但是其缺陷也顯而易見。這種演算法由於在兩個已知點中間的位置會從一個點的值突變到另一個點的值，因此在影像放大中會出現鋸齒和馬賽克現象，導致邊緣不夠平滑。

對平滑性的一種改進方式就是對待求位置按照其與各已知點的空間距離進行加權平均。如果只用臨近的左右兩個點（一維影像情況）或周圍的四個點（二維影像情況），並且用線性多項式（$y=a_1x+a_0$）對連續空間位置進行建模，那這種方式就是線性插值。對二維影像來說，對應的演算法為雙線性插值演算法，它需要對周圍的四個點進行三次線性插值。一維線性插值與影像雙線性插值示意圖如圖 4-8 所示。

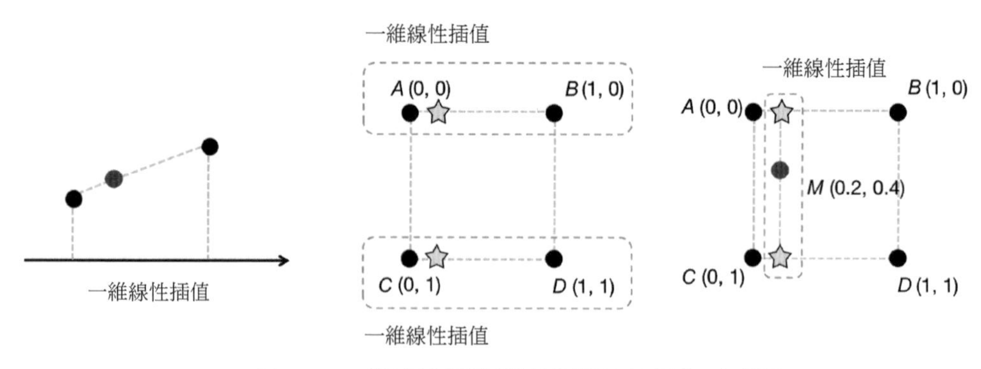

▲ 圖 4-8 一維線性插值與影像雙線性插值示意圖

對於一次多項式，只需要兩個點就可以確定其參數，因此在一維空間只需要將待求位置左右兩個點的值代入方程式即可求解出兩個參數 a_0 和 a_1，然後代入插值位置的 x 座標，就獲得了插值結果。在二維影像中，如圖 4-8 的右圖所示，由於 x 和 y 座標都需要插值，因此可以先對待求解位置的 x 座標（也可以先對 y 座標）進行插值，即找到 y 值不變情況下可以計算 x 位置的值的兩個點，即圖中五角星標識的位置。透過 A 點和 B 點對上面的五角星位置進行一維線性插值，對 C 點和 D 點進行相同操作，插值下面的五角星位置。然後連接兩個五角星位置，由於待求點與該兩點只有 y 座標不同，因此可以沿著 y 軸方向再次進行一維線性插值，用已經求出的兩五角星位置的值計算出目標點 M 的值。雙線性插值演算法的計算量要大於最近鄰插值演算法的，但是其效果也要優於最近鄰插值演算法的，因此通常會將雙線性插值演算法設置為預設採用的插值演算法。

一種更複雜但是效果更優的演算法就是雙三次插值演算法，它的想法與雙線性插值演算法類似，但是其在每個方向都採用三次多項式進行擬合，即 $y=a_3x^3+a_2x^2+a_1x+a_0$。因為其參數為 4 個，因此需要 4 個已知點來進行求解。在一維情況下就需要臨近的 4 個點，而對二維影像來說就需要 4×4 共 16 個已知點，自然計算複雜度要高於之前的兩種插值演算法，但是效果也更好。雙三次插值演算法的示意圖如圖 4-9 所示。

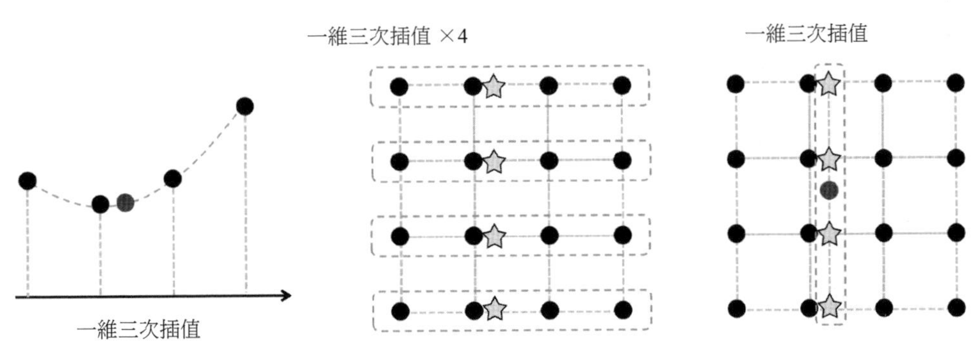

▲ 圖 4-9 雙三次插值演算法的示意圖

下面用 OpenCV 中附帶的 cv2.resize 函數實現上採樣，並透過設置 interpolation 參數來實驗最近鄰插值演算法、雙線性插值演算法及雙三次插值演算法的效果。程式和處理結果如下所示。

```
import os
import cv2
import numpy as np
import matplotlib.pyplot as plt

os.makedirs('./results/upsample', exist_ok=True)
img = cv2.imread('../datasets/srdata/Set5/baby_GT.bmp')[:,:,::-1]
lr = cv2.resize(img, (64, 64), interpolation=cv2.INTER_AREA)

# 最近鄰、雙線性和雙三次插值上採樣
target_size = (512, 512)
up_nn = cv2.resize(lr, target_size, interpolation=cv2.INTER_NEAREST)
up_linear = cv2.resize(lr, target_size, interpolation=cv2.INTER_LINEAR)
up_cubic = cv2.resize(lr, target_size, interpolation=cv2.INTER_CUBIC)

# 顯示並儲存結果
fig = plt.figure(figsize=(15, 5))
fig.add_subplot(131)
plt.imshow(up_nn)
plt.title('nearest upsample')
fig.add_subplot(132)
plt.imshow(up_linear)
plt.title('bilinear upsample')
fig.add_subplot(133)
plt.imshow(up_cubic)
plt.title('bicubic upsample')
plt.savefig(f'results/upsample/upsample_result.png')
plt.close()
```

不同上採樣插值演算法的結果如圖 4-10 所示。可以看出，最近鄰插值演算法的結果具有較強的鋸齒感，雙線性插值演算法和雙三次插值演算法的結果更加平滑一些，而雙三次插值演算法的效果更好一些，邊緣更加銳利，且帽子處的細節更加豐富。

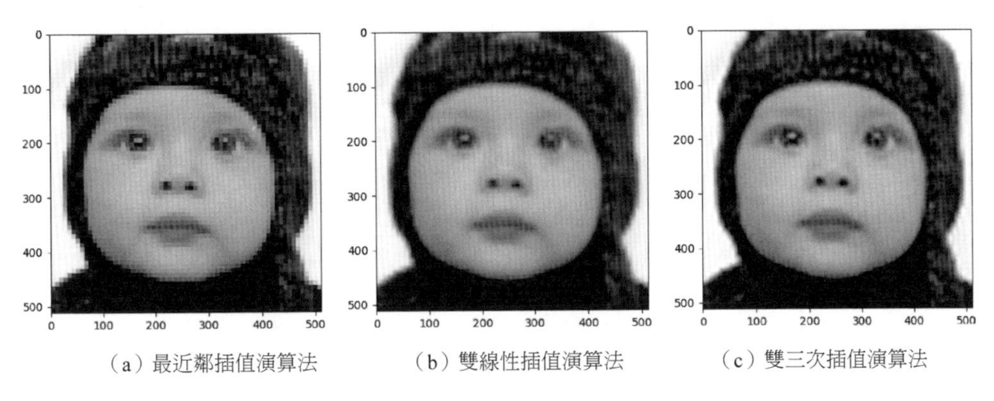

（a）最近鄰插值演算法　（b）雙線性插值演算法　（c）雙三次插值演算法

▲ 圖 4-10 不同上採樣插值演算法的結果

另一種與超解析度演算法類似的經典演算法就是**銳化（Sharpening）演算法**，銳化演算法不改變影像的解析度，它透過增強影像的高頻成分來提高邊緣和細節，從而提升對影像清晰度的視覺感知。銳化演算法與等尺寸超解析度演算法的目標效果類似，但是從原理上來說，等尺寸超解析度演算法可以根據現有的頻率成分來預測和補充影像中未知的細節和高頻成分，從而提升影像解析力。而銳化演算法僅能提高已有高頻資訊的比重，取得視覺效果的提升，並不能增加新的頻率成分。但是從效果上來說，等尺寸超解析度演算法也具有一定的銳化效果，使得邊緣可以更加清晰。

常用的經典銳化演算法為 **USM（Unsharp Mask）演算法**。該演算法的原理比較簡單，它首先對原影像進行一次模糊，然後將原影像與高斯模糊後的影像做差，得到影像的高頻成分。將該高頻成分乘以一定係數後，再加回原影像，即可實現對原影像中高頻成分的增強。USM 演算法的原理示意圖如圖 4-11 所示。

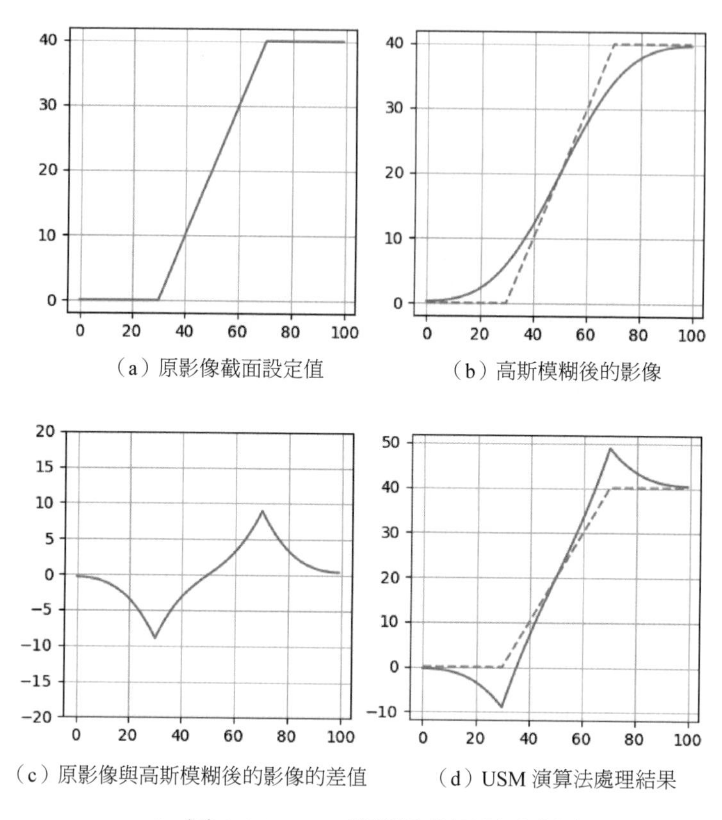

（a）原影像截面設定值

（b）高斯模糊後的影像

（c）原影像與高斯模糊後的影像的差值

（d）USM 演算法處理結果

▲ 圖 4-11 USM 演算法的原理示意圖

圖 4-11（a）表示將影像畫成三維函數圖（影像的兩個方向 + 對應設定值）後某條直線方向的截面圖，圖中的斜坡與平面交界的兩個點對應著影像中的邊緣。經過高斯濾波後，圖中邊緣與平面的交界處不再銳利。然後，將原影像與濾波結果做差，得到的就是兩側的邊緣，由於高斯濾波保留了低頻成分，因此做差結果可以將經過高斯濾波失去的部分找到，這個部分就是需要增強的高頻細節，而低頻部分的差值接近零，即不進行增強。最後，將高頻差值經過一定縮放後加回到原影像中，即得到 USM 演算法的銳化結果。

下面用 Python 實現 USM 演算法，並測試不同強度的銳化效果，程式和效果如下。

```
import os
import cv2
import numpy as np
import matplotlib.pyplot as plt

def unsharpen_mask(img, sigma, w):
    blur = cv2.GaussianBlur(img, ksize=[0, 0], sigmaX=sigma)
    usm = cv2.addWeighted(img, 1 + w, blur, -w, 0)
    return usm

if __name__ == "__main__":

    os.makedirs('results/usm', exist_ok=True)
    img = cv2.imread('../datasets/srdata/Set5/butterfly_GT.bmp')[:,:,::-1]
    img = cv2.resize(img, (128, 128), interpolation=cv2.INTER_AREA)

    # USM 銳化參數
    sigma_list = [1.0, 5.0, 10.0]
    w_list = [0.1, 0.8, 1.5]

    fig = plt.figure(figsize=(10, 10))
    M, N = len(sigma_list), len(w_list)

    cnt = 1
    for sigma in sigma_list:
        for w in w_list:
            usm_out = unsharpen_mask(img, sigma, w)
            fig.add_subplot(M, N, cnt)
            plt.imshow(usm_out)
            plt.axis('off')
            plt.title(f'sigma={sigma}, w={w}')
            cnt += 1

    plt.savefig(f'results/usm/usm_result.png')
    plt.close()
```

不同參數 USM 演算法的銳化結果如圖 4-12 所示。可以看出，sigma 越大，說明保留的低頻成分越少，也就是更多頻率範圍被增強，而低頻部分的增強會影響對比度，因此增強效果也越明顯，並且整體對比度也會發生變化。而 w 表示增強的程度，w 越大，邊緣越銳利，影像顯得越清晰，銳化效果越顯著。但是當 w 過大時，會引入過銳的假影。因此，控制合適的銳化強度也是非常重要的。

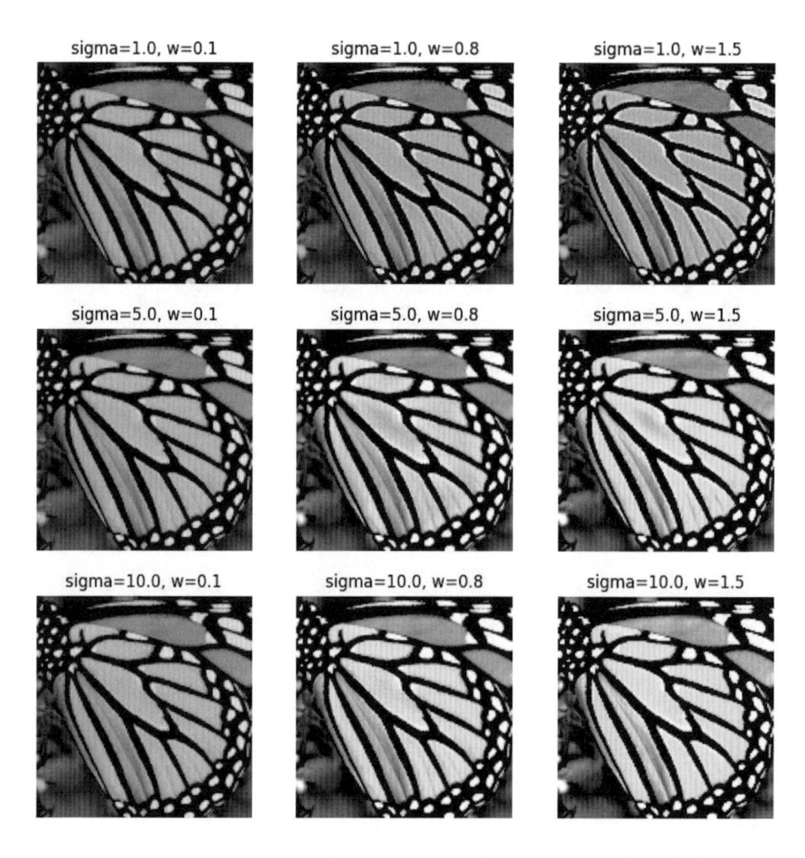

▲ 圖 4-12 不同參數 USM 演算法的銳化結果

4.2.2 基於自相似性的超解析度

傳統演算法中常見的想法是基於影像的**自相似性（Self-similarity）**進行超解析度上採樣。在傳統影像降噪演算法中，我們已經了解到，自然影像中通常存在具有相似性的區塊，利用該先驗知識，可以對相似區塊進行整合和濾波，用於降噪。對超解析度任務來說，也有一系列方案是基於影像的自相似性先驗來設計的。

自然影像中的自相似性（範例影像取自城市資料集 Urban100）如圖 4-13 所示，在一張影像中，被攝物體本身可能具有重複出現的模式（Pattem），由於距離等因素，這些相同或相似模式的解析度可能不同。比如，對於圖中玻璃上的紋理，在近處的相對尺寸較大，從而更加清晰，解析度更高；而遠處的則相對模糊，畫質較低。如果可以對低解析度的紋理找到圖中高解析度下相同模式的對應範例，那麼就可以利用高解析度的區塊作為參考，對低解析度的區塊進行超解析度。這個過程與降噪任務中利用自相似性的方式有些區別：降噪需要儘量相同的尺寸以便做平均，而超解析度需要同模式下的不同尺寸，以便作為參考。因此，基於自相似性的超解析度演算法的設計想法也和自相似性降噪的略有不同。

同一張影像中的自相似性區域

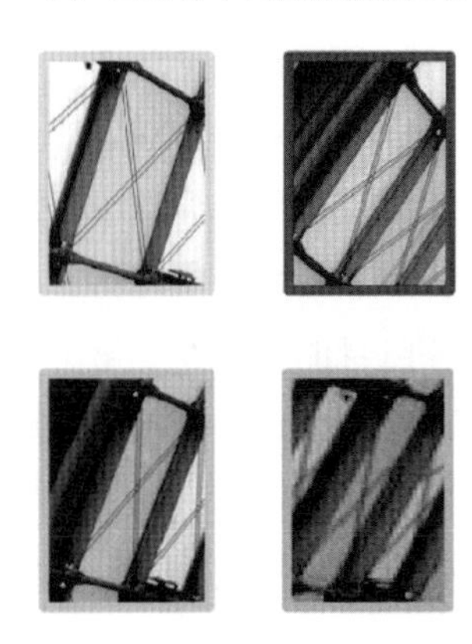

▲ 圖 4-13 自然影像中的自相似性（範例影像取自城市資料集 Urban100）

一個經典的基於自相似性的方案是 **Glasner 單圖超解析度演算法** [1]。該演算法利用了基於樣例的超解析度演算法想法，超解析度的過程僅需要單張待超解析度的影像，它的想法是利用影像的自相似性，並結合不同尺度對不同自相似區域的對應關係進行匹配和查詢，以此為參考對低質區域進行超解析度預測。圖 4-14 簡要地展示了 Glasner 單圖超解析度演算法的想法。首先，對影像進行不同倍率的下採樣，從而建立起影像金字塔；然後，對於原影像中的某個區塊在低解析度小影像中查詢模式匹配的對應區塊，比如，圖中的 A_0 對應小影像中的 B_{-1}（這裡用下標展現層數，負數表示小影像，正數表示放大後的影像，下標 0 表示原影像中的區塊），於是可以找到 B_{-1} 對應的高解析度影像（即原影像）中的區塊 B_0，這時由於 B_0 是 B_{-1} 對應的高解析度結果，因此可以將其作為 A_0 的高解析度結果，記作 A_1。同理，如果在更小的影像以下標為 -2 的影像中找到對應區塊，那麼會得到該區塊下標為 2 的上採樣結果。最後，將所有高解析度層的結果整合到需要超解析度的倍率所在的層中，就獲得了最終的超解析度結果。

對於自然影像中的自相似性還有一個問題需要考慮，那就是儘管自然影像中可能出現區塊重現（Patch Recurrence）的現象，但是由於角度、距離等不同，這些相似的區塊之間可能存在某些紋理外觀上的變化（可以參考圖 4-13 所示的幾個相似區塊），因此需要透過進行某種形變才能將它們更進一步地對齊。**SelfExSR 演算法** [2] 主要對上述問題進行最佳化，該演算法對影像中的平面進行定位，並以此計算不同區塊所在平面的透視變換，同時還考慮了仿射變換以修正局部的形變。透過在高畫質和低質區塊的匹配過程中考慮空間變化，該演算法可以更準確地找到對應的區塊，減小匹配誤差，從而更進一步地利用影像自身的自相似性。該演算法將這種經過一定形變後的樣例稱為**形變自範例（Transformed Self-exemplar）**。實驗表明，該演算法可以在僅有單張影像的情況下取得較好的表像，另外，尤其是對於城市資料集（圖 4-13 所示的樣例即取自城市資料集 Urban100），由於這些影像中具有重複性的大樓等建築目標佔多數，而且建築的平面性更加明顯，非常符合該演算法的先驗預設，因此在這些資料上，SelfExSR 演算法相較於之前的演算法獲得了明顯的效果提升。

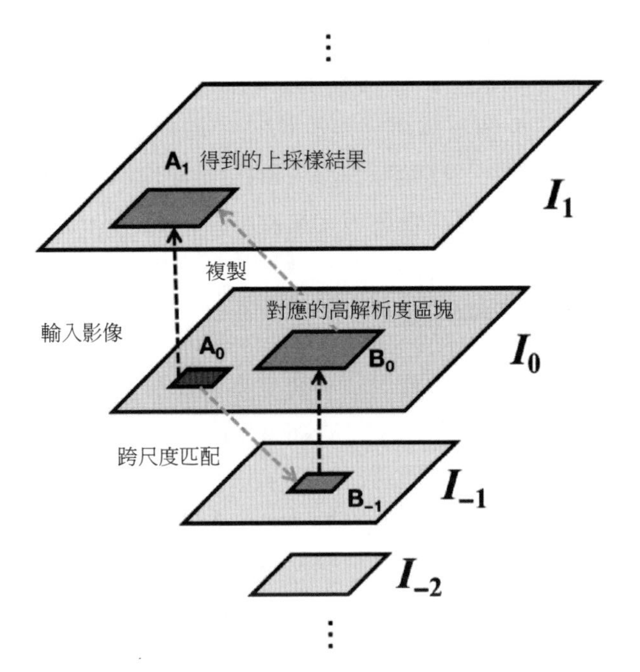

▲ 圖 4-14 Glasner 單圖超解析度演算法的想法

4.2.3 基於稀疏編碼的超解析度

在前深度學習時代，**稀疏編碼（Sparse Coding）演算法**曾一度是基於學習的訊號處理中的常用演算法。所謂稀疏編碼，指的是對於一個訊號 x，將其表示為一系列**字典（Dictionary）**中**元素（Atom）**的加權和形式，這裡的權重組成的向量就是編碼的係數，用數學形式可以表示如下：

$$\boldsymbol{x} = \boldsymbol{D\alpha}$$

式中，$\boldsymbol{x}$ 是被表示的 $N \times 1$ 的向量；$\boldsymbol{D}$ 為字典，形式為 $N \times K$ 的矩陣；α 對應於從字典中重構原始訊號的係數，大小為 $K \times 1$。也就是說，字典 $\boldsymbol{D}$ 中的每個列向量表示一個元素，$\boldsymbol{x}$ 就是透過 α 中的各個值對字典中的各個元素進行線性組合得到的。在稀疏編碼中，對應的係數向量 α 是**稀疏的（Sparse）**，即其中的大量元素為 0，僅有少部分非零元素。也就是說，在對透過稀疏編碼得到的字典進行訊號重構時，對每個被重構的訊號，僅有少量字典元素參與計算，多數的字典對某一個重構訊號來說都是容錯的，說明字典 $\boldsymbol{D}$ 是**過完備的（Overcomplete）**，即它儲存了大量不同的可能出現的有效訊號的模式，用於對不同的訊號進行重構。對訊號進行稀疏編碼，即找到一個合適的字典，可以提取出輸入資料集中訊號盡可能多的有效特徵，並用來對測試樣例進行比較合理的重構（係數稀疏且重構誤差小）。

稀疏編碼演算法可以用來實現超解析度重構任務[3]。基於稀疏編碼的超解析度演算法的流程如下：對於影像中 $h \times w$ 的區塊，對其分別進行向量化，得到尺寸為 $hw \times 1$ 的訊號向量。對所有訊號向量進行學習，可以得到過完備字典和稀疏係數。如果已經有了 LR 影像的字典 $\boldsymbol{D}_{\text{LR}}$，那麼這個對於某區塊的稀疏重構過程就可以轉化為求解以下最佳化問題的過程：

$$\min_{\alpha} \left\| \boldsymbol{D}_{\text{LR}} \boldsymbol{\alpha} - \boldsymbol{y}_{\text{LR}} \right\|_2^2 + \lambda \| \boldsymbol{\alpha} \|_1$$

式中，$\boldsymbol{y}_{\text{LR}}$ 為 LR 影像的區塊。上面目標函數的第一項為重構誤差損失，即希望重構結果儘量逼近影像區塊；第二項為稀疏性約束，即透過 L1 範數約束重構係數，希望重構係數向量盡可能稀疏。如果可以對 LR 影像和 HR 影像的字典元素進行配對，那麼就可以將 LR 影像的稀疏編碼表示中的係數向量保留，而將字典對應替換為 HR 影像的字典進行重構，這樣就可以得到 LR 影像對應的 HR 影像了。寫成數學形式如下：

$$\boldsymbol{y}_{\text{SR}} = \boldsymbol{D}_{\text{HR}} \boldsymbol{\alpha}$$

基於稀疏編碼的超解析度演算法的原理如圖 4-15 所示（為便於理解，上述僅為大致計算過程，在實際計算過程中通常需要對局部區塊進行平均值歸零等操作）。

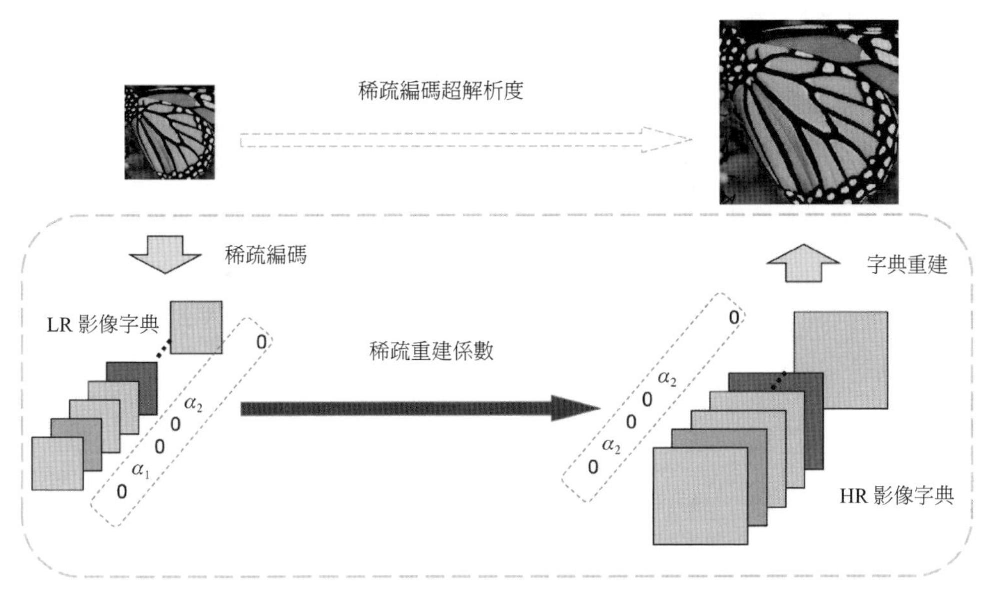

▲ 圖 4-15 基於稀疏編碼的超解析度演算法的原理

剩下的問題就是如何得到這樣一對匹配的 HR 影像和 LR 影像字典，即 $\boldsymbol{D}_{\mathrm{HR}}$ 和 $\boldsymbol{D}_{\mathrm{LR}}$。在前面的計算過程中實際上已經提到了，用於 LR 影像和 HR 影像重構的係數必須是相同的，那麼在訓練獲得字典的過程中，就可以採用**聯合字典訓練（Joint Dictionary Training）**策略：首先將 LR 影像和 HR 影像對應區塊的向量進行拼接，然後對形成的資料集學習字典（和稀疏重構過程類似，只是最佳化變數增加了字典），得到的字典即 LR 影像字典元素與對應的 HR 影像字典元素拼接而成的。因為每個有效訊號都是由匹配的 LR 影像和 HR 影像區塊兩部分拼接得到的，而它們在重構過程中又直接採用了拼接的字典元素，這個過程強制保證了對於對應的 LR-HR 重構採用相同的係數，因此也就保證了在該係數下 $\boldsymbol{D}_{\mathrm{HR}}$ 和 $\boldsymbol{D}_{\mathrm{LR}}$ 的元素是對應的。聯合字典訓練原理示意圖如圖 4-16 所示。

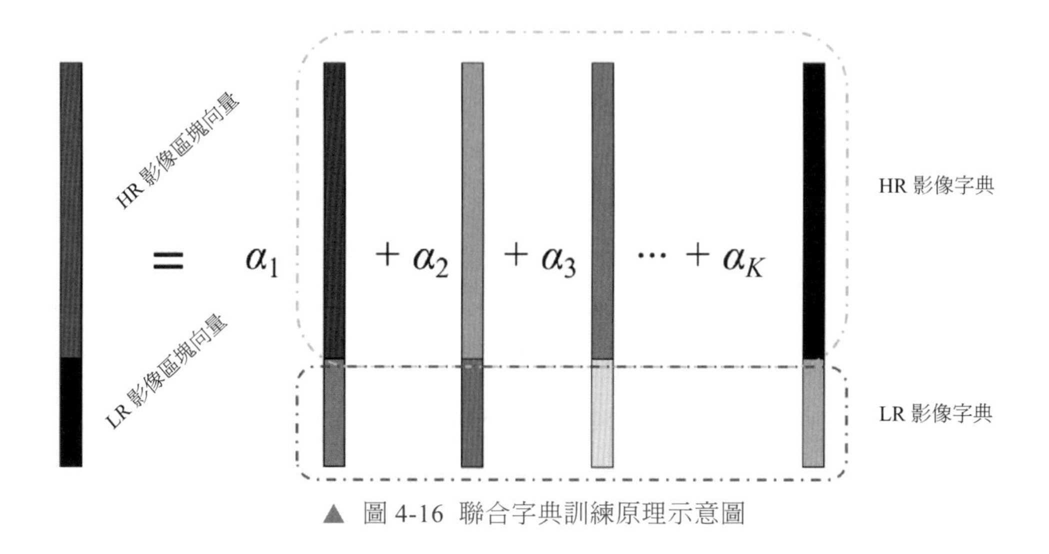

▲ 圖 4-16 聯合字典訓練原理示意圖

基於稀疏編碼的超解析度演算法也是透過訓練得到字典並進行應用的，由於重構過程是對已有的字典元素（也就是影像模式）進行加權擬合，因此該演算法自然地對於雜訊會比較堅固。另外，由於字典的學習受限於訓練資料，因此如果在測試影像中出現了較多無法用學到的字典稀疏表示的模式，那麼該演算法的效果也會受到一定的影響。由於基於稀疏編碼的超解析度演算法在不同的測試資料上表現效果較好，且原理較為直觀和可解釋，因此對後來的基於神經網路的超解析度網路設計有一定的啟發。最早的超解析度網路 SRCNN 就是受到稀疏編碼流程的影響而設計和解釋的，關於這點將在下面進行詳細討論。

4.3 經典深度學習超解析度演算法

本節介紹幾種比較經典的單影像超解析度（Single Image Super-Resolution，SISR）演算法和模型，包括比較早期的針對 BI 或 BD（固定退化核心和退化方法）退化 LR 影像的超解析度演算法，這裡主要涉及網路結構的最佳化、針對主觀畫質效果最佳化的 GAN 類型的演算法，以及考慮退化核心問題的盲超解析度相關演算法。

4.3.1 神經網路超解析度開端：SRCNN 和 FSRCNN

最早採用卷積神經網路（CNN）模型來處理超解析度任務的模型是 **SRCNN（Super-Resolution CNN）**[4]。SRCNN 的結構相對較為簡單，其結構示意圖如圖 4-17 所示。

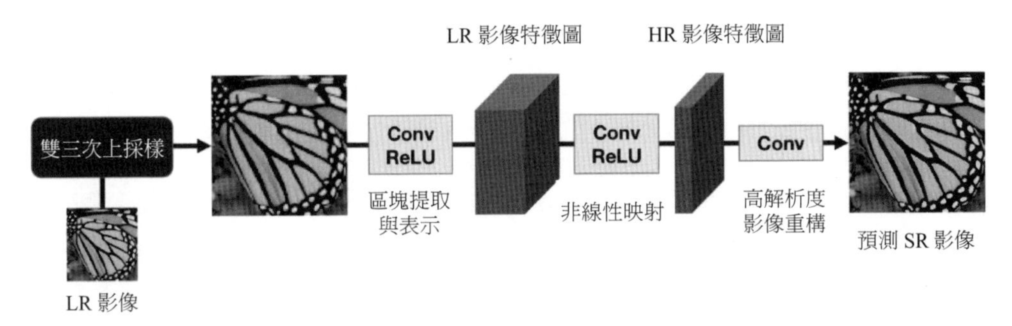

▲ 圖 4-17 SRCNN 的結構示意圖

可以看出，SRCNN 主要由三次卷積操作組成，是一個點對點（End-to-End）的結構，將傳統演算法中的特徵提取和匹配等操作利用卷積神經網路訓練最佳化的方式隱式地進行處理。SRCNN 的網路結構設計參考了前面提到的基於稀疏編碼的超解析度演算法，這三個卷積步驟分別可以對應於以下方面。

（1）局部化的區塊提取及特徵表示。該步驟對應於稀疏編碼中先將 LR 影像經過區塊切分，然後映射到低解析度字典中的過程。由於 CNN 的卷積操作本身具有局部化的特點，因此不需要手動切分區塊。而且由影像到特徵的映射也可以由 CNN 學到。這部分操作用 9×9 的卷積實現，大卷積核心用於整合更大範圍的鄰域資訊，造成類似較大區塊的效果。

（2）低解析度特徵（編碼字典）到高解析度特徵的非線性映射。該步驟對應於稀疏開發過程中用低解析度字典元素查詢匹配的高解析度字典元素，從而用於後續重構的過程。該部分映射由 1×1 的卷積實現。

（3）高解析度影像重構。這部分透過 5×5 的卷積實現，它將特徵圖重建為輸入影像。該步驟對應於稀疏編碼中用匹配好的高解析度字典結合係數重建高解析度輸出的過程。

在 SRCNN 中，LR 影像先經過雙三次上採樣放大到目標倍率，然後輸入網路，整個網路沒有下採樣類的操作（如步進值大於 1 的卷積層或池化層），如果考慮邊緣填充，輸入、輸出應該是等尺寸的。儘管 SRCNN 在現在看來其網路結構設計較簡單，但是在 CNN 模型和大量資料訓練最佳化的加持下，SRCNN 在效果上超越了當時一系列經典的超解析度演算法，並且還能保持高效率。

當然，SRCNN 的性能還是有最佳化空間的。最先被注意到的可能是雙三次上採樣放大的 LR 影像。由於 CNN 可以透過一些手段對特徵圖進行縮放，因此這個步驟並不是必需的。另外，在 SRCNN 中也實驗了不同網路中的特徵圖通道數（或稱為網路的寬度，也可以視為各層卷積核心的個數），發現增加特徵圖的寬度，輸出效果會更好，但是計算量也更大。為了在不降低效果的前提下提高計算效率，需要對網路的結構進行修改，於是獲得了改進版的 SRCNN，即 **FSRCNN**（F 表示 Fast）[5]。

FSRCNN 的目的在於對 SRCNN 進行加速，它的結構示意圖如圖 4-18 所示。可以看出，在 FSRCNN 中，主要採取了兩個改進點來實現效率的提高。

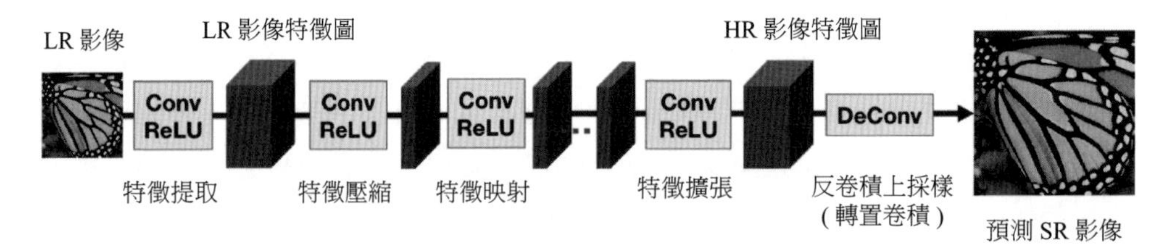

▲ 圖 4-18 FSRCNN 的結構示意圖

對應於前面所述的輸入尺寸問題，在 FSRCNN 中，直接採用低解析度的小影像作為輸入，取消了之前的雙三次上採樣操作，並在網路的最後層透過反卷積 [轉置卷積（Transposed Convolution）] 上採樣模組 DeConv 實現放大功能。

另外，考慮到特徵圖卷積運算的計算量瓶頸，FSRCNN 將中間的非線性映射部分拆分成了以下三個步驟。

第一個步驟是特徵壓縮（Shrinking），它的作用是用 1×1 的卷積將提取出來的較寬的特徵圖（如 56 個通道）壓縮成寬度較小的特徵圖（如 12 個通道），也就是對特徵圖的通道數進行壓縮。第二個步驟是特徵映射（Mapping），與之前的非線性映射作用相同，但是在較少通道數上操作的，因此計算量降低。這個步驟由多層 3×3 卷積實現，以便更進一步地學習低解析度到高解析度的映射關係。第三個步驟是第一個步驟的逆變換，它透過 1×1 的卷積將映射後的小寬度特徵圖重新升高維度，得到通道數較多的特徵圖（從 12 個通道重新映射回 56 個通道），這個過程稱為特徵擴張（Expanding）。

在網路的最後，透過轉置卷積的方式實現上採樣還有一個額外的優點，對於不同倍率的超解析度任務，FSRCNN 可以只透過微調最後一層 DeConv 即可實現，而不需要重新從頭開始訓練。在 FSRCNN 中，前面網路層提取和映射的特徵，對於不同倍率都可以重複使用，從而有更好的適應性。

下面用 PyTorch 對 SRCNN 和 FSRCNN 的網路結構進行簡單實現，並測試網路的計算量和參數量。程式和結果如下所示。

```
import torch
import torch.nn as nn
import torch.nn.functional as F
from thop import profile

class SRCNN(nn.Module):
    def __init__(self, in_ch, nf=64):
        super().__init__()
        hid_nf = nf // 2
        self.conv1 = nn.Conv2d(in_ch, nf, kernel_size=9, padding=4)
        self.conv2 = nn.Conv2d(nf, hid_nf, kernel_size=5, padding=2)
        self.conv3 = nn.Conv2d(hid_nf, in_ch, kernel_size=5, padding=2)
        self.relu = nn.ReLU(inplace=True)

    def forward(self, x):
```

```
        x = self.relu(self.conv1(x))
        x = self.relu(self.conv2(x))
        x = self.conv3(x)
        return x

class ConvPReLU(nn.Module):
    def __init__(self, in_ch, out_ch, ksize):
        super().__init__()
        pad = ksize // 2
        self.body = nn.Sequential(
            nn.Conv2d(in_ch, out_ch, ksize, 1, pad),
            nn.PReLU(num_parameters=out_ch)
        )
    def forward(self, x):
        return self.body(x)

class FSRCNN(nn.Module):
    def __init__(self, in_ch=3, d=56, s=12, scale=4):
        super().__init__()
        self.feat_extract = ConvPReLU(in_ch, d, 5)
        self.shrink = ConvPReLU(d, s, 1)
        self.mapping = nn.Sequential(
            *[ConvPReLU(s, s, 3) for _ in range(4)]
        )
        self.expand = ConvPReLU(s, d, 1)
        self.deconv = nn.ConvTranspose2d(d, in_ch,
                kernel_size=9, stride=scale, padding=4,
                output_padding=scale-1)

    def forward(self, x):
        out = self.feat_extract(x)
        out = self.shrink(out)
        out = self.mapping(out)
        out = self.expand(out)
        out = self.deconv(out)
        return out

if __name__ == "__main__":
```

```
    x_in = torch.randn(4, 3, 64, 64)
    x_in_x4 = F.interpolate(x_in, scale_factor=4)
    # 測試 SRCNN
    srcnn = SRCNN(in_ch=3, nf=64)
    srcnn_out = srcnn(x_in_x4)
    print('SRCNN output size: ', x_in_x4.shape)
    print('SRCNN output size: ', srcnn_out.shape)
    # 測試 FSRCNN
    fsrcnn = FSRCNN(in_ch=3, scale=4)
    fsrcnn_out = fsrcnn(x_in)
    print('FSRCNN output size: ', x_in.shape)
    print('FSRCNN output size: ', fsrcnn_out.shape)
    # 對比計算量與參數量
    flops, params = profile(srcnn, inputs=(x_in_x4, ))
    print(f'SRCNN profile: {flops/1000**3:.4f}G flops, '\
          f'{params/1000**2:.4f}M params')
    flops, params = profile(fsrcnn, inputs=(x_in, ))
    print(f'FSRCNN profile: {flops/1000**3:.4f}G flops, '\
          f'{params/1000**2:.4f}M params')
```

輸出結果如下所示。

```
SRCNN output size:  torch.Size([4, 3, 256, 256])
SRCNN output size:  torch.Size([4, 3, 256, 256])
FSRCNN output size:  torch.Size([4, 3, 64, 64])
FSRCNN output size:  torch.Size([4, 3, 256, 256])
[INFO] Register count_convNd() for <class 'torch.nn.modules.conv.Conv2d'>.
[INFO] Register zero_ops() for <class 'torch.nn.modules.activation.ReLU'>.
SRCNN profile: 18.1278G flops, 0.0693M params
[INFO] Register count_convNd() for <class 'torch.nn.modules.conv.Conv2d'>.
[INFO] Register count_prelu() for <class 'torch.nn.modules.activation.PReLU'>.
[INFO] Register zero_ops() for <class 'torch.nn.modules.container.Sequential'>.
[INFO] Register count_convNd() for <class 'torch.nn.modules.conv.ConvTranspose2d'>.
FSRCNN profile: 3.7458G flops, 0.0247M params
```

可以看出，相比於 SRCNN，FSRCNN 在參數量和計算量上都有明顯的最佳化。

4.3.2 無參的高效上採樣：ESPCN

在前面說明的 FFDNet 部分，提到了一個來自超解析度模型的模組：PixelShuffle，其可以用於無參的上採樣和下採樣，從而在某些場景下提升計算效率。提出這個模組並在超解析度任務中應用的模型是 **ESPCN（Efficient Sub-Pixel Convolutional Network）**[6]。下面就來簡單介紹一下 ESPCN 模型的基本內容。ESPCN 的結構示意圖如圖 4-19 所示。

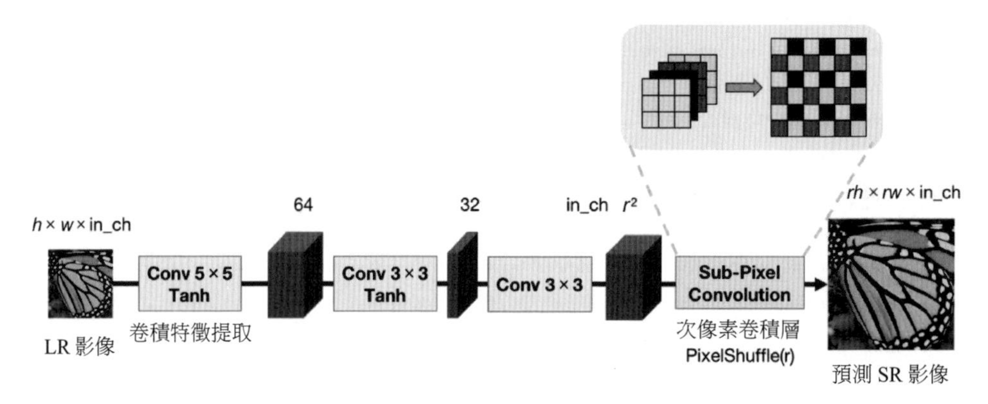

▲ 圖 4-19 ESPCN 的結構示意圖

可以看出，ESPCN 的結構較為簡單，它也是基於類似 SRCNN 的三層結構的，但是採用了低解析度影像直接輸入，並且在最後利用 PixelShuffle 的方式進行上採樣。這個操作被稱為**亞像素卷積層（Sub-Pixel Convolution Layer）**。所謂亞像素，指的是透過小於像素等級的操作，也就是對相鄰的像素之間繼續細分得到的新像素，觀察亞像素卷積前後的特徵圖，由於輸入的各個像素被按照位置排列到了空間中，對輸入小尺寸特徵圖中的像素來說，如果它的通道數為 r^2，那麼透過該操作，一個像素就變成了 $r \times r$ 的模式，從而相當於進行了類似分數步進值卷積或反卷積的操作。該操作只利用了通道和像素之間的有序重排，因此沒有引入新的參數，並且計算也比較快速高效。另外，它可以直接對小尺寸影像的結果進行放大，得到指定倍率的輸出結果，具體做法就是將 PixelShuffle 前的通道數設置為 $c \times r^2$，其中 c 為輸出的通道數。另外，ESPCN 還用 Tanh 啟動函數取代了 ReLU，並透過實驗證明，在該模型下處理影像超解析度任務，Tanh 啟動函數具有比 ReLU 更好的效果。

下面用 PyTorch 實現 ESPCN 的基本結構，程式如下所示。

```
import torch
import torch.nn as nn

class ESPCN(nn.Module):
    """
    ESPCN, 透過 PixelShuffle 實現上採樣
    """
    def __init__(self, in_ch, nf, factor=4):
        super().__init__()
        hid_nf = nf // 2
        out_ch = in_ch * (factor ** 2)
        self.conv1 = nn.Conv2d(in_ch, nf, 5, 1, 2)
        self.conv2 = nn.Conv2d(nf, hid_nf, 3, 1, 1)
        self.conv3 = nn.Conv2d(hid_nf, out_ch, 3, 1, 1)
        self.pixshuff = nn.PixelShuffle(factor)
        self.tanh = nn.Tanh()

    def forward(self, x):
        x = self.tanh(self.conv1(x))
        x = self.tanh(self.conv2(x))
        x = self.conv3(x)
        out = self.pixshuff(x)
        return out

if __name__ == "__main__":
    x_in = torch.randn(4, 3, 64, 64)
    espcn = ESPCN(in_ch=3, nf=64, factor=4)
    x_out = espcn(x_in)
    print('ESPCN input size: ', x_in.size())
    print('ESPCN output size: ', x_out.size())
```

輸出結果如下所示。

```
ESPCN input size:  torch.Size([4, 3, 64, 64])
ESPCN output size:  torch.Size([4, 3, 256, 256])
```

4.3.3 無 BN 層的殘差網路：EDSR

下面介紹 EDSR 模型[7]。**EDSR** 的全稱為 **Enhanced Deep Super-Resolution**，它是視覺領域著名競賽 NTIRE 2017 的超解析度方向的冠軍方案。它對 SRResNet 進行了改進，SRResNet 是用 ResNet 中的模組處理超解析度任務的模型，EDSR 將 SRResNet 中的批歸一化層去掉，獲得了一個無 BN 層的殘差網路，用於學習超解析度任務。EDSR 網路結構及其殘差模組示意圖如圖 4-20 所示。

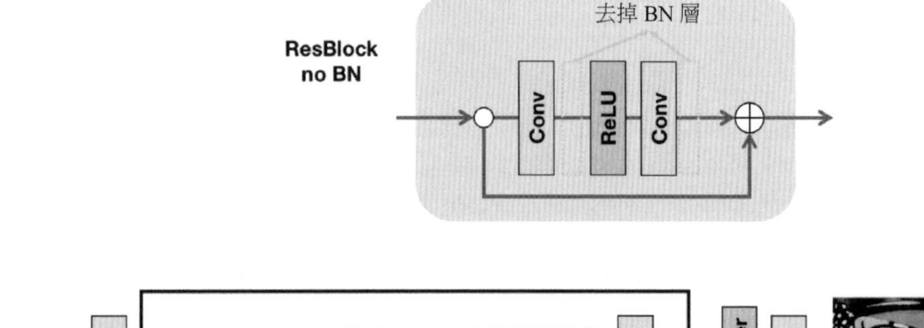

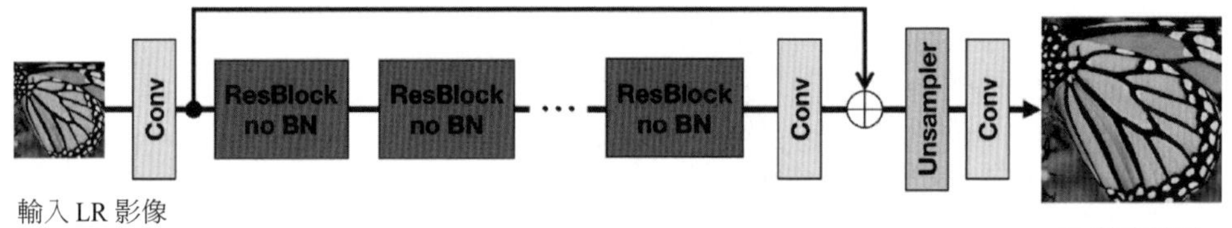

▲ 圖 4-20 EDSR 網路結構及其殘差模組示意圖

EDSR 是一個多層堆疊的殘差結構，它的輸入為待超解析度的 LR 影像。首先透過卷積層對輸入 LR 影像提取特徵；然後經過一系列無 BN 層的殘差模組，對特徵進行映射；最後經過一層卷積得到恢復後的特徵。將最初提取的特徵與處理後的特徵相加（相當於學習的是輸入、輸出特徵的殘差），經過上採樣和卷積後得到超解析度後的結果。

在視覺任務的神經網路設計中，BN 層通常可以最佳化網路的效果。BN 層的引入可以加速網路收斂，降低方差偏移，並提高網路的表達能力，防止過擬合。但是，在 EDSR 結構的超解析度模型中，由於 BN 層會對特徵圖在批次維度上進行歸一化，並透過學習到的參數進行尺度的控制，從而使得網路結構喪失了部分對於特徵圖真實數值的敏感性和靈活性，並且喪失了對於每個批次中單一樣本值域特殊性的利用。這種操作對於語義層面的視覺任務，如分類、分割等是具有正向作用的，因為這些任務要求網路只對特徵結構和模式敏感，而對真實設定值不敏感。但是對於超解析度任務，由於輸出結果對應於輸入的影像，人們更加希望輸入、輸出之間的對比度、亮度等與數值尺度相關的資訊可以對應，而 BN 層會對這些資訊造成破壞，因此透過去除 BN 層這個操作，EDSR 在效果上獲得了一定的提升。

另外，EDSR 還可以拓展到多尺度結構，即對於不同倍率的上採樣採用不同的前置處理殘差模組，並且對應於輸出部分不同倍率的上採樣網路，中間特徵恢復過程的殘差模組對於不同尺度通用。該模型稱為 MDSR（M 表示 Multi-scale），透過 MDSR，可以在較小的參數量下高效實現不同倍率的超解析度過程。

EDSR 模型結構的程式範例如下所示。

```
import numpy as np
import torch
import torch.nn as nn

class ResBlock_woBN(nn.Module):
    """
    ResBlock 模組，無 BN 層
    """
    def __init__(self, nf, res_scale=1.0):
        super().__init__()
        self.conv1 = nn.Conv2d(nf, nf, 3, 1, 1)
        self.relu = nn.ReLU(inplace=True)
        self.conv2 = nn.Conv2d(nf, nf, 3, 1, 1)
        self.res_scale = res_scale

    def forward(self, x):
        res = self.relu(self.conv1(x))
        res = self.conv2(res)
```

```
        out = x + res * self.res_scale
        return out

class Upsampler(nn.Module):
    """
    上採樣模組，透過卷積和 PixelShuffle 進行上採樣
    """
    def __init__(self, nf, scale):
        super().__init__()
        module_ls = list()
        assert scale == 2 or scale == 4
        num_blocks = int(np.log2(scale))
        for _ in range(num_blocks):
            module_ls.append(nn.Conv2d(nf, nf * 4, 3, 1, 1))
            module_ls.append(nn.PixelShuffle(2))
        self.body = nn.Sequential(*module_ls)

    def forward(self, x):
        out = self.body(x)
        return out

class EDSR(nn.Module):
    """
    EDSR 模型實現，包括 Conv、無 BN 層的 ResBlock、PixelShuffle
    """
    def __init__(self, in_ch, nf, num_blocks, scale):
        super().__init__()
        self.conv_in = nn.Conv2d(in_ch, nf, 3, 1, 1)
        self.resblocks = nn.Sequential(
            *[ResBlock_woBN(nf) for _ in range(num_blocks)],
            nn.Conv2d(nf, nf, 3, 1, 1)
        )
        self.upscale = Upsampler(nf, scale)
        self.conv_out = nn.Conv2d(nf, in_ch, 3, 1, 1)

    def forward(self, x):
        x = self.conv_in(x)
        x = self.resblocks(x)
```

```
        x = self.upscale(x)
        out = self.conv_out(x)
        return out

if __name__ == "__main__":
    dummy_in = torch.randn(4, 3, 128, 128)
    edsr = EDSR(in_ch=3, nf=64, num_blocks=15, scale=4)
    out = edsr(dummy_in)
    print('EDSR input size: ', dummy_in.size())
    print('EDSR output size: ', out.size())
```

輸出結果如下所示。

```
EDSR input size:  torch.Size([4, 3, 128, 128])
EDSR output size:  torch.Size([4, 3, 512, 512])
```

4.3.4 殘差稠密網路

下面要介紹的是另一種對超解析度網路結構最佳化的策略，稱為 **RDN**（**Residual Dense Network**）[8]，即**殘差稠密網路**。RDN 的基本組成模組即殘差稠密模組（Residual Dense Block，RDB）。RDB 利用多級稠密連接及最終的各級特徵融合，實現了對於多級特徵的充分利用。RDB 結構示意圖如圖 4-21 所示。

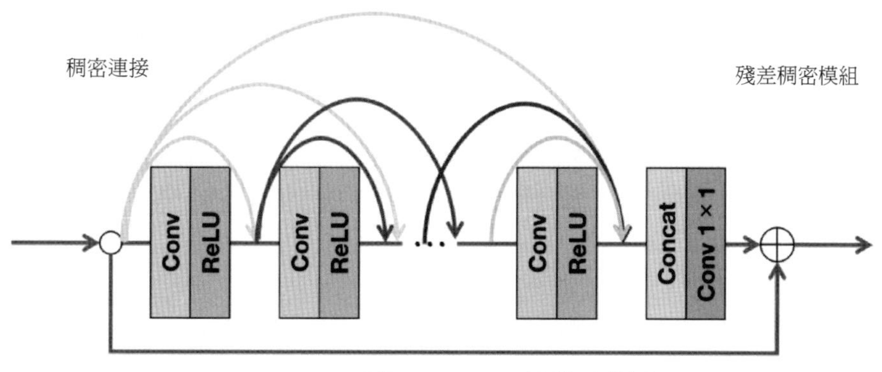

▲ 圖 4-21 RDB 結構示意圖

RDB 的兩個主要特點是**局部特徵融合（Local Feature Fusion）**和**局部殘差學習（Local Residual Learning）**，其中局部特徵融合利用稠密連接及最後的 Concat+Conv1×1 層實現，該操作可以自我調整地從上一層和當前層的特徵中學習到更有效的特徵，同時可以使訓練過程更加穩定。而局部殘差學習即輸入進來的上一級 RDB 的輸出與當前結果相加融合後傳入下一級 RDB。對上述 RDB 進行串聯，就組成了 RDN 的結構，RDN 的結構圖如圖 4-22 所示。RDN 先透過卷積層將影像轉為特徵圖，最後透過上採樣和卷積從特徵圖中得到超解析度影像。

在 RDN 中間部分，每個 RDB 的輸出都傳遞到最後的融合層中，進行全域特徵融合（Global Feature Fusion）。另外，輸入特徵也透過跳線連接直接傳入到最後恢復的結果中，形成了全域殘差學習（Global Residual Learning）的操作。由於採用了殘差學習策略，中間的每一個 RDB 輸出的實際上是不同層級的（Hierarchical）殘差特徵。以往的直接順序計算網路忽視了不同層級的殘差對於最終特徵重構的作用，而 RDN 透過對不同層級的殘差進行融合，獲得了更優的超解析度效果。這種融合不同卷積操作層級的輸出殘差的方案也被很多其他網路模型採用（如後面將提到的 IMDN、RFDN 等）。

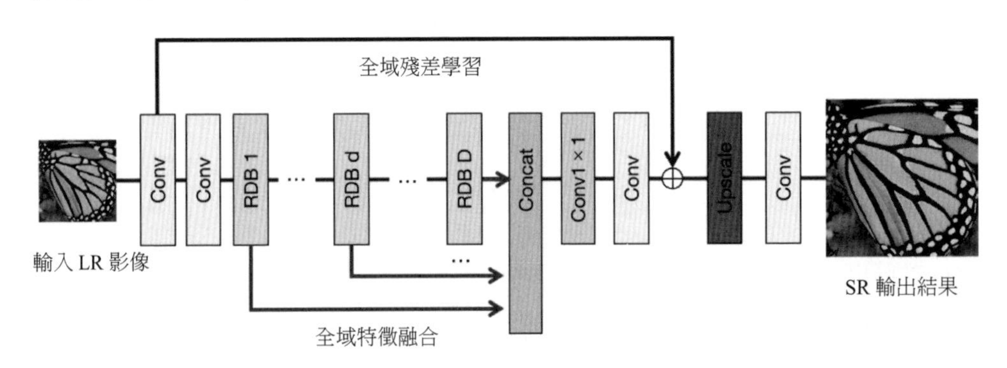

▲ 圖 4-22 RDN 的結構圖

RDB 結構的 PyTorch 實現程式如下所示。

```
import torch
import torch.nn as nn
```

```
class ConvCat(nn.Module):
    def __init__(self, in_ch, out_ch, ksize=3):
        super().__init__()
        pad = ksize // 2
        self.body = nn.Sequential(
            nn.Conv2d(in_ch, out_ch, ksize, 1, pad),
            nn.ReLU(inplace=True)
        )
    def forward(self, x):
        out = self.body(x)
        out = torch.cat((x, out), dim=1)
        return out

class ResidualDenseBlock(nn.Module):
    def __init__(self, nf, gc, num_layer):
        super().__init__()
        self.dense = nn.Sequential(*[
            ConvCat(nf + i * gc, gc, 3)
                for i in range(num_layer)
        ])
        self.fusion = nn.Conv2d(nf + num_layer * gc,
                                nf, 1, 1, 0)
    def forward(self, x):
        out = self.dense(x)
        out = self.fusion(out) + x
        return out

if __name__ == "__main__":
    x_in = torch.randn(4, 64, 16, 16)
    rdb = ResidualDenseBlock(nf=64, gc=32, num_layer=4)
    x_out = rdb(x_in)
    print('RDB output size: ', x_out.size())
```

輸出結果如下所示。

```
RDB output size:  torch.Size([4, 64, 16, 16])
```

4.3.5 針對視覺畫質的最佳化：SRGAN 與 ESRGAN

在前面的超解析度任務設定和評價指標部分，我們討論過超解析度任務的兩種不同的最佳化目標導向，即保真度和視覺感知效果。經典的超解析度模型通常直接擬合 MSE 或 L1 損失，即直接讓輸出的超解析度結果在數值上盡可能逼近對應的 HR 影像。這種最佳化方式偏向於恢復結果的保真度，在 PSNR 和 SSIM 指標上往往效果較優。但是，從視覺感知效果來說，這種最佳化方式可能會導致超解析度結果偏向平滑，尤其是對於複雜紋理往往生成效果有限，從而影響視覺觀感。

為了解決這個問題，**SRGAN**[9] 和 **ESRGAN（Enhanced SRGAN）**[10] 基於生成對抗網路（Generative Adversarial Network，GAN）對超解析度演算法進行了最佳化，從而獲得了具有更加逼真畫質的超解析度結果。首先，我們對 GAN 的基本原理進行簡單介紹。

GAN 的基本原理如圖 4-23 所示，GAN 的結構主要包括兩個網路，分別是**生成器（Generator，即 G 網路）**和**判別器（Discriminator，即 D 網路）**。GAN的基本想法是透過生成器擬合目標分佈，從而生成符合目標分佈的樣本（如生成符合 HR 分佈的高畫質 SR 影像）；而用另一個網路即判別器判斷該樣本是真實目標分佈中的樣本（即 HR 影像），還是透過生成器生成的偽樣本（即 SR 影像）。對於生成器，最佳化的目標是使它可以更進一步地「騙過」判別器，即讓判別器誤認為它所生成的結果是真實樣本。而對於判別器，最佳化的目標則是使它更進一步地區分真實樣本和生成結果。生成器的形式是一個從 LR 到 SR 的影像生成網路，而判別器則是一個用於輸出真實或偽造樣本的分類網路。對生成器和判別器同時進行迭代最佳化，相當於讓兩者進行 min-max 博弈，最終的結果會收斂到這種狀態，即判別器無法判斷輸入結果是真實樣本還是生成器生成的結果。這就說明生成器的生成結果符合真實分佈，也就達到了我們的目標。

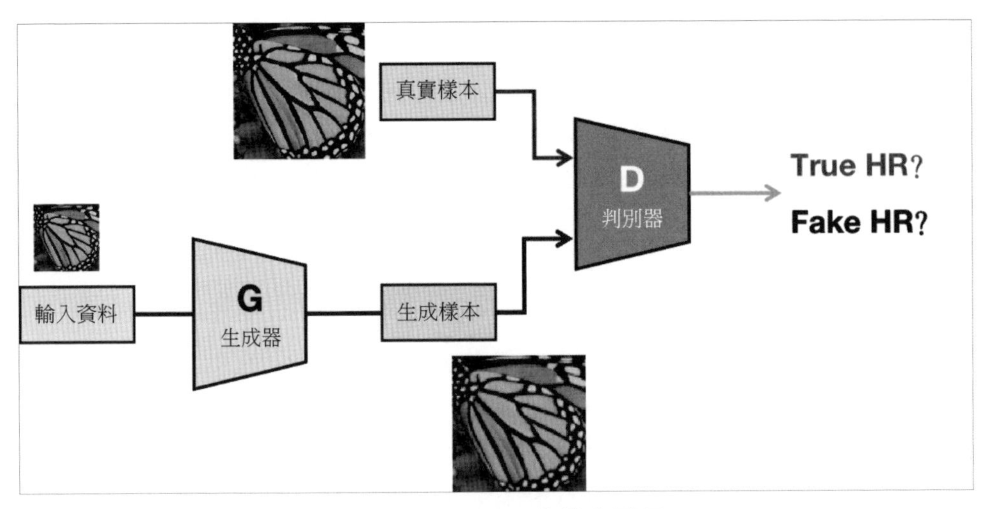

▲ 圖 4-23 GAN 的基本原理

SRGAN 模型基於 GAN 的基本原理實現。它的生成器為多個殘差模組組成的深度殘差網路（即 EDSR 用於改進的 SRResNet 網路）。在損失函數的設計上，SRGAN 包括三個部分：第一個部分是像素級回歸損失函數，即 MSE-loss，其函數形式如下：

$$\text{MSE-loss} = \frac{1}{HW}\sum_{x}\sum_{y}\left[\boldsymbol{I}_{x,y}^{\text{HR}} - G\left(\boldsymbol{I}^{\text{LR}}\right)_{x,y}\right]^2$$

該損失函數即基於保真度的網路的常規損失函數，用於最佳化輸出 SR 結果與對應的 HR 影像的相似性。第二個部分為 VGG-loss，該損失函數將一個預訓練好的 VGG-19 網路作為特徵提取器，用於對 SR 影像與 HR 影像的特徵進行提取，並用各級啟動後的特徵表示二者的歐氏距離，作為特徵空間的損失函數，其數學形式如下：

$$\text{VGG-loss}_{\text{L}} = \frac{1}{W_{\text{L}}H_{\text{L}}}\sum_{x}\sum_{y}\left[\boldsymbol{\phi}_{\text{L}}\left(\boldsymbol{I}^{\text{HR}}\right)_{x,y} - \boldsymbol{\phi}_{\text{L}}\left(G\left(\boldsymbol{I}^{\text{LR}}\right)\right)_{x,y}\right]$$

式中，$\phi_L(\cdot)$ 表示提取到的各層的特徵圖。損失函數的最後一個部分即 GAN-loss，它表示的是生成器生成的 SR 影像在判別器處的輸出，對於生成器（即超解析度網路）的最佳化需要讓 SR 影像在判別器的輸出值儘量更大，這裡用 -log(·) 函數來實現（該項越小，判別器的輸出值越大，表示越「確信」生成的 SR 影像是真實 HR 分佈中的樣本），其數學形式如下：

$$\text{GAN-loss} = \sum -\log D\left(G\left(\boldsymbol{I}^{\text{LR}}\right)\right)$$

ESRGAN 是 SRGAN 的改進版本。它主要的最佳化內容有以下幾項：首先，在網路結構設計上，ESRGAN 採用 RRDBNet 代替了 SRResNet 的殘差網路，RRDBNet 的結構如圖 4-24 所示。RRDBNet 與常規的超解析度網路類似，先透過卷積提取特徵，然後經過堆疊的 RRDB 進行特徵映射，最後經過上採樣和卷積得到輸出結果。

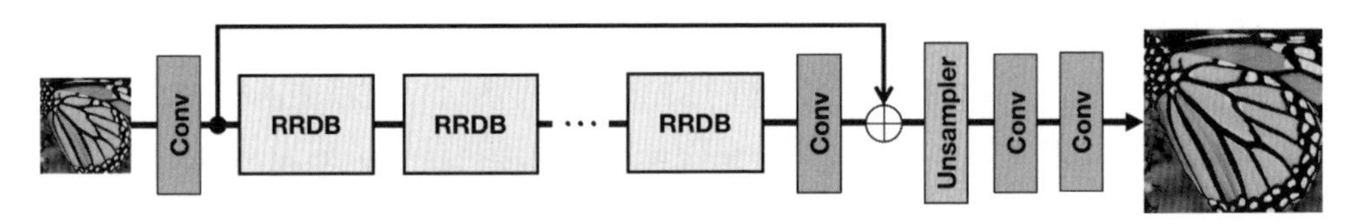

▲ 圖 4-24 RRDBNet 的結構

其中，RRDB 的結構如圖 4-25 所示。RRDB 的全稱為 Residual-in-Residual Dense Block，其主要由多個 Dense Block 串聯而成，而且每個 Dense Block 都引入了輸入、輸出的直連跳線，因此所有 Dense Block 都是用來學習殘差的，而對於每個 RRDB 的整體，也連接了一條輸入到輸出的通路，因此整個 RRDB 中的殘差稠密網路組合也是學習殘差，因此稱為 Residual-in-Residual 結構。Dense Block 的結構類似前面提到的 RDB 結構，透過稠密跨層連接，讓上一層的輸入與輸出拼接後共同進入下一層，以此迭代進行，使輸出保持固定的通道數，這樣每層的輸入通道數就是 $nf+n$gc，其中 nf 表示初始輸入大小，n 展現層數（第一層 n=0），gc 為每層的輸出，這樣可以大幅地保留各層輸出的資訊。另外，RRDB 中去掉了 BN 層（類似 EDSR），同時對於殘差部分還加入了殘差縮放係數 b，用於防止訓練不穩定。

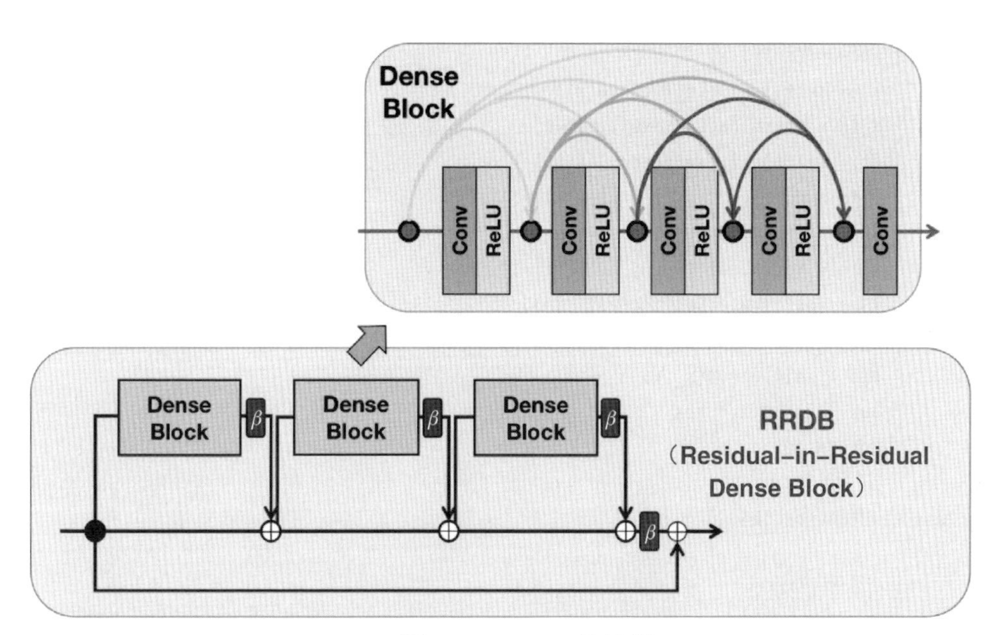

▲ 圖 4-25 RRDB 的結構

RRDB 的網路實現程式如下所示。

```
import functools
import torch
import torch.nn as nn


class RDB(nn.Module):
    """
    殘差稠密模組
    residual dense block
    """
    def __init__(self, nf=64, gc=32):
        super().__init__()
        in_chs = [nf + i * gc for i in range(5)]
        self.conv0 = nn.Conv2d(in_chs[0], gc, 3, 1, 1)
        self.conv1 = nn.Conv2d(in_chs[1], gc, 3, 1, 1)
        self.conv2 = nn.Conv2d(in_chs[2], gc, 3, 1, 1)
        self.conv3 = nn.Conv2d(in_chs[3], gc, 3, 1, 1)
        self.conv4 = nn.Conv2d(in_chs[4], nf, 3, 1, 1)
        self.lrelu = nn.LeakyReLU(negative_slope=0.2)
```

```
    def forward(self, x):
        x0 = self.lrelu(self.conv0(x))
        x_in = torch.cat((x, x0), dim=1)
        x1 = self.lrelu(self.conv1(x_in))
        x_in = torch.cat((x_in, x1), dim=1)
        x2 = self.lrelu(self.conv2(x_in))
        x_in = torch.cat((x_in, x2), dim=1)
        x3 = self.lrelu(self.conv3(x_in))
        x_in = torch.cat((x_in, x3), dim=1)
        res = self.conv4(x_in)
        out = x + 0.2 * res
        return out

class RRDB(nn.Module):
    """
    殘差內殘差稠密模組
    residual-in-residual dense block
    """
    def __init__(self, nf=64, gc=32):
        super().__init__()
        self.body = nn.Sequential(
            *[RDB(nf, gc) for _ in range(3)]
        )
    def forward(self, x):
        res = self.body(x)
        out = x + 0.2 * res
        return out

if __name__ == "__main__":
    dummy_in = torch.randn(4, 64, 8, 8)
    rrdb = RRDB(nf=64, gc=32)
    out = rrdb(dummy_in)
    print(f"RRDB output size {out.size()}")
```

測試輸出結果如下所示。

```
RRDB output size torch.Size([4, 64, 8, 8])
```

對於損失函數部分，ESRGAN 也進行了一些改進。首先，對於 VGG-loss 部分，經過啟動後的特徵圖比較稀疏，監督能力有限，得到的效果也受到影響。另外，啟動後的特徵圖做損失約束還會導致重構的影像亮度不一致。因此，ESRGAN 用啟動前的特徵圖取代了 SRGAN 啟動後的特徵圖。另外，對於 GAN-loss 部分，採用了相對 GAN 損失，即將標準的判別器替換為相對判別器（Relativistic Discriminator，RaD）。相對判別器和判別器的不同在於，標準的判別器最佳化的是真實樣本和生成結果的預測值，真實樣本的預測值目標輸出 1（Sigmoid 函數啟動後），而生成樣本的預測值目標輸出 0。而相對判別器的目標是使真實樣本的預測結果與生成結果的預測結果的差距儘量大，因此，它的最佳化目標為

$$\mathrm{RaD}(x_\mathrm{r},x_\mathrm{f})=\sigma\big(C(x_\mathrm{r})-E[C(x_\mathrm{f})]\big)\to 1$$
$$\mathrm{RaD}(x_\mathrm{f},x_\mathrm{r})=\sigma\big(C(x_\mathrm{f})-E[C(x_\mathrm{r})]\big)\to 0$$

式中，x_r 和 x_f 分別表示 real 和 fake 的輸入；C 表示未經過 Sigmoid 函數轉為 0 ～ 1 的判別器輸出；σ 表示 Sigmoid 函數；E 表示期望或平均值操作。可以看出，相對判別器預測的是 real 和 fake 的差距，只要 C 的輸出值中 real 和 fake 相比更大，差距盡可能也更大，那麼結果就是符合要求的。

最後，ESRGAN 還提出了一種網路插值（Network Interpolation）策略。基於 GAN 的網路的視覺感知效果好，但是容易產生假影，而基於 PSNR 最佳化的（即利用 MSE 最佳化直接擬合 HR）網路的視覺感知效果有限但是較為穩定。一個直觀的想法就是將兩者進行融合，並透過係數來控制各自的比例。ESRGAN 的網路插值策略基於以上目的，先分別訓練 GAN 導向和 PSNR 導向的兩個網路，然後將兩者對應的網路參數進行插值，即可得到可控、可調的效果折中的網路，其數學形式以下（其中 θ 表示生成器各層對應的參數）。

$$\boldsymbol{\theta}^{\mathrm{INTERP}}=\alpha\boldsymbol{\theta}^{\mathrm{GAN}}+(1-\alpha)\boldsymbol{\theta}^{\mathrm{PSNR}}$$

4.3.6 注意力機制超解析度網路：RCAN

下面介紹常用的超解析度任務的基準線模型 **RCAN（Residual Channel Attention Network）**[11]。RCAN 主要透過注意力機制對超解析度網路結構進行最佳化，其網路結構也是先透過卷積提取影像特徵，然後經過中間部分的特徵圖型處理，得到恢復的特徵，並進行上採樣和卷積得到最終結果。RCAN 主幹部分的特徵圖型處理由多個串聯的**殘差組合（Residual Group，RG）**模組組成。其中每個 RG 模組中串聯多個 **RCAB（Residual Channel Attention Block）**，並透過卷積層進行特徵整合。另外，每個 RG 模組利用殘差結構將輸入直接透過跳線疊加到 RCAB 的輸出中。RCAN 的結構如圖 4-26 所示。

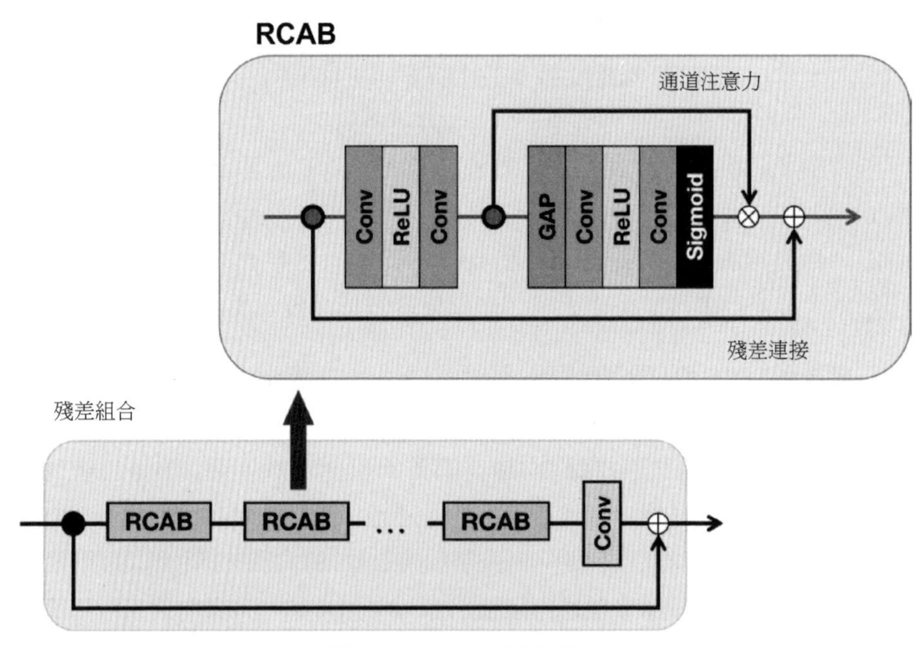

▲ 圖 4-26 RCAN 的結構

RCAB 的結構類似超解析度中常用的無 BN 層的 ResBlock 結構，但是增加了通道注意力機制。對於 Conv+ReLU+Conv 的輸出特徵圖，首先進行全域平均池化（Global Average Pooling，GAP）操作，將其在空間維度上進行壓縮，得到長度等於通道數的特徵向量；然後經過對於特徵向量的特徵下採樣和上採樣映射（透過 1×1 卷積實現，對於輸入的 1×1 特徵圖進行 1×1 卷積，相當於經過了一層 MLP 結構），將得到的結果經過 Sigmoid 函數轉為 0 ～ 1 的注意力向量，並與注意力結構的輸入特徵圖相乘，從而實現對不同通道施加不同的權重。透過引入通道注意力，以及 RCAB 和 RG 模組中的殘差連接，RCAN 在多個資料集上都獲得了較好的表現。

下面透過 PyTorch 實現一個 RCAN 結構，並用隨機資料進行測試。

```
import numpy as np
import torch
import torch.nn as nn

class ChannelAttention(nn.Module):
    def __init__(self, nf, reduction=16):
        super().__init__()
        self.gap = nn.AdaptiveAvgPool2d((1, 1))
        # 用 1x1 Conv 實現 MLP 功能
        self.mlp = nn.Sequential(
            nn.Conv2d(nf, nf // reduction, 1, 1, 0),
            nn.ReLU(inplace=True),
            nn.Conv2d(nf // reduction, nf, 1, 1, 0),
            nn.Sigmoid()
        )
    def forward(self, x):
        vec = self.gap(x)
        attn = self.mlp(vec)
        # [n,c,h,w] * [n,c,1,1]
        out = x * attn
        return out

class RCAB(nn.Module):
    """
    Residual Channel Attention Block
    殘差通道注意力模組, RCAN 的基礎模組
    """
    def __init__(self, nf, reduction):
        super().__init__()
        self.body = nn.Sequential(
```

```
            nn.Conv2d(nf, nf, 3, 1, 1),
            nn.ReLU(inplace=True),
            nn.Conv2d(nf, nf, 3, 1, 1),
            ChannelAttention(nf, reduction)
        )
    def forward(self, x):
        res = self.body(x)
        out = res + x
        return out

class ResidualGroup(nn.Module):
    """
    將 RCAB 進行組合，形成殘差模組
    """
    def __init__(self, nf, reduction, n_blocks):
        super().__init__()
        self.body = nn.Sequential(
            *[RCAB(nf, reduction) for _ in range(n_blocks)],
            nn.Conv2d(nf, nf, 3, 1, 1)
        )
    def forward(self, x):
        res = self.body(x)
        out = res + x
        return out

class Upsampler(nn.Module):
    """
    上採樣模組，透過卷積和 PixelShuffle 進行上採樣
    """
    def __init__(self, nf, scale):
        super().__init__()
        module_ls = list()
        assert scale == 2 or scale == 4
        num_blocks = int(np.log2(scale))
        for _ in range(num_blocks):
            module_ls.append(nn.Conv2d(nf, nf * 4, 3, 1, 1))
            module_ls.append(nn.PixelShuffle(2))
        self.body = nn.Sequential(*module_ls)
```

```
    def forward(self, x):
        out = self.body(x)
        return out

class RCAN(nn.Module):
    def __init__(self,
                 n_groups=10,
                 n_blocks=20,
                 in_ch=3,
                 nf=64,
                 reduction=16,
                 scale=4):
        super().__init__()
        self.conv_in = nn.Conv2d(in_ch, nf, 3, 1, 1)
        self.body = nn.Sequential(
            *[ResidualGroup(nf, reduction, n_blocks) \
                for _ in range(n_groups)],
            nn.Conv2d(nf, nf, 3, 1, 1)
        )
        self.upper = Upsampler(nf, scale)
        self.conv_out = nn.Conv2d(nf, in_ch, 3, 1, 1)

    def forward(self, x):
        feat = self.conv_in(x)
        feat = self.body(feat) + feat
        upfeat = self.upper(feat)
        out = self.conv_out(upfeat)
        return out

if __name__ == "__main__":
    dummy_in = torch.randn(4, 3, 64, 64)
    rcan = RCAN(scale=4)
    out = rcan(dummy_in)
    print("RCAN output size: ", out.size())
```

輸出結果如下所示。

```
RCAN output size:  torch.Size([4, 3, 256, 256])
```

4.3.7 盲超解析度中的退化估計：ZSSR 與 KernelGAN

前面介紹了多種對於網路結構的設計和改進方案，這些方案通常都在固定的公開資料集上，採用固定的 BD 或 BI 方式生成 LR 影像，從而驗證超解析度效果。但實際中的下採樣過程可能並不符合這種設定，因此直接將固定退化核心下採樣訓練的模型應用於其他退化核心的 LR 影像進行處理，通常受限於泛化性能，效果會大打折扣。因此，為了適應更符合真實需求的場景，需要研究針對不同退化核心的盲超解析度演算法。

如果在對影像進行超解析度時可以知道退化核心，那麼這個資訊可以作為參考用於指導超解析度過程。這個操作與降噪中將雜訊水準圖作為先驗資訊以用來控制降噪強度的操作比較類似。一個經典且較為直接地顯式利用退化核心以適應不同退化 LR 影像模型的方案稱為 **SRMD（Super-Resolution for Multiple Degradations）**。SRMD 退化核心的利用方式如圖 4-27 所示。該方法首先對退化核心進行向量化（Vectorization）；其次，對向量計算 PCA，將其映射到 t 維；再次，將雜訊水準也拼接到該向量中，形成 t+1 維的退化向量；最後對其在空間上進行拉伸，變成退化圖，與 LR 影像進行拼接後輸入網路中進行訓練，這樣就可以讓網路適應於不同的退化圖，從而達到用一個網路實現多種退化的影像超解析度的作用。

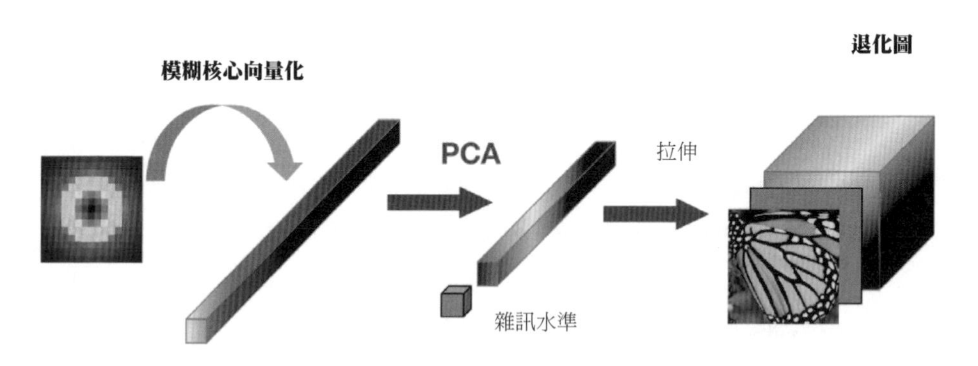

▲ 圖 4-27 SRMD 退化核心的利用方式

SRMD 證明了退化核心的指導對於退化核心未知的盲超解析度是有效的，因此，如何顯式計算退化核心或模擬退化過程就是盲超解析度的重要任務。下面簡單介紹兩種經典的盲超解析度演算法：ZSSR 和 KernelGAN。

ZSSR 的全稱為 **Zero-Shot Super-Resolution**[12]，顧名思義，即零樣本超解析度。所謂零樣本，指的是在 ZSSR 演算法中，不需要進行大量的 LR-HR 配對訓練集的準備和訓練，只需要對待超解析度的 LR 影像進行下採樣，得到更小尺寸的結果（這裡簡單記為 LLR），然後利用 LLR-LR 配對訓練一個 CNN，用於學習針對當前影像內容的超解析度過程。訓練好後，將網路應用於 LR 影像，得到超解析度結果（見圖 4-28）。該策略稱為**內部學習（Internal Learning）**。ZSSR 演算法的主要貢獻在於，這種策略擺脫了對於訓練資料的要求，簡化了整個超解析度的過程，並且能夠對任何實際影像進行處理。

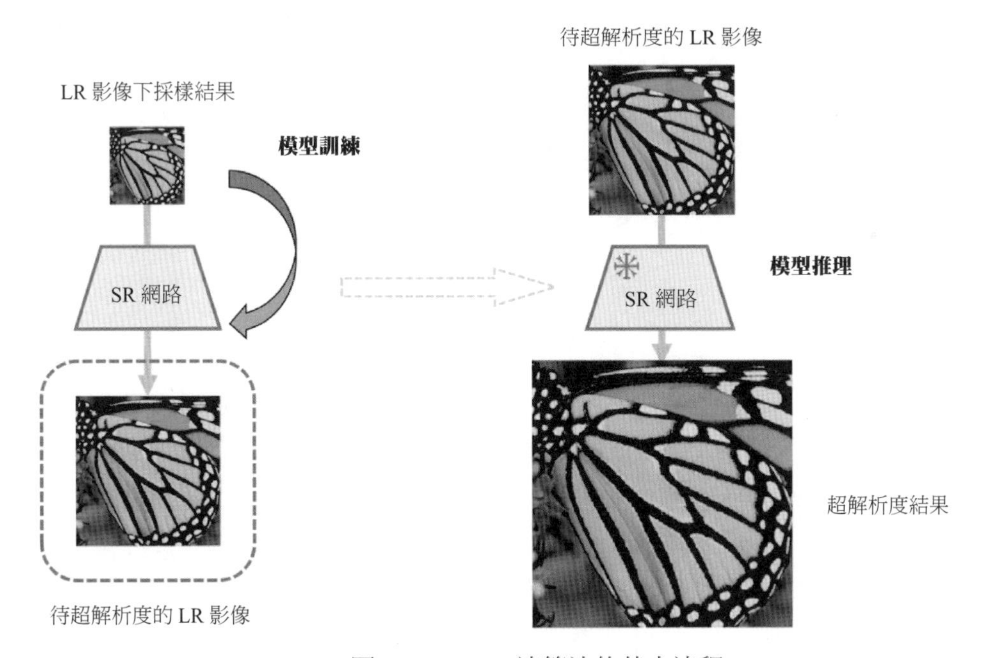

▲ 圖 4-28 ZSSR 演算法的基本流程

另一種要介紹的盲超解析度演算法是 **KernelGAN**[13]，它也是基於待超解析度影像的分佈，透過網路學習退化的過程。在 ZSSR 演算法中，實際上隱含了一個假設，那就是對 LR 影像下採樣得到的 LLR 與 LR 影像應該是同分佈的，因為這樣才能使得 SR 網路的訓練和測試過程不會有域間差異（Domain Gap）。但是簡單的 BI 不一定滿足這個假設。KernelGAN 演算法延續了 ZSSR 演算法的基本思想，但是透過學習的方式，使得得到的 LLR 盡可能與原影像分佈一致，從而降低了訓練和測試的輸入差異。KernelGAN 演算法的基本流程如圖 4-29 所示。

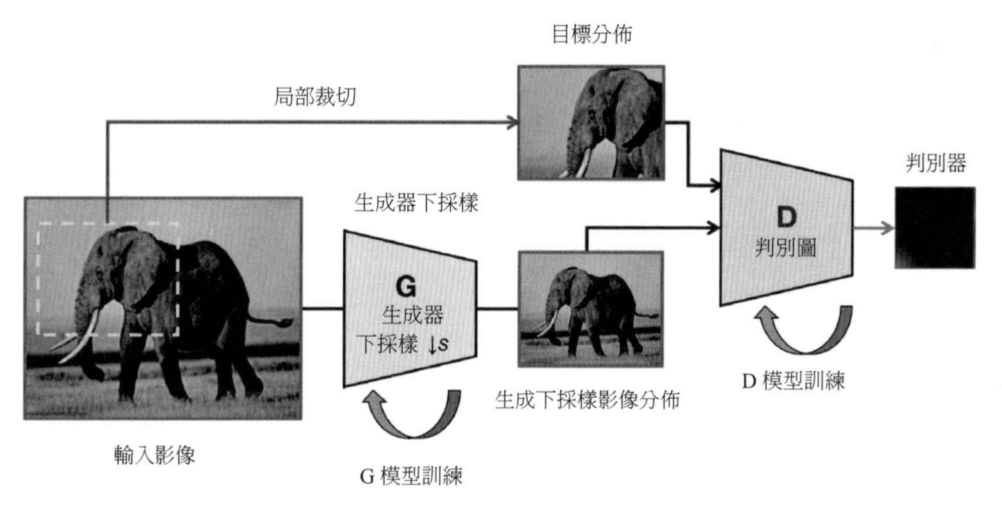

▲ 圖 4-29 KernelGAN 演算法的基本流程

KernelGAN 演算法利用了 GAN 模型可以學習分佈的優勢，設計了一套流程用於學習下採樣的退化方式。首先，對於輸入 LR 影像，經過一個有下採樣操作的生成器，得到 LLR。同時對 LR 影像直接進行局部裁切，該部分代表了 LR 影像真實的資料分佈。將裁切後的 LR 影像與生成的 LLR 分別作為真實目標和生成結果送到判別器中，得到判別圖。對這個 GAN 進行訓練，就會使得 LLR 與 LR 影像的分佈趨於一致，而生成器就可以用來模擬退化。

在 KernelGAN 演算法中，為了學到退化核心，對生成器的結構及其損失函數也進行了設計。首先，生成器是一個沒有非線性全卷積層的網路結構，這種結構使得生成器操作輸入的過程可以直接用一個更大的卷積核心來等價，這個等價退化卷積核心可以透過網路中所有濾波器的卷積得到。另外，對於退化核心的性質，可以用損失函數來進行約束，主要包括以下幾個方面：首先是歸一化，即卷積核心各係數求和為 1；然後使邊界儘量為 0，以及盡可能稀疏（防止過度平滑的核心）；最後還要考慮其中心性（Centerness），使其能量分佈儘量向核心的中心集中。判別器是一個區塊判別器（Patch Discriminator），整體是帶有非線性啟動的全卷積網路，並且不進行下採樣，保持原有的解析度。

透過 KernelGAN 演算法得到的退化核心可以透過 SRMD 方案或 ZSSR 演算法等進行利用，在 SRMD 方案中直接將估計退化核心作為輸入的一部分。在 ZSSR 演算法中則利用該退化核心下採樣 LR 影像得到 LLR，用於單圖訓練 SR 網路和對 LR 影像的超解析度操作。實驗表明，透過這種方式估計的核心用在 ZSSR 等演算法上，可以取得較好的效果。

但是，ZSSR 或 KernelGAN 這類演算法的出發點也有一定的侷限，它們主要模擬的是 LR 影像的退化核心，因此只考慮了模糊和下採樣帶來的影響，而在很多真實的場景中，影像的降質是一個複雜且多樣的過程，因此僅考慮退化核心無法覆蓋所有的退化類型。為了解決這個問題，需要引入新的假設與方案目標，這就是接下來要討論的真實世界的超解析度模型。

4.4 真實世界的超解析度模型

在實際的有超解析度需求的場景中，退化往往是非常複雜的，不僅包含不同卷積核心的下採樣，還可能包括成像的雜訊或降噪後的殘留雜訊、壓縮產生的瑕疵等。這種複雜的未知退化對超解析度模型提出了更高的要求和更大的挑戰。而這種針對不同的退化影像都較為堅固的模型也是最接近實際場景的解決方案。針對這個問題，有不同的解決方案，這類方案通常被稱為**真實世界超解析度（Real World Super-Resolution）模型**，下面就介紹幾種較為經典的方案。

4.4.1 複雜退化模擬：BSRGAN 與 Real-ESRGAN

由於真實世界中資料退化的多樣性，超解析度網路也需要對更大範圍內的資料分佈進行適應，因此，一個直接的方法就是：透過對真實世界中可能存在的退化降質過程的大規模隨機模擬，從而得到不同類型的低質影像，以便網路可以適應於更加複雜的退化。本節要介紹的 BSRGAN 和 Real-ESRGAN 都屬於以這種方式為核心的真實世界超解析度模型。

首先介紹 **BSRGAN（Blind SRGAN）**[14]，它的核心在於對退化模擬的設計。BSRGAN 退化模擬示意圖如圖 4-30 所示。BSRGAN 主要考慮了以下幾類退化：模糊（Blur）、下採樣（Downsampling）及雜訊。對於模糊退化，需要考慮不同參數的各向同性高斯核心與各向異性高斯核心。下採樣也可以有不同的方式，如最近鄰、雙線性、雙三次等，還可以先下採樣到某個倍率，然後上採樣回目標縮放倍率，這種下採樣 - 上採樣的操作之間還可以插入其他的退化步驟。對於雜訊的模擬更加複雜，除了常見的高斯雜訊，還考慮了 JPEG 壓縮帶來的雜訊（實際上是假影），以及 ISP 雜訊。對於 ISP 雜訊的模擬，在前面降噪的相關部分曾經提到過，這個過程需要對 ISP 的各個組成模組進行模擬，以復原 ISP 對於影像畫質的影響。實際在對 HR 影像進行模擬退化時，需要隨機選擇一些退化過程，然後在一定的限制下對各個退化模組的順序進行**混排（Shuffle）**，從而合成更加複雜多樣的 LR 退化結果。

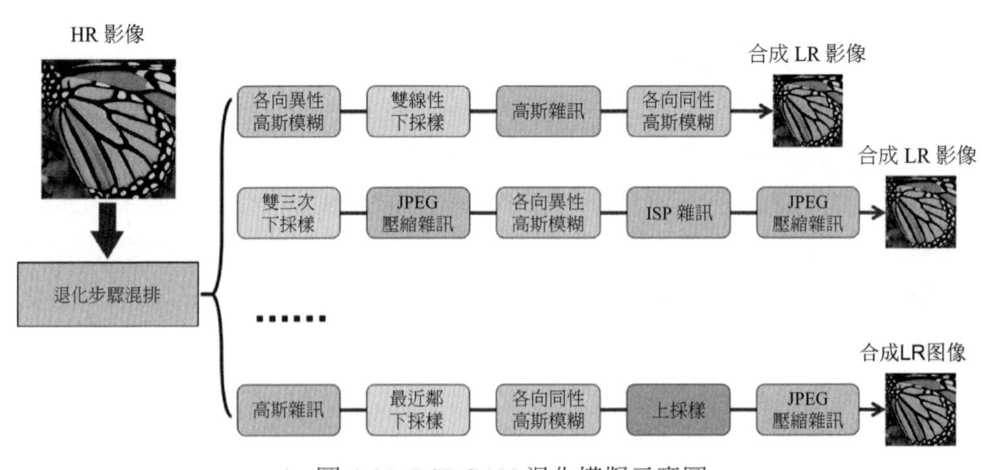

▲ 圖 4-30 BSRGAN 退化模擬示意圖

另一種退化模擬方案 **Real-ESRGAN**[15] 與 BSRGAN 的想法比較相似，也對不同退化參數進行隨機生成並用於複雜退化模擬。Real-ESRGAN 二階退化示意圖如圖 4-31 所示。

Real-ESRGAN 採用高階退化策略來模擬複雜退化。圖中的一階退化過程包含模糊退化、尺寸縮放、雜訊注入及 JPEG 壓縮操作，然後對一階退化操作後的結果進行退化，即「二階退化」。這種方式合成出來的 LR 影像更加複雜，畫質損失往往也更加嚴重，從而有助網路適應不同場景。在模糊退化操作中，與 BSRGAN 類似，Real-ESRGAN 也考慮了各向同性高斯核心與各向異性高斯核心進行濾波，以及雙線性、雙三次等不同的縮放策略。對於雜訊類型，Real-ESRGAN 考慮了高斯雜訊、卜松雜訊，並且考慮了灰度雜訊和彩噪，JPEG 壓縮部分透過設定隨機的壓縮品質來產生不同程度的退化。

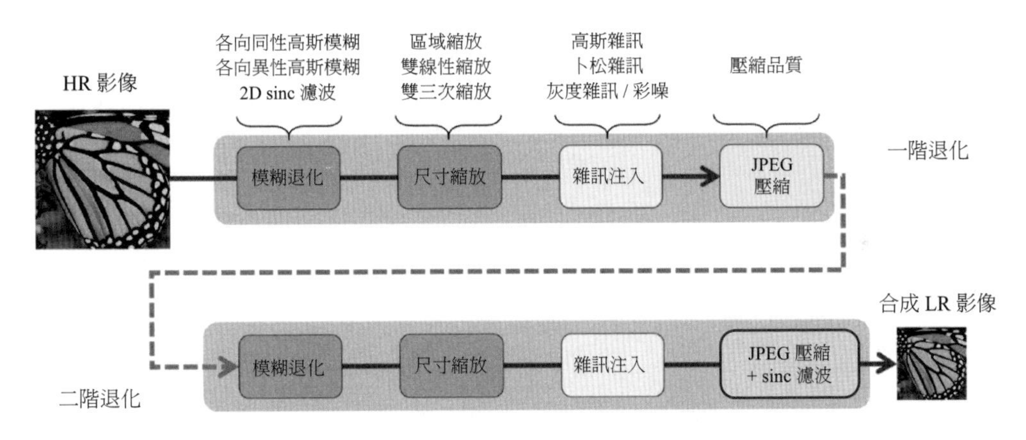

▲ 圖 4-31 Real-ESRGAN 二階退化示意圖

另外，為了模擬真實影像中常見的**振鈴狀假影**（Ringing Artifact，即影像邊緣多出一圈反轉的邊），Real-ESRGAN 還引入了 **2D sinc 核心**來模擬這種現象。sinc 函數是中心能量集中且多旁波瓣的一種函數，2D sinc 即其二維形式，1D sinc 函數與 2D sinc 函數的影像如圖 4-32 所示。

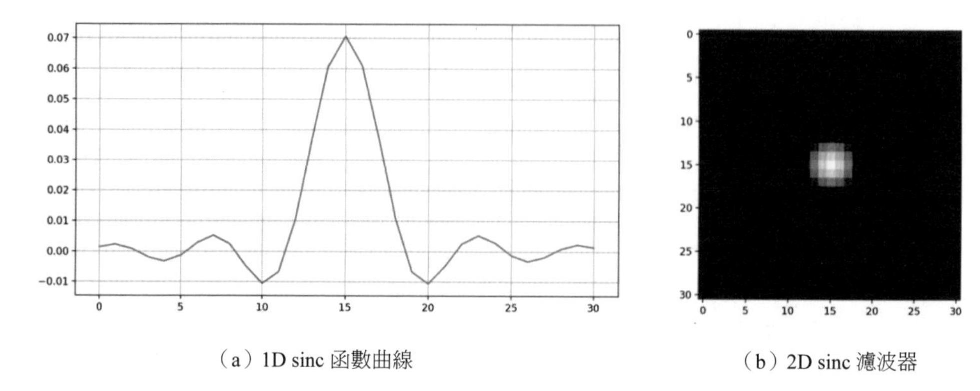

（a）1D sinc 函數曲線　　（b）2D sinc 濾波器

▲ 圖 4-32 1D sinc 函數與 2D sinc 函數的影像

sinc 函數的旁波瓣性質，使其可以較好地模擬振鈴狀假影，下面用程式實現影像的 2D sinc 模糊濾波並展示其效果。程式如下所示，這裡的 circular_lowpass_kernel 函數即 2D sinc 濾波器，參考自 Real-ESRGAN 官方網站的實現程式（BasicSR）。

```
import os
import cv2
import numpy as np
import torch
import torch.nn.functional as F
from scipy import special

def circular_lowpass_kernel(cutoff=3, kernel_size=7, pad_to=0):
    """
    2D sinc filter
    """
    assert kernel_size % 2 == 1, \
                'Kernel size must be an odd number.'
    kernel = np.fromfunction(
        lambda x, y: cutoff * special.j1(cutoff * np.sqrt(
            (x - (kernel_size - 1) / 2)**2
            + (y - (kernel_size - 1) / 2)**2))
            / (2 * np.pi * np.sqrt(
            (x - (kernel_size - 1) / 2)**2
```

```
            + (y - (kernel_size - 1) / 2)**2) + 1e-10),
            [kernel_size, kernel_size])
    kernel[(kernel_size - 1) // 2,
           (kernel_size - 1) // 2] = cutoff**2 / (4 * np.pi)
    kernel = kernel / np.sum(kernel)
    if pad_to > kernel_size:
        pad_size = (pad_to - kernel_size) // 2
        kernel = np.pad(kernel,
                    ((pad_size, pad_size), (pad_size, pad_size)))
    return kernel

def simulate_ringing(img, cutoff=np.pi/3, ksize=11, pad_to=0):
    """
        img: torch.Tensor [h, w, c]
        cutoff, ksize, pad_to: 對應於 sinc 函數參數
    """
    # 獲取 kernel
    sinc_kernel = circular_lowpass_kernel(cutoff, ksize, pad_to)
    ksize = max(ksize, pad_to)
    sinc = torch.Tensor(sinc_kernel).reshape(1, 1, ksize, ksize)
    # 計算卷積
    pad = ksize // 2
    h, w, c = img.size()
    img = img.permute(2,0,1).unsqueeze(0)
    img = F.pad(img, (pad, pad, pad, pad), mode='reflect')
    img = img.transpose(0, 1) # [c, 1, h_paded, w_paded]
    ringed = F.conv2d(img, sinc).squeeze(1).permute(1, 2, 0)
    return ringed

if __name__ == "__main__":
    img = cv2.imread('../datasets/srdata/Set14/flowers.bmp')
    img_ten = torch.FloatTensor(img)
    ring_out = simulate_ringing(img_ten).numpy()
    ring_out = np.clip(ring_out, a_min=0, a_max=255)
    os.makedirs('./results/degrade/', exist_ok=True)
    cv2.imwrite('./results/degrade/sinc.png', ring_out.astype(np.uint8))
```

2D sinc 濾波振鈴狀假影模擬效果如圖 4-33 所示，可以看出，輸出影像除了模糊，還在邊緣處產生了一些假影，類似經過壓縮等降質帶來的退化。

局部放大

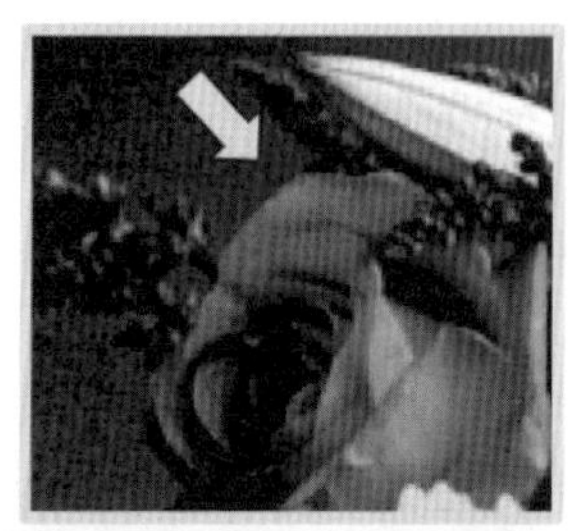

局部放大

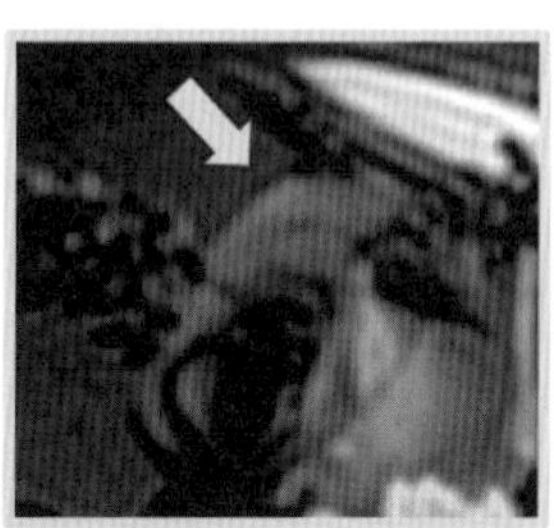

（a）輸入影像

（b）模擬效果

▲ 圖 4-33 2D sinc 濾波振鈴狀假影模擬效果

4.4.2 影像域遷移：CycleGAN 類網路與無監督超解析度

除了直接透過製備退化資料的方式來處理真實世界超解析度任務，還有另外一類方案透過 GAN 來直接學習從低質影像域到高畫質影像域的相互轉換過程。這類方案利用了 GAN 對於輸出所在分佈的約束作用，直接進行域到域之間的遷移，從而可以在無監督（無配對資料）的設定下處理真實世界盲超解析度問題。下面介紹幾種較為典型的方案。

首先，對於未配對的兩組資料集，分別為低質低解析度影像（記為 LQ 影像，Low-Quality，表示不僅解析度低，而且附加了真實世界的其他退化，如雜訊等，以便與僅解析度低但是無雜訊的 LR 影像相區別）和高畫質影像（即 HR 影像）。

一個直接的方案就是直接利用 CycleGAN 的想法，從 HR—LQ 及 LQ—HR 兩個方向分別進行生成，並用各自的判別器監督輸出分佈。該方案最早在人臉超解析度任務上被應用，該參考文獻的題目就是其核心思想：為了學習超解析度，需要先用 GAN 來學習如何退化[16]。CycleGAN 無監督超解析度流程圖如圖 4-34 所示。

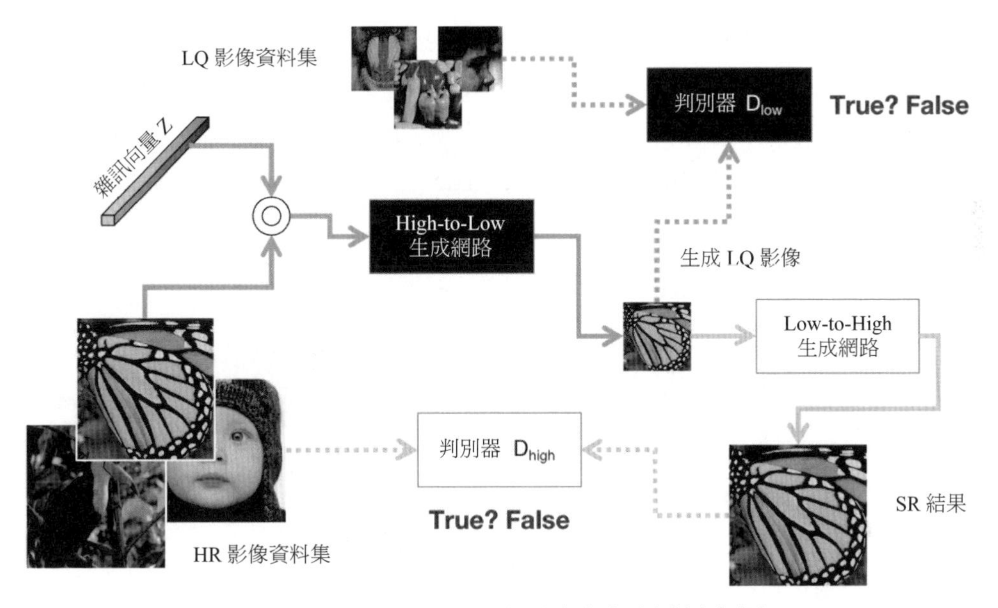

▲ 圖 4-34 CycleGAN 無監督超解析度流程圖

如圖 4-34 所示，該方案利用 High-to-Low 生成網路，對 HR 影像資料集中的影像進行下採樣，生成 LQ 影像，然後利用判別器 D_{low} 進行約束，最佳化使得生成的 LQ 影像和真實的 LQ 影像資料集分佈一致，即生成的 LQ 影像中包含真實的模糊和雜訊等退化。然後，將 LQ 影像反過來透過一個 Low-to-High 生成網路（實際上就是 SR 網路），得到 SR 結果，即高解析度尺寸且高品質的影像。這裡利用另一個判別器 D_{high} 來保證 SR 結果與真實 HR 影像更相似。另外，由於進行處理的 HR 影像（即圖中所示的蝴蝶影像）完成了從 HR 到 LQ 再到 SR 的過程，因此可以透過 L2 損失對其內容進行約束。但是相比於 ESRGAN 等基於 GAN 模型的超解析度網路以 GAN-loss 作為最佳化視覺感知效果的輔助損失來說，這裡的 GAN-loss 是演算法的核心內容，因為生成的 LQ 影像需要在無監督的情況下被判斷是否符合真實 LQ 影像分佈。基於這種 CycleGAN 類的想法，衍生出了很多改進方案。一個比較經典的改進就是 CinCGAN 模型 [17]。

CinCGAN 的全稱為 **Cycle-in-Cycle GAN**，該模型相對於上述方案的最佳化主要在於它不直接在小尺寸下的 LQ 影像與大尺寸下的 HR 影像之間進行相互的生成，而是透過一個仲介，即乾淨無噪的、僅有下採樣操作的 LR 影像。由於 LQ 影像通常既有模糊退化又有雜訊，因此如果直接對 LQ 影像進行上採樣，那麼容易將雜訊模式也放大。因此，CinCGAN 採取的想法是：先將 LQ 影像利用 CycleGAN 結構轉換到 LR 影像域中，然後利用另一個 CycleGAN 將其超解析度到高品質影像空間，即 HR 影像域。CinCGAN 模型結構示意圖如圖 4-35 所示。

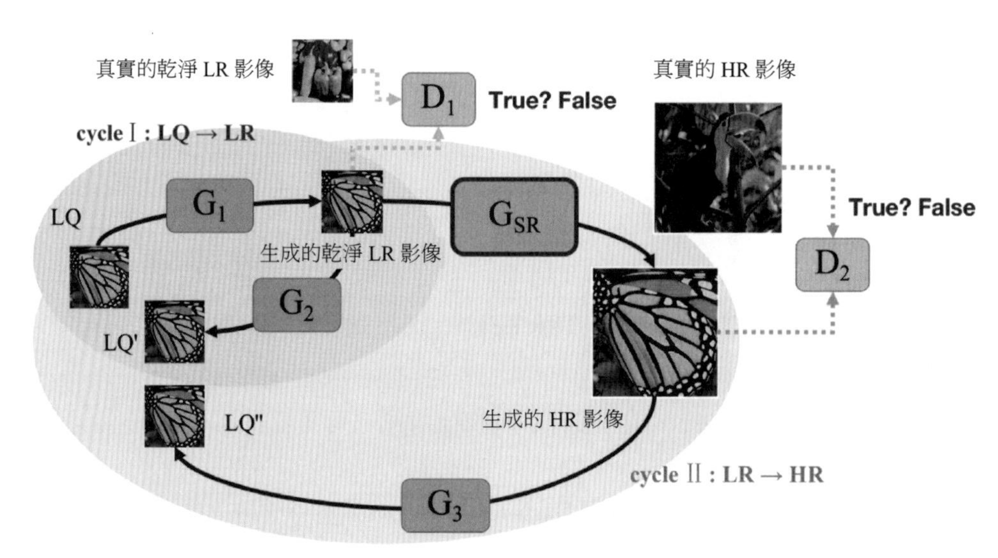

▲ 圖 4-35 CinCGAN 模型結構示意圖

CinCGAN 的輸入為兩組不配對的資料集：一組為大尺寸高畫質影像，另一組為經過了實際退化過程的小尺寸低質影像。首先，CinCGAN 內層的 CycleGAN 結構用於將複雜退化 LQ 影像轉換到與 BI 的 LR 影像（乾淨 LR 影像）相同的分佈，輸入 LQ 影像透過 G_1 映射得到乾淨 LR 影像的預測結果，然後將其透過 G_{SR} 網路上採樣到高品質超解析度結果。為了施加 CycleGAN 形式的循環一致性約束，還透過 G_2 和 G_3 兩個生成器將得到的輸出反向映射回 LQ 影像（即輸入的資料）。在整個過程中，G_1 和 G_2 形成了 cycle Ⅰ，透過 D_1 約束得到的乾淨 LR 影像分佈符合預期；而 G_1+G_{SR} 和 G_3 形成了 cycle Ⅱ，透過 D_2 約束得到的 HR 影像的視覺效果更好。

在損失函數方面，CinCGAN 主要考慮了四種類型的損失，以內層的 LQ → LR 的 cycle Ⅰ為例，其損失函數為以下幾項的加權和：

$$L_{\text{GAN}}^{\text{LR}} = \frac{1}{N}\sum_i \left\| D_1\left(G_1\left(x_i\right)\right) - 1 \right\|_2$$

$$L_{\text{cyc}}^{\text{LR}} = \frac{1}{N}\sum_i \left\| G_2\left(G_1\left(x_i\right)\right) - x_i \right\|_2$$

$$L_{\text{idt}}^{\text{LR}} = \frac{1}{N}\sum_i \left\| G_1\left(y_i\right) - y_i \right\|_1$$

$$L_{\text{TV}}^{\text{LR}} = \frac{1}{N}\sum_i \left[\left\| \nabla_h G_1\left(x_i\right) \right\|_2 + \left\| \nabla_w G_1\left(x_i\right) \right\|_2 \right]$$

其中，GAN-loss 與之前講到的 GAN 類網路類似，都是透過最佳化使得判別器的輸出在生成器結果上得 1。第二項是循環一致性損失函數（Cycle Loss），表示的是經過 G_1 和 G_2 循環回來後，得到的結果應該和輸入的結果盡可能一致。第三項為恆等性損失函數（Identity Loss），它將生成器目標域的結果作為輸入送入生成器，這時其輸出應該保持與輸入一致（因為生成器的目標就是得到該目標域的結果）。最後一項為全變分損失函數（Total Variation Loss，簡記為 TV-loss），它約束的是生成結果的梯度值，使其盡可能小，即約束結果的平滑性，以防止出現雜訊和各種細密的假影。cycle Ⅰ的損失就是這四項的加權結果。cycle Ⅱ的損失函數也類似，需要將上面公式中的生成器 $G_1(\cdot)$ 的部分替換為 $G_{SR}(G_1(\cdot))$，反向生成器 G_2 替換為 G_3。對於恆等性損失函數，由於生成器 G_{SR}，也就是這裡的超解析度網路，其輸入和輸出尺寸不一致，因此採用 HR 影像透過 BI 的結果作為輸入，輸出與該 HR 影像計算損失，作為恆等性損失項（這個實際上就是最簡單的對於 BI 的 SR 模型的訓練約束項）。

4.4.3 擴散模型的真實世界超解析度：StableSR

擴散模型（Diffusion Model）是一種生成模型，它可以透過多步迭代的方式從雜訊輸入中生成內容。透過條件對擴散模型進行控制，可以用它來實現多種不同的任務，如影像生成、多模態影像編輯等。擴散模型在任務類型上與 GAN 和 VAE（Variational Autoencoder）等生成類模型類似，由於其強大的生成能力，使得該類模型在近期熱門的 AIGC 類任務中獲得了廣泛應用。它的基本過程如下：對於要生成的影像，首先對其進行逐步加雜訊的過程，這個過程可以看作原影像與雜訊的加權和，隨著操作步數 t 的增加，雜訊的比重會逐漸變大，當 t 趨向無窮時，可以認為得到的就是雜訊影像。這個過程被稱為**前向過程（Forward Process）**，或被形象地稱為**擴散過程（Diffusion Process）**。在獲得了雜訊影像後，透過神經網路進行**逆向過程（Reverse Process）**，以逐步預測並去除每一步驟的雜訊，最終得到無雜訊的影像。當這個網路訓練好後，由於其輸入可以看作雜訊影像，因此對於一張輸入的雜訊影像，網路可生成符合原始訓練資料分佈的影像。這就是擴散模型用於影像生成的基本流程。擴散模型基本流程示意圖如圖 4-36 所示。

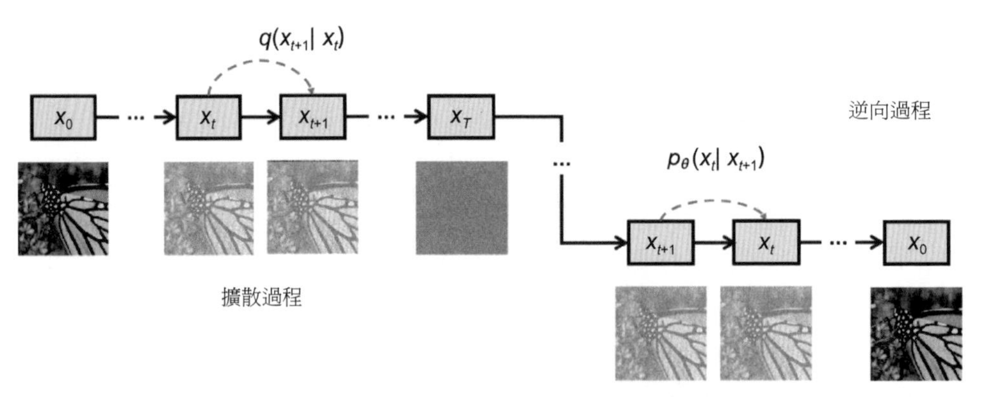

▲ 圖 4-36 擴散模型基本流程示意圖

擴散模型的經典改進是 **Stable Diffusion 模型（SD 模型）**，SD 模型已經被廣泛應用於文字影像生成（Text to Image，通常簡稱為「文生圖」）、影像編輯等各種 AIGC 場景。SD 模型的主要改進是引入了隱空間（Latent Space），即將影像編碼到低維向量中，該低維向量可以反映影像的語義資訊，然後採用解碼器利用低維向量得到生成的高解析度影像。SD模型在隱空間進行擴散和生成，對於文字影像生成任務，需要以文字的編碼為引導，將雜訊隱向量逐步轉為具有文字所指示語義資訊的隱向量，並解碼為所需要的影像。

擴散模型強大的生成能力，使得它也可以被用於畫質恢復等任務中。擴散模型在超解析度任務上也已經有了一些研究和應用，比如 **SR3（Super-Resolution via Repeated Refinement）**和 **SR3+** 演算法。SR3 演算法透過對 HR 影像逐步加噪的過程得到雜訊影像，並利用 LR 影像作為條件引導擴散逆過程，從而在雜訊影像中建構生成對應的 HR 影像；SR3+ 演算法在 SR3 演算法的基礎上針對真實影像的盲超解析度進行了改進，包括引入複雜的退化過程，以及**雜訊條件增強（Noise Condition Augmentation）**，從而實現了對於真實世界影像的更加堅固的超解析度結果。

另外一個效果比較好的基於擴散模型的超解析度演算法是 **StableSR 演算法** [18]。它將 SD 模型身為影像先驗，由於訓練文字影像生成的 SD 模型裡面已經有了非常豐富的影像內容資訊，因此 StableSR 演算法並沒有對其中用到的 SD 模型從頭進行訓練，而是在其中插入了幾個模組，並對模組的參數進行訓練。StableSR 的模型結構如圖 4-37 所示。

首先，在擴散模型的降噪 UNet 中，StableSR 加入了特徵調變模組，即透過 **SFT（Spatial Feature Transform）層**學習到仿射變換參數，並對特徵圖進行映射。另外，**時間感知編碼器（Time-Aware Encoder）**可以用於將時間資訊（擴散和逆過程的迭代步驟）透過編碼嵌入到每次迭代中，從而自我調整調整特徵。最後，還有一個重要的模組，就是**可控特徵裝配（Controllable Feature Wrapping，CFW）模組**。StableSR 採用了 VQGAN 的編碼器和解碼器，由於經過了 SD 模型後，得到的影像更偏向於生成而非恢復，雖然視覺品質和效果會相對更好，但是保真度往往會變差。為了在保真度和視覺感知效果之間進行折中，需要透過 CFW 模組調節係數 w。從圖 4-37 中可以看出，w 控制的是兩個支路的比例關係。一個支路的特徵來源於編碼器和解碼器的融合結果，這個支路包含了 LR 影像特徵域生成後的特徵。這個支路的影響越強（w 越大），輸出保真度越好，輸出結果越容易受到 LR 影像結構的引導。而另一個支路就是解碼器的特徵，較小的 w 對應的支路比重大，因此生成的痕跡更重，保真度下降，但畫質效果可能會更好。下面用幾張真實世界影像測試 StableSR 的效果（w=0.5），另外，對一張影像調整 w 值分別測試輸出效果，以觀察不同 w 下的效果變化。StableSR 在真實世界資料上的超解析度結果如圖 4-38 所示。

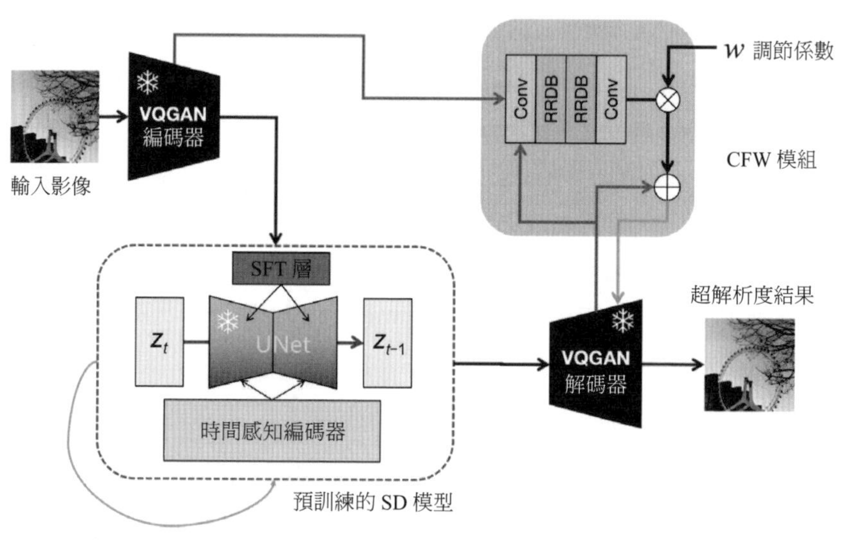

▲ 圖 4-37 StableSR 的模型結構

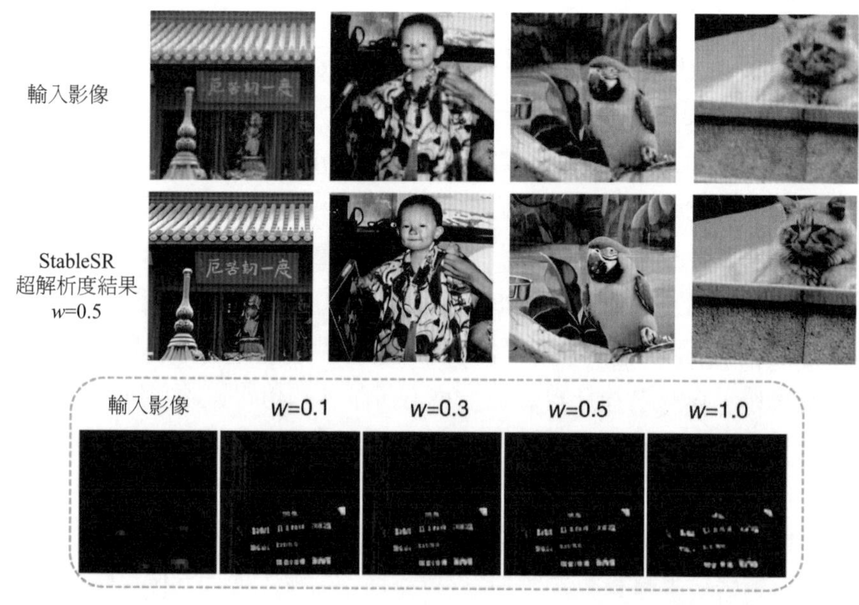

▲ 圖 4-38 StableSR 在真實世界資料上的超解析度結果

可以看出，StableSR 的畫質效果更加逼真，細節和紋理區域（如最後一張影像中貓的毛髮和磚牆的紋理等）也能有真實且自然的視覺效果。但是對於文字等有意義的紋理區域（如第一張影像中的牌匾），還是會產生扭曲和假影。透過調整 w 可以看出，w 越大，影像越傾向於模糊，但是與 LR 影像的匹配程度越高，說明此時的保真度更好，反之則效果清晰，但是偏向於生成，保真度較差。

4.5 超解析度模型的輕量化

接下來討論超解析度任務的另一個重要問題：模型的輕量化。在實際應用中，由於運算資源的限制，以及對於執行時間和功耗的要求，在保證效果的基礎上，往往更傾向於計算量和參數量更小的模型。高階語義任務（分類、檢測等）模型由於物體的類別屬性具有尺度不變性，因此可以將模型縮減至較小的尺寸。而對於超解析度模型，由於需要輸出一個等尺寸甚至更大尺寸的密集像素級預測，因此實現輕量化有一定的難度。目前，超解析度任務已有了一些較為有效的方案來降低計算量或參數量，下面分別介紹。

4.5.1 多分支資訊蒸餾：IMDN 與 RFDN

IMDN（Information Multi-Distillation Network）[19] 是一種經典的輕量化超解析度網路，它的核心思想是多分支資訊蒸餾，即透過將得到的特徵圖遞迴地進行拆分（Split）和不對稱的後續操作，將部分特徵圖直接傳到最後的融合階段，而剩下的部分繼續進行卷積等操作對特徵進一步提取。最後對上述得到的特徵圖進行拼接並融合。IMDN 及其基本單元 IMDB 的結構如圖 4-39 所示。

下面介紹 IMDN 的整體結構，主要分為三個部分：淺層特徵提取、深層特徵提取與恢復，以及最後的基於恢復後特徵的高解析度影像重建。其中淺層特徵提取與基於恢復後特徵的高解析度影像重建部分與常見的超解析度模型中的部分相似，而中間部分則採用了 IMDB 進行串聯，並將各模組的輸出都傳入最後的融合層進行融合處理。然後，將淺層特徵透過跳線直連到處理後的結果中，使得整個深層特徵處理部分僅學習殘差。最後，透過卷積與 PixelShuffle 上採樣，得到重建後的超解析度結果。

IMDB 是 IMDN 效果的主要來源，它採用了一種特殊的資訊處理方式，即**漸進修正模組（Progressive Refinement Module）**，相當於將一個串聯模組中不同位置的資訊都保留一部分直接用於最後的融合。對超解析度任務來說，各級處理得到的特徵圖中可能都存在有益於最後重建的結果，但是通常的方案將淺層特徵經過後面的處理後，這些有效的資訊可能也會受到損失，IMDB 透過將通道拆分為兩部分的方式，強制保證一部分特徵通道不被後續的操作所影響，從而盡可能保留原始提取到的資訊。IMDB 的過程如下：首先，對輸入的特徵圖進行卷積處理，得到的特徵圖按照一定比例對通道進行拆分，比如取出 1/4 的通道直接傳入後面的融合，剩下的 3/4 通道繼續操作。以輸入為 64 個通道、比例為 1/4 為例，經過第一層卷積後，得到的結果為 64 個通道的，經過拆分，16 個通道的結果被直接保留，剩下 48 個通道的結果繼續進行計算。下一層卷積層的輸入為 48 個通道，輸出為 64 個通道，這 64 個通道繼續被拆分為 16 個通道 +48 個通道，依此類推，最後一層卷積層直接輸出 16 個通道的特徵圖，這樣每層得到的 16 個通道的特徵圖在最後拼接為 16×4=64 個通道的特徵圖，然後透過後續模組進行融合。

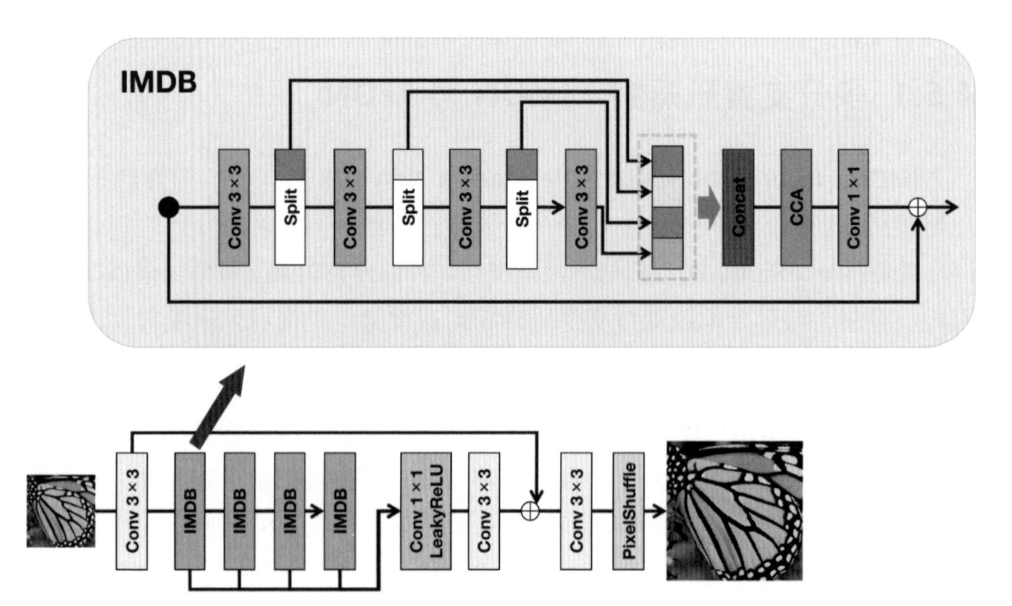

▲ 圖 4-39 IMDN 及其基本單元 IMDB 的結構

IMDB 中最後除了 1×1 卷積，還有一個 CCA 模組。該模組的全稱為 Contrast-aware Channel Attention，即對比度感知的通道注意力。不同於高階語義任務中的通道注意力機制直接對特徵圖進行 GAP 以獲取啟動值較大的區域，超解析度的注意力需要考慮紋理、邊緣等細節資訊。因此，CCA 模組將 GAP 替換為各個通道的標準差和平均值，用於後續計算注意力圖。實驗表明，IMDN 可以以較小的參數量達到較好的超解析度性能，因此也常被用作輕量化 SR 模型的基準線。

對於 IMDN 的改進方案是 **RFDN（Residual Feature Distillation Network）**[20]，即殘差特徵蒸餾網路。它的基礎模組是 RFDB，其結構示意圖如圖 4-40 所示。

RFDB 取消了 IMDB 中的通道拆分操作，儘管實驗表明這種結構有助提高效果，但是 3×3 卷積結合通道拆分的策略並不是特別高效，並且可適應性有限，由於拆分後輸入和輸出的通道數不同，因此也無法採用恆等映射的方式進行殘差學習。在 RFDB 中，1×1 卷積操作被用來作為通道拆分的等效結構，主要目的是代替直接拆分而實現通道壓縮。這樣的修改使得主通路上的卷積可以保持輸入、輸出的通道數一致，從而便於引入殘差模組，在不增加參數量的前提下最佳化訓練，這就是圖 4-40 中的 **SRB（Shallow Residual Block）**。在整體結構上，RFDB 沿用了 IMDB 的多分支資訊蒸餾結構，最終使得 RFDN 在更少參數量和計算量下的效果超越 IMDN 的。

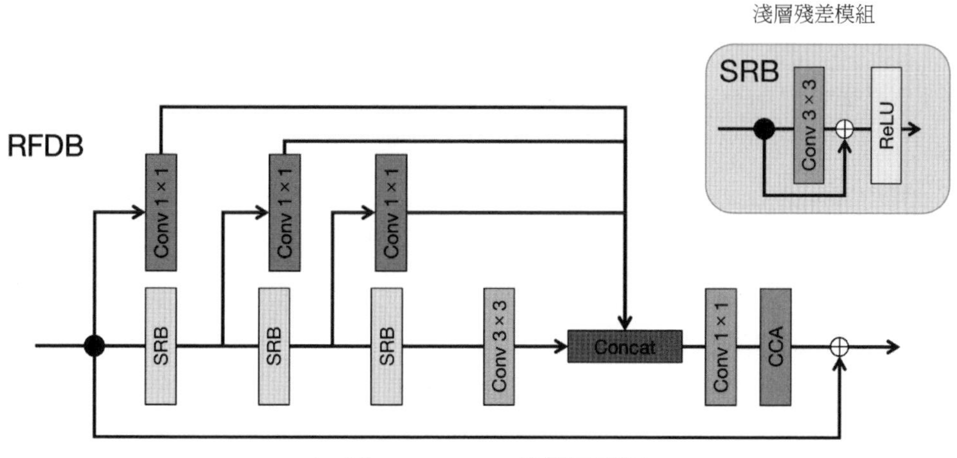

▲ 圖 4-40 RFDB 結構示意圖

下面透過程式實現 IMDB 和 RFDB 的結構，從而更清楚地了解其具體計算過程。

```
import torch
import torch.nn as nn

class CCA_Module(nn.Module):
    """
    Contrast-aware Channel Attention module
    [Block] -- ChannelStd -|
        |_____ GlobalPool -+- FC - ReLU - FC - Sigmoid - x -
        |________________________________________________|
        nf (int): 特徵通道數
        sf (int): 壓縮比例係數
    """
    def __init__(self, nf, sf=16):
        super(CCA_Module, self).__init__()
        self.avg_pool = nn.AdaptiveAvgPool2d(1)
        self.attn = nn.Sequential(
            nn.Conv2d(nf, nf // sf, 1, padding=0, bias=True),
            nn.ReLU(inplace=True),
            nn.Conv2d(nf // sf, nf, 1, padding=0, bias=True),
            nn.Sigmoid()
        )

    def stdv_channels(self, featmap):
        """
        featmap (torch.tensor): [b, c, h, w]
        """
        assert(featmap.dim() == 4)
        channel_mean = featmap.mean(3, keepdim=True)\
                              .mean(2, keepdim=True)
        channel_variance = (featmap - channel_mean)\
            .pow(2).mean(3, keepdim=True).mean(2, keepdim=True)
        return channel_variance.pow(0.5)

    def forward(self, x):
        y = self.stdv_channels(x) + self.avg_pool(x)
```

```
        y = self.attn(y)
        return x * y

# ========================== #
#           IMDB             #
# ========================== #

class IMDB_Module(nn.Module):
    """
    -- conv -- split -------------------- cat - CCA - conv -
                |__ conv -- split --------|
                            |___ conv --|
    """
    def __init__(self, n_feat, num_split=3) -> None:
        super(IMDB_Module, self).__init__()
        distill_rate = 1.0 / (num_split + 1)
        self.nf_distill = int(n_feat * distill_rate)
        self.nf_remain = n_feat - self.nf_distill
        self.level = num_split + 1

        self.conv_in = nn.Conv2d(n_feat, n_feat, 3, 1, 1)
        conv_r_ls = []
        for i in range(num_split):
            if i < num_split - 1:
                conv_r_ls.append(
                    nn.Conv2d(self.nf_remain,
                              n_feat, 3, 1, 1)
                                )
            else:
                conv_r_ls.append(
                    nn.Conv2d(self.nf_remain,
                              self.nf_distill, 3, 1, 1)
                              )
        self.conv_remains = nn.ModuleList(conv_r_ls)
        self.conv_out = nn.Conv2d(self.nf_distill * self.level,
                            n_feat, 1, 1, 0)
        self.lrelu = nn.LeakyReLU(inplace=True)
        self.cca = CCA_Module(n_feat)
```

```
    def forward(self, x):
        feat_in = self.conv_in(x)
        out_d0, out_r = torch.split(feat_in,
                                    (self.nf_distill, self.nf_remain), dim=1)
        print(f"[IMDB] split no.0, out_d: "\
              f" {out_d0.size()}, out_r: {out_r.size()}")
        distill_ls = [out_d0]
        for i in range(self.level - 2):
            out_dr = self.lrelu(self.conv_remains[i](out_r))
            # out_d 和 out_r 分別為每一次分裂的 distill 和 remain 部分
            out_d, out_r = torch.split(
                                    out_dr,
                                    (self.nf_distill, self.nf_remain), dim=1)
            print(f"[IMDB] split no.{i + 1}, "\
                  f"out_d: {out_d.size()}, out_r: {out_r.size()}")
            distill_ls.append(out_d)
        out_d_last = self.conv_remains[self.level - 2](out_r)
        print(f"[IMDB] last conv size: {out_d_last.size()}")

        distill_ls.append(out_d_last)
        fused = torch.cat(distill_ls, dim=1)
        print(f"[IMDB] fused size: {fused.size()}")
        fused = self.cca(fused)
        print(f"[IMDB] CCA out size: {fused.size()}")
        out = self.conv_out(fused)
        print(f"[IMDB] conv1x1 size: {fused.size()}")
        return out + x

# ============================ #
#            RFDB              #
# ============================ #

class SRB(nn.Module):
    """
    淺層殘差模組，用於建構 RFDB
    shallow residual block
    --- conv3 -- + --
```

```
        |__________|
    """
    def __init__(self, nf) -> None:
        super().__init__()
        self.conv = nn.Conv2d(nf, nf, 3, 1, 1)

    def forward(self, x):
        out = self.conv(x) + x
        return out

class RFDB_Module(nn.Module):
    """
     -- conv -- conv1 ------------ cat -- conv -- CCA -
             |__conv3 --- conv1 ----|
                       |__conv3 ----|
    """
    def __init__(self, n_feat, nf_distill, stage):
        super().__init__()
        self.nf_dis = nf_distill
        self.stage = stage

        conv_d_ls = [nn.Conv2d(n_feat, self.nf_dis, 1, 1, 0)]
        conv_r_ls = [SRB(n_feat)]
        for i in range(1, self.stage - 1):
            conv_d_ls.append(nn.Conv2d(n_feat, self.nf_dis, 1, 1, 0))
            conv_r_ls.append(SRB(n_feat))
        conv_d_ls.append(nn.Conv2d(n_feat, self.nf_dis, 3, 1, 1))
        self.conv_distill = nn.ModuleList(conv_d_ls)
        self.conv_remains = nn.ModuleList(conv_r_ls)
        self.conv_out = nn.Conv2d(self.nf_dis * stage, n_feat, 1, 1, 0)
        self.relu = nn.ReLU(inplace=True)
        self.cca = CCA_Module(n_feat)

    def forward(self, x):
        cur = x.clone()
        distill_ls = []
        for i in range(self.stage):
            out_d = self.conv_distill[i](cur)
```

```
            distill_ls.append(out_d)
            if i < self.stage - 1:
                cur = self.conv_remains[i](cur)
                print(f"[RFDB] stage {i}, "\
                    f"distill: {out_d.size()}, remain: {cur.size()}")
            else:
                print(f"[RFDB] stage {i}, distill: {out_d.size()}")
        fused = torch.cat(distill_ls, dim=1)
        print(f"[RFDB] fused size: {fused.size()}")
        out = self.conv_out(fused)
        print(f"[IMDB] conv1x1 size: {out.size()}")
        out = self.cca(out)
        print(f"[IMDB] CCA out size: {out.size()}")
        return out + x

if __name__ == "__main__":
    dummy_in = torch.randn(4, 32, 64, 64)
    # 測試 IMDB
    imdb = IMDB_Module(n_feat=32, num_split=3)
    imdb_out = imdb(dummy_in)
    print('IMDB output size : ', imdb_out.size())
    # 測試 RFDB
    rfdb = RFDB_Module(n_feat=32, nf_distill=8, stage=4)
    rfdb_out = rfdb(dummy_in)
    print('RFDB output size : ', rfdb_out.size())
```

測試結果如下所示（注意 remain 部分 IMDB 與 RFDB 的通道數差異）。

```
[IMDB] split no.0, out_d:  torch.Size([4, 8, 64, 64]), out_r: torch.Size([4,
24, 64, 64])
[IMDB] split no.1, out_d: torch.Size([4, 8, 64, 64]), out_r: torch.Size([4,
24, 64, 64])
[IMDB] split no.2, out_d: torch.Size([4, 8, 64, 64]), out_r: torch.Size([4,
24, 64, 64])
[IMDB] last conv size: torch.Size([4, 8, 64, 64])
[IMDB] fused size: torch.Size([4, 32, 64, 64])
[IMDB] CCA out size: torch.Size([4, 32, 64, 64])
```

```
[IMDB] conv1x1 size: torch.Size([4, 32, 64, 64])
IMDB output size :  torch.Size([4, 32, 64, 64])
[RFDB] stage 0, distill: torch.Size([4, 8, 64, 64]), remain: torch.Size([4,
32, 64, 64])
[RFDB] stage 1, distill: torch.Size([4, 8, 64, 64]), remain: torch.Size([4,
32, 64, 64])
[RFDB] stage 2, distill: torch.Size([4, 8, 64, 64]), remain: torch.Size([4,
32, 64, 64])
[RFDB] stage 3, distill: torch.Size([4, 8, 64, 64])
[RFDB] fused size: torch.Size([4, 32, 64, 64])
[IMDB] conv1x1 size: torch.Size([4, 32, 64, 64])
[IMDB] CCA out size: torch.Size([4, 32, 64, 64])
RFDB output size :  torch.Size([4, 32, 64, 64])
```

4.5.2 重參數化策略：ECBSR

下面討論一種基於重參數化策略的輕量級超解析度網路：**ECBSR（Edge-oriented Convolution Block for SR）**[21]。它的推理結構較為簡單、直接，適應性強，便於在行動端等不同平臺部署，同時推理速度更快，效果也比較好。首先來了解一下 ECBSR 中的核心操作：**重參數化（Reparameterization）**。

重參數化簡單來說指的是這種網路模組的設計方案：這個模組在訓練和推理時可以有不同的結構，但是計算結果完全一致。比如，設想對一個輸入特徵圖分別使用兩個卷積層進行卷積處理，然後將兩個結果求和進行合併，那麼這個操作就等效於直接將兩個卷積核心相加（有偏置的也要操作），用這個卷積核心作為新的卷積層對輸入進行處理。可以看到，如果在訓練時透過兩個並聯的卷積層進行訓練，那麼在推理時並不需要計算兩份結果，直接用一個等效的卷積層就可以得到同樣的結果。這種將原來的參數進行重新整理和組合（如上面的卷積核心相加），形成等效結構（通常是更精簡的結構）的過程，就是重參數化。

重參數化有很多代表性模型，如 ACNet、RepVGG、Diverse Branch Block 等，下面結合 ACNet 和 RepVGG 的結構，簡單討論重參數化的原理與想法。ACNet 和 RepVGG 的重參數化示意圖如圖 4-41 所示。

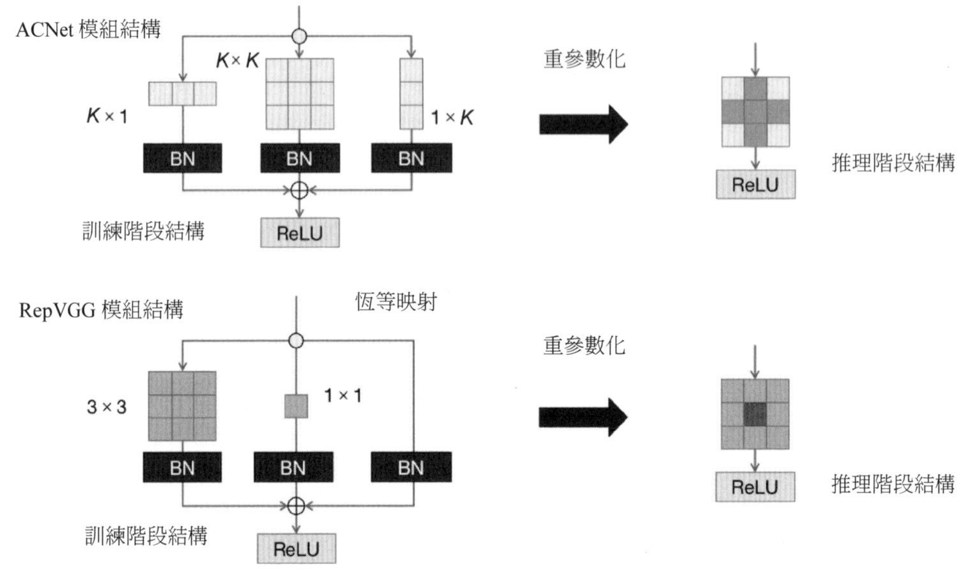

▲ 圖 4-41 ACNet 和 RepVGG 的重參數化示意圖

首先來看 ACNet（Asymmetric Convolution Network）模組，即非對稱卷積模組。它是由平行的三個卷積操作組成的，其中，三個卷積核心的尺寸分別為 $K \times K$、$K \times 1$ 和 $1 \times K$，每個卷積層後接 BN 層。在訓練過程中對這樣的並聯多支路模組組成的網路進行最佳化，由於三個卷積核心的形態不同，因此可以期望它們學習到不同的資訊，用於增強網路的表達能力。而在模型推理階段，可以透過重參數化過程，將這個模組等效為一個 $K \times K$ 的卷積層。首先，對於各個卷積和之後的 BN 層，考慮到 BN 層和卷積操作的線性性質，經過簡單整理，即可將 BN 層的係數吸收到前面的卷積核心及其偏置中，形成新的卷積核心參數與偏置參數。而對於平行的三個卷積層，將其卷積核心與偏置相加，即可得到最終等效卷積層的參數。RepVGG 模組的操作也是類似的，它的主要改進是其模組結構的設計。RepVGG 的基本模組為並聯的 3×3 卷積、1×1 卷積和恆等映射三個支路，其中每個支路都有 BN 層。與 ACNet 相同，首先將 BN 層吸收到卷積層中，然後對三個支路進行相加（1×1 的卷積需要填充成 3×3 的卷積以便對應相加）。RepVGG 透過這種模組設計及重參數化策略，使得 VGG 類型的直筒型簡單網路結構（推理階段）也可以獲得很好的性能。

重參數化的優勢在於其訓練階段可以用更為複雜的結構進行訓練以獲得更好的性能，而在推理時可以合併為簡單結構以提高效率。ECBSR 模型在超解析度任務中採用了該策略，在輕量化條件下獲得了更好的效果，同時，由於最終重參數化完成後的網路主幹部分都只有普通的 3×3 卷積，因此非常便於在端側進行部署（通常行動端的計算模組對於 3×3 卷積都會做最佳化）。ECBSR 的整體網路結構較為普通，與常見的超解析度網路類似，主幹為多個基礎模組的串聯，在最後經過放大操作得到輸出。ECBSR 的基礎模組 ECB 的結構如圖 4-42 所示。

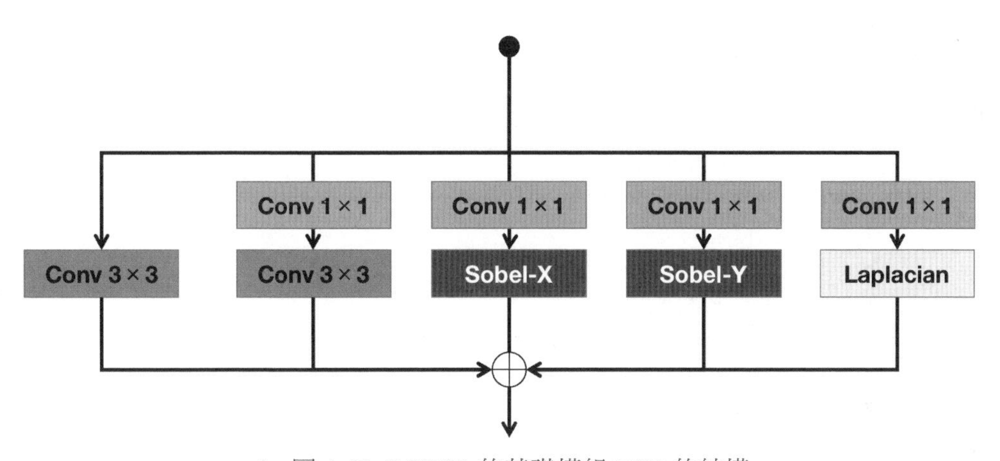

▲ 圖 4-42 ECBSR 的基礎模組 ECB 的結構

ECB 中的重參數化有相對於 RepVGG 更多的支路，同時在每個支路上還進行了針對超解析度任務的設計和最佳化。最左側的支路是一個普通的 3×3 卷積層，用來儲存基準線的性能。第二個支路是一個 Conv1×1 + Conv3×3 的串聯支路，其中 1×1 卷積用於進行通道數擴增，然後透過 3×3 卷積提取特徵並降維回原通道數。緊接著的三個支路主要是針對邊緣的最佳化，前面也討論過，邊緣資訊對於超解析度任務是非常重要的，因此，這裡透過 1×1 卷積後進行 X 和 Y 兩個方向的 Sobel 運算元提取梯度，以及透過 Laplacian 層提取二階梯度，重點處理邊緣特徵的最佳化，邊緣運算元有對應可學習的尺度參數用於控制輸出的強度。最後，將多個分支的結果相加，作為融合的特徵結果進入啟動層及後續操作。

對於 ECB 的結構，Conv1×1 + Conv3×3 串聯支路可以整合成 3×3 卷積，在緊接著的三個支路中，Sobel 運算元和 Laplacian 運算元也都可以用卷積形式進行表示，因此也可以與前面的 Conv1×1 進行合併。最後，各個支路得到的等價 3×3 卷積核心與偏置分別相加，可以得到這樣一個結構的等效 3×3 卷積層，在推理時利用該卷積層進行計算，從而提高效率。

下面用 PyTorch 實現一個 ECB 模組，並測試其重參數化前後的結果。程式如下所示。

```
import torch
import torch.nn as nn
import torch.nn.functional as F

class Conv1x1Conv3x3(nn.Module):
    def __init__(self, in_ch, out_ch, mult=1.0):
        super().__init__()
        mid_ch = int(out_ch * mult)
        self.mid_ch = mid_ch
        conv1x1 = nn.Conv2d(in_ch, mid_ch, 1, 1, 0)
        conv3x3 = nn.Conv2d(mid_ch, out_ch, 3, 1, 1)
        self.k0, self.b0 = conv1x1.weight, conv1x1.bias
        self.k1, self.b1 = conv3x3.weight, conv3x3.bias
    def forward(self, x):
        # conv 1x1 (input, weight, bias, stride, pad)
        y0 = F.conv2d(x, self.k0, self.b0, 1, 0)
        y0 = F.pad(y0, (1, 1, 1, 1), 'constant', 0)
        b0_pad = self.b0.view(1, -1, 1, 1)
        y0[:, :, 0:1, :] = b0_pad
        y0[:, :, -1:, :] = b0_pad
        y0[:, :, :, 0:1] = b0_pad
        y0[:, :, :, -1:] = b0_pad
        out = F.conv2d(y0, self.k1, self.b1, 1, 0)
        return out
    def rep_params(self):
        # F.conv2d 預設 padding=0
        rep_k = F.conv2d(self.k1, self.k0.permute(1, 0, 2, 3))
        rep_b = self.b0.reshape(1, -1, 1, 1).tile(1, 1, 3, 3)
```

```
        # rep_b 尺寸為 3×3, k1 尺寸為 3×3, 輸出尺寸為 1×1
        rep_b = F.conv2d(rep_b, self.k1).view(-1,) + self.b1
        return rep_k, rep_b

def gen_edge_tensor(nc, mode='sobel_x'):
    mask = torch.zeros((nc, 1, 3, 3), dtype=torch.float32)
    for i in range(nc):
        if mode == 'sobel_x':
            mask[i, 0, 0, 0] = 1.0
            mask[i, 0, 1, 0] = 2.0
            mask[i, 0, 2, 0] = 1.0
            mask[i, 0, 0, 2] = -1.0
            mask[i, 0, 1, 2] = -2.0
            mask[i, 0, 2, 2] = -1.0
        elif mode == 'sobel_y':
            mask[i, 0, 0, 0] = 1.0
            mask[i, 0, 0, 1] = 2.0
            mask[i, 0, 0, 2] = 1.0
            mask[i, 0, 2, 0] = -1.0
            mask[i, 0, 2, 1] = -2.0
            mask[i, 0, 2, 2] = -1.0
        else:
            assert mode == 'laplacian'
            mask[i, 0, 0, 1] = 1.0
            mask[i, 0, 1, 0] = 1.0
            mask[i, 0, 1, 2] = 1.0
            mask[i, 0, 2, 1] = 1.0
            mask[i, 0, 1, 1] = -4.0
    return mask

class Conv1x1SobelLaplacian(nn.Module):
    def __init__(self, in_ch, out_ch, mode='sobel_x'):
        # mode: ['sobel_x', 'sobel_y', 'laplacian']
        super().__init__()
        self.in_ch = in_ch
        self.out_ch = out_ch
        conv1x1 = nn.Conv2d(in_ch, out_ch, 1, 1, 0)
        self.k0, self.b0 = conv1x1.weight, conv1x1.bias
```

```
        scale = torch.randn(out_ch, 1, 1, 1) * 1e-3
        self.scale = nn.Parameter(scale)
        bias = torch.randn(out_ch) * 1e-3
        self.bias = nn.Parameter(bias)
        mask = gen_edge_tensor(out_ch, mode)
        self.mask = nn.Parameter(mask, requires_grad=False)
    def forward(self, x):
        y0 = F.conv2d(x, self.k0, self.b0, 1, 0)
        y0 = F.pad(y0, (1, 1, 1, 1), 'constant', 0)
        b0_pad = self.b0.view(1, -1, 1, 1)
        y0[:, :, 0:1, :] = b0_pad
        y0[:, :, -1:, :] = b0_pad
        y0[:, :, :, 0:1] = b0_pad
        y0[:, :, :, -1:] = b0_pad
        out = F.conv2d(y0, self.scale * self.mask,
                       self.bias, 1, 0, groups=self.out_ch)
        return out
    def rep_params(self):
        k1 = torch.zeros(self.out_ch, self.out_ch, 3, 3)
        scaled_mask = self.scale * self.mask
        for i in range(self.out_ch):
            k1[i, i, :, :] = scaled_mask[i, 0, :, :]
        rep_k = F.conv2d(k1, self.k0.permute(1, 0, 2, 3))
        rep_b = self.b0.reshape(1, -1, 1, 1).tile(1, 1, 3, 3)
        rep_b = F.conv2d(rep_b, k1).view(-1,) + self.bias
        return rep_k, rep_b

class EdgeOrintedConvBlock(nn.Module):
    def __init__(self, in_ch, out_ch, mult):
        super().__init__()
        self.conv3x3 = nn.Conv2d(in_ch, out_ch, 3, 1, 1)
        self.conv1x1_3x3 = Conv1x1Conv3x3(in_ch, out_ch, mult)
        self.conv1x1_sbx = Conv1x1SobelLaplacian(in_ch, out_ch, 'sobel_x')
        self.conv1x1_sby = Conv1x1SobelLaplacian(in_ch, out_ch, 'sobel_y')
        self.conv1x1_lap = Conv1x1SobelLaplacian(in_ch, out_ch, 'laplacian')
        self.prelu = nn.PReLU(num_parameters=out_ch)
    def forward(self, x):
        if self.training:
```

```
            print("[ECB] use multi-branch params")
            out = self.conv3x3(x)
            out += self.conv1x1_3x3(x)
            out += self.conv1x1_sbx(x)
            out += self.conv1x1_sby(x)
            out += self.conv1x1_lap(x)
        else:
            print("[ECB] use reparameterized params")
            rep_k, rep_b = self.rep_params()
            out = F.conv2d(x, rep_k, rep_b, 1, 1)
        out = self.prelu(out)
        return out
    def rep_params(self):
        k0, b0 = self.conv3x3.weight, self.conv3x3.bias
        k1, b1 = self.conv1x1_3x3.rep_params()
        k2, b2 = self.conv1x1_sbx.rep_params()
        k3, b3 = self.conv1x1_sby.rep_params()
        k4, b4 = self.conv1x1_lap.rep_params()
        rep_k = k0 + k1 + k2 + k3 + k4
        rep_b = b0 + b1 + b2 + b3 + b4
        return rep_k, rep_b

if __name__ == "__main__":

    # 測試邊緣提取運算元（Sobel 和 Laplacian）
    sobel_x = gen_edge_tensor(2, 'sobel_x')
    sobel_y = gen_edge_tensor(2, 'sobel_y')
    laplacian = gen_edge_tensor(2, 'laplacian')
    print("Sobel x: \n", sobel_x)
    print("Sobel y: \n", sobel_y)
    print("Laplacian: \n", laplacian)

    x_in = torch.randn(2, 64, 8, 8)
    # 測試 ECB 模組的計算與重參數化結果
    ecb = EdgeOrintedConvBlock(in_ch=64, out_ch=32, mult=2.0)
    out = ecb(x_in)
    print('ECB train mode: ', ecb.training)
    print('output train (slice): \n', out[0, 0, :4, :4])
```

```
print('output train size: ', out.size())
with torch.no_grad():
    ecb.eval()
    print('ECB train mode: ', ecb.training)
    out_rep = ecb(x_in)
    print('output inference (slice): \n', out_rep[0, 0, :4, :4])
    print('output inference size: ', out_rep.size())

print('is reparam output and multi-branch the same ?',
    torch.allclose(out, out_rep, atol=1e-6))
```

在上述程式中，每個模組中的 rep_params 函數就是該模組的重參數化操作過程。首先測試了三個邊緣運算元的卷積核心形式的結構，然後對一個輸入張量進行訓練時和推理時兩個狀態的計算，並比較其結果是否一致。測試輸出結果如下所示。

```
Sobel x:
 tensor([[[[ 1.,  0., -1.],
          [ 2.,  0., -2.],
          [ 1.,  0., -1.]]],


        [[[ 1.,  0., -1.],
          [ 2.,  0., -2.],
          [ 1.,  0., -1.]]]])
Sobel y:
 tensor([[[[ 1.,  2.,  1.],
          [ 0.,  0.,  0.],
          [-1., -2., -1.]]],


        [[[ 1.,  2.,  1.],
          [ 0.,  0.,  0.],
          [-1., -2., -1.]]]])
Laplacian:
 tensor([[[[ 0.,  1.,  0.],
          [ 1., -4.,  1.],
          [ 0.,  1.,  0.]]],
```

```
        [[[ 0.,  1.,  0.],
          [ 1., -4.,  1.],
          [ 0.,  1.,  0.]]]])
[ECB] use multi-branch params
ECB train mode:  True
output train (slice):
 tensor([[ 0.6116,  0.2104,  0.0609,  0.6044],
        [-0.1460,  0.0566,  0.4635, -0.1054],
        [-0.1270,  0.7493, -0.0139, -0.0550],
        [ 0.3433, -0.1119,  0.3986,  0.9590]], grad_fn=<SliceBackward0>)
output train size:  torch.Size([2, 32, 8, 8])
ECB train mode:  False
[ECB] use reparameterized params
output inference (slice):
 tensor([[ 0.6116,  0.2104,  0.0609,  0.6044],
        [-0.1460,  0.0566,  0.4635, -0.1054],
        [-0.1270,  0.7493, -0.0139, -0.0550],
        [ 0.3433, -0.1119,  0.3986,  0.9590]])
output inference size:  torch.Size([2, 32, 8, 8])
is reparam output and multi-branch the same ? True
```

從輸出結果可以看出，經過重參數化的 ECB 模組僅用一個卷積操作（F.conv2d），將參數設置為了等效的 rep_k 和 rep_b，計算結果即可與訓練時的多支路結構保持一致，說明了重參數化策略的有效性。

4.5.3 消除特徵容錯：GhostSR

下面介紹另一種超解析度模型輕量化策略，稱為 **GhostSR**[22]。它的主要設計動機基於對超解析度 CNN 模型特徵圖的觀察：在特徵圖中通常存在大量的容錯特徵通道，這些特徵可以透過另外一些特徵經過一些簡單變換（如位移、模糊等）得到，這些特徵被稱為**幻影特徵（Ghost Feature）**，與之相對的其他特徵稱為**內稟特徵（Intrinsic Feature）**。GhostSR 的基本想法就是以少量的有較強表達能力和特徵性質的特徵圖通道為基礎，透過一些簡單的映射方式，如平移等，來構造其他的特徵，從而降低複雜卷積運算的次數，提高模型計算效率。Ghost 模組的基本結構如圖 4-43 所示。

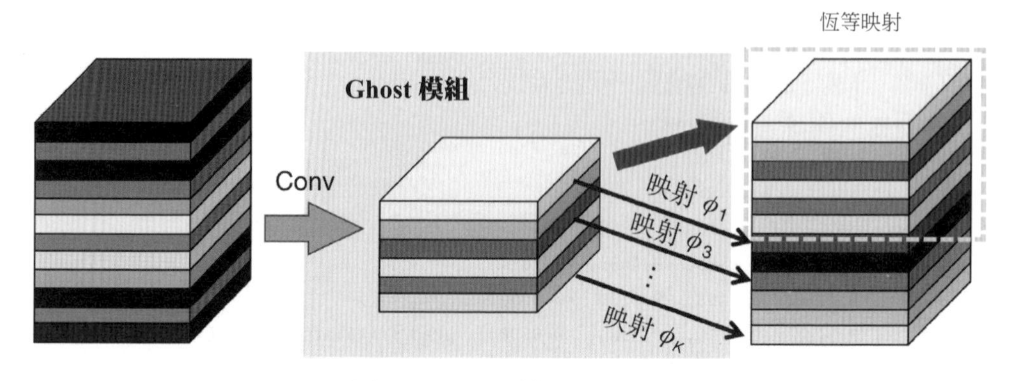

▲ 圖 4-43 Ghost 模組的基本結構

如圖 4-43 所示，首先對輸入特徵，透過一個普通的卷積，得到一定通道數的特徵圖，這些特徵圖每個通道對應的就是內稟特徵，然後透過簡單操作得到另一批幻影特徵，最後將這兩部分特徵直接在通道維度上進行拼接，就獲得了 Ghost 模組的輸出。在 GhostSR 中，簡單操作採用可學習的平移模組實現。對超解析度任務來說，高頻部分的資訊對於精準預測處理邊緣和細節是非常重要的，透過平移操作，可以使不同的特徵圖之間產生一定的空間錯位，結合後續卷積層對不同通道之間的資訊進行交流，其中可能包括類似通道之間差值的操作，在錯位的特徵圖之間求差值可以提出高頻資訊，有助後續的處理。

為了讓網路可以自我調整調整其平移參數，這裡的平移透過卷積來實現，比如，對一個 3×3 的卷積核心，如果其只有左上角為 1，其餘位置為 0，那麼這個卷積核心操作後的結果就是將整張影像向右下方平移（右和下各一個像素）。這個過程也很容易理解：對某個點 (i, j) 來說，經過這個卷積後，當前點的值就變成了 $(i\text{-}1, j\text{-}1)$ 位置的像素值，由於所有點都是同樣的操作，每個點的新值都來自左上角的點，因此整體相當於進行了平移。可學習平移的目標就是學到一個只有某個值為 1、其餘為 0 的卷積核心，操作後即可得到平移的結果。GhostSR 採用將卷積核心中設定值最大的元素置為 1、其他元素置為 0 的方式來實現平移卷積核心的生成。為了處理 argmax 不可導的問題，該步驟採用了 Gumble-Softmax 技巧，它可以在前向傳播時輸出獨熱（One-hot）格式（即只有一個值為 1，其餘為 0）的濾波器核心，符合平移條件，而反向則傳播軟參數，方便求導。

該卷積實現的平移，以及以此為基礎計算幻影特徵的 Ghost 模組的程式範例如下。

```
import math
import torch
import torch.nn as nn
import torch.nn.functional as F

class ShiftByConv(nn.Module):
    def __init__(self, nf, ksize=3):
        super().__init__()
        self.weight = nn.Parameter(
            torch.zeros(1, 1, ksize, ksize, requires_grad=True)
        )
        torch.nn.init.kaiming_uniform_(self.weight, a=math.sqrt(5))
        self.nf = nf
        self.ksize = ksize
        self.shift_kernel = None
    def forward(self, x):
        nc = x.size()[1]
        assert nc == self.nf
        w = self.weight.reshape(1, 1, self.ksize**2)
        is_hard = not self.training
        w = F.gumbel_softmax(w, dim=-1, hard=is_hard)
        w = w.reshape(1, 1, self.ksize, self.ksize)
        self.shift_kernel = w
        w = w.to(x.device).tile((nc, 1, 1, 1))
        pad = self.ksize // 2
        out = F.conv2d(x, w, padding=pad, groups=nc)
        return out

class GhostModule(nn.Module):
    def __init__(self, in_ch, out_ch, ksize=3,
                 intrinsic_ratio=0.5):
        super().__init__()
        self.intrinsic_ch = math.ceil(out_ch * intrinsic_ratio)
        self.ghost_ch = out_ch - self.intrinsic_ch
        pad = ksize // 2
        self.primary_conv = nn.Conv2d(in_ch, self.intrinsic_ch,
```

```
                                              ksize, 1, pad)
        self.cheap_conv = ShiftByConv(self.ghost_ch, ksize)
    def forward(self, x):
        x1 = self.primary_conv(x)
        if self.ghost_ch > self.intrinsic_ch:
            x1 = x1.repeat(1, 3, 1, 1)
        x2 = self.cheap_conv(x1[:, :self.ghost_ch, ...])
        out = torch.cat([x1[:, :self.intrinsic_ch], x2], axis=1)
        return out


if __name__ == "__main__":
    dummy_in = torch.randn(4, 16, 64, 64)
    shiftconv = ShiftByConv(nf=16)
    # 測試卷積確定現平移
    with torch.no_grad():
        shiftconv.eval()
        out = shiftconv(dummy_in)
        print("Shift Conv kernel is : \n", shiftconv.shift_kernel)
        print("Shift Conv output size: ", out.size())
    # 測試 Ghost 模組的建構與計算
    ghostmodule = GhostModule(in_ch=16, out_ch=50, intrinsic_ratio=0.6)
    out = ghostmodule(dummy_in)
    print("Ghost module output size: ", out.size())
```

測試輸出結果如下所示。

```
Shift Conv kernel is :
 tensor([[[[0., 0., 0.],
          [0., 0., 0.],
          [0., 1., 0.]]]])
Shift Conv output size:  torch.Size([4, 16, 64, 64])
Ghost module output size:  torch.Size([4, 50, 64, 64])
```

結合程式及輸出結果可以看出，在推理計算時，shift_kernel 是獨熱編碼的，因此可以執行平移操作。Ghost 模組中的卷積分別是由 primary_conv 和 cheap_conv（即平移卷積）來實現的。另外，這裡的 cheap_conv 還可以採用其他操作，如一些簡單線性運算，3×3 或 5×5 深度可分離卷積，或仿射變換、小波變換等。

這種透過消除和模擬重建容錯特徵的方法是一種較為通用的輕量化策略，因此也可以推廣到其他任務中。

4.5.4 單層極輕量化模型：edgeSR

本節介紹一種特殊的超解析度網路模型：**edgeSR 模型** [23]。該模型比較特殊，它與上面所講的所有網路模型的結構和設計的出發點都有所不同，它的主要目的是填補傳統方法（雙三次上採樣）和輕量級 SR 模型（如 FSRCNN、ESPCN 等）之間的差異，即在精度和執行時間之間進行平衡，以期望在與傳統方法基本類似的運算時間下，獲得比傳統方法更好的效果。

為了實現這個目的，edgeSR 模型採用了卷積神經網路實現超解析度最小必要的結構：單層卷積 + 簡單後處理操作。這個設計基本類似於傳統的雙三次上採樣方法，對從 HR 影像到 LR 影像的下採樣來說，通常先進行濾波，然後下採樣，那麼雙三次上採樣就可以看作其逆過程：先上採樣（空白位置補 0），然後進行濾波，濾波步驟可以等價於一個附帶步進值的轉置卷積（Strided Transposed Convolution）。從整體來看，傳統上採樣方法可以透過前面提到的 ESPCN 中的卷積層 + 亞像素卷積（即 PixelShuffle）操作來實現，因此，在 edgeSR 模型中採用了先卷積後 PixelShuffle 上採樣的模式，並加入了一定的後處理操作。為了更進一步地適用於不同的場景，本書還設計了幾種變形，即 **edgeSR-MAX**、**edgeSR-TM** 和 **edgeSR-TR**。三種變形的結構如圖 4-44 所示。

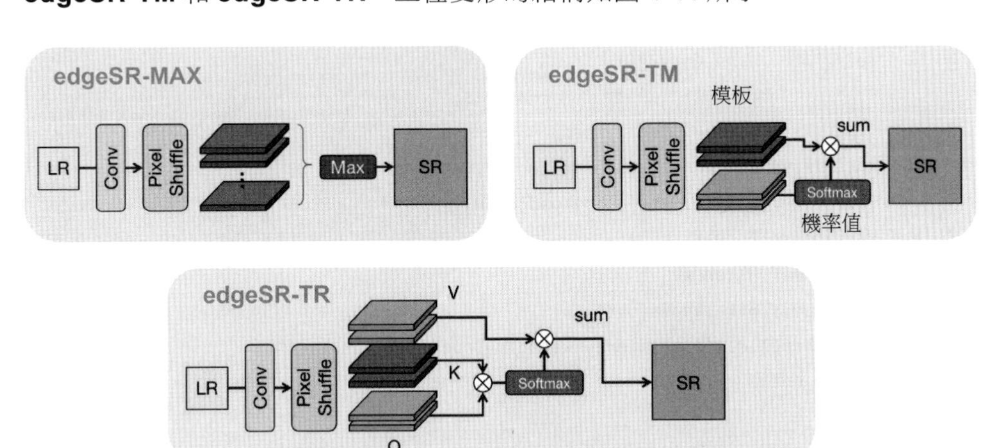

▲ 圖 4-44 三種變形的結構

可以看到，這三種變形前面的基本步驟是一致的，都是卷積濾波 +PixelShuffle，三者的差別在於後處理操作。首先，edgeSR-MAX 將卷積 +PixelShuffle 生成多個通道的輸出結果對各像素逐通道取最大值，得到最終結果，這個過程相當於 MaxOut 啟動函數操作。edgeSR-TM 中的 TM 指的是 Template Matching，即範本匹配，它的處理方式是將得到的多通道特徵分為兩組，並將一組經過 Softmax 形成找到某個範本的機率，另一組作為各種範本，最終的結果是以第一組的機率對第二組範本特徵的加權和。而 edge-TR 中的 TR 代表 Transformer，即借用了類似 Transformer 中自注意力的機制，將得到的多通道特徵圖分為三組，分別代表 Q、K 和 V，然後將 Q 和 K 相乘後過 Softmax，最後與 V 相乘，沿著通道求和即可得到最終結果。最終實驗表明，edgeSR-MAX 體量最小（後處理不需要分組相互計算，因此可以將通道數設計得更小），但是會有不穩定的情況，而 edgeSR-TM 和 edgeSR-TR 則可以更進一步地獲得速度與表現之間的均衡。

edgeSR 模型三種變形結構的程式實現如下。

```
import torch
from torch import nn
from thop import profile

class edgeSR_MAX(nn.Module):
    def __init__(self, channels=2, ksize=5, stride=2):
        super().__init__()
        self.pixelshuffle = nn.PixelShuffle(stride)
        pad = ksize // 2
        self.filter = nn.Conv2d(1,
                        stride ** 2 * channels,
                        ksize, 1, pad)
        nn.init.xavier_normal_(self.filter.weight, gain=1.0)
        self.filter.weight.data[:, :, pad, pad] = 1.0
    def forward(self, x):
        out = self.filter(x)
        out = self.pixelshuffle(out)
        out = torch.max(out, dim=1, keepdim=True)[0]
        return out
```

```
class edgeSR_TM(nn.Module):
    def __init__(self, channels=2, ksize=5, stride=2):
        super().__init__()
        self.pixelshuffle = nn.PixelShuffle(stride)
        self.softmax = nn.Softmax(dim=1)
        pad = ksize // 2
        self.ch = channels
        self.filter = nn.Conv2d(1,
                        2 * stride ** 2 * channels,
                        ksize, 1, pad)
        nn.init.xavier_normal_(self.filter.weight, gain=1.0)
        self.filter.weight.data[:, :, pad, pad] = 1.0
    def forward(self, x):
        out = self.filter(x)
        out = self.pixelshuffle(out)
        k, v = torch.split(out, [self.ch, self.ch], dim=1)
        weight = self.softmax(k)
        out = torch.sum(weight * v, dim=1, keepdim=True)
        return out

class edgeSR_TR(nn.Module):
    def __init__(self, channels=2, ksize=5, stride=2):
        super().__init__()
        self.pixelshuffle = nn.PixelShuffle(stride)
        self.softmax = nn.Softmax(dim=1)
        pad = ksize // 2
        self.ch = channels
        self.filter = nn.Conv2d(1,
                        3 * stride ** 2 * channels,
                        ksize, 1, pad)
        nn.init.xavier_normal_(self.filter.weight, gain=1.0)
        self.filter.weight.data[:, :, pad, pad] = 1.0
    def forward(self, x):
        out = self.filter(x)
        out = self.pixelshuffle(out)
        q, v, k = torch.split(out,
                              [self.ch, self.ch, self.ch], dim=1)
```

```
        weight = self.softmax(q * k)
        out = torch.sum(weight * v, dim=1, keepdim=True)
        return out

if __name__ == "__main__":
    x_in = torch.randn(1, 1, 128, 128)
    esr_max = edgeSR_MAX(2, 5, 2)
    out_max = esr_max(x_in)
    esr_tm = edgeSR_TM(2, 5, 2)
    out_tm = esr_tm(x_in)
    esr_tr = edgeSR_TR(2, 5, 2)
    out_tr = esr_tr(x_in)

    # 對比計算量與參數量
    flops, params = profile(esr_max, inputs=(x_in, ))
    print(f'edgeSR-MAX profile: \n {flops/1000**2:.4f}M flops, '\
          f'{params/1000:.4f}K params, '\
          f'output size: {list(out_max.size())}')
    flops, params = profile(esr_tm, inputs=(x_in, ))
    print(f'edgeSR-TM profile: \n {flops/1000**2:.4f}M flops, '\
          f'{params/1000:.4f}K params, '\
          f'output size: {list(out_tm.size())}')
    flops, params = profile(esr_tr, inputs=(x_in, ))
    print(f'edgeSR-TR profile: \n {flops/1000**2:.4f}M flops, '\
          f'{params/1000:.4f}K params, '\
          f'output size: {list(out_tr.size())}')
```

測試輸出結果如下，可以看出，edgeSR-MAX 僅有 0.2080K 參數量和 3.2768M 計算量，edgeSR-TM 和 edgeSR-TR 的稍大一些，其參數量分別為 0.4160K 和 0.6240K，計算量也僅為 6.8813M 和 10.1581M（128×128 輸入），相比於常見的 CNN 輕量化模型輕量很多。

```
[INFO] Register zero_ops() for <class 'torch.nn.modules.pixelshuffle. PixelShuffle'>.
[INFO] Register count_convNd() for <class 'torch.nn.modules.conv.Conv2d'>.
edgeSR-MAX profile:
 3.2768M flops, 0.2080K params, output size: [1, 1, 256, 256]
```

```
[INFO] Register zero_ops() for <class 'torch.nn.modules.pixelshuffle.PixelShuffle'>.
[INFO] Register count_softmax() for <class 'torch.nn.modules.activation.Softmax'>.
[INFO] Register count_convNd() for <class 'torch.nn.modules.conv.Conv2d'>.
edgeSR-TM profile:
 6.8813M flops, 0.4160K params, output size: [1, 1, 256, 256]
[INFO] Register zero_ops() for <class 'torch.nn.modules.pixelshuffle.PixelShuffle'>.
[INFO] Register count_softmax() for <class 'torch.nn.modules.activation.Softmax'>.
[INFO] Register count_convNd() for <class 'torch.nn.modules.conv.Conv2d'>.
edgeSR-TR profile:
 10.1581M flops, 0.6240K params, output size: [1, 1, 256, 256]
```

4.6 視訊超解析度模型簡介

本節討論**視訊超解析度（Video Super-Resolution，VSR）**任務及其相關模型演算法。與單張影像的超解析度任務相比，視訊輸入提供了更多的時序資訊，利用物體在時序上的連貫性，可以對低解析度上損失的資訊進行一定的補償。將該先驗應用於網路設計，可以取得比單幀超解析度更好的效果。下面先來詳細討論一些視訊超解析度的特點和處理想法，然後以經典模型 BasicVSR 系列為例來介紹視訊超解析度網路設計的相關想法。

4.6.1 視訊超解析度的特點

視訊超解析度可以視為對影像超解析度的拓展，原則上來說，所有的影像超解析度演算法都可以用於視訊超解析度任務，對視訊進行逐幀處理得到更高解析度和畫質結果。但是對視訊超解析度任務來說，在不考慮計算量和功耗限制的前提下，這種逐幀操作往往不是最佳的，因為視訊中幀間的**時序資訊（Temporal Information）**沒有被充分利用，而這部分資訊可以在一定程度上補充空間解析度的損失，有助提高超解析度效果。

因此，對視訊超解析度任務來說，其核心任務就是利用多幀資訊在時序上帶來的資訊補充。根據對多幀資訊利用方式的不同，視訊超解析度模型大致可以分為兩大主要類別：一類是顯式計算並對不同幀或不同幀的特徵圖進行對齊，並將對齊結果合併輸入主幹模組進行計算；另一類是隱式計算不同幀的資訊融合，即將多幀直接輸入網路，並透過特殊的網路拓撲結構強制不同幀之間的資訊進行交流。下面分別對這兩類模型進行簡單介紹。

首先是顯式計算不同幀間對應關係的策略。由於視訊中前後幀之間的內容通常會有位移，因此為了準確利用相同目標的多幀資訊，一個主要的任務就是將不同幀進行對齊。不同幀的對齊可以在影像層面進行，比如，先將不同的幀對齊到參考幀，然後合併輸入網路；也可以在特徵圖層面進行，即將屬於相同內容的特徵向量對齊，以便網路模組可以更好辨識那些特徵向量是否屬於同一物體內容。常見的幀間對齊方案就是之前提到的光流演算法，利用光流可以對不同幀間的運動進行估計和補償。另一類方案是利用**可變形卷積（Deformable Convolution，簡寫為 DeformConv 或 DCN）**學習對應特徵之間的偏移量，其計算示意圖如圖 4-45 所示。

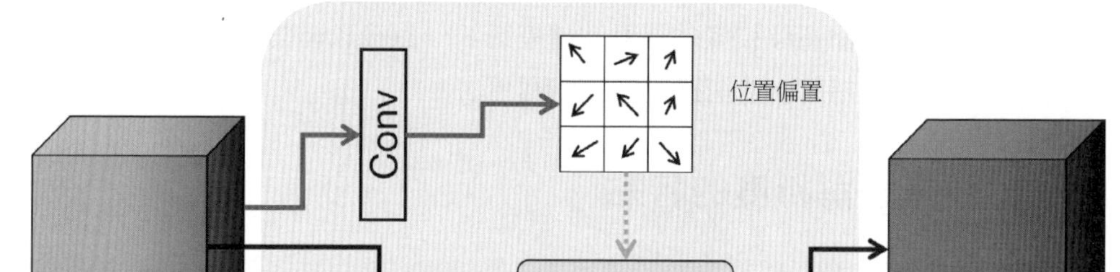

▲ 圖 4-45 可變形卷積計算示意圖

可變形卷積的目的在於超越普通卷積受限於卷積核心範圍及規則形狀的缺陷，試圖採用可學習的參數位置偏置來決定對每個像素點來說，哪些點可用來對該位置進行計算。它的基本操作如下：對於一個特徵圖，首先透過卷積操作學習一個位置偏置特徵圖，其中每個點輸出一個和卷積核心大小相同的（如 3×3）

偏置矩陣，用於表示卷積核心中對應位置的權重值所加權的那個向量所在的位置。透過數學形式可以更清晰地表達這個過程，對於普通卷積，其數學形式如下：

$$y(\boldsymbol{p}_0)=\sum_{\boldsymbol{p}_n\in R} w(\boldsymbol{p}_n)x(\boldsymbol{p}_0+\boldsymbol{p}_n)$$

式中，$\boldsymbol{p}_0$ 表示當前處理的點；$\boldsymbol{p}_n$ 表示其卷積核心範圍 R 內的點的相對座標，上式表達的含義即對原影像當前點的卷積核心範圍內各點進行加權求和，得到輸出對應點的值。而 DeformConv 的數學形式可以寫成：

$$y(\boldsymbol{p}_0)=\sum_{\boldsymbol{p}_n\in R} w(\boldsymbol{p}_n)x(\boldsymbol{p}_0+\boldsymbol{p}_n+\Delta\boldsymbol{p}_n)$$

可以看出，可變形卷積與普通卷積的差別在於它對輸入影像像素取點的座標加了一個偏置項 Δp_n，該項就是透過卷積學習到的每個點的偏置座標，對於 Δp_n 不為整數的情況，需要進行插值獲取其輸入位置對應的值。透過可變形卷積，不同位置的特徵可以自我調整地進行對齊，從而利用相鄰幀的特徵對當前幀的特徵進行強化，更充分地利用時序資訊。基於可變形卷積的視訊超解析度模型有 EDVR（Enhanced Deformable convolution Video Restoration）、BasicVSR++ 等。

基於隱式提取相鄰幀之間時序關係的想法也可以透過不同的方案實現，比如，利用 3D 卷積可以直接對不同幀鄰近區域的相關性進行自我調整的整合，從而獲得比 2D 空間卷積更豐富的資訊。另外一種更常見的方案是將 RNN（Recurrent Neural Network，循環神經網路）的想法引入 VSR 任務。由於視訊的時序性，VSR 任務天然適合用 RNN 的形式進行處理，即將每個幀及其特徵作為一個時序節點，然後考慮前一幀的內容和計算得到的隱狀態（Hidden State）資訊，對當前幀的處理進行指導。對於這類方案的改進實際上就是對 RNN 結構的改進，如考慮雙向連接、稠密連接等。這些改進也被實驗證明對 VSR 任務是有效的。

視訊超解析度任務也有很多經典且效果較好的模型。這裡選擇以較為經典的 BasicVSR 模型及其改進版：BasicVSR++，以及適應真實退化的 RealBasicVSR

模型為例進行討論，透過這些模型的設計方式與改進策略，進一步理解視訊超解析度演算法的關鍵問題。

4.6.2 BasicVSR、BasicVSR++ 與 RealBasicVSR

首先介紹 **BasicVSR 模型** [24]，其也是這一系列工作的最初版本。BasicVSR 模型的設計是基於對視訊超解析度整個流程的分析開始的。對視訊超解析度模型來說，通常可以將其中的模組按照必要的功能分為四個部分：**資訊傳播（Propagation）**、**對齊策略（Alignment）**、**特徵整合（Aggregation）**、**上採樣（Upsampling）**。下面分別對它們介紹。

首先，資訊傳播指的是不同幀之間資訊的傳遞方式，不同的模型處理方式有只依賴局部資訊（只考慮一個鄰域視窗中的幾幀 LR 影像）傳播、單向傳播（Unidirectional，資訊從前向後沿著時間順序從首幀傳播到末幀）及雙向傳播（Bidirectional，從前向後和從後向前傳播）。對這三種方式來說，局部資訊傳播由於沒有充分利用更長距離的資訊，因此限制了其演算法上限；而對單向傳播來說，前面的幀可以利用的資訊相比於後面的幀要少，從而導致不同幀的資訊不均衡，也限制了整體的處理效果。雙向傳播方式相對更優，可以更加充分地利用整個視訊幀序列的資訊，從而獲得更好的效果。BasicVSR 模型就採用了這種雙向傳播方式對各幀的資訊進行流通。

對齊策略在不同模型中也有所區別，有的模型不進行對齊，直接進行處理。對需要對齊的模型，可以採用光流、DCN、相關性等計算方式，對齊從操作物件上來說也可以分為對輸入幀影像的對齊，或對不同幀特徵圖的對齊。實驗表明，不進行對齊會有效果上的損失，因此對齊操作在視訊超解析度任務中是必要的，而相比於影像層面的對齊，特徵層面的對齊效果更好。因此，在 BasicVSR 模型中，採用了基於光流的特徵層面對齊策略，對齊後的特徵圖送入多級殘差模組中進行修正。對於特徵整合和上採樣兩個部分，BasicVSR 模型沿用了超解析度任務中常用的多次卷積 +PixelShuffle 上採樣的模式。BasicVSR 模型的整體結構如圖 4-46 所示。

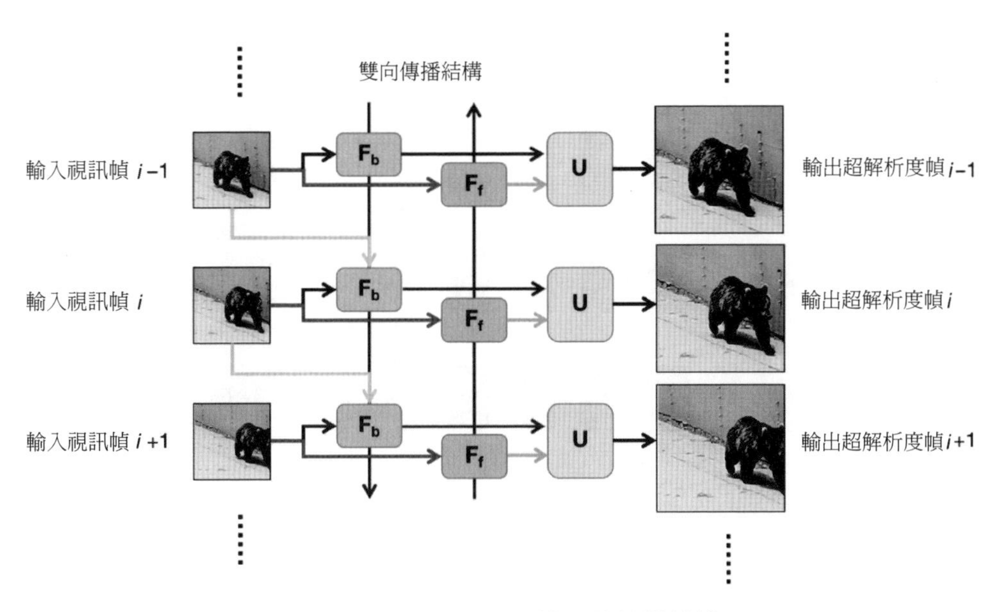

▲ 圖 4-46 BasicVSR 模型的整體結構

BasicVSR 模型的設計使其可以在較快的執行速度下獲得當時最佳的效果。在 BasicVSR 模型的基礎上增加兩個新的機制：**資訊填充（Information Fill）**和**耦合傳播（Coupled Propagation）**，可以得到加強版的 IconVSR 模型，其中資訊填充用來防止對齊不準導致的誤差累積，而耦合傳播則對原本獨立傳播的兩個方向建立聯繫。IconVSR 模型以較少的計算量為代價，將 BasicVSR 模型的效果又進行了一定的提升。在後續的研究中，也通常將 BasicVSR 模型作為一個較強的基準線進行對比。

BasicVSR 模型的改進版本就是 **BasicVSR++ 模型** [25]，它主要在資訊傳播和對齊模組的計算上對 BasicVSR 模型進行了最佳化，其整體架構如圖 4-47 所示。

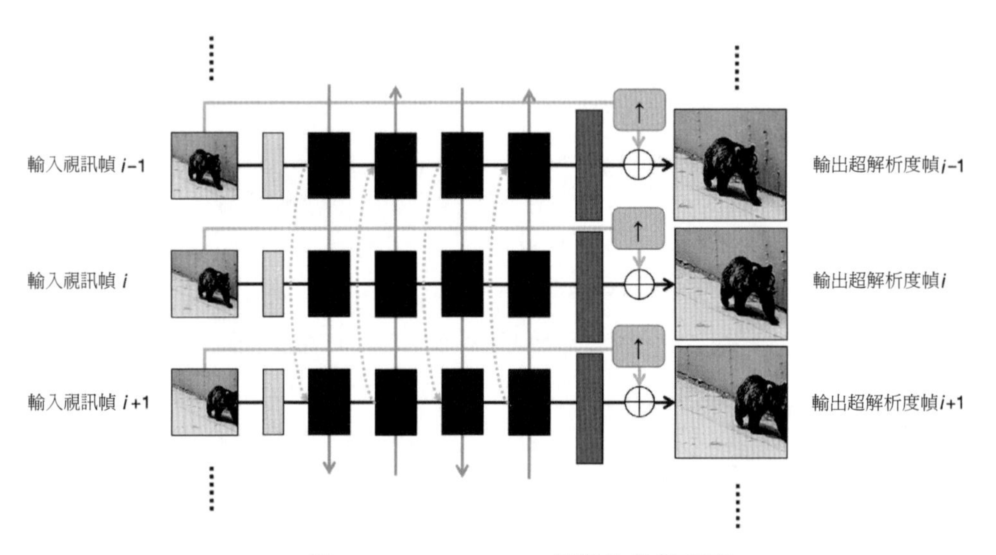

▲ 圖 4-47 BasicVSR++ 模型的整體架構

從圖 4-47 可以看出，BasicVSR++ 模型的資訊傳播方式比 BasicVSR 模型的更加複雜，相比於 BasicVSR 模型的雙向傳播方式，BasicVSR++ 模型採用了**二階網格傳播（Second-order Gird Propagation）**方式，可以更加高效率地實現特徵資訊的傳播。這種方式以交替正向 / 反向的方式傳遞各幀特徵，並且，該方式不僅直接考慮前後幀的聯繫，還增加了二階連接（圖中的虛線連接部分），從而可以在遮擋等情況下獲得更好的資訊傳播的堅固性。對於對齊操作，BasicVSR++ 模型設計了**光流引導的可變形模組（Flow-guided Deformable Module）**，其基本結構如圖 4-48 所示。由於直接訓練 DCN 容易不穩定，而光流恰好是一個合適的初步估計的偏移量，因此，可以先透過光流對特徵圖進行映射，然後計算 DCN 的偏移量，用來對光流偏移進行修正。最後，將光流和預測的殘差偏置結合，得到最終的偏移量，傳入 DCN 模組實現可變形卷積。這個模組相比於光流對齊具有更大的靈活性和多樣性，有助更進一步地融合具有相關性的特徵資訊。

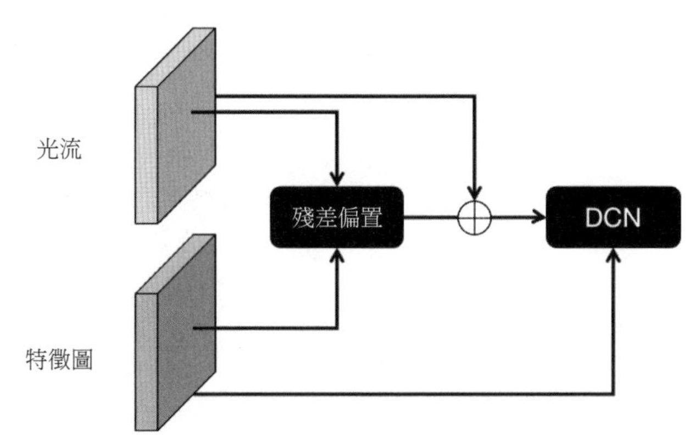

▲ 圖 4-48 光流引導的可變形模組的基本結構

實驗表明，BasicVSR++ 模型可以在與 BasicVSR 模型和 IconVSR 模型相似的參數量和計算量下，獲得明顯的效果提升。消融實驗也分別證明了 BasicVSR++ 模型中設計和修改的各個模組的有效性。

以上方案主要集中於對網路結構和整體計算流程的最佳化，其測試處理的通常也是基於 BI 等固定退化的視訊資料。然而對真實世界的視訊超解析度任務來說，每幀的影像往往還伴隨有雜訊、壓縮假影等其他退化，對於這樣的輸入資料，利用多幀資訊傳播的想法反而可能放大這些雜訊和壓縮假影，使輸出效果退化。為了解決真實世界視訊超解析度問題，**RealBasicVSR**[26] 模型基於 BasicVSR 模型增加了新的**清洗模組（Cleaning）**對輸入影像進行處理，抑制原始輸入影像中的雜訊和壓縮假影，防止在傳播過程中影響整體的超解析度效果。RealBasicVSR 模型的基本架構如圖 4-49 所示。

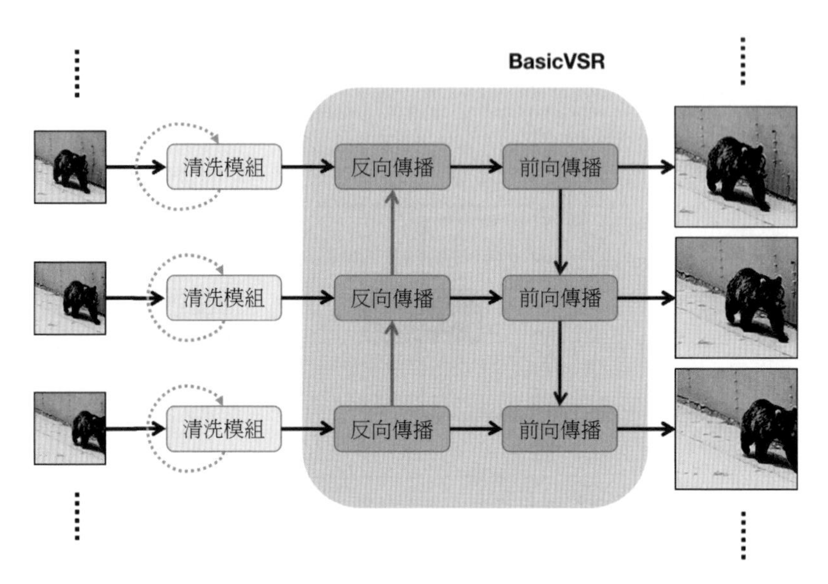

▲ 圖 4-49 RealBasicVSR 模型的基本架構

對清洗模組處理輸入的真實退化 LR 影像幀來說，往往一次處理不能獲得期望的效果，因此 RealBasicVSR 模型中採用了**動態修正（Dynamic Refinement）**策略，透過自我調整地進行多次清洗處理，使得輸入進後續 BasicVSR 結構的結果可以取得雜訊壓制與細節保留之間的折中平衡。另外，RealBasicVSR 模型還在訓練策略上進行了最佳化，比如，在訓練資源有限的情況下優先選擇增加序列長度，以及利用隨機退化以減少訓練負荷並提高堅固性。最終，利用退化的前置處理與長期資訊傳播機制，RealBasicVSR 模型在真實退化的視訊資料上獲得了更好的細節恢復與細節生成功能。

4.7 超解析度模型的最佳化策略

這裡簡單探討幾個針對超解析度任務的最佳化策略，包括基於分頻分區域處理的模型設計、針對細節紋理的恢復策略、可控可解釋的畫質恢復與超解析度。透過對這些最佳化策略的分析和思考，讀者可以更深入地理解超解析度任務的困難和可用的想法，有助在業務場景落地和實驗研究中找到可能的突破口。

4.7.1 基於分頻分區域處理的模型設計

超解析度任務在本質上來說，就是恢復與補償退化和縮放遺失的高頻資訊。那麼一個自然的推論就是：影像的頻率資訊與特性可以被用來對超解析度演算法和模型設計進行最佳化。實際上，在深度學習超解析度方法的研究中，也有許多方案是基於對影像進行分頻處理（包括按照主要頻率成分進行分區域處理）的。以圖 4-50 為例，在一張影像中，如果按照一定的尺寸在空間切分區塊，那麼根據每個區塊頻率成分的不同，可以將這些區塊分成不同的類型。對於圖中的天空區域，基本沒有高頻細節，因此對於這些位置的內容，透過超解析度模型進行放大和直接進行插值上採樣差別不大，這些區塊被劃分為簡單區塊；而對於鳥翅膀位置的區塊，由於其中有豐富的高頻紋理和細節（羽毛的形狀和排列），因此在下採樣後更容易損失資訊，這些部分就是困難區塊；而介於兩者之間的，如鳥腹部的中頻佔主導的區塊就被劃分為中等區塊。

▲ 圖 4-50 分頻分區域處理的動機與基本觀察

如果人們能將影像按照重建難度進行合理的劃分，那麼一個直接的用處就是減少模型設計的成本。對簡單區塊，由於任務難度低，網路的複雜性增加不會帶來更多增益（甚至還會帶來效果下降），因此，可以用較小的網路來實現這些位置的超解析度處理。而對困難區塊，則需要增加模型的複雜性以提高其表達能力。透過這種自我調整的處理，對於一張既有困難區塊又有簡單區塊的輸入影像來說，就可以在保持整體效果的情況下實現網路的輕量化。

這種方式的代表性網路有 **FADN（Frequency-Aware Dynamic Network）[27]**、**ClassSR[28]**、**APE（Adaptive Patch Exiting）[29]** 等。FADN 以 DCT 頻域變換的結果作為引導，利用網路學習區分不同頻率成分（不同難度）的像素，然後透過一個多支路的動態殘差模組（Dynamic Resblock）進行超解析度處理，對困難訊號採用複雜模組，對簡單的低頻則採用簡單操作，從而提高整體效率。ClassSR 主要由分類別模組（Class Module）和超解析度模組（SR Module）組成，分類別模組用於將影像區域分類成困難區塊、簡單區塊、中等區塊，以便輸入後續不同大小的超解析度模組中。分類別模組與超解析度模組共同作用於最後的結果，兩個模組都進行訓練最佳化。APE 透過對 LR 影像進行分區塊的處理，並透過每個區塊在經過超解析度模組各層後的容量增量（Incremental Capacity）判斷該層是否必要。如果增量較小，那麼即可在該層退出（Exiting）。而在哪個位置退出則由另一個回歸網路進行回歸預測。這樣的設計本質上來說還是利用了不同區塊的頻域特性不同的特點，從而動態調整對於不同屬性區塊的處理方案，既能提高效率又能避免高複雜度模組對於簡單區塊的過擬合，從而提高輸出效果。

4.7.2 針對細節紋理的恢復策略

超解析度任務中的另一個關鍵問題是對紋理資訊的恢復。在本章開頭的討論中，本書已經詳細說明了超解析度問題的病態性，僅依靠低解析度影像中的低頻資訊較難準確地對已損失的高頻資訊進行恢復，因此才有了對視覺感知效果與保真度之間的平衡問題。對於追求復原清晰度的情況來說，在複雜紋理和細節區域（如草地、密集樹葉等）容易出現明顯不自然的假影，這種效果往往是不能被接受的。僅靠低頻資訊無法確定要恢復的高頻紋理類型，因此需要借助於其他資訊施加先驗。

基於該想法的經典模型就是 **SFT-GAN（Spatial Feature Transform GAN）模型 [30]**，該模型利用影像語義分割計算出的各區域語義類別資訊對超解析度模型進行條件控制，從而使生成出來的高頻紋理細節符合對應的語義類別分佈。SFT-GAN 的基本結構如圖 4-51 所示。

可以看出，SFT-GAN 模型首先需要透過一個語義分割網路對輸入的 LR 影像進行分割，獲得各位置的語義資訊（經過 Softmax 處理後的各類別機率圖形式）作為條件（Condition），然後透過**空間特徵轉換層（SFT 層**，前面曾經簡單提到過）將語義資訊嵌入到超解析度網路中。SFT 層對條件輸入進行映射，得到一個縮放係數張量與偏移係數張量，然後以這兩個係數對超解析度模組中的特徵圖進行仿射變換，得到輸出 $y=\gamma x+\beta$。該操作將影像的語言資訊納入超解析度網路的訓練中，從而使得超解析度網路對於密集紋理區域的恢復有了合適的參考和條件，從而在訓練時學習到基於類別先驗的條件來生成不同紋理的效果。

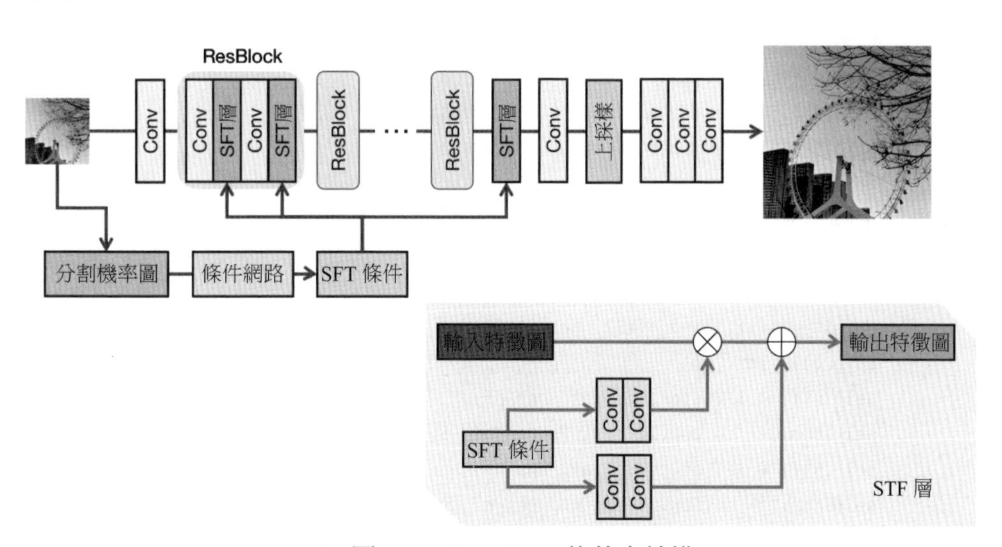

▲ 圖 4-51 SFT-GAN 的基本結構

為了更準確地展示 SFT 層的操作，下面舉出了一個 SFT 層的 PyTorch 實現程式。

```
import torch
import torch.nn as nn
import torch.nn.functional as F

class SFTLayer(nn.Module):
    def __init__(self, cond_nf=32, res_nf=64):
        super().__init__()
        self.calc_scale = nn.Sequential(
            nn.Conv2d(cond_nf, cond_nf, 1, 1, 0),
            nn.LeakyReLU(0.1, inplace=False),
            nn.Conv2d(cond_nf, res_nf, 1, 1, 0)
        )
        self.calc_shift = nn.Sequential(
            nn.Conv2d(cond_nf, cond_nf, 1, 1, 0),
            nn.LeakyReLU(0.1, inplace=False),
            nn.Conv2d(cond_nf, res_nf, 1, 1, 0)
        )
    def forward(self, cond, feat):
        gamma = self.calc_scale(cond)
        beta = self.calc_shift(cond)
        print("[SFTLayer] gamma size: ", gamma.size())
        print("[SFTLayer] beta size: ", beta.size())
        out = feat * (gamma + 1) + beta
        return out

class ResBlockSFT(nn.Module):
    def __init__(self, cond_nf=32, res_nf=64):
        super().__init__()
        self.stf0 = SFTLayer(cond_nf, res_nf)
        self.conv0 = nn.Conv2d(res_nf, res_nf, 3, 1, 1)
        self.stf1 = SFTLayer(cond_nf, res_nf)
        self.conv1 = nn.Conv2d(res_nf, res_nf, 3, 1, 1)
        self.relu = nn.ReLU(inplace=True)
    def forward(self, cond, feat):
        out = self.stf0(cond, feat)
        out = self.relu(self.conv0(out))
```

```
        out = self.stf1(cond, out)
        out = self.conv1(out) + feat
        return cond, out

if __name__ == "__main__":
    cond = torch.randn(4, 32, 16, 16)
    feat = torch.randn(4, 64, 16, 16)
    block = ResBlockSFT(cond_nf=32, res_nf=64)
    out = block(cond, feat)
    print(f"[ResBlock SFT] cond size: {out[0].size()}, \n"\
          f"     feat size: {out[1].size()}")
```

測試輸出結果如下所示。

```
[SFTLayer] gamma size:  torch.Size([4, 64, 16, 16])
[SFTLayer] beta size:  torch.Size([4, 64, 16, 16])
[SFTLayer] gamma size:  torch.Size([4, 64, 16, 16])
[SFTLayer] beta size:  torch.Size([4, 64, 16, 16])
[ResBlock SFT] cond size: torch.Size([4, 32, 16, 16]),
     feat size: torch.Size([4, 64, 16, 16])
```

為了展示語義類別先驗的有效性，這裡利用預訓練好的 SFT-GAN 模型對 LR 影像進行推理測試，並手動對 SFT-GAN 模型的條件張量（即類別機率圖）進行調整，使其被判別為任意不同類別，並作為約束傳入超解析度模型進行推理，不同語義類別恢復出的結果如圖 4-52 所示（實驗採用了官方程式及預訓練模型）。

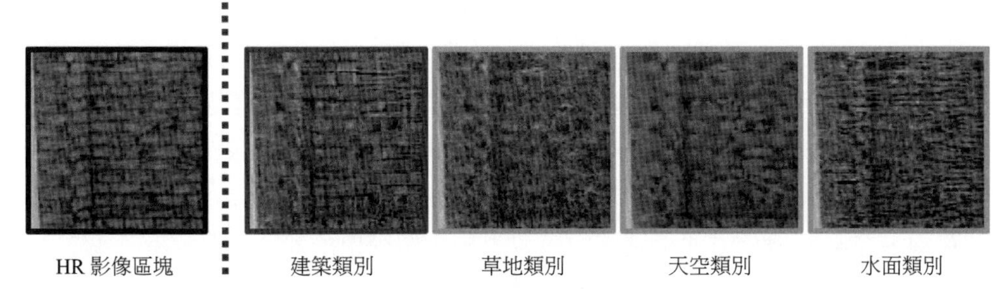

▲ 圖 4-52 不同語義類別恢復出的結果

可以看出，該圖原本真實的類別為建築，因此加入正確的語義類別指導後，得到的細節紋理傾向於磚塊的模式。而如果將這個類別改為天空、水面、草地等，其紋理形態就會發生變化，更傾向於目標類別的紋理。這個效果說明了語義類別對於紋理恢復的有效性。

除了 SFT-GAN 模型的語義類別指導紋理恢復的方案，還有一類方案透過提供高解析度參考圖（記為 Ref）來輔助細節的恢復。這類任務通常被稱為**基於參考的超解析度（Reference-based Super-Resolution，RefSR）任務**。這類方案的重點在於如何有效利用參考高解析度圖的資訊，以及如何進行模式的查詢與匹配。基於這類設定的方案有 **TTSR（Texture Transformer SR）**[31]。該方案利用注意力機制，自我調整計算 LR 影像中各個位置與 Ref 中各個位置的相關性（即作為 Q 和 K），並用來利用 Ref 中的高品質特徵（作為 V）。實驗表明，對超解析度任務來說，增加具有相關性的高解析度參考圖，對於降低超解析度任務的病態性、壓縮解空間從而恢復更真實的紋理很有幫助。

4.7.3 可控可解釋的畫質恢復與超解析度

最後介紹另一個超解析度模型的最佳化策略：**可調可解釋**。在影像恢復相關任務中，相比於傳統方法來說，深度學習和神經網路模型的很大的弱點就在於其可解釋性與可控性差。儘管在統計意義上來說，基於網路模型的超解析度演算法能夠獲得更好的效果，但是在某些需求下，如輸入分佈與訓練集有差異、輸出效果過強或過弱、某些壞案例（Badcase）需要進行特殊調整等，經典的超解析度演算法往往無法調節，導致效果可能不符合預期，對不同場景和任務的泛化性能也受到限制。

對複雜退化的 LR 影像來說，通常需要訓練時所採用的退化強度與類型與測試場景盡可能一致，否則會出現過度處理或處理不足的問題。對於雜訊和假影，如果處理不足會有殘留，而處理過度則又會過於平滑；對於去模糊、銳化和超解析度，如果處理不足則不夠清晰，處理過度又會在邊緣處產生假影。在實際任務中，在某個退化方式下訓練的模型對於一個固定的輸入往往只有一個對應的輸出，這個輸出中的各方面處理強度是固定的。為了讓處理程度可以調節，需要在現有模型的基礎上額外設計一些策略或模組，以暴露出介面，方便使用時進行調節。

調整輸出效果的一種最簡單也最直觀的方法，就是前面提到過的 ESRGAN 中採用的網路插值策略，即對兩個網路的權重線性組合並連續調節其係數，以達到 PSNR 導向和 GAN 導向的兩種狀態間平滑過渡的輸出結果。但是真實世界的退化往往是多樣的，因此需要設計多種類型退化的調整方案，並儘量使最終效果可解釋（這裡的可解釋指的是符合人們對於參數調整的直觀預期，類似影像處理傳統方法中可設置的參數，如高斯模糊的濾波器大小，與最終效果即模糊程度的關係）。

針對上述問題的經典模型是 **CResMD（Controllable Residual Multi-Dimension）**[32] 模型，它透過調節係數達到生成影像效果的連續，並且具有實際意義（如代表降噪強度、去模糊強度等），在測試推理階段，可以透過對話模式，人為設定降質類型與程度係數，以達到可控制處理效果的目的。CResMD 模型的主要優勢在於它可以獨立控制不同退化維度的強度控制效果，平衡不同降質過程帶來的影響。CResMD 模型結構示意圖如圖 4-53 所示。

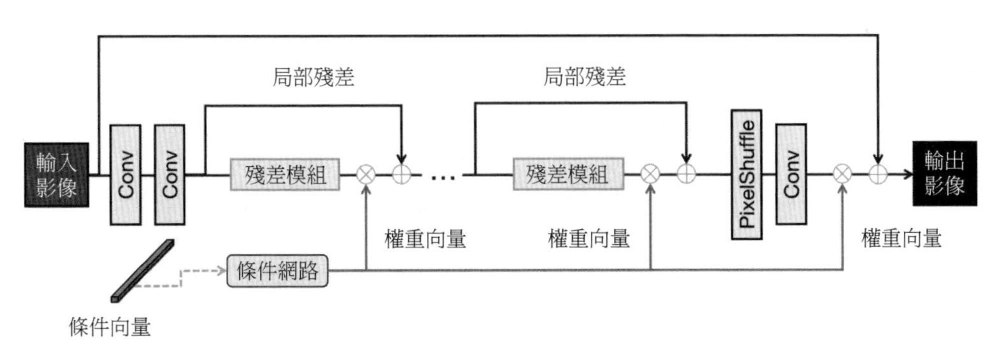

▲ 圖 4-53 CResMD 模型結構示意圖

參考圖 4-53 可以看出，CResMD 模型對控制參數的利用方式是這樣的：首先，對網路主幹來說，採用的是殘差結構的串聯，而條件向量映射到的權重則透過相乘的方式作用在殘差分支上，以控制殘差的影響程度。從結構上來說，這種控制既有局部的控制（單一 ResBlock 殘差乘數），又有全域的控制（整個網路殘差學習的乘數）。如果某個乘數為 0，則相當於跳過了該模組的處理（沒有加入該模組的殘差），遮罩掉了該步驟對結果的影響。

下面對降噪和去模糊這兩個維度的參數進行調整，並輸出對應的處理結果，CResMD 模型不同參數的效果示意圖如圖 4-54 所示。可以看到，參數所在的維度及其數值大小與其對應的處理方式具有直觀的可解釋性，這種性質在實際應用中是很有意義的。

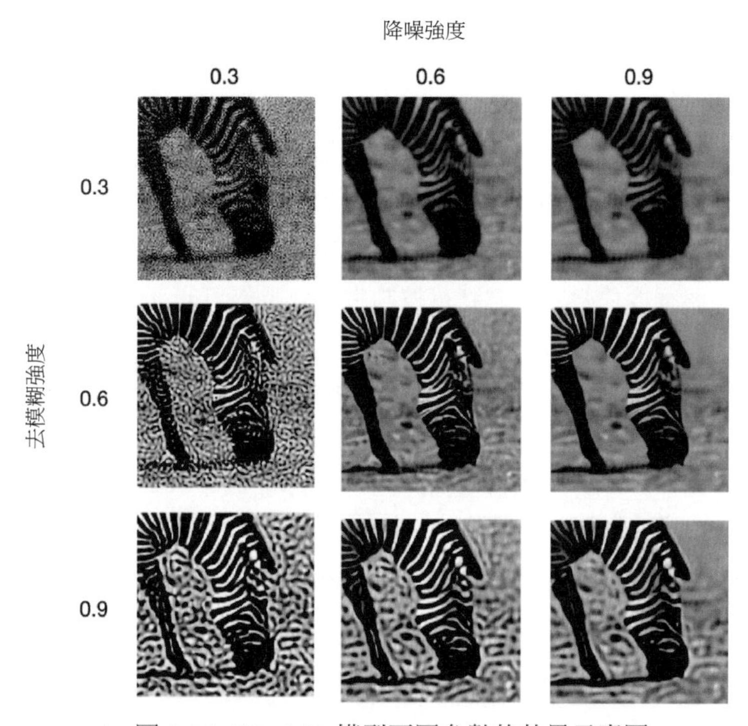

▲ 圖 4-54 CResMD 模型不同參數的效果示意圖

另一個經典的可控可解釋的影像恢復模型是 **AdaFM（Adaptive Feature Modification，動態特徵調變）模型** [33]，它的目的是實現對影像恢復效果的連續平滑的調變，使得輸出影像在過銳（Over-sharpening）和過平滑（Over-smoothed）之間進行折中和過渡。AdaFM 模型基於對以下現象的觀察：對不同的恢復程度來說，卷積模型的濾波器在形態模式上非常接近，只是在尺度和方差上有所不同，另外，透過調整特徵圖和濾波器的統計量，可以讓輸出有一個連續平滑的變化過程。既然有上述性質，那麼自然就會想到，是否可以設計一個特殊的層，用於對濾波器進行處理，從而實現調變。

AdaFM 模型正是基於這個想法設計的，它對普通的殘差模組（包括整體的殘差連接）進行改進，在卷積後面插入了 AdaFM 層用於對濾波器進行調變。AdaFM 模型調變的殘差模組示意圖如圖 4-55 所示。

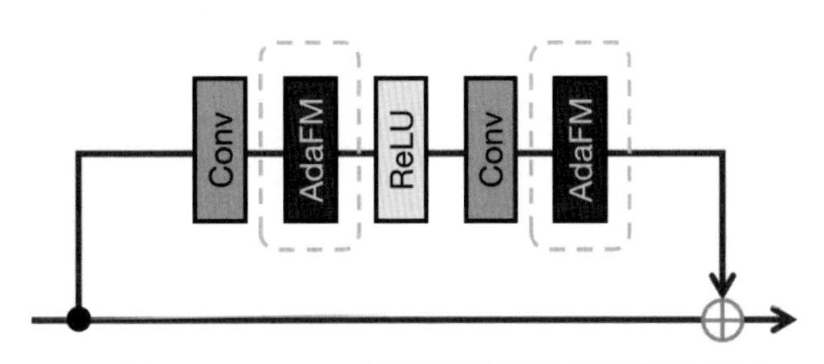

▲ 圖 4-55 AdaFM 模型調變的殘差模組示意圖

AdaFM 層的實現採用了**深度可分離卷積（Depth-wise Convolution）**，在訓練過程中，首先不加入 AdaFM 層（相當於 AdaFM 層的卷積核心都是恆等映射的卷積核心），在初始的恢復強度上直接訓練一個基礎版本的影像恢復網路，然後固定訓練好的網路並加入 AdaFM 層，只對 AdaFM 層進行微調，擬合一個最強恢復程度的結果。實驗表明，只需要對 AdaFM 層進行微調，就能得到與從頭訓練基礎版本模型類似的效果（這也說明了觀察到的現象的普適性）。當訓練好網路後，就可以設置一個參數，類似於網路插值的方式，在恆等映射和訓練好的 AdaFM 濾波器之間進行插值，得到中間結果，透過調整這個參數即可獲得不同恢復程度的結果。

MEMO

5 影像去霧化

本章主要介紹**影像去霧化（Image Dehazing）**任務及相關的演算法。在天氣或空氣污染等因素下，受到霧霾對於光線的影響，成像得到的結果往往呈現出低對比度、低飽和度，整體畫面泛白發蒙，以及部分區域細節遺失等問題（見圖 5-1），嚴重影響影像畫質和視覺觀感。在某些場景，如監控裝置、無人駕駛等應用中，影像的有霧退化還會影響對於路況和場景資訊的進一步辨識和判讀，因此，對有霧影像進行去霧化是非常有必要的。

(a) 有霧影像

(b) 無霧影像

▲ 圖 5-1 有霧影像與無霧影像對比範例

去霧化演算法可以改善受到霧天影響的影像品質，從而去除霧霾感，提高對比和通透性，恢復之前難以辨識的細節。在本章中，我們將首先簡述有霧影像的成因，以及解決去霧化任務的幾種不同方案。然後，對其中基於物理模型和基於深度學習的相關經典演算法介紹。

5.1 影像去霧化任務概述

為了更進一步地設計演算法和方案處理有霧影像，需要先對有霧退化的物體成因進行分析。在本節中，我們先對有霧影像的形成過程及造成的退化特點介紹，然後對當前常見的幾類去霧化演算法的基本想法進行整理。

5.1.1 有霧影像的形成與影響

有霧場景通常出現在有霧霾天氣或大氣污染嚴重的區域，在這些場景中，空氣中懸浮著大量的微小顆粒，包括水滴、灰塵、煙霧和各種其他雜質等。這些顆粒會對光線產生一定程度的**散射（Scattering）**和**吸收（Absorption）**作用，當對場景中的物體進行拍攝時，到達鏡頭的光線就會與正常天氣下的情況不同，從而表現出低對比度、整體發亮、細節不清晰的特點。

散射指的是光線受到障礙物影響改變方向，從而向著各個方向傳播行進的現象。根據散射的特點和性質不同，人們將散射分為不同的種類，如平時常見的引起天空變藍和夕陽變紅的**瑞利散射（Rayleigh Scattering）**，就是光線受到分子和原子等級的障礙物而產生的散射，它的散射強度與波長有關，由於大氣中充滿了氮氣、氧氣等物質，因此太陽光（白光）照射進大氣層後，短波的藍紫光散射較強，從而使得天空呈現藍色；而長波的紅光散射較弱，因此在拂曉和傍晚的長距離散射中，就只保留下了沒有被散射掉的紅光，使得朝陽和夕陽呈現紅色。另一種常見的散射是**米氏散射（Mie Scattering）**，米氏散射主要產生於光線與光的波長相當甚至更大的障礙物之間，如煙霧、灰塵、氣溶膠等。米氏散射的強度與波長無關，散射光線多呈現灰白色。米氏散射由於發生於體積較大的微粒中，因此常產生於微粒較大、較為充分的大氣的低層，比如，雲彩的顏色就會受到米氏散射的影響。

在霧天場景中，受到空氣媒體中較大顆粒懸浮物米氏散射的影響，被攝物體反射的光線能量衰減，從而進入相機的有效訊號的亮度變弱，並且對比度和飽和度降低。另外，霧霾顆粒對太陽光的散射，還會引入一定強度的背景光，使得成像出來的結果發白、發蒙，並損傷部分細節。

為了更進一步地對這個退化過程進行定量的分析和模擬，人們引入了**大氣散射模型（Atmospheric Scattering Model）**對有霧退化進行模擬。下面就來詳細介紹該模型的數學形式及其對應意義。

5.1.2 有霧影像的退化：大氣散射模型

前面介紹了霧天對於成像的兩個主要影響，即散射造成的反射光線的衰減，以及背景大氣光的引入。大氣散射模型主要對這兩個影響進行模擬，其常見的數學形式如下：

$$\boldsymbol{I}(x)=\boldsymbol{J}(x)t(x)+\boldsymbol{A}[1-t(x)]$$

式中，$\boldsymbol{I}(x)$ 表示在霧天成像的結果影像，即**有霧影像（Hazy Image）**；$\boldsymbol{J}(x)$ 代表目標物體未經過透射衰減的反射光，通常稱為**場景輻射（Scene**

Radiance），可以視為該項就是需要透過去霧化演算法恢復的無霧影像或有效訊號；$t(x)$ 表示**媒體透射**（**Medium Transmission**），它表示的是沒有被散射而被成像裝置捕捉到的光線數量；A 為**全域大氣光**（**Global Atmospheric Light**），即前面提到的太陽光等光源透過各霧氣顆粒的散射而形成的背景光。

媒體透射 $t(x)$ 與場景的深度有關，通常可以建模為以下形式：$t\left(x\right)=\mathrm{e}^{-\beta d(x)}$，其中 $d(x)$ 表示該點場景深度，β 稱為**大氣散射係數**（**Scattering Coefficient of Atmosphere**）。可以看出，景深越大，$t(x)$ 越小，即透射過來的目標物體反射光線越弱，從視覺上來說，這些位置的霧就越「厚」，清晰度也越差。對於極限情況，如果 $d(x)$ 趨於無限大，那麼媒體透射就趨向於 0，也就是無有效訊號，該位置全部為全域大氣光的背景。大氣散射模型示意圖如圖 5-2 所示。

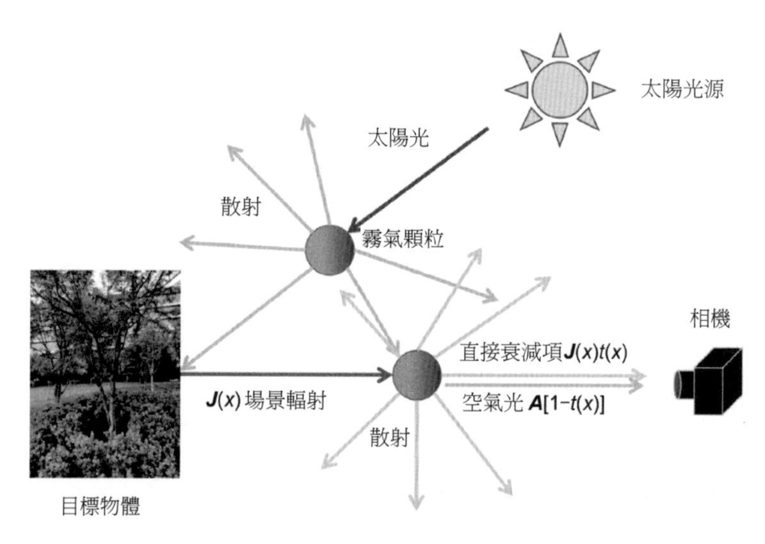

▲ 圖 5-2 大氣散射模型示意圖

在該模型的右邊有兩項，其中 $J(x)t(x)$ 表示的是目標物體反射的光線在有霧的空氣媒體中衰減的情況，因此該項通常被稱為**直接衰減項**（**Direct Attenuation**）。而 $A[1\text{-}t(x)]$ 則表示大氣背景光被加入到最終的觀察結果中的數量，這一項通常被稱為**空氣光**（**Airlight**）。對 RGB 三通道圖來說，空氣光的加入會對場景產生色偏。由於 $J(x)$ 和 A 的權重之和為 1，因此，從數學角度來看，$I(x)$ 相當於 $J(x)$ 和 A 點連線中的點，$t(x)$ 控制該點在連線線段上的行動位置。

對去霧化任務來說，相當於已知 $I(x)$ 項，需要求解 $J(x)$、A 和 $t(x)$ 這三項。可以看出，該問題本身也是一個未知數大於約束項的欠定問題（與之前提到的盲超解析度等任務類似），因此需要施加一定的先驗才能進行求解，這也是基於物理模型的去霧化演算法要處理的核心問題。

5.1.3 去霧化演算法的主要想法

常見的去霧化演算法主要可以分為以下三類：基於**影像增強**的去霧化演算法、基於**物理模型**的去霧化演算法、利用**深度學習和神經網路**的去霧化演算法。

基於影像增強的去霧化演算法將去霧化問題看作一個對低對比度、低飽和度影像增強的問題，即透過影像處理的方式提高影像的對比度、色彩飽和度，並且恢復一些觀感上不清晰的細節。因此，這類演算法不侷限於對於霧天退化的有霧影像的處理，對於所有具備類似失真的影像，或有提高對比需求的情況都可以處理。這類演算法一般是比較通用的，如之前討論過的直方圖均衡化演算法、局部自我調整的直方圖均衡化演算法，以及基於小波變換域處理的各種演算法都可以實現提高對比從而改善有霧影像品質的效果。另外，其他的通用影像增強演算法，諸如**同態濾波（Homomorphic Filtering）**、**Retinex 演算法**等也可以用來處理去霧化任務。

基於物理模型的去霧化演算法主要建立在前面討論的大氣散射模型的基礎上，透過對物理退化過程進行建模和逆向求解，得到退化的各種參數，從而進行反變換去除霧氣退化的影響。相比於基於影像增強的去霧化演算法，基於物理模型的去霧化演算法具有很強的任務導向性和針對性，因此對於去霧化任務往往可以得到較好的結果。另外，由於未知的模型參數量較多，無法直接求解，因此需要對大量有霧和無霧影像進行研究和分析，從而挖掘有霧影像的先驗，建立可靠的約束條件對恢復問題進行求解。常見的一些先驗有暗通道先驗、顏色衰減先驗等。

最後，隨著深度學習在底層視覺任務中的進展，研究者也逐漸開始利用網路建模和資料驅動的方法來處理影像去霧化問題。與傳統方案類似，基於神經網路的去霧化演算法包括直接從有霧影像到無霧影像的點對點學習策略，採用結合物理模型的方式對其中的參數進行預測用來進行影像恢復的方案。對於這類演算法，主要問題集中在對網路結構的最佳化和改進，如增加特徵的表達能力、增加注意力機制等，也有對於訓練策略等方面進行改進的最佳化。

由於基於影像增強的去霧化演算法屬於較為通用的演算法，因此不在本章中介紹。下面對物理模型的傳統方案和深度學習方案，分別列舉幾例經典演算法進行詳細講解。

5.2 基於物理模型的去霧化演算法

本節介紹三種不同的基於大氣散射模型的傳統去霧化演算法，這些演算法主要借助一些經驗觀察或理論假設，對物理模型施加先驗減少參數量，進而求解出目標影像 $J(x)$。這三種演算法分別是基於反照係數分解的 Fattal 去霧化演算法、暗通道先驗去霧化演算法，以及顏色衰減先驗去霧化演算法。首先介紹基於反照係數分解的 Fattal 去霧化演算法。

5.2.1 基於反照係數分解的 Fattal 去霧化演算法

該演算法由 Raanan Fattal 在其文章「Single Image Dehazing」[1] 中提出，其核心想法是將 $J(x)$ 分解為 $\boldsymbol{R}(x)$ 和 $l(x)$ 的乘積，其中 $\boldsymbol{R}(x)$ 表示**表面反照係數（Surface Albedo Coefficient）**，$l(x)$ 表示**著色因數（Shading Factor）**。$\boldsymbol{R}(x)$ 是一個 RGB 空間中的三維向量，表示的是物體表面的反射情況；而 $l(x)$ 為純量，描述從物體表面反射的光線。為了減少解方程式過程中的不確定性，可以將 $\boldsymbol{R}(x)$ 視為分片常數（Piecewise Constant），因此如果只考慮一個 $\boldsymbol{R}(x)$ 相同的區域 Ω，那麼 $\boldsymbol{R}(x)$ 可以表示為 $\boldsymbol{R}$（三維常數向量）。另外，考慮到 $t(x)$ 與 $l(x)$ 的性質，即 $t(x)$ 的媒體透射率取決於場景的深度及霧的濃度，而 $l(x)$ 取決於場景的光照和物體表明的反射性質等，這樣來說，我們可以認為在一個局部上，$t(x)$ 和 $l(x)$ 是沒有關係的，因此從數學形式上來說，這兩者在 Ω 上統計無關（Statistically Uncorrelated），即 $C_\Omega(l, t) = 0$。

基於上述設定與假設，我們可以對大氣散射模型進行重新整理。首先，將大氣散射模型的數學形式改寫為

$$\boldsymbol{I}(x)=t(x)l(x)\boldsymbol{R}+\boldsymbol{A}[1-t(x)]$$

接下來，對 $\boldsymbol{R}$ 進行正交分解，分解的兩個方向分別是 $\boldsymbol{A}$ 的方向及與 $\boldsymbol{A}$ 正交的方向。對 $\boldsymbol{R}$ 和 $\mathbf{J}(x)$ 正交分解的示意圖如圖 5-3 所示。

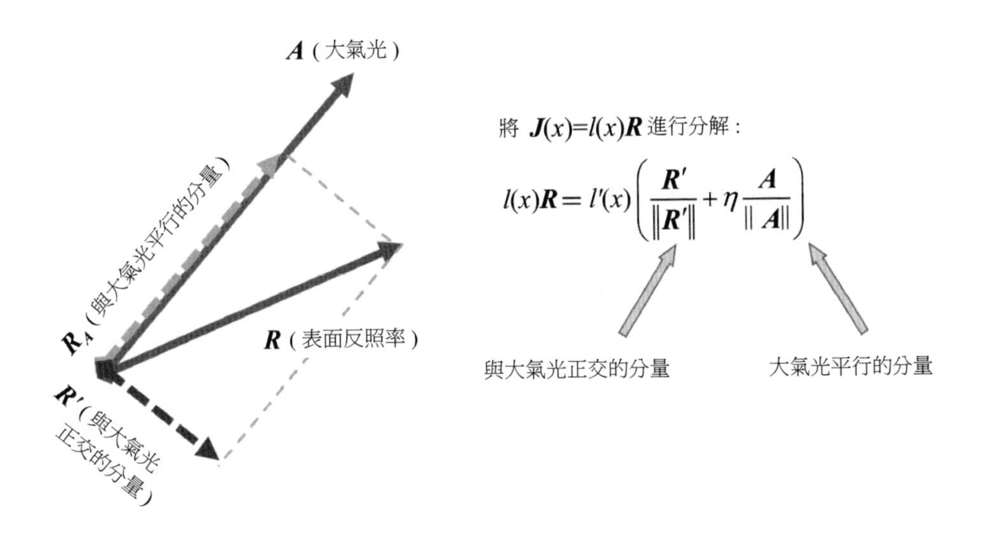

▲ 圖 5-3 對 R 和 J(x) 正交分解的示意圖

將 $\boldsymbol{R}$ 的分解結果代入 $l(x)\boldsymbol{R}$，就可以得到對於 $\boldsymbol{J}(x)$ 的分解結果，如圖 5-3 中的公式所示。其中的兩個參數以下（$<\boldsymbol{R}, \boldsymbol{A}>$ 表示兩者的內積）：

$$l'(x)=l(x)\|\boldsymbol{R}'\|$$

$$\eta=\frac{<\boldsymbol{R},\boldsymbol{A}>}{\|\boldsymbol{R}'\|\cdot\|\boldsymbol{A}}$$

然後，將上面的結果代入有霧影像（即輸入影像）的公式中，則可得到：

$$\boldsymbol{I}(x)=t(x)l'(x)\left(\frac{\boldsymbol{R}'}{\|\boldsymbol{R}'\|}+\eta\frac{\boldsymbol{A}}{\|\boldsymbol{A}}\right)+\boldsymbol{A}[1-t(x)]$$

對 $\boldsymbol{I}(x)$ 也沿著大氣光 $\boldsymbol{A}$ 和其垂直方向進行分解，對輸入有霧影像進行正交分解的示意圖如圖 5-4 所示。

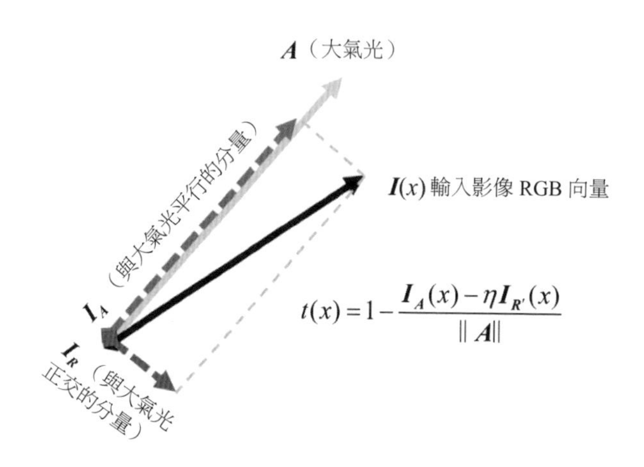

▲ 圖 5-4 對輸入有霧影像進行正交分解的示意圖

具體操作就是計算 $\boldsymbol{I}(x)$ 在 $\boldsymbol{A}$ 上的投影（內積）並除以 $\boldsymbol{A}$ 的模長，得到沿著 $\boldsymbol{A}$ 的分量 $\boldsymbol{I}_A(x)$，另一個正交分量 $\boldsymbol{I}_{R'}(x)$ 也可以由此計算得出：

$$\boldsymbol{I}_A(x)=\frac{\langle \boldsymbol{I}(x),\boldsymbol{A}>}{\|\boldsymbol{A}\|}$$
$$=t(x)l^{'}(x)\eta+[1-t(x)]\|\boldsymbol{A}\|$$

$$\boldsymbol{I}_{R'}(x)=\sqrt{\|\boldsymbol{I}(x)\|^2-\boldsymbol{I}_A(x)^2}$$
$$=t(x)l'(x)$$

觀察兩式結果可以發現，下面的分量可以代入上面，然後將透射圖 $t(x)$ 用這兩個分量進行表示（含有參數 η），結果如下：

$$t(x)=1-\frac{\boldsymbol{I}_A(x)-\eta \boldsymbol{I}_{R'}(x)}{\|\boldsymbol{A}\|}$$

如果已經有大氣光 $\boldsymbol{A}$ 的估計結果，那麼 $\boldsymbol{I}_A(x)$ 和 $\boldsymbol{I}_{R'}(x)$ 是可以透過分解得到的，那麼問題就轉為如何求解參數 η。考慮到上面的另一個假設，即 $C_\Omega(l, t) = 0$，將上面的分解結果代入，經過整理後，得到參數 η 的計算公式如下：

$$\eta = \frac{C_\Omega\left(\boldsymbol{I}_A, \boldsymbol{h}\right)}{C_\Omega\left(\boldsymbol{I}_{R'}, \boldsymbol{h}\right)}$$

其中，

$$\boldsymbol{h} = \frac{\|\boldsymbol{A}\| - \boldsymbol{I}_A(x)}{\boldsymbol{I}_{R'}(x)}$$

這樣就有了整體的從輸入和大氣光進行去霧化的整個計算步驟：首先，透過對 $\boldsymbol{I}$ 進行正交分解計算出 $\boldsymbol{h}$，然後與兩個分量計算協方差得到參數 η，將 η 代入 $t(x)$ 的運算式中計算出 $t(x)$，結合 t 和 $\boldsymbol{A}$ 即可計算出去霧化結果。

下面透過 Python 實現基於反照係數分解的 Fattal 去霧化演算法。程式如下所示。

```
import cv2
import numpy as np
import matplotlib.pyplot as plt

def estimate_trans(I, A, tmin=0.4):
    A = np.expand_dims(A, axis=[1]) # [3, 1]
    norm_A = np.linalg.norm(A)
    IA = np.dot(I, A) / norm_A # [N, 1]
    norm_I2 = np.linalg.norm(I, axis=1, keepdims=True) ** 2
    IR = norm_I2 - IA ** 2
    IR = np.sqrt(IR)
    h = (norm_A - IA) / (IR + 1e-8)
    cov_IA = np.cov(IA.flatten(), h.flatten())
    cov_IR = np.cov(IR.flatten(), h.flatten())
    eta = (cov_IA / cov_IR)[1, 0]
    t_map = 1 - (IA - eta * IR) / norm_A
```

```
    t_map = (t_map - t_map.min()) / (t_map.max() - t_map.min())
    t_map = np.clip(t_map, a_min=tmin, a_max=1.0)
    return t_map

def dehaze_fattal(img, atmo, tmin=0.3):
    H, W, C = img.shape
    I = img.reshape((H * W, C))
    t_map = estimate_trans(I, atmo, tmin)
    J = (I - (1 - t_map) * np.expand_dims(atmo, axis=[0])) / (t_map + 1e-16)
    dehazed = J.reshape((H, W, C))
    t_map = t_map.reshape((H, W))
    return dehazed, t_map

if __name__ == "__main__":

    img_path = "../datasets/hazy/house-input.bmp"
    img = cv2.imread(img_path)[:,:,::-1] / 255.0
    atmo = np.array([210., 217., 223.]) / 255.0

    out, tmap = dehaze_fattal(img, atmo)
    out = np.clip(out, 0, 1)

    plt.figure()
    plt.imshow(img)
    plt.title('hazy input')
    plt.xticks([]), plt.yticks([])

    plt.figure()
    plt.imshow(out)
    plt.title('fattal dehaze output')
    plt.xticks([]), plt.yticks([])

    plt.figure()
    plt.imshow(tmap, cmap='gray')
    plt.title('transmission map')
    plt.xticks([]), plt.yticks([])
    plt.show()
```

上面的程式實現了基於反照係數分解的 Fattal 去霧化演算法，並透過一張經典的有霧影像進行了測試，得到的效果圖如圖 5-5 所示。可以看出，該演算法可以較好地估計出透射圖，並對影像進行去霧化處理。去霧化後影像的對比度和飽和度獲得了一定程度的恢復，同時對於無霧或少霧區域也盡可能保留了原來的色彩。

(a) 輸入有霧影像

(b) 演算法的去霧化效果

(c) 演算法估計的透射圖

▲ 圖 5-5 基於反照係數分解的 Fattal 去霧化演算法效果圖

5.2.2 暗通道先驗去霧化演算法

接下來要介紹的是另一種經典的去霧化演算法：**暗通道先驗（Dark Channel Prior）去霧化演算法** [2]。該演算法是 He Kaiming 的代表成果之一，獲得了 2009 年的 CVPR Best Paper。該演算法的推導步驟與計算並不複雜，它基於對於有霧影像與正常高品質無霧影像的經驗規律為霧氣退化模型施加了先驗，從而求解出透射圖並用於去霧化。

這個先驗就是暗通道先驗，它指的是在自然影像中的一種統計規律或現象，即對無霧的非天空區域，在某些像素中至少有一個通道值非常小（暗通道）。對這種規律本書作者進行了實驗統計，發現這種暗通道的性質在無霧影像上基本都能看到，而對於有霧影像則通常不滿足（即各個通道值都較高）。對於這個先驗性質可以有一個很直觀的理解，對於 RGB 影像來說，如果令至少一個通道為 0，那麼該顏色就是一個較為飽和、鮮豔的顏色，比如，(255, 0, 0) 就是紅色，

而 (255, 255, 0) 就是黃色，等等。而對有霧影像來說，由於加入了大氣光 $\boldsymbol{A}$，使得最終成像出來的影像偏灰蒙，即 RGB 通道都加了一定比例的 $\boldsymbol{A}$ 向量的值，這個過程破壞了自然無霧影像的暗通道先驗，因此可以透過計算暗通道來區分有霧和無霧區域。

暗通道先驗寫成數學形式如下：

$$J^{\text{dark}}(k)=\min_{x\in\Omega}\left(\min_{c\in\{r,g,b\}}\boldsymbol{J}^{c}(x)\right)\to 0$$

式中，k 表示像素點的座標；c 表示通道。上式的含義是，對於在 Ω 範圍內的像素點，先各自找到其 3 個通道中的最小值，然後將得到的結果在該範圍內再求一次最小值。這個過程相當於對大小為 $H\times W\times 3$ 的影像沿著通道維度求 min，得到 $H\times W$ 的影像，然後對該影像進行最小值濾波，這樣得到的結果即**暗通道（Dark Channel）**。

對幾個有霧影像與無霧影像分別按照上述方式計算暗通道，有霧影像與無霧影像的暗通道如圖 5-6 所示。

從圖 5-6 可以看出，無霧影像的暗通道除了在天空或個別小區域較亮，其他位置都較暗，即有較小的設定值。而對於有霧影像，場景深度較大、被霧氣退化較明顯從而較為灰蒙的區域都不符合暗通道先驗，計算得到的暗通道在這些區域設定值也較大。

上面簡單驗證了暗通道先驗的合理性，那麼，如何將該先驗代入到物理模型中用於求解透射圖呢？考慮大氣散射模型公式，並對兩邊同時除以 $\boldsymbol{A}$（$\boldsymbol{A}$ 為三維向量，除法按通道進行，相當於各個通道分別做普通的純量除法），可以得到下式：

$$\frac{\boldsymbol{I}(x)}{\boldsymbol{A}}=t(x)\frac{\boldsymbol{J}(x)}{\boldsymbol{A}}+[1-t(x)]$$

（a）無霧影像的原影像與暗通道

（b）不同程度的有霧影像的原影像與暗通道

▲ 圖 5-6 有霧影像與無霧影像的暗通道

下面將暗通道先驗代入上式的左右兩邊，考慮到 $t(x)$ 在局部小視窗內可以被視為常數，$\boldsymbol{A}$ 為大氣光也是常數，那麼上式就變成了：

$$\min_{\Omega}\min_{C}\left(\frac{\boldsymbol{I}(x)}{\boldsymbol{A}}\right)=t(x)\min_{\Omega}\min_{C}\left(\frac{\boldsymbol{J}(x)}{\boldsymbol{A}}\right)+[1-t(x)]$$

考慮到右邊的 $J(x)$ 服從暗通道先驗，那麼該項就趨於 0，於是可以直接得到透射圖的計算運算式：

$$t(x)=1-\min_{\Omega}\min_{C}\left(\frac{\boldsymbol{I}(x)}{\boldsymbol{A}}\right)$$

也就是說，只需要將原影像除以大氣光 $\boldsymbol{A}$，並計算暗通道，再用 1 減去得到的結果，就可以獲得透射圖的估計值。如果透射圖與大氣光都已經被計算出來，那麼代入大氣散射模型原始公式即可得到無霧影像 $\boldsymbol{J}(x)$。

下面的問題就是如何估計大氣光 $\boldsymbol{A}$。在暗通道先驗去霧化演算法中採用了以下方法：首先，對影像暗通道中的各個像素點亮度進行排序，找到其中最亮的

0.1% 個點（暗通道越亮也就表示越傾向於有霧區域）；然後在這些挑選出來的點對應的原影像中取出各自的 3 個通道向量，對每個通道求出最大值，即可作為對於大氣光的估計。這個估計方法的目的在於排除白色物體的干擾，在有霧場景中，如果有白色物體，那麼按照亮度來找大氣光容易受到干擾，從而將這些亮度值較大的物體誤判為大氣光的亮度（透射率 t 為 0）。由於暗通道先驗可以區分有霧區域和無霧區域，並且參考了一定程度的局部資訊（最小值濾波），因此可以減少白色物體的干擾，使得挑選出的像素點更多的是遠處霧氣的亮度。

計算出 $\boldsymbol{A}$ 的估計後，結合透射圖型計算公式，就可以計算出整圖的透射圖 $t(x)$，從而代入大氣散射模型原始公式得到去霧化結果。另外，在實際計算過程中，由於最小值濾波的結果容易產生區塊效應，因此可以以原影像為參考對得到的透射圖進行導向濾波，以獲得更加保邊的效果。

下面透過 Python 實現暗通道先驗去霧化演算法，並對實際有霧影像進行測試。程式如下所示。

```
import os
import cv2
import numpy as np
import matplotlib.pyplot as plt

def calc_dark_channel(img, patch_size):
    h, w = img.shape[:2]
    min_ch = np.min(img, axis=2)
    dark_channel = np.zeros((h, w))
    r = patch_size // 2
    for i in range(h):
        for j in range(w):
            top, bottom = max(0, i - r), min(i + r, h - 1)
            left, right = max(0, j - r), min(j + r, w - 1)
            dark_channel[i, j] = np.min(min_ch[top:bottom + 1, left:right + 1])
    return dark_channel

def estimate_atmospheric_light(img, dark, percent=0.1):
    h, w = img.shape[:2]
    img_vec = img.reshape(h * w, 3)
```

```
    dark_vec = dark.reshape(h * w)
    topk = int(h * w * percent / 100)
    idx = np.argsort(dark_vec)[::-1][:topk]
    atm_light = np.max(img_vec[idx, :], axis=0)  # [topk, 3] -> [3]
    return atm_light.astype(np.float32)

def calc_transmission(img, atmo, patch_size, omega, t0, radius=11, eps=1e-3):
    dark = calc_dark_channel(img / atmo, patch_size)
    trans = 1 - omega * dark
    trans = np.maximum(trans, t0)
    guide = img.astype(np.float32) / 255.0
    trans = trans.astype(np.float32)
    trans_refined = cv2.ximgproc.guidedFilter(
                    guide, trans, radius=radius, eps=eps)
    return trans_refined

def calc_scene_radiance(img, trans, atmo):
    atmo = np.expand_dims(atmo, axis=[0, 1])
    trans = np.expand_dims(trans, axis=2)
    radiance = (img - atmo) / trans + atmo
    radiance = np.clip(radiance, a_min=0, a_max=255).astype(np.uint8)
    return radiance

def dehaze_dark_channel_prior(img, cfg, return_all=True):
    dark_channel = calc_dark_channel(img, patch_size=cfg["patch_size"])
    atmo_light = estimate_atmospheric_light(img,
                          dark_channel, percent=cfg["atmo_est_percent"])
    trans_est = calc_transmission(img, atmo_light, cfg["patch_size"],
                                cfg["omega"], cfg["t0"],
                                cfg["guide_radius"], cfg["guide_eps"])
    dehazed = calc_scene_radiance(img, trans_est, atmo_light)

    if return_all:
        return {
            "dark_channel": dark_channel,
            "atmo_light": atmo_light,
            "trans_est": trans_est,
            "dehazed": dehazed
```

```
        }
    else:
        return dehazed

if __name__ == "__main__":
    # 測試去霧化效果
    cfg = {
        "patch_size": 5,
        "atmo_est_percent": 0.1,
        "omega": 1.0,
        "t0": 0.4,
        "guide_radius": 21,
        "guide_eps": 0.1
    }

    img_path = "../datasets/hazy/IMG_20200405_163759.jpg"

    img = cv2.imread(img_path)[:,:,::-1]
    h, w = img.shape[:2]
    img = cv2.resize(img, (w // 3, h // 3))

    output = dehaze_dark_channel_prior(img, cfg, return_all=True)
    dark_channel = output["dark_channel"]
    atmo_light = output["atmo_light"]
    trans_est = output["trans_est"]
    dehazed = output["dehazed"]

    print('estimated atmosphere light : ', atmo_light)
    plt.figure()
    plt.imshow(img)
    plt.title('hazy image')
    plt.xticks([]), plt.yticks([])

    plt.figure()
    plt.imshow(dark_channel, cmap='gray')
    plt.title('dark channel')
    plt.xticks([]), plt.yticks([])
```

```
plt.figure()
plt.imshow(trans_est, cmap='gray')
plt.title('transmission map')
plt.xticks([]), plt.yticks([])

plt.figure()
plt.imshow(dehazed)
plt.title('dehazed')
plt.xticks([]), plt.yticks([])
plt.show()
```

得到的輸出結果如下，即估計出的大氣光。

```
estimated atmosphere light :  [249. 246. 243.]
```

暗通道先驗去霧化演算法結果圖如圖 5-7 所示。可以看出，該演算法計算出的暗通道在霧氣較少的近處綠植上比較暗，而在遠處濃霧場景中則比較明亮。從由此計算出來的透射圖也可以看出，近處的綠植和樹枝的透射率較大，而有霧場景則設定值較小。最終的去霧化結果也基本符合預期，遠處建築的對比度、顏色飽和度及細節也都獲得了一定程度的恢復，整圖的通透感也更強。

（a）有霧影像

（b）去霧化結果

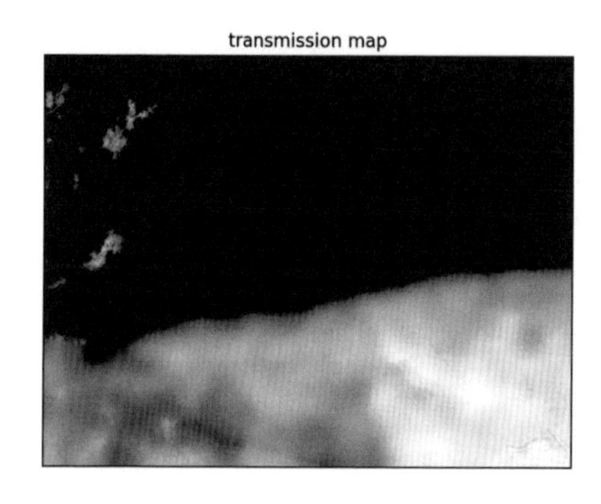

（c）透射圖

dark channel

（d）暗通道

▲ 圖 5-7 暗通道先驗去霧化演算法結果圖

5.2.3 顏色衰減先驗去霧化演算法

基於影像統計資訊先驗結合物理模型的去霧化演算法就是**顏色衰減先驗（Color Attenuation Prior）去霧化演算法**[3]。所謂顏色衰減先驗，指的是這種觀察：對於有霧影像，其霧的濃度隨著場景深度的變化而變化，反映到最終影像中就是**亮度和飽和度差異**的變化。亮度和飽和度相差越大，就說明霧氣越濃，場景深度越大；相反，亮度和飽和度相差越小，則說明受到霧氣影響的程度越低，場景離得也越近。這個先驗也很好理解，根據大氣散射模型，距離越遠透射率越小，因此該位置就越接近於大氣光，而大氣光一般是亮度高且飽和度低的灰色，因此其差值就相對較大；而距離近的則相反，由於中間隔著的霧氣顆粒較少，場景反射的光更容易被成像裝置捕捉，因此更符合目標物體的真實顏色，類似暗通道先驗的發現，無霧場景下的真實顏色往往比較鮮豔、飽和度較高，因此飽和度與亮度的差距也就越小。這個先驗的數學形式表達如下：

$$d(x) \propto c(x) \propto [v(x) - s(x)]$$

式中，$d(x)$ 表示場景深度；$c(x)$ 表示**霧氣濃度（Concentration）**；$v(x)$ 和 $s(x)$ 分別表示亮度和飽和度。下面用一個範例來對這種統計規律進行展示，還是採用前面的範例影像，亮度和飽和度差異與霧氣濃度及場景深度的對應關係如

圖 5-8 所示。可以看到，對遠處的霧氣來說，其亮度高且飽和度低，而對近處較為清晰的綠植，其亮度和飽和度都較高，因此差異較小。透過計算兩者的差異可以發現，從整體上來說，隨著場景變遠，差值也逐漸變大。

（a）有霧影像

（b）各像素的飽和度圖

（c）各像素的亮度圖

（d）亮度和飽和度差異

▲ 圖 5-8 亮度和飽和度差異與霧氣濃度及場景深度的對應關係

這個先驗將影像的深度與簡單的影像特徵進行了連結，從而可以根據有霧影像直接得到深度圖的估計。由於此時只能確定兩者的正比關係，所以還需要具體的係數才能完成計算。對於這個係數，顏色衰減先驗去霧化演算法採用了基於學習的策略，首先，將場景深度與亮度、飽和度之間的關係建模為線性模型，數學形式如下：

$$d(x) = \theta_0 + \theta_1 v(x) + \theta_2 s(x) + \varepsilon(x)$$

式中，$d(x)$ 即場景深度；θ_0、θ_1 和 θ_2 為待求的參數；$\varepsilon(x)$ 表示模型誤差，其為平均值為 0、方差為 σ^2 的高斯分佈。採用最大似然估計和梯度下降方法，可以對 θ_0、θ_1 和 θ_2 進行最佳化，最終透過對 500 張影像的訓練，確定了最佳參數如下：$\theta_0 = 0.121779, \theta_1 = 0.959710, \theta_2 = -0.780245, \sigma = 0.041337$。將 θ_0、θ_1 和 θ_2 代入上式，即可直接對有霧影像計算深度圖。直接計算的深度圖可以透過最小值濾波進行修正，以避免近處的白色物體被誤判為遠處的有霧區域。然後透過導向濾波對最小值濾波造成的快效應進行消除，使得深度圖更符合原影像的內容分佈。這種操作基本類似暗通道先驗去霧化演算法。

根據透射圖與深度圖的關係 $t(x) = \mathrm{e}^{-\beta d(x)}$，設置好參數 β 後就可以直接從深度圖得到透射圖。結合對大氣光的估計值，即可計算得到無霧影像。大氣光的估計在該演算法中是根據深度圖進行的，具體操作：首先找到估計出的深度圖中深度最大的若干個像素點，然後對這些像素點按照模值排序，選出 TopK 個進行 RGB 逐通道最大值計算。這裡大氣光估計的整體流程與暗通道先驗去霧化演算法的操作流程類似，但該演算法利用了深度圖，根據物理模型，深度趨向於無窮遠時，像素值趨近於 $\boldsymbol{A}$，因此可以直接透過深度圖估計大氣光。

下面是顏色衰減先驗去霧化演算法的 Python 實現，仍用真實的有霧影像進行測試，以展示該演算法的效果。程式如下所示。

```
import cv2
import numpy as np
import matplotlib.pyplot as plt

def miminum_filter(smap, ksize):
    h, w = smap.shape
    output = np.zeros_like(smap)
    hw = ksize // 2
    for i in range(h):
        for j in range(w):
            t, b = max(0, i - hw), min(i + hw, h - 1)
            l, r = max(0, j - hw), min(j + hw, w - 1)
            output[i, j] = np.min(smap[t:b+1, l:r+1])
    return output
```

```
def calc_depth_map(img,
                   minfilt_ksize,
                   guide_radius,
                   guide_eps):
    img = img.astype(np.float32)
    hsv = cv2.cvtColor(img, cv2.COLOR_RGB2HSV)
    satu, value = hsv[..., 1], hsv[..., 2]
    epsilon = np.random.normal(0, 0.041337, img.shape[:2])
    depth = 0.121779 + 0.959710 * value - 0.780245 * satu + epsilon
    depth_mini = miminum_filter(depth, minfilt_ksize)
    depth_mini = depth_mini.astype(np.float32)
    depth_guide = cv2.ximgproc.guidedFilter(img,
            depth_mini, radius=guide_radius, eps=guide_eps)
    return depth_guide, depth_mini, depth

def estimate_atmospheric_light(img, depth, percent=0.1):
    h, w = img.shape[:2]
    n_sample = int(h * w * percent / 100)
    depth_v = depth.reshape((h * w))
    img_v = img.reshape((h * w, 3))
    loc = np.argsort(depth_v)[::-1] # descending
    # 找到深度最大的 n_sample 個備選點
    Acand = img_v[loc[:n_sample], :] # [n_sample, 3]
    Anorm = np.linalg.norm(Acand, axis=1)
    loc = np.argsort(Anorm)[::-1]
    select_num = min(n_sample, 20)
    # 篩選 norm 最大的點（最多 20 個）取最大值
    Asele = Acand[loc[:select_num], :]
    A = np.max(Asele, axis=0)
    return A

def calc_scene_radiance(img, trans, atmo):
    atmo = np.expand_dims(atmo, axis=[0, 1])
    trans = np.expand_dims(trans, axis=2)
    radiance = (img - atmo) / trans + atmo
    radiance = np.clip(radiance, a_min=0, a_max=1)
    radiance = (radiance * 255).astype(np.uint8)
```

```
    return radiance

def dehaze_color_attenuation(img, cfg, return_all=True):
    img = img / 255.0
    depth, _, _ = calc_depth_map(img,
                    cfg["minfilt_ksize"],
                    cfg["guide_radius"],
                    cfg["guide_eps"])
    trans_est = np.exp( - cfg["beta"] * depth)
    t_min, t_max = cfg["t_min"], cfg["t_max"]
    trans_est = np.clip(trans_est, a_min=t_min, a_max=t_max)
    atmo = estimate_atmospheric_light(img, depth, cfg["percent"])
    dehazed = calc_scene_radiance(img, trans_est, atmo)
    if return_all:
        return {
            "dehazed": dehazed,
            "depth": depth,
            "trans_est": trans_est,
            "atmo_light": atmo
        }
    else:
        return dehazed

if __name__ == "__main__":
    cfg = {
        "minfilt_ksize": 21,
        "guide_radius": 11,
        "guide_eps": 5e-3,
        "beta": 1.0,
        "t_min": 0.05,
        "t_max": 1.0,
        "percent": 0.1
    }

    img_path = "../datasets/hazy/IMG_20201002_102129.jpg"

    img = cv2.imread(img_path)[:,:,::-1]
    h, w = img.shape[:2]
```

```
img = cv2.resize(img, (w // 3, h // 3))

# ================================ #
# 測試基於顏色衰減先驗的 depth_map      #
# ================================ #
dmap_guide, dmap_mini, dmap \
      = calc_depth_map(img / 255.0,
                       minfilt_ksize=21,
                       guide_radius=11,
                       guide_eps=5e-3)
plt.figure()
plt.imshow(dmap, cmap='gray')
plt.title('color attenuation depth')
plt.xticks([]), plt.yticks([])
plt.figure()
plt.imshow(dmap_mini, cmap='gray')
plt.title('minimum filtered depth')
plt.xticks([]), plt.yticks([])
plt.figure()
plt.imshow(dmap_guide, cmap='gray')
plt.title('guided filtered depth')
plt.xticks([]), plt.yticks([])
plt.show()

# ================================ #
#          測試去霧化效果                #
# ================================ #
output = dehaze_color_attenuation(img, cfg, return_all=True)
depth = output["depth"]
trans_est = output["trans_est"]
atmo_light = output["atmo_light"]
dehazed = output["dehazed"]

print('estimated atmosphere light : ', atmo_light)
plt.figure()
plt.imshow(img)
plt.title('hazy image')
plt.xticks([]), plt.yticks([])
```

```
plt.figure()
plt.imshow(depth, cmap='gray')
plt.title('depth')
plt.xticks([]), plt.yticks([])
plt.figure()
plt.imshow(trans_est, cmap='gray')
plt.title('transmission map')
plt.xticks([]), plt.yticks([])
plt.figure()
plt.imshow(dehazed)
plt.title('dehazed')
plt.xticks([]), plt.yticks([])
plt.show()
```

輸出結果如下，該結果為估計的大氣光向量（數值範圍已歸一化到 0 ～ 1）。

```
estimated atmosphere light :  [0.96078431 0.96078431 0.96470588]
```

在程式中，我們分別測試了深度圖估計的原始效果與修正後的效果，以及最終的透射圖估計與去霧化結果。深度圖估計和修正結果如圖 5-9 所示。可以看出，透過最小值濾波，可以對一部分近處反白目標進行一定程度的抑制，防止獲得過大的深度圖，但是對於大片的白色區域（遠超過最小值濾波的視窗範圍），還是會存在將近處的灰白色區域誤判為遠距離霧區的情況。另外，最小值濾波視窗的增加也會導致區塊效應的顯著化，這一點可以透過導向濾波進行一定的平滑和修正。

(a) 顏色衰減先驗直接估計結果

(b) 最小值濾波修正結果

(c) 導向濾波修正結果

▲ 圖 5-9 深度圖估計和修正結果

下面展示上述程式的去霧化輸出及其中間結果，顏色衰減先驗去霧化演算法結果如圖 5-10 所示。可以看出，經過顏色衰減先驗去霧化演算法，距離較遠的建築和綠植，以及河流對岸的綠植和房屋都更加清晰，飽和度和對比度都有所增大。除了左下角建築頂部的白色被誤認為有霧區域，演算法對於整體的深度和透射關係的估計較為準確。

(a) 有霧影像

(b) 顏色衰減先驗去霧化結果

（c）估計的深度圖

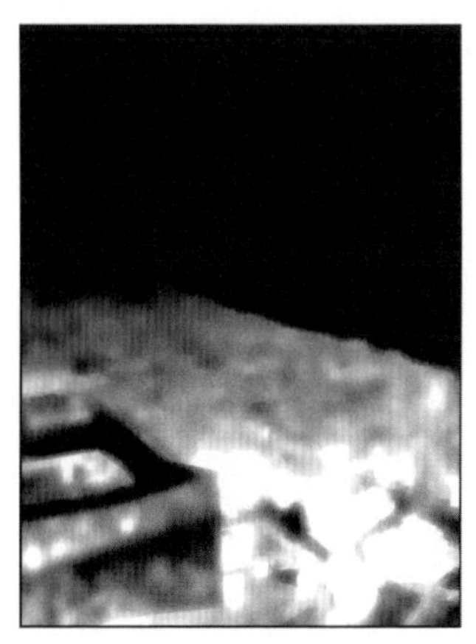
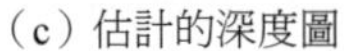
（d）估計的透射圖

▲ 圖 5-10 顏色衰減先驗去霧化演算法結果

5.3 深度學習去霧化演算法

前面介紹了幾種基於物理模型的去霧化演算法。本節將重點介紹幾種比較經典的基於深度學習和網路模型的去霧化演算法，並對它們的流程和網路結構的設計想法進行詳細分析和討論。

5.3.1 點對點的透射圖估計：DehazeNet

首先介紹 **DehazeNet**[4]，該網路採用 CNN 結構直接對透射圖進行點對點的估計，借助 CNN 強大的特徵提取和表達特性，之前提到的各種先驗的結構與數學形式也可以用網路進行自我調整的學習和擬合。DehazeNet 的整體結構如圖 5-11 所示。

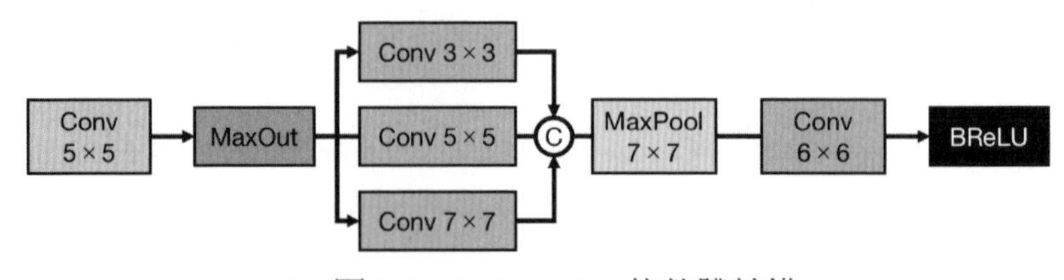

▲ 圖 5-11 DehazeNet 的整體結構

對於輸入的有霧影像區塊，先透過 5×5 卷積提取特徵，其次經過 MaxOut 模組對得到的特徵進行非線性處理，再次進入並行多尺度映射結構，透過不同尺寸的卷積核心提取不同尺度的特徵，並在通道維度進行拼接。得到的結果經過一個最大值池化模組（MaxPool），提取鄰域最大值，最後，將得到的結果進行 6×6 的卷積，並透過一個 BReLU（Bilateral ReLU）啟動函數得到最終估計結果。

由於是較早期的利用神經網路模型處理去霧化問題的方案，DehazeNet 的設計想法主要參考了傳統去霧化演算法中的一些先驗及其對應的操作模式。首先，在第一層提取了有霧影像的特徵後，還需要對得到的特徵使用 MaxOut 模組進行逐點最大值處理。**MaxOut** 模組是神經網路中的經典模組，它可以利用對隱層的網路輸出求取最大值的方法，得到一個**分片線性（Piecewise Linear）**映射函數，而這種函數理論上可以模擬任意的凸函數，從而為網路提供非線性能力，通常被身為特殊的啟動函數來使用。MaxOut 模組的結構示意圖如圖 5-12 所示。

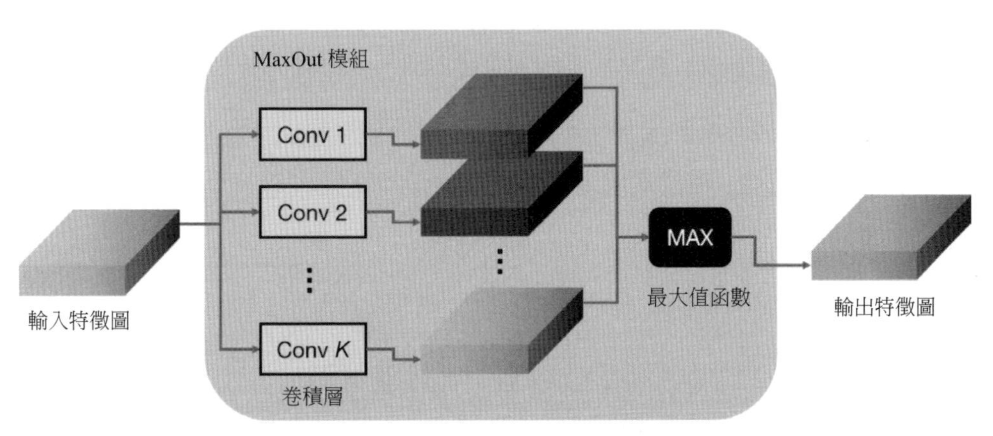

▲ 圖 5-12 MaxOut 模組的結構示意圖

參考圖 5-12，以 CNN 中的 MaxOut 模組為例，對於輸入的特徵圖，首先經過多個隱層卷積層得到不同的輸出特徵圖。由於卷積核心可以視為 out_nc 個 in_nc×k×k 的卷積核心的堆疊，因此這個過程可以用一個卷積實現，並將輸出的特徵圖按照通道進行切分，得到多個特徵圖，DehazeNet 中的 MaxOut 模組直接用提取到的特徵進行等尺寸切分後計算（圖 5-11 所示的 MaxOut 模組僅包括切分＋取最大值的過程，卷積隱層就是第一層 Conv5×5）。對這些等尺寸的特徵圖逐位置求出最大值，即可得到最終輸出的結果。這個過程可以看作對傳統方法中不同的先驗所進行的計算的推廣。下面考慮幾個簡單的例子，比如，如果隱層卷積核心是當前通道中心為 -1、其餘為 0 的矩陣，那麼得到的特徵就是原影像乘以 -1，求解最大值，也就表示求解各個位置原影像中的各通道最小值，這就是暗通道先驗的操作；同理，由於隱層卷積核心可以對 RGB 影像 3 個通道進行加權，因此其中潛在包含了 RGB 轉 HSV 的過程，那麼透過後面不同通道之間的加減操作，顏色衰減先驗的計算過程也被包含到了該流程中。這反映了 CNN 對於去霧化任務的強大表達能力，透過資料訓練，網路可以自我調整找到合適的先驗資訊，並用於透射圖型計算。

後面步驟的多尺度卷積也是對於去霧化任務友善的設計，這種並行多尺寸卷積核心處理的結果豐富了特徵在不同尺度的分佈，同時也有更好的尺度不變性（Scale Invariance）。最大值池化模組則參考了傳統方法中的局部極值操作，MaxPool 模組就是網路中的局域極值提取模組。最後的 BReLU 啟動函數是為了適應影像恢復任務中輸出應該有界的需求提出的，其影像如圖 5-13 所示。

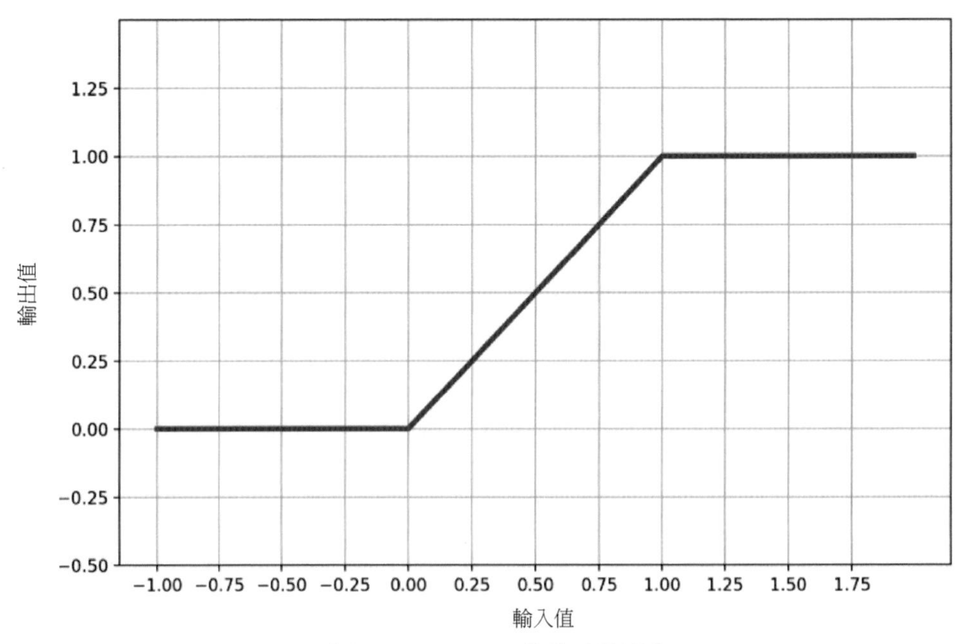

▲ 圖 5-13 BReLU 啟動函數影像

透過訓練好的 DehazeNet 預測每個區塊的透射率，即可得到透射圖，然後找到透射率小於一定設定值的像素點，對這些像素點在有霧影像中的 RGB 值求取最大值，得到大氣光 $\boldsymbol{A}$ 的估計。最後，利用計算出的大氣光和透射圖，即可對輸入影像進行去霧化。

DehazeNet 的結構實現程式如下所示。

```
import torch
import torch.nn as nn

class MaxOut(nn.Module):
    def __init__(self, nf, out_nc):
        super().__init__()
        assert nf % out_nc == 0
        self.nf = nf
        self.out_nc = out_nc
    def forward(self, x):
        n, c, h, w = x.size()
        assert self.nf == c
        stacked = x.reshape((n,
            self.out_nc, self.nf // self.out_nc, h, w))
        out = torch.max(stacked, dim=2)[0] # [n, out_nc, h, w]
        return out

class DehazeNet(nn.Module):
    def __init__(self, in_ch=3):
        super().__init__()
        nf1, nf2, nf3 = 16, 4, 16
        self.feat_extract = nn.Conv2d(in_ch, nf1, 5, 1, 0)
        self.maxout = MaxOut(nf1, nf2)
        self.multi_map = nn.ModuleList([
            nn.Conv2d(nf2, nf3, 3, 1, 1),
            nn.Conv2d(nf2, nf3, 5, 1, 2),
            nn.Conv2d(nf2, nf3, 7, 1, 3)
        ])
        self.maxpool = nn.MaxPool2d(7, stride=1)
        self.conv_out = nn.Conv2d(nf3 * 3, 1, 6)
        self.brelu = nn.Hardtanh(0, 1, inplace=True)
```

```
    def forward(self, x):
        batchsize = x.size()[0]
        out1 = self.feat_extract(x)
        out2 = self.maxout(out1)
        out3_1 = self.multi_map[0](out2)
        out3_2 = self.multi_map[1](out2)
        out3_3 = self.multi_map[2](out2)
        out3 = torch.cat([out3_1, out3_2, out3_3], dim=1)
        out4 = self.maxpool(out3)
        out5 = self.conv_out(out4)
        out6 = self.brelu(out5)
        # 列印各級輸出的特徵圖大小
        print('[DehazeNet] out1 - out6 sizes:')
        print(out1.size(), out2.size())
        print(out3.size(), out4.size())
        print(out5.size(), out6.size())
        return out6.reshape(batchsize, -1)

if __name__ == "__main__":
    dummy_patch = torch.randn(4, 3, 16, 16)
    dehazenet = DehazeNet(in_ch=3)
    print("DehazeNet architecture: ")
    print(dehazenet)
    pred = dehazenet(dummy_patch)
    print('DehazeNet input size: ', dummy_patch.size())
    print('DehazeNet output size: ', pred.size())
```

測試輸出結果如下所示。

```
DehazeNet architecture:
DehazeNet(
  (feat_extract): Conv2d(3, 16, kernel_size=(5, 5), stride=(1, 1))
  (maxout): MaxOut()
  (multi_map): ModuleList(
    (0): Conv2d(4, 16, kernel_size=(3, 3), stride=(1, 1), padding=(1, 1))
    (1): Conv2d(4, 16, kernel_size=(5, 5), stride=(1, 1), padding=(2, 2))
```

```
    (2): Conv2d(4, 16, kernel_size=(7, 7), stride=(1, 1), padding=(3, 3))
  )
  (maxpool): MaxPool2d(kernel_size=7, stride=1, padding=0, dilation=1,
ceil_mode=False)
  (conv_out): Conv2d(48, 1, kernel_size=(6, 6), stride=(1, 1))
  (brelu): Hardtanh(min_val=0, max_val=1, inplace=True)
)
[DehazeNet] out1 - out6 sizes:
torch.Size([4, 16, 12, 12]) torch.Size([4, 4, 12, 12])
torch.Size([4, 48, 12, 12]) torch.Size([4, 48, 6, 6])
torch.Size([4, 1, 1, 1]) torch.Size([4, 1, 1, 1])
DehazeNet input size:  torch.Size([4, 3, 16, 16])
DehazeNet output size:  torch.Size([4, 1])
```

5.3.2 輕量級去霧化網路模型：AOD-Net

DehazeNet 雖然採用了神經網路對透射圖進行估計，但在整體流程上仍然採用了傳統去霧化演算法中的流程，即先分別估計透射圖和大氣光，然後結合有霧影像對無霧影像進行恢復。實際上，利用網路的表達能力，可以對透射圖和大氣光造成的總影響進行估計，從而點對點地輸出預測結果。**AOD-Net（All-in-One Dehazing Network）**[5] 就是基於這樣的想法，透過對物理模型進行改進，將未知參數用網路進行擬合，從而直接計算出去霧化結果。考慮到大氣散射模型的數學形式：

$$\boldsymbol{I}(x) = \boldsymbol{J}(x)t(x) + \boldsymbol{A}[1 - t(x)]$$

將 $\boldsymbol{J}(x)$ 寫成 $I(x)$ 的函數式，則可以得到：

$$\boldsymbol{J}(x) = \boldsymbol{K}(x)\boldsymbol{I}(x) - \boldsymbol{K}(x) + b$$

其中，

$$\boldsymbol{K}(x) = \frac{\frac{1}{t}[I(x) - \boldsymbol{A}] + \boldsymbol{A} - b}{\boldsymbol{I}(x) - 1}$$

這裡得到的 $K(x)$ 同時包含了 $\boldsymbol{A}$ 和 $t(x)$ 的影響，並且一旦計算出 $K(x)$，即可直接作用於輸入影像，得到輸出影像。式中的 b 表示常數偏置項（預設為 1）。另外，從 $K(x)$ 的運算式可以看出，其是依賴於輸入圖 $I(x)$ 進行計算的，因此可以透過神經網路建模這個映射過程，並將得到的結果作用於輸入圖，直接得到去霧化後的影像。對去霧化任務來說，最終評價去霧化後的效果，因為以往最佳化透射圖的模型沒有直接最佳化目標，因此一般只能獲得次優解；而 AOD-Net 點對點的聯合估計則可以避免這個過程，直接最佳化恢復影像的像素級損失，從而達到更好的效果。

AOD-Net 的整體結構圖如圖 5-14 所示。它的 $\boldsymbol{K}(x)$ 估計模組非常輕量化，僅由 5 層卷積層組成（包括啟動函數），不同的卷積層採用了不同的卷積核心大小，用來提取不同尺度的特徵。在網路傳播過程中，AOD-Net 的 $\boldsymbol{K}(x)$ 估計模組採用了多次拼接融合，對於第一層和第二層的輸出，首先進行通道維度的拼接，然後輸入第三層卷積。同理，第四層卷積的輸入則來自第二層和第三層的輸出。最後一層則對前面所有卷積層的輸出進行拼接，並利用一個 3×3 卷積進行融合。透過網路計算出的 $\boldsymbol{K}$ 張量，只需要與輸入進行線性計算，即可得到去霧化結果。

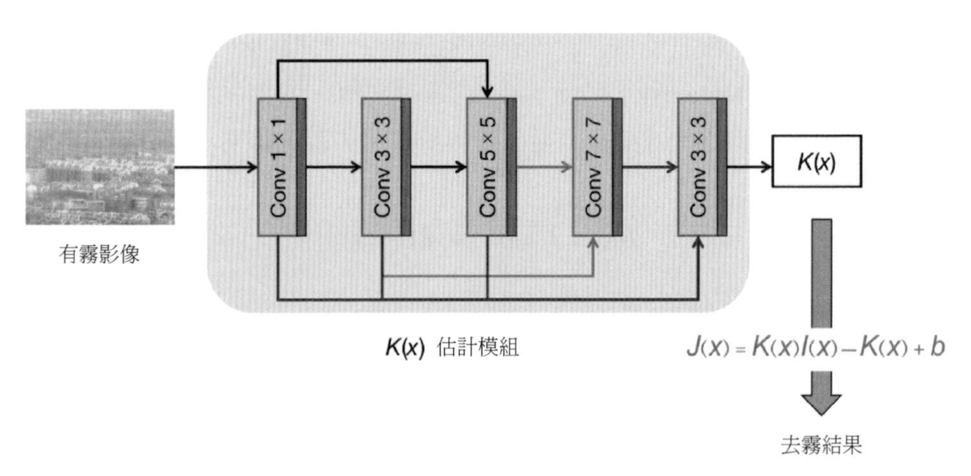

▲ 圖 5-14 AOD-Net 的整體結構圖

在實現上述 $\boldsymbol{K}$ 估計模組時，每個卷積層的濾波器個數（即輸出通道）均為 3，輸入通道由於不同的輸出拼接，分別有 3、6、12 三種設定值，網路整體的參數量和計算量非常小。由於其輕量化的特性及點對點的計算過程，AOD-Net 可以作為一個前處理模組被嵌入到高階語義任務中，如基於 Faster R-CNN 的物件辨識等，用於提升高階辨識模型在有霧退化輸入上的表現。

AOD-Net 的 PyTorch 實現程式範例如下所示。

```
import torch
import torch.nn as nn

class AODNet(nn.Module):
    def __init__(self, b=1.0):
        super().__init__()
        self.conv1 = nn.Conv2d(3, 3, 1, 1, 0)
        self.conv2 = nn.Conv2d(3, 3, 3, 1, 1)
        self.conv3 = nn.Conv2d(6, 3, 5, 1, 2)
        self.conv4 = nn.Conv2d(6, 3, 7, 1, 3)
        self.conv5 = nn.Conv2d(12, 3, 3, 1, 1)
        self.relu = nn.ReLU(inplace=True)
        self.b = b

    def forward(self, x):
        out1 = self.relu(self.conv1(x))
        out2 = self.relu(self.conv2(out1))
        cat1 = torch.cat([out1, out2], dim=1)
        out3 = self.relu(self.conv3(cat1))
        cat2 = torch.cat([out2, out3], dim=1)
        out4 = self.relu(self.conv4(cat2))
        cat3 = torch.cat([out1, out2, out3, out4], dim=1)
        k_est = self.relu(self.conv5(cat3))
        output = k_est * x + k_est + self.b
        return output

if __name__ == "__main__":
    x_in = torch.randn(4, 3, 64, 64)
    aodnet = AODNet(b=1)
    out = aodnet(x_in)
    print('AODNet input size: ', x_in.size())
    print('AODNet output size: ', out.size())
```

測試輸出結果如下所示。

```
AODNet input size:  torch.Size([4, 3, 64, 64])
AODNet output size:  torch.Size([4, 3, 64, 64])
```

5.3.3 基於 GAN 的去霧化模型：Dehaze cGAN 和 Cycle-Dehaze

在前面的超解析度等任務中，我們已經了解了 GAN 模型在影像畫質任務中的作用。對去霧化任務來說，自然也可以利用其對於分佈擬合的良好性質，將影像從有霧的分佈域轉換到無霧的清晰影像分佈域中。這裡簡單介紹兩種基於 GAN 的去霧化模型：Dehaze cGAN 和 Cycle-Dehaze。

首先是 **Dehaze cGAN** 模型 [6]，它採用**條件 GAN（Conditional GAN，cGAN）**的方式進行點對點的去霧化映射學習。cGAN，指的是在判別器計算時加入條件資訊（在這裡實際上就是有霧影像），用於對輸出結果的判斷。相比於普通 GAN 的判別器直接對輸出結果計算其真假機率 $p(\text{out})$，cGAN 相當於在基於輸入的條件下，計算輸出結果是否符合目標分佈，也就是說其計算的是 $p(\text{out} \mid \text{in})$。cGAN 的設定有助穩定 GAN 的訓練，並生成符合指定條件的影像，減少生成出來的影像中的雜訊、顏色偏移等假影。

Dehaze cGAN 的模型結構如圖 5-15 所示。首先可以看到，該模型直接將去霧化任務作為一個影像域遷移的任務進行處理，不再考慮大氣散射模型中的約束參數，從而實現了真正的點對點的有霧影像的去霧化過程。整個過程完全由生成器網路來自我調整地學習得到。去霧化網路的結構採用了 U-Net 型的編 / 解碼器（Encoder-Decoder）結構，並利用對稱的跳線連接和特徵圖直接相加的策略以更充分地利用影像特徵資訊。在損失函數方面，Dehaze cGAN 採用了像素級損失和 TV 損失以約束輸出影像盡可能接近目標並減少假影，另外還採用 VGG-loss 和 GAN-loss 約束感知特徵距離及生成影像的分佈。

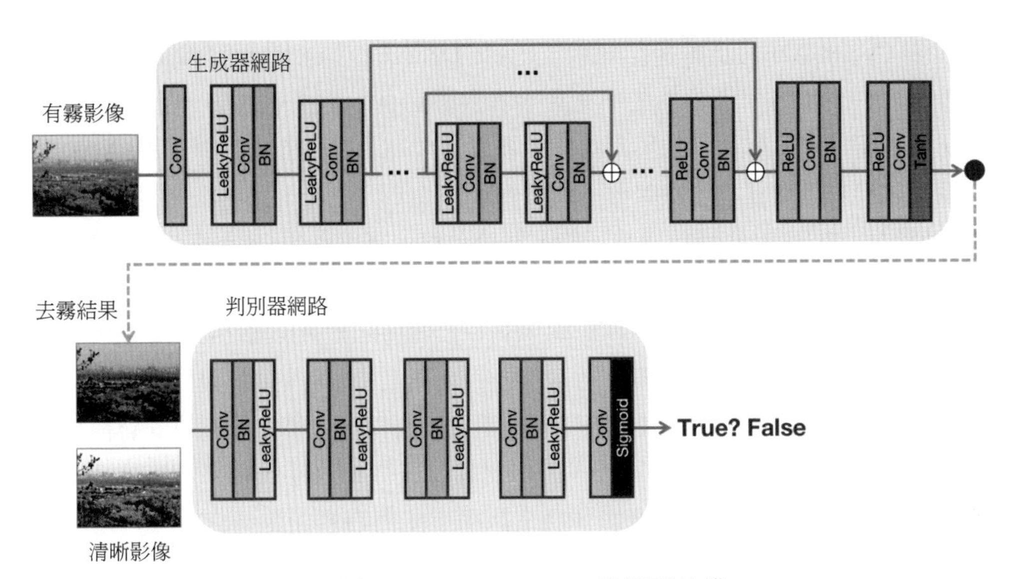

▲ 圖 5-15 Dehaze cGAN 的模型結構

另一個經典的基於 GAN 的去霧化模型是 **Cycle-Dehaze 模型** [7]，從名稱可以看出，該模型採用了 CycleGAN 的想法，不需要對有霧 - 無霧資料進行配對，直接非監督地進行域轉換。Cycle-Dehaze 模型的流程圖如圖 5-16 所示。

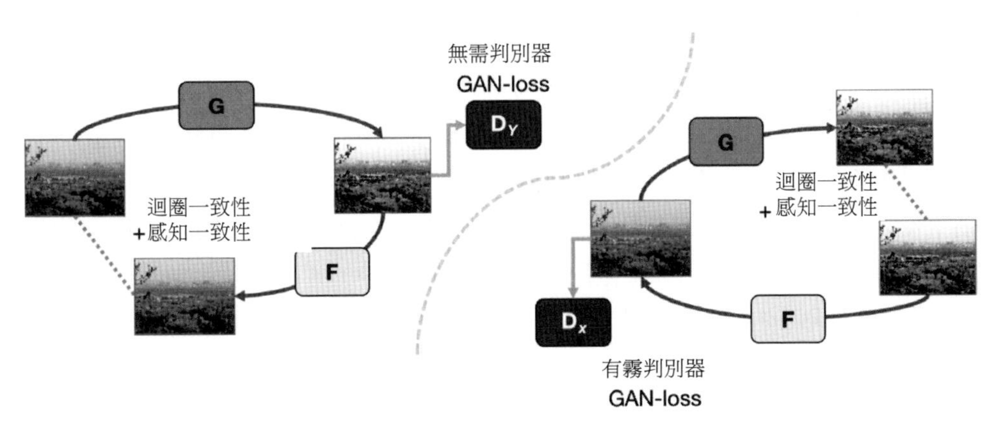

▲ 圖 5-16 Cycle-Dehaze 模型的流程圖

與 CycleGAN 的基本操作類似，Cycle-Dehaze 模型在有霧影像集合與無霧影像集合中隨機選擇不配對的有霧影像和無霧影像，然後透過 G 網路將有霧影像 x 轉換到無霧分佈上，並用真實的無霧影像作為目標分佈去訓練判別器，F 網路負責從無霧到有霧的轉換映射，因此可以將 $G(x)$ 透過 F 網路轉換回有霧狀態，而此時得到的 $F(G(x))$ 應該與輸入的 x 保持一致，這也就是 CycleGAN 中的循環一致性損失。對無霧影像，y 作為輸入，過程也是類似的，如圖 5-16 的右側所示，首先透過 F 網路轉換到有霧影像 $F(y)$，再轉換回無霧影像 $G(F(y))$ 並與 y 進行對比，施加一致性損失。但是通常用於約束循環一致性的 L1 損失不足以恢復影像的細節資訊，因此該模型採用 VGG 網路中的兩層（第 2 層和第 5 層池化）特徵圖型計算兩者的差異，這樣即可得到具有感知一致性的結果。另外，為了減少計算量，在處理高解析度影像時，該模型先對有霧影像建立拉普拉斯金字塔，然後對金字塔的頂層進行處理並替換為處理後的無霧影像。對處理後的拉普拉斯金字塔進行逐步上採樣，從而保持其在下採樣過程中損失的細節資訊。總的來說，Cycle-Dehaze 模型既不需要物理模型，也不需要有霧 - 無霧的樣本對，直接透過類 CycleGAN 的方式即可完成去霧化網路的訓練（圖 5-16 所示的 G 網路），並以此進行去霧化處理。

5.3.4 金字塔稠密連接網路：DCPDN

DCPDN（Densely Connected Pyramid Dehazing Network）模型 [8] 是一個點對點的去霧化模型，它的「點對點」並非指直接做影像轉換，而是先計算透射圖的估計、大氣光的估計，並利用估計結果進行去霧化。與之前提到的利用網路模型估計透射圖的方案不同，DCPDN 模型中的透射圖、大氣光都是直接由網路學習得來的，同時可以直接在網路內進行處理得到去霧化結果。DCPDN 模型的整體結構如圖 5-17 所示。

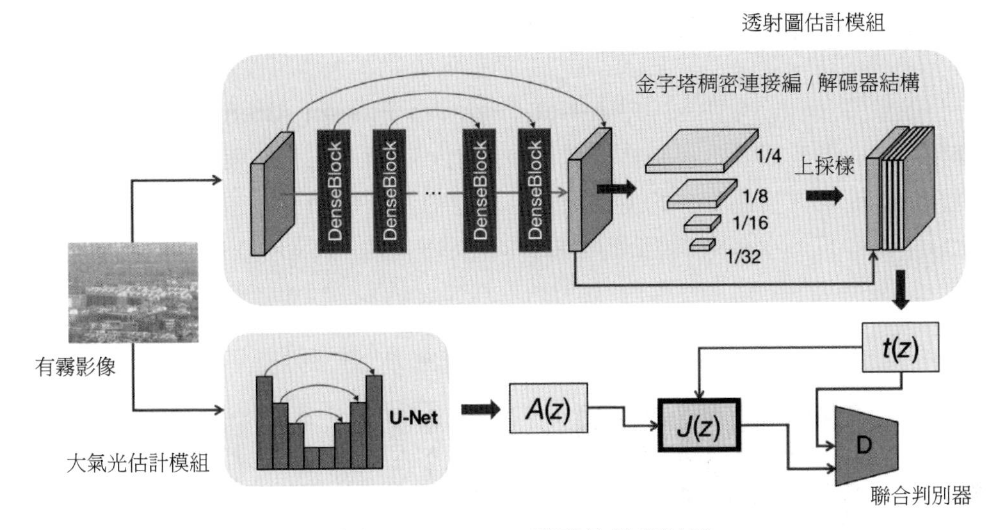

▲ 圖 5-17 DCPDN 模型的整體結構

DCPDN 模型主要由兩個估計網路和一個判別器組成，兩個估計網路分別用來估計透射圖的金字塔稠密連接模組和大氣光的 U-Net 網路。金字塔稠密連接編 / 解碼器結構用於實現對透射圖的估計，它的主要組成部分是 Dense Block，即稠密連接的模組，對得到的結果進行多尺度池化，可以獲得不同尺寸的小特徵圖，將特徵圖上採樣後沿著通道拼接，即可得到透射圖 $t(x)$。而大氣光估計模組直接用 U-Net 網路估計出大氣光 $\boldsymbol{A}(z)$。估計完透射圖和大氣光，即可直接計算得到去霧化結果。為了讓合成資料更接近真實分佈，還採用了聯合判別器 D。這裡的聯合判別器指的是將透射圖與去霧化結果聯合輸入到判別器中，用於評價生成的結果是否真實。對於損失函數，DCPDN 模型主要包含了 L2 損失、兩個方向上的梯度差異損失、特徵邊緣損失。此外，還有對於判別器的聯合訓練的損失函數。GAN 的損失可以約束分佈的一致性，梯度差異和特徵的損失有利於更進一步地學習到細節資訊，從而獲得高品質的去霧化影像。

5.3.5 特徵融合注意力去霧化模型：FFA-Net

最後要介紹的模型稱為 **FFA-Net（Feature Fusion Attention Network）模型** [9]。該模型主要對網路結構進行最佳化，將通道注意力與像素注意力進行結合，從而期望獲得更好的特徵表示（設計想法有點類似於超解析度任務中的 RCAN 模型）。FFA-Net 模型的整體網路結構圖如圖 5-18 所示。

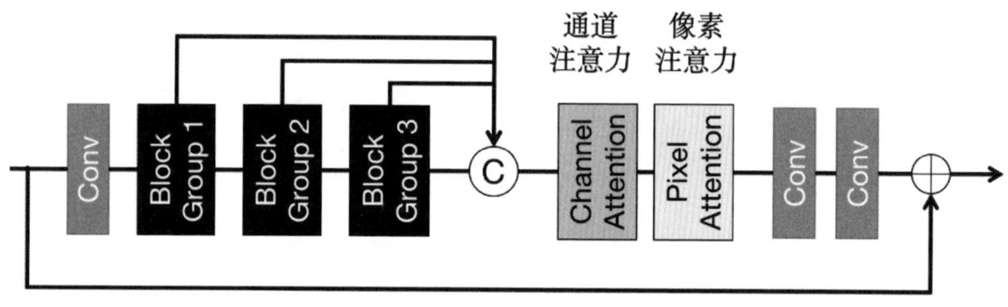

▲ 圖 5-18 FFA-Net 模型的整體網路結構圖

從圖 5-18 可以看出，FFA-Net 模型整體採用了全域殘差學習的方式，在網路主幹部分採用了多個模組組合（圖 5-18 所示的 Block Group），並輸出進行拼接，然後送到通道注意力模組和像素注意力模組進行特徵的增強修正，最後經過卷積輸出。其中的每個模組組合，都利用了局部殘差的結構，其中的每個組成模組也都採用了注意力機制。FFA-Net 模型中模組組合與組成模組的基本結構如圖 5-19 所示。

可以看出，每個模組組合的主幹由多個 Block 結構的模組串聯組成，並在最後進行卷積，得到該模組組合的殘差，透過對局部殘差連接與輸入特徵圖進行融合，得到當前模組組合的特徵。其中的每個 Block 分別由局部殘差連接與特徵注意力這兩個部分組成，其中局部殘差連接允許不太重要的資訊，如薄霧、低頻等區域，可以透過多次殘差跳線直連到後面的結構中，從而使網路更多關注更有意義的資訊，同時殘差結構也有助提高訓練的穩定性。另外，在基本模組 Block 結構中還採用了通道注意力（Channel Attention，CA）機制與像素注意力（Pixel Attention，PA）機制。通道注意力模組在前面提到過，它的步驟是先對輸入特徵圖（尺寸為 [*n*, *c*, *h*, *w*]）進行 GAP 將空間維度壓縮，然後對通道向量進行映射，得到注意力向量（尺寸為 [*n*, *c*, 1, 1]），並擴充到原來的空間大小 [*n*, *c*, *h*, *w*] 後乘到輸入影像中。像素注意力模組主要關注空間影像素的重要性，該模組透過 Conv+ReLU+Conv+Sigmoid 的結構，得到一張 [*n*, 1, *h*, *w*] 的注意力影像，用於對各個像素空間位置進行加權，所採用的操作也是擴充（這裡是通道上擴充）後相乘。注意力機制在去霧化任務中的作用是希望網路可以對不同區域施加不同的關注度和不同的處理，這樣設計的原因在於：有霧影像中的霧氣濃度在不同區域往往是不同的（透過前面暗通道先驗的範例圖可以發現），而通常網路對於各區域和特徵的處理沒有區分這種空間上的異質性，因此，透過注意力機制，將這部分約束引入到網路的學習中，可以使網路更靈活地處理不同類型的影像資訊。

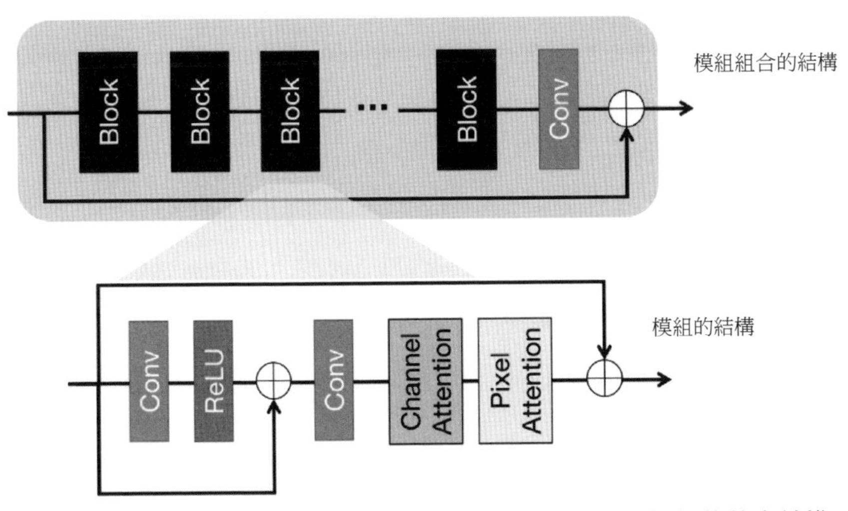

▲ 圖 5-19 FFA-Net 模型中模組組合與組成模組的基本結構

FFA-Net 模型的網路結構透過 PyTorch 實現的程式範例如下所示。

```
import torch
import torch.nn as nn


class PixelAttention(nn.Module):
    def __init__(self, nf, reduct=8):
```

```
        super().__init__()
        self.attn = nn.Sequential(
            nn.Conv2d(nf, nf // reduct, 1, 1, 0),
            nn.ReLU(inplace=True),
            nn.Conv2d(nf // reduct, 1, 1, 1, 0),
            nn.Sigmoid()
        )
    def forward(self, x):
        attn_map = self.attn(x)
        return x * attn_map

class ChannelAttention(nn.Module):
    def __init__(self, nf, reduct=8, ret_w=False):
        super().__init__()
        self.avgpool = nn.AdaptiveAvgPool2d(1)
        self.attn = nn.Sequential(
            nn.Conv2d(nf, nf // reduct, 1, 1, 0),
            nn.ReLU(inplace=True),
            nn.Conv2d(nf // reduct, nf, 1, 1, 0),
            nn.Sigmoid()
        )
        self.ret_w = ret_w
    def forward(self, x):
        attn_map = self.attn(self.avgpool(x))
        if self.ret_w:
            return attn_map
        else:
            return x * attn_map

class BasicBlock(nn.Module):
    def __init__(self, nf, pa_reduct=8, ca_reduct=8):
        super().__init__()
        self.conv1 = nn.Conv2d(nf, nf, 3, 1, 1)
        self.conv2 = nn.Conv2d(nf, nf, 3, 1, 1)
        self.relu = nn.ReLU(inplace=True)
        self.pix_attn = PixelAttention(nf, pa_reduct)
        self.ch_attn = ChannelAttention(nf, ca_reduct)
    def forward(self, x):
```

```
        out = self.relu(self.conv1(x))
        out = x + out
        out = self.conv2(out)
        out = self.ch_attn(out)
        out = self.pix_attn(out)
        out = x + out
        return out

class BlockGroup(nn.Module):
    def __init__(self,
                 nf, num_block,
                 pa_reduct=8,
                 ca_reduct=8):
        super().__init__()
        pr, cr = pa_reduct, ca_reduct
        self.group = nn.Sequential(
            *[BasicBlock(nf, pr, cr)
                for _ in range(num_block)],
            nn.Conv2d(nf, nf, 3, 1, 1)
        )
    def forward(self, x):
        out = self.group(x)
        out = x + out
        return out

class FFANet(nn.Module):
    def __init__(self, in_ch, num_block=19):
        super().__init__()
        nf, nb = 64, num_block
        self.conv_in = nn.Conv2d(in_ch, nf, 3, 1, 1)
        self.group1 = BlockGroup(nf, nb)
        self.group2 = BlockGroup(nf, nb)
        self.group3 = BlockGroup(nf, nb)
        self.last_CA = ChannelAttention(nf * 3, ret_w=True)
        self.last_PA = PixelAttention(nf)
        self.conv_post = nn.Conv2d(nf, nf, 3, 1, 1)
        self.conv_out = nn.Conv2d(nf, in_ch, 3, 1, 1)
```

```
    def forward(self, x):
        feat = self.conv_in(x)
        res1 = self.group1(feat)
        res2 = self.group2(res1)
        res3 = self.group3(res2)
        res_cat = torch.cat([res1, res2, res3], dim=1)
        attn_w = self.last_CA(res_cat)
        ws = attn_w.chunk(3, dim=1)
        res = ws[0] * res1 + ws[1] * res2 + ws[2] * res3
        res = self.last_PA(res)
        res = self.conv_out(self.conv_post(res))
        out = x + res
        return out

if __name__ == "__main__":
    x_in = torch.randn(4, 3, 128, 128)
    # 為方便展示網路結構，num_block 僅設置為 3
    ffanet = FFANet(in_ch=3, num_block=3)
    print("FFA-Net architecture:")
    print(ffanet)
    out = ffanet(x_in)
    print("FFA-Net input size: ", x_in.size())
    print("FFA-Net output size: ", out.size())
```

上述程式執行後的輸出資訊如下所示。

```
FFA-Net architecture:
FFANet(
  (conv_in): Conv2d(3, 64, kernel_size=(3, 3), stride=(1, 1), padding=(1, 1))
  (group1): BlockGroup(
    (group): Sequential(
      (0): BasicBlock(
        (conv1): Conv2d(64, 64, kernel_size=(3, 3), stride=(1, 1), padding=(1, 1))
        (conv2): Conv2d(64, 64, kernel_size=(3, 3), stride=(1, 1), padding=(1, 1))
        (relu): ReLU(inplace=True)
        (pix_attn): PixelAttention(
          (attn): Sequential(
```

```
      (0): Conv2d(64, 8, kernel_size=(1, 1), stride=(1, 1))
      (1): ReLU(inplace=True)
      (2): Conv2d(8, 1, kernel_size=(1, 1), stride=(1, 1))
      (3): Sigmoid()
    )
  )
  (ch_attn): ChannelAttention(
    (avgpool): AdaptiveAvgPool2d(output_size=1)
    (attn): Sequential(
      (0): Conv2d(64, 8, kernel_size=(1, 1), stride=(1, 1))
      (1): ReLU(inplace=True)
      (2): Conv2d(8, 64, kernel_size=(1, 1), stride=(1, 1))
      (3): Sigmoid()
    )
  )
)
(1): BasicBlock(
  (conv1): Conv2d(64, 64, kernel_size=(3, 3), stride=(1, 1), padding=(1, 1))
  (conv2): Conv2d(64, 64, kernel_size=(3, 3), stride=(1, 1), padding=(1, 1))
  (relu): ReLU(inplace=True)
  (pix_attn): PixelAttention(
    (attn): Sequential(
      (0): Conv2d(64, 8, kernel_size=(1, 1), stride=(1, 1))
      (1): ReLU(inplace=True)
      (2): Conv2d(8, 1, kernel_size=(1, 1), stride=(1, 1))
      (3): Sigmoid()
    )
  )
  (ch_attn): ChannelAttention(
    (avgpool): AdaptiveAvgPool2d(output_size=1)
    (attn): Sequential(
      (0): Conv2d(64, 8, kernel_size=(1, 1), stride=(1, 1))
      (1): ReLU(inplace=True)
      (2): Conv2d(8, 64, kernel_size=(1, 1), stride=(1, 1))
      (3): Sigmoid()
    )
  )
)
```

```
    (2): BasicBlock(
      (conv1): Conv2d(64, 64, kernel_size=(3, 3), stride=(1, 1), padding=(1, 1))
      (conv2): Conv2d(64, 64, kernel_size=(3, 3), stride=(1, 1), padding=(1, 1))
      (relu): ReLU(inplace=True)
      (pix_attn): PixelAttention(
        (attn): Sequential(
          (0): Conv2d(64, 8, kernel_size=(1, 1), stride=(1, 1))
          (1): ReLU(inplace=True)
          (2): Conv2d(8, 1, kernel_size=(1, 1), stride=(1, 1))
          (3): Sigmoid()
        )
      )
      (ch_attn): ChannelAttention(
        (avgpool): AdaptiveAvgPool2d(output_size=1)
        (attn): Sequential(
          (0): Conv2d(64, 8, kernel_size=(1, 1), stride=(1, 1))
          (1): ReLU(inplace=True)
          (2): Conv2d(8, 64, kernel_size=(1, 1), stride=(1, 1))
          (3): Sigmoid()
        )
      )
    )
    (3): Conv2d(64, 64, kernel_size=(3, 3), stride=(1, 1), padding=(1, 1))
  )
)
(group2): BlockGroup(
  (group): Sequential(
    (0): BasicBlock(
      (conv1): Conv2d(64, 64, kernel_size=(3, 3), stride=(1, 1), padding=(1, 1))
      (conv2): Conv2d(64, 64, kernel_size=(3, 3), stride=(1, 1), padding=(1, 1))
      (relu): ReLU(inplace=True)
      (pix_attn): PixelAttention(
        (attn): Sequential(
          (0): Conv2d(64, 8, kernel_size=(1, 1), stride=(1, 1))
          (1): ReLU(inplace=True)
          (2): Conv2d(8, 1, kernel_size=(1, 1), stride=(1, 1))
          (3): Sigmoid()
        )
```

```
    )
    (ch_attn): ChannelAttention(
      (avgpool): AdaptiveAvgPool2d(output_size=1)
      (attn): Sequential(
        (0): Conv2d(64, 8, kernel_size=(1, 1), stride=(1, 1))
        (1): ReLU(inplace=True)
        (2): Conv2d(8, 64, kernel_size=(1, 1), stride=(1, 1))
        (3): Sigmoid()
      )
    )
  )
  (1): BasicBlock(
    (conv1): Conv2d(64, 64, kernel_size=(3, 3), stride=(1, 1), padding=(1, 1))
    (conv2): Conv2d(64, 64, kernel_size=(3, 3), stride=(1, 1), padding=(1, 1))
    (relu): ReLU(inplace=True)
    (pix_attn): PixelAttention(
      (attn): Sequential(
        (0): Conv2d(64, 8, kernel_size=(1, 1), stride=(1, 1))
        (1): ReLU(inplace=True)
        (2): Conv2d(8, 1, kernel_size=(1, 1), stride=(1, 1))
        (3): Sigmoid()
      )
    )
    (ch_attn): ChannelAttention(
      (avgpool): AdaptiveAvgPool2d(output_size=1)
      (attn): Sequential(
        (0): Conv2d(64, 8, kernel_size=(1, 1), stride=(1, 1))
        (1): ReLU(inplace=True)
        (2): Conv2d(8, 64, kernel_size=(1, 1), stride=(1, 1))
        (3): Sigmoid()
      )
    )
  )
  (2): BasicBlock(
    (conv1): Conv2d(64, 64, kernel_size=(3, 3), stride=(1, 1), padding=(1, 1))
    (conv2): Conv2d(64, 64, kernel_size=(3, 3), stride=(1, 1), padding=(1, 1))
    (relu): ReLU(inplace=True)
    (pix_attn): PixelAttention(
```

```
          (attn): Sequential(
            (0): Conv2d(64, 8, kernel_size=(1, 1), stride=(1, 1))
            (1): ReLU(inplace=True)
            (2): Conv2d(8, 1, kernel_size=(1, 1), stride=(1, 1))
            (3): Sigmoid()
          )
        )
        (ch_attn): ChannelAttention(
          (avgpool): AdaptiveAvgPool2d(output_size=1)
          (attn): Sequential(
            (0): Conv2d(64, 8, kernel_size=(1, 1), stride=(1, 1))
            (1): ReLU(inplace=True)
            (2): Conv2d(8, 64, kernel_size=(1, 1), stride=(1, 1))
            (3): Sigmoid()
          )
        )
      )
      (3): Conv2d(64, 64, kernel_size=(3, 3), stride=(1, 1), padding=(1, 1))
    )
  )
  (group3): BlockGroup(
    (group): Sequential(
      (0): BasicBlock(
        (conv1): Conv2d(64, 64, kernel_size=(3, 3), stride=(1, 1), padding=(1, 1))
        (conv2): Conv2d(64, 64, kernel_size=(3, 3), stride=(1, 1), padding=(1, 1))
        (relu): ReLU(inplace=True)
        (pix_attn): PixelAttention(
          (attn): Sequential(
            (0): Conv2d(64, 8, kernel_size=(1, 1), stride=(1, 1))
            (1): ReLU(inplace=True)
            (2): Conv2d(8, 1, kernel_size=(1, 1), stride=(1, 1))
            (3): Sigmoid()
          )
        )
        (ch_attn): ChannelAttention(
          (avgpool): AdaptiveAvgPool2d(output_size=1)
          (attn): Sequential(
            (0): Conv2d(64, 8, kernel_size=(1, 1), stride=(1, 1))
```

```
        (1): ReLU(inplace=True)
        (2): Conv2d(8, 64, kernel_size=(1, 1), stride=(1, 1))
        (3): Sigmoid()
      )
    )
  )
  (1): BasicBlock(
    (conv1): Conv2d(64, 64, kernel_size=(3, 3), stride=(1, 1), padding=(1, 1))
    (conv2): Conv2d(64, 64, kernel_size=(3, 3), stride=(1, 1), padding=(1, 1))
    (relu): ReLU(inplace=True)
    (pix_attn): PixelAttention(
      (attn): Sequential(
        (0): Conv2d(64, 8, kernel_size=(1, 1), stride=(1, 1))
        (1): ReLU(inplace=True)
        (2): Conv2d(8, 1, kernel_size=(1, 1), stride=(1, 1))
        (3): Sigmoid()
      )
    )
    (ch_attn): ChannelAttention(
      (avgpool): AdaptiveAvgPool2d(output_size=1)
      (attn): Sequential(
        (0): Conv2d(64, 8, kernel_size=(1, 1), stride=(1, 1))
        (1): ReLU(inplace=True)
        (2): Conv2d(8, 64, kernel_size=(1, 1), stride=(1, 1))
        (3): Sigmoid()
      )
    )
  )
  (2): BasicBlock(
    (conv1): Conv2d(64, 64, kernel_size=(3, 3), stride=(1, 1), padding=(1, 1))
    (conv2): Conv2d(64, 64, kernel_size=(3, 3), stride=(1, 1), padding=(1, 1))
    (relu): ReLU(inplace=True)
    (pix_attn): PixelAttention(
      (attn): Sequential(
        (0): Conv2d(64, 8, kernel_size=(1, 1), stride=(1, 1))
        (1): ReLU(inplace=True)
        (2): Conv2d(8, 1, kernel_size=(1, 1), stride=(1, 1))
        (3): Sigmoid()
```

```
          )
        )
        (ch_attn): ChannelAttention(
          (avgpool): AdaptiveAvgPool2d(output_size=1)
          (attn): Sequential(
            (0): Conv2d(64, 8, kernel_size=(1, 1), stride=(1, 1))
            (1): ReLU(inplace=True)
            (2): Conv2d(8, 64, kernel_size=(1, 1), stride=(1, 1))
            (3): Sigmoid()
          )
        )
      )
      (3): Conv2d(64, 64, kernel_size=(3, 3), stride=(1, 1), padding=(1, 1))
    )
  )
  (last_CA): ChannelAttention(
    (avgpool): AdaptiveAvgPool2d(output_size=1)
    (attn): Sequential(
      (0): Conv2d(192, 24, kernel_size=(1, 1), stride=(1, 1))
      (1): ReLU(inplace=True)
      (2): Conv2d(24, 192, kernel_size=(1, 1), stride=(1, 1))
      (3): Sigmoid()
    )
  )
  (last_PA): PixelAttention(
    (attn): Sequential(
      (0): Conv2d(64, 8, kernel_size=(1, 1), stride=(1, 1))
      (1): ReLU(inplace=True)
      (2): Conv2d(8, 1, kernel_size=(1, 1), stride=(1, 1))
      (3): Sigmoid()
    )
  )
  (conv_post): Conv2d(64, 64, kernel_size=(3, 3), stride=(1, 1), padding=(1, 1))
  (conv_out): Conv2d(64, 3, kernel_size=(3, 3), stride=(1, 1), padding=(1, 1))
)
FFA-Net input size:  torch.Size([4, 3, 128, 128])
FFA-Net output size:  torch.Size([4, 3, 128, 128])
```

6 影像高動態範圍

本章介紹影像的**高動態範圍（High Dynamic Range，HDR）**相關任務與演算法。由於物理世界中的場景具有較大的亮度範圍，而人們通常看到的影像位元寬（也就是數位影像資料所能表示的亮度範圍）較為有限，因此需要透過 HDR 演算法保留與合理顯示高動態場景的資訊。HDR 任務包括很多不同的設定和對應演算法，這些演算法被統稱為 HDR 演算法。HDR 演算法對於高動態場景的成像效果有重要影響，被廣泛應用於相機影像處理和畫質增強等領域。

本章首先對 HDR 的相關概念和任務設定進行簡要整理和介紹，然後對各類 HDR 任務的傳統演算法介紹，包括傳統的 HDR 演算法（如多曝融合演算法、局部拉普拉斯濾波演算法等），以及近年來研究較多的基於神經網路模型的 HDR 演算法。

6.1 影像 HDR 任務簡介

在介紹 HDR 任務和演算法之前，我們首先來了解一個關鍵概念：**動態範圍（Dynamic Range， DR）**，以及在成像和影像處理過程中如何合理地處理和利用動態範圍，以提高影像的畫質和內容豐富性（這是 HDR 演算法的最終目標）。下面先來了解什麼是影像的動態範圍。

6.1.1 動態範圍的概念

簡單來說，動態範圍指的是一張影像中最亮和最暗的影調之間的差異。這個差異越大，表示該影像的動態範圍越高。第 2 章中曾經介紹過相機成像的基本流程，對一個場景來說，由於受到感光元件的限制，在小於一定亮度的極暗場景中，經過各種處理得到的數位影像無法反映出場景的資訊（即亮度差異），即此時超過了相機所能記錄的範圍的下界。與之相對的，對於非常亮的場景（如直接拍攝太陽等強光源），由於亮度過高，可能會使得感光元件中的模組飽和，從而也無法反映場景資訊。在這兩個設定值之間的場景資訊可以被較好地呈現出來，人們將這個範圍稱為動態範圍。

在物理世界中，人們所在的環境具有很寬泛的亮度變化範圍，從極暗的地下室、鄉間的夜空等低亮度場景，到晴天正午的戶外等高亮度場景，都有被成像並顯示的情況。一般來說，處理這些不同光照條件的方式是改變相機的曝光參數：在高亮度場景中降低曝光以防止亮區**曝光過度（Over-exposure）**，在低亮度場景中提升曝光以防止暗區**欠曝（Under-exposure）**。但是，如果在場景中同時出現高光照和低光照的區域，比如在暗室內部向窗外拍攝，那麼室內的暗光與室外的天空和建築等場景就會形成明顯的反差，此時無法透過單純調整曝光來獲得一個合適的結果。具體來說，如果曝光過小，那麼窗外的資訊可以表達得較清晰和完整，但是室內的資訊則會由於曝光過低而產生「死黑」，即全部成為黑色，從而遺失細節資訊。相反，如果室內正常曝光，室外的亮區場景就會出現「死白」，即全部成為白色而顯示不出細節。因此，為了使極端亮度下的資訊被盡可能多地保留，就需要提升場景的動態範圍，從而讓內部的暗區與外部的亮區都能有資訊被儲存下來，這就需要透過 HDR 技術來實現。

下面以一個範例來具體說明高動態場景不同區域適合的曝光，如圖 6-1 所示。對場景進行不同的曝光，可以在不同區域分別得到較好的成像效果。比如在低曝光幀中，可以看到窗戶右上角的花紋比較明顯，顏色也比較豐富；在中曝光幀中，可以看到窗戶左邊的花紋和桌子上面置放的書本；在高曝光幀中，窗戶的花紋及桌子表面大部分都已經曝光過度，但是桌子側面的花紋顯示得較為清晰。

（a）低曝光幀

（b）中曝光幀

（c）高曝光幀

▲ 圖 6-1 高動態場景不同區域適合的曝光

為了可以在保持細節資訊的情況下擴充動態範圍，需要增加儲存資料的位元寬。比如，常見的 uint8 類型影像（灰度圖位元寬為 8bit，RGB 彩色圖位元寬為 24bit），只能表示 0 ～ 255 的數值，如果用這樣的窄區間表示從戶外到室內的整個動態範圍，那麼一個整數就會代表很大範圍的亮度變化，因此會有明顯的量化誤差，從而遺失細節。因此為了在保持精度的同時提高動態範圍，就需要更高的資料位元寬，如 10bit 或 12bit，甚至更大。這樣一來，就可以同時將暗部較小數值和亮部較大數值同時記錄下來。通常將低位元寬、低動態範圍的影像稱為 **LDR（Low Dynamic Range）**影像，而相對應地將 HDR、高位元寬的影像稱為 HDR 影像。

但是高位元寬的 HDR 影像也給顯示帶來了困難，由於一般顯示器硬體可以顯示的範圍有限，如果直接將影像位元寬線性轉換到對應的顯示範圍，就會出現量化誤差和低對比度的問題。因此，通常需要對 HDR 影像進行處理，在保持各部分細節的前提下壓縮其數值範圍，以適應顯示裝置，這個過程通常被稱為**色調映射（Tone Mapping）**。色調映射也是 HDR 演算法中重要的環節，後面還會詳細介紹實現色調映射的相關演算法想法和原理。

6.1.2 HDR 任務分類與關鍵問題

HDR 任務是一個相對系統化的工程，可以將其劃分為不同的步驟與流程。HDR 任務的第一步是獲取 HDR 影像，這個過程通常透過**包圍曝光（Exposure Bracketing）**，或多重曝光、多幀曝光等操作來實現。包圍曝光指的是這種操作：在中間曝光值的基礎上，分別增加和減少曝光，從而得到一系列不同曝光值的 LDR 影像序列。對這些不同的序列進行合成，就可以得到一張高位元寬的 HDR 影像。這個步驟往往涉及對齊（Align）、降噪、去鬼影（Deghosting）等環節，以確保對齊結果在運動區域不會有假影，並且雜訊水準相對較低（因為低曝光下的成像往往具有較高的雜訊水準）。

接下來的步驟就是對 HDR 影像進行色調映射以適應顯示裝置，這個步驟的主要任務是對細節進行保留，以及調整影調關係，具體來說就是對於亮區和暗區盡可能恢復和補償影像內容，並且在亮度關係方面，色調映射後的影像在原本 HDR 的亮區要保持相對更亮，原本 HDR 的暗區仍然是相對的暗區，同時避免在色調映射過程中引入其他的瑕疵和假影（如色階斷層、局部或整體對比度過低等）。這個過程的困難在於如何將差距較大部分的數值壓縮到合適的區間，同時又要保持細節紋理部分不因為壓縮而減弱或消失。

根據處理的輸入、輸出及任務目標的不同，HDR 相關演算法的任務設定可以被大致歸類為以下幾種：第一種對應於上述的第一個階段，即將多張 LDR 影像整合成一張 HDR 影像；第二種對應於上述的整個流程，即直接用多幀 LDR 影像得到最終可以用於顯示的 LDR 影像，並在其中同時保留其亮區和暗區的細節，從而獲得更好的動態範圍顯示；第三種對應於上述的第二個步驟，即色調映射，其目標是將 HDR 影像對應到用於顯示的 LDR 影像，並保持亮區、暗區的細節。色調映射任務可以分為**局部色調映射（Local Tone Mapping，LTM）**和**全域色調映射（Global Tone Mapping，GTM）**。LTM 以局部的區域影像分佈資訊作為參考，對不同空間位置進行自我調整的調整。而 GTM 通常以曲線映射的方式，將 HDR 影像中的像素值對應映射到 LDR 的值域範圍中，並且全域所有像素採用同樣的映射曲線。最後還有一種任務，即**單幀影像高動態範圍重建（Single Image HDR Reconstruction）**。這種任務以單張 LDR 影像作為輸入，透過一定的處理得到具有 HDR 效果的輸出。

以上四種任務都有其對應的實現想法和方法，接下來對其中較為經典的演算法進行詳細介紹。

6.2 傳統 HDR 相關演算法

本節將介紹幾種經典的傳統 HDR 相關演算法，包括多曝融合演算法、局部拉普拉斯濾波演算法、Reinhard 攝影色調重建演算法，以及快速雙邊濾波色調映射演算法。

6.2.1 多曝融合演算法

首先介紹 Mertens 等人提出的**多曝融合演算法** [1]。通常來說，HDR 演算法要經過前面提到的兩個步驟：高位元寬 HDR 影像合成，以及採用色調映射對 HDR 影像進行處理並壓縮到 LDR 進行顯示。而通常 HDR 影像由多張不同曝光的 LDR 影像組成，其合成出來的亮區和暗區細節也都來自不同曝光的 LDR 影像，因此一個自然的想法就是：是否可以直接用這些 LDR 影像得到一張可以直接用於顯示的 HDR 效果的影像，並且使得該影像中不同區域的內容分別取自合適的曝光幀（實際上攝影師在利用包圍曝光修圖時也採用類似操作，只是這裡希望該過程可以自我調整處理）呢？

多曝融合演算法就採用了這個策略，該演算法要解決兩個核心問題：第一，如何判斷每個位置應該取哪一幀？第二，如何避免融合過程中的各種假影。

對第一個問題來說，該演算法設計了一個品質評估指標，對每一個曝光幀對應區域的效果進行評估，並為品質更優的曝光幀賦予更高的權重，然後進行加權合成。對 LDR 影像來說，由於動態範圍的限制，往往只有一部分區域可以合理曝光，而曝光不合理的區域就會靠近範圍兩端的飽和狀態，從而導致影調平、對比度和飽和度低、細節缺失等問題。利用這個特點，該演算法透過 3 個指標來衡量影像品質，分別是**對比度**、**飽和度**及**曝光合理度（Well-exposedness）**。

對比度表示當前區域局部細節紋理的豐富程度，該指標的計算過程是，將每幀影像轉為灰度圖，之後利用拉普拉斯濾波器進行濾波（拉普拉斯濾波器是一種二階邊緣提取器），然後計算濾波後結果的絕對值。該指標的值較大說明該區域邊緣和紋理較強，也被認為具有更好的影像品質。這個過程的數學形式以下（i 和 j 表示像素位置座標，k 表示曝光幀序號）：

$$\boldsymbol{C}_{ij,k} = \text{abs}\left(\text{ Laplacian}\left(\boldsymbol{x}_{ij,k}\right)\right)$$

飽和度表示顏色的豐富和鮮豔程度，在 RGB 影像中，一般來說 3 個通道越接近，則顏色越灰；3 個通道差異越大，則顏色越生動（在傳統去霧化演算法中已經見到過實例了）。因此，這裡採用 R、G、B 3 個通道的標準差（Standard Deviation）來衡量每個像素的飽和度，計算如下：

$$\boldsymbol{S}_{ij,k} = \sqrt{(\boldsymbol{x}_{ij,k}^{\text{R}} - \boldsymbol{\mu}_{ij,k})^2 + (\boldsymbol{x}_{ij,k}^{\text{G}} - \boldsymbol{\mu}_{ij,k})^2 + (\boldsymbol{x}_{ij,k}^{\text{B}} - \boldsymbol{\mu}_{ij,k})^2}$$

曝光合理度用來度量該曝光是否在中間調上。一般來說，對於目標亮度的合理曝光應該將其控制在中性灰附近（對於 0 ～ 1 的數值範圍即在 0.5 附近），儘量遠離曝光過度和欠曝的情況。這個指標可以直接用當前像素值與 0.5 的差距來衡量，距離中間調越近則權重越大，數學形式如下：

$$E_{ij,k} = \exp\left(-\frac{(x-0.5)^2}{2\sigma^2}\right)$$

各幀的權重圖可以用這 3 個指標進行組合得到。對比度、飽和度和曝光合理度同時被滿足才說明該區域畫質更好，因此以 3 個指標冪次的乘積作為最後的權重圖，指數項控制不同項目的被重視程度，其數學形式如下：

$$W_{ij,k} = (C_{ij,k})^{WC}(S_{ij,k})^{WS}(E_{ij,k})^{WE}$$

得到多幀的權重圖後，對它們進行歸一化（即每個像素各幀權重的和為 1），就可以將多幀不同曝光的影像進行融合了。但是，如果直接對原影像進行加權融合，會產生比較明顯的假影和拼接的痕跡。為了得到更加平滑的效果，多曝融合演算法採用了拉普拉斯金字塔融合（Laplacian Pyramid Fusion）策略，即對各幀輸入影像計算拉普拉斯金字塔，同時對各幀的權重圖型計算高斯金字塔，用各層的高斯權重對當前層對應圖的拉普拉斯層進行加權求和，得到輸出拉普拉斯金字塔的當前層。對所有層操作後，即可得到融合後影像的拉普拉斯金字塔。對拉普拉斯金字塔進行坍縮重建，即可得到輸出影像。由於金字塔融合過程在各個尺度（頻率分量）都進行了加權求和，因此得到的結果相對較為平滑，無明顯的假影（縫隙假影通常由引入高頻導致，而這裡對低頻到高頻都進行融合，因此過渡會較為平緩）。多曝融合演算法的流程如圖 6-2 所示。

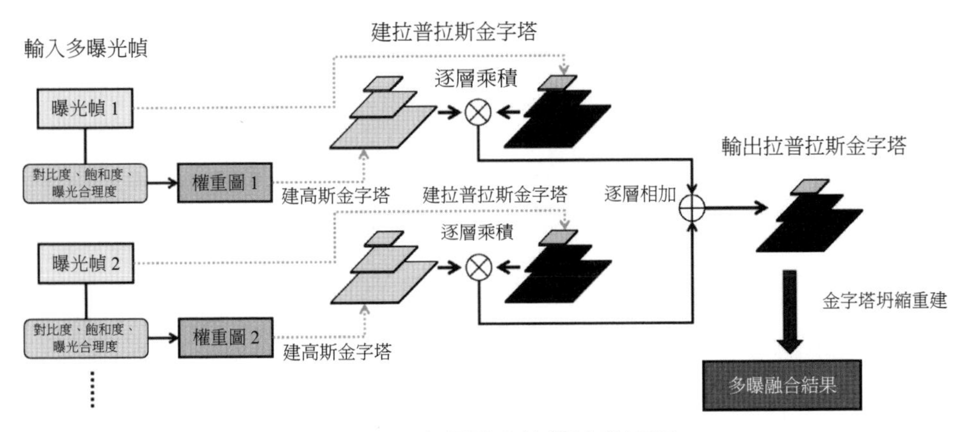

▲ 圖 6-2 多曝融合演算法的流程

下面透過 Python 程式實現前面所述的過程，程式如下所示。其中高斯金字塔和拉普拉斯金字塔的建立，以及拉普拉斯金字塔的坍縮重建，可以直接採用第 2 章中的程式，這裡就不再重複展示。

```
import os
import cv2
import numpy as np
from glob import glob
import utils.pyramid as P

def calc_saturation(img_rgb):
    r, g, b = cv2.split(img_rgb / 255.0)
    mean = (r + g + b) / 3.0
    saturation = np.sqrt(((r-mean) **2 + (g-mean) **2 + (b-mean) **2) / 3.0)
    return saturation

def calc_contrast(img_rgb):
    gray = cv2.cvtColor(img_rgb, cv2.COLOR_RGB2GRAY)
    contrast = np.abs(cv2.Laplacian(gray, \
                ddepth=cv2.CV_16S, ksize=3)).astype(np.float32)
    contrast = (contrast - np.min(contrast))
    contrast = contrast / np.max(contrast)
    return contrast

def calc_exposedness(img_rgb, sigma=0.2):
    r, g, b = cv2.split(img_rgb / 255.0)
    r_res =  np.exp(-(r - 0.5) ** 2 / (2 * sigma ** 2))
    g_res =  np.exp(-(g - 0.5) ** 2 / (2 * sigma ** 2))
    b_res =  np.exp(-(b - 0.5) ** 2 / (2 * sigma ** 2))
    exposedness = r_res * g_res * b_res
    return exposedness

def get_weightmaps(img_ls, weight_sat, weight_con, weight_expo):
    sum_tot = None
    weightmaps = list()
    for img in img_ls:
        saturation = calc_saturation(img)
        contrast = calc_contrast(img)
```

```
        exposedness = calc_exposedness(img)
        cur_weightmap = (saturation ** weight_sat) \
                      * (contrast ** weight_con) \
                      * (exposedness ** weight_expo) + 1e-8
        weightmaps.append(cur_weightmap)
    weightmaps = np.stack(weightmaps, axis=0)
    sum_tot = np.sum(weightmaps, axis=0)
    weightmaps = weightmaps / sum_tot
    return weightmaps

def exposure_fusion(img_dir, out_dir, pyr_level=10, indexes=[1.0, 1.0, 1.0]):
    weight_sat, weight_con, weight_expo = indexes
    img_paths = list(glob(os.path.join(img_dir, '*')))
    img_paths = sorted(img_paths)
    num_expo = len(img_paths)

    imgs = [cv2.imread(img_path)[:,:,::-1] for img_path in img_paths]
    weightmaps = get_weightmaps(imgs, weight_sat, weight_con, weight_expo)
    img_lap_pyrs = [P.build_laplacian_pyr(img, pyr_level) for img in imgs]
    weight_gau_pyrs = [P.build_gaussian_pyr(weight, pyr_level) \
                        for weight in weightmaps]
    output_pyr = list()
    for lvl in range(pyr_level):
        cur_fused = None
        for i in range(num_expo):
            cur_weight = np.expand_dims(weight_gau_pyrs[i][lvl], axis=2) * 1.0
            if cur_fused is None:
                cur_fused = img_lap_pyrs[i][lvl] * cur_weight
            else:
                cur_fused += img_lap_pyrs[i][lvl] * cur_weight
        output_pyr.append(cur_fused)
    fused = P.collapse_laplacian_pyr(output_pyr)
    fused = (np.clip(fused, 0, 255)).astype(np.uint8)[:,:,::-1]
    os.makedirs(out_dir, exist_ok=True)
    cv2.imwrite(os.path.join(out_dir, 'fused.png'), fused)
    for idx in range(num_expo):
        w = (weightmaps[idx] * 255).astype(np.uint8)
        fname = os.path.basename(img_paths[idx]).split('.')[0]
```

```
        cv2.imwrite(os.path.join(out_dir, f'weight_{idx}_{fname}.png'), w)
    return

if __name__ == "__main__":
    img_dir = '../datasets/hdr/multi_expo/'
    out_dir = './results/expofusion'
    pyr_level = 9
    indexes = [1, 1, 1]
    exposure_fusion(img_dir, out_dir, pyr_level, indexes)
```

多曝融合效果如圖 6-3 所示（測試影像來源於 Mertens 等人的論文中用來測試的 Jacques Joffre 照片）。可以看出，按照該演算法計算出的權重圖在每幀曝光品質較好的區域設定值較大，而在每幀曝光品質較差的區域設定值較小。最終融合出來的結果同時在亮區和暗區保留了影像內容和細節，相比於輸入的任意一張曝光影像所表達的動態範圍都更廣，同時融合過渡較為自然，沒有明顯的假影。

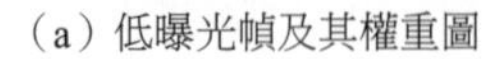

（a）低曝光幀及其權重圖　（b）中曝光幀及其權重圖　（c）高曝光幀及其權重圖

（d）多曝融合結果圖

▲ 圖 6-3 多曝融合效果

6.2.2 局部拉普拉斯濾波演算法

多曝融合演算法透過多幀不同曝光的影像直接生成可供顯示的 LDR 影像，繞過了 HDR 影像的合成步驟。但是如果已經獲得了一張 HDR 影像，那麼應該考慮的是如何對其進行動態範圍壓縮（色調映射），以最大限度地保持其各個區域的細節資訊。下面要介紹的**局部拉普拉斯濾波（Local Laplacian Filter，LLF）演算法**[2]就是處理色調映射的一種經典演算法。LLF 演算法不僅可以用於 HDR 影像的色調映射，還可以用於影像增強、平滑等其他操作。它的基本想法是以局部平均值作為參考，自我調整調整局部的紋理和邊緣的對比度。

LLF 演算法的核心思想主要有兩個，即**多尺度**和**局部性**。多尺度和局部性都是透過影像金字塔實現的。多尺度透過對影像建立拉普拉斯金字塔並進行處理來實現，而局部性透過高斯金字塔的逐層逐像素處理來實現。LLF 演算法的目標是影像增強與平滑、色調映射，這兩個任務的本質需求是類似的，那就是對邊緣和細節進行區分並分別處理。對色調映射任務來說，通常需要保持細節，而對變化較為明顯的邊緣進行壓縮。對影像增強與平滑任務來說，則需要對邊緣進行保持，對細節進行提升或塗抹。那麼應該如何對邊緣和細節紋理進行區分呢？ LLF 演算法採取的方式是以平均值為中心，透過設定值設定一個值域範圍，超過該範圍的部分（與平均值差異較大，一般都是變化較大的部分）被判定為邊緣，而在範圍內的部分（即與平均值較為接近的部分）則被認為是細節紋理。然後根據某個函數對值進行**重映射（Remapping）**，這個函數被稱為**重映射函數（Remapping Function）**。不同的任務需要用到不同的重映射函數，由於需要區分細節紋理和邊緣，因此共同參數就是局部的平均值，通常透過取高斯金字塔的值來實現。下面用 Python 實現幾個常用的重映射函數，並畫出其函數影像，程式如下所示。圖 6-4 所示為不同重映射函數的曲線圖。

```
import numpy as np
import matplotlib.pyplot as plt

def remapping_tone(x, g0, sigma, beta):
    region = (np.abs(x - g0) > sigma)
    r = g0 + np.sign(x - g0) * (beta * (np.abs(x - g0) - sigma) + sigma)
    remapped = region * r + (1 - region) * x
    return remapped.astype(x.dtype)

def remapping_detail(x, g0, sigma, factor):
    res = (x - g0) * np.exp(- (x - g0) **2 / (2 * sigma **2))
    remapped = x + factor * res
    return remapped.astype(x.dtype)

if __name__ == "__main__":
    x = np.arange(0, 10, 0.01)
    fig = plt.figure(figsize=(15, 4))
    # 測試 Tone Mapping 的 remapping 函數
    fig.add_subplot(131)
    plt.plot(x, x, 'g--', label='y=x')
    tone_out1 = remapping_tone(x, g0=5, sigma=1, beta=0.3)
    tone_out2 = remapping_tone(x, g0=5, sigma=1, beta=0.8)
    plt.plot(x, tone_out1, label='beta=0.3')
    plt.plot(x, tone_out2, label='beta=0.8')
    plt.grid()
    plt.legend()
    plt.title('Tone Mapping')
    # 測試 Smooth/Enhance 的 remapping 函數
    fig.add_subplot(132)
```

```
plt.plot(x, x, 'g--', label='y=x')
smooth_out1 = remapping_detail(x, g0=5, sigma=1, factor=-0.5)
smooth_out2 = remapping_detail(x, g0=5, sigma=1, factor=-0.9)
plt.plot(x, smooth_out1, label='factor=-0.3')
plt.plot(x, smooth_out2, label='factor=-0.9')
plt.grid()
plt.legend()
plt.title('Smooth')
fig.add_subplot(133)
plt.plot(x, x, 'g--', label='y=x')
enhance_out1 = remapping_detail(x, g0=5, sigma=1, factor=0.8)
enhance_out2 = remapping_detail(x, g0=5, sigma=1, factor=1.2)
plt.plot(x, enhance_out1, label='factor=0.8')
plt.plot(x, enhance_out2, label='factor=1.2')
plt.grid()
plt.legend()
plt.title('Enhance')
# 儲存結果
plt.savefig('results/llf/remap.png')
```

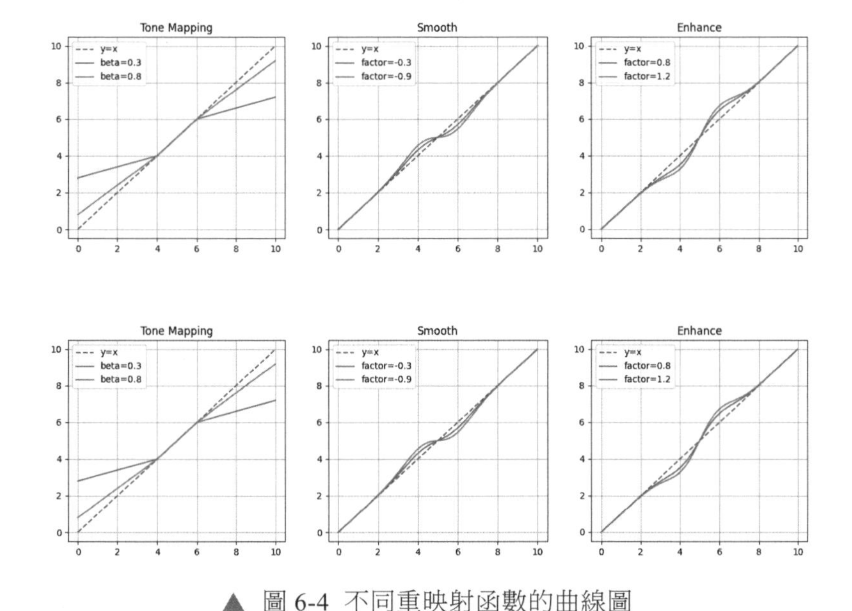

▲ 圖 6-4 不同重映射函數的曲線圖

在上面的程式和圖 6-4 中，實現了 3 個典型的重映射函數。圖 6-4 中的 Tone Mapping 影像所示的是色調映射任務所需要的重映射函數，可以看到，在平均值附近區域，映射保持輸入的情況，而在大於設定值的區域（可能是邊緣）則進行數值的壓縮，beta 參數控制壓縮的幅度。圖 6-4 中的 Smooth 影像所示的是影像平滑任務的重映射函數，與前面不同，影像平滑任務只處理細節部分，對於大於設定值的邊緣不進行處理，而對小於設定值的細節紋理進行平滑（從曲線形態上看就是斜率小於 1，此時較大範圍的數值被映射到較小範圍，從而細節對比度降低，整體變得平滑），factor 參數控制平滑的力度。圖 6-4 中的 Enhance 影像所示的是影像增強函數在大於設定值區域也不做處理，但是對小於設定值的部分進行對比度增強（即斜率大於 1，可以回顧第 2 章中關於對比度調整的內容）。除了這 3 個重映射函數，還可以對色調映射與影像增強等任務的函數進行組合（如對大於設定值的進行壓縮、對小於設定值的進行增強等），或自行設置不同的重映射函數，以滿足不同的功能。因此，LLF 演算法在實際應用中非常靈活，可以處理不同的任務。

由於需要利用 LLF 演算法做色調映射，因此這裡重點考察該任務的重映射函數。為了方便展示，以 1D 資料為例考察不同的參數曲線對原始資料重映射後的結果。1D 資料色調映射任務的重映射結果如圖 6-5 所示。其中「original」表示的是原始 1D 資料曲線，可以明顯看到其有一個強邊緣，以及可以看到邊緣兩側的細節成分。色調映射的重映射函數的作用是在保留細節的前提下對邊緣進行壓縮。可以看出，各個參數下的重映射函數均不同程度地實現了這個功能。對參數 sigma（區分紋理和邊緣的設定值）來說，該值越大，則越多內容被判斷為細節，因此壓縮程度較低，相反則較高。對於壓縮係數 beta，該值越小則壓縮越強。在實際 HDR 色調映射應用中，也需要對這些參數進行調整。

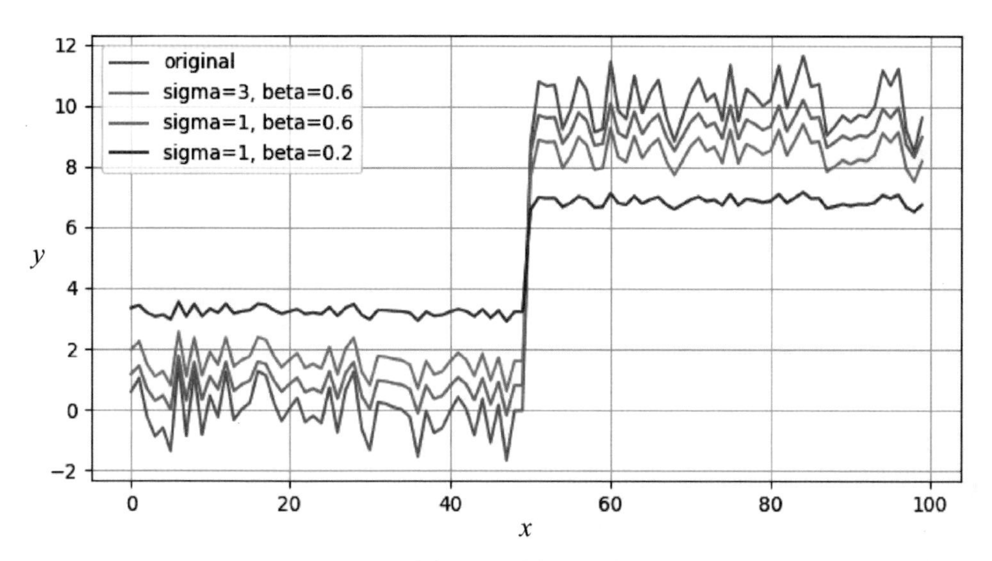

▲ 圖 6-5 1D 資料色調映射任務的重映射結果

了解了重映射函數後，下面來詳細說明 LLF 演算法的整體計算流程（見圖 6-6）。

（1）用待處理的 HDR 影像 I 建立高斯金字塔 G，並初始化一個空的拉普拉斯金字塔 L_{output} 用於存放處理結果。

（2）遍歷高斯金字塔每層（除最後一層外）的每個像素點，對於位置 $\{l, i, j\}$（分別展現層數、像素座標），其設定值為 $G(l, i, j) = g_0$，然後找到對應於該 g_0 參數的重映射函數，以此對原影像進行重映射，得到 I_{remap}，並對映射後的影像建立拉普拉斯金字塔 L_{remap}。然後用該拉普拉斯金字塔對應位置的值填充到輸出的拉普拉斯金字塔中，即 $L_{output}(l, i, j) = L_{remap}(l, i, j)$。

（3）將輸入的高斯金字塔的最後一層（最低頻成分）複製到 L_{output} 的最後一層，並對輸出的拉普拉斯金字塔進行重建，得到輸出影像 O，即處理後的影像結果。

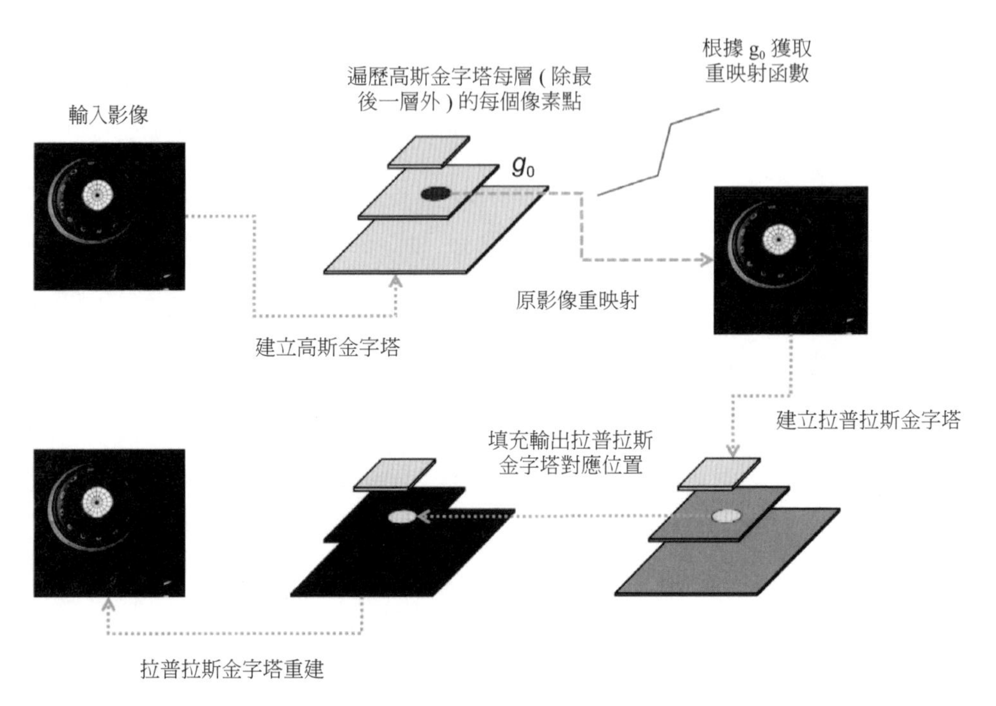

▲ 圖 6-6 LLF 演算法的整體計算流程

基於上述計算流程，下面用 Python 來實現 LLF 演算法，程式如下所示（測試影像可以從 Recovering High Dynamic Range Radiance Maps from Photographs 的專案主頁中下載）。

```
import os
import cv2
import numpy as np
import time
from utils.pyramid import build_gaussian_pyr, \
        build_laplacian_pyr, collapse_laplacian_pyr
from utils.remapping import remapping_tone

def local_laplace_filters(img, sigma, beta, max_value):
    # 計算所需參數
    h, w = img.shape[:2]
    n_level = int(np.ceil(np.log2(min(h, w))))
```

```
    print("[LLF] pyramid level total: ", n_level)
    # 建立輸入的高斯金字塔，初始化輸出的拉普拉斯金字塔
    gauss_pyr = build_gaussian_pyr(img, n_level)
    zero_img = np.zeros_like(img)
    out_laplace_pyr = build_laplacian_pyr(zero_img, n_level)
    for lvl in range(n_level - 1):
        print("[LLF] current level: ", lvl)
        gauss_layer = gauss_pyr[lvl]
        cur_h, cur_w = gauss_layer.shape[:2]
        for i in range(cur_h):
            for j in range(cur_w):
                g0 = gauss_layer[i, j]
                remapped = remapping_tone(img, g0, sigma, beta)
                cur_lap_pyr = build_laplacian_pyr(remapped, n_level)
                out_laplace_pyr[lvl][i, j] = cur_lap_pyr[lvl][i, j]
    print("[LLF] set pyramid last level using gauss_pyr")
    out_laplace_pyr[-1] = gauss_pyr[-1]
    img_out = collapse_laplacian_pyr(out_laplace_pyr)
    img_out = np.clip(img_out, 0, max_value)
    return img_out

if __name__ == "__main__":

    os.makedirs('results/llf', exist_ok=True)
    # test image: Recovering High Dynamic Range Radiance Maps from Photographs
的專案主頁
    hdr_path = '../datasets/hdr/memorial.hdr'

    hdr_img = cv2.imread(hdr_path, flags = cv2.IMREAD_ANYDEPTH)
    h, w = hdr_img.shape[:2]
    hdr_img = cv2.resize(hdr_img, (w//2, h//2),
                         interpolation=cv2.INTER_AREA)
    hdr_img = hdr_img / hdr_img.max()
    hdr_img = np.power(hdr_img, 1/2.2)

    beta = 0.02
    sigma = 0.1
    max_value = 1
```

```
    start_time = time.time()
    tone_out = local_laplace_filters(hdr_img,
                         sigma, beta, max_value)
    end_time = time.time()
    mini = np.percentile(tone_out, 1)
    maxi = np.percentile(tone_out, 99)
    tone_out = np.clip((tone_out - mini) / (maxi - mini), 0, 1)
    tone_out_8u = (tone_out  * 255.0).astype(np.uint8)

    tone_in_8u = (hdr_img  * 255.0).astype(np.uint8)
    cv2.imwrite('results/llf/llf_out.png', tone_out_8u)
    cv2.imwrite('results/llf/llf_in.png', tone_in_8u)
    # 顯示 LLF 演算法的執行時間
    print(f'total running time: {end_time - start_time:.2f}s')
```

輸出結果如下所示。

```
[LLF] pyramid level total:  8
[LLF] current level:  0
[LLF] current level:  1
[LLF] current level:  2
[LLF] current level:  3
[LLF] current level:  4
[LLF] current level:  5
[LLF] current level:  6
[LLF] set pyramid last level using gauss_pyr
total running time: 539.15s
```

圖 6-7 所示為 LLF 演算法輸入影像與輸出結果的對照。可以看出，LLF 演算法可以顯著壓縮影像的動態範圍，並且保持局部的細節和紋理狀態。另外還可以看到，直接按照上述方案實現 LLF 演算法耗時較長，其中，最主要的計算量在於對於金字塔上的每個像素點都要建立一次重映射後原影像的拉普拉斯金字塔，這個操作實際上可以採用一些最佳化策略來降低計算複雜度，比如，由於建立好重映射影像的拉普拉斯金字塔後只取其中某一層的某個像素點，因此，其實只需要對該層金字塔中一個像素點所表示的區域範圍進行重映射和建立金

字塔即可。這個最佳化也有其侷限，它仍然需要對每個像素點進行一次建立金字塔操作，而且對於金字塔的較高層（較小的尺寸），其中一個像素點對應到原影像的範圍也較大。另一種最佳化策略從值域範圍出發，考慮到影像通常的設定值範圍是有限的（如 uint8 的 0 ～ 255），因此只要對每個設定值預先做好輸入影像重映射並建立好拉普拉斯金字塔，那麼只需要透過類似查表的方式去對應查詢即可。比如，對於 0 ～ 255 的範圍，需要建立 256 次拉普拉斯金字塔，每建立一次金字塔都可以處理高斯金字塔中一批設定值相同的像素點，並填充到輸出拉普拉斯金字塔的對應位置中。這樣一來，建立拉普拉斯金字塔的次數就與值域有關，而與輸入影像尺寸無關了，因此可以大大減小計算量。

（a）輸入影像

（b）輸出結果

▲ 圖 6-7 LLF 演算法輸入影像與輸出結果的對照

如果深入探究，就會發現前面所述的最佳化還不夠徹底，對 LLF 演算法來說，實際上並不需要對每個可能的設定值都計算一個重映射後的金字塔，而是需要一組採樣點，將它們用於重映射和建塔，其他的設定值則根據臨近的採樣點進行插值計算，插值方式就是利用到兩個最近採樣點的距離計算權重後進行線性插值。基於這個想法實現的加速版 LLF（即 FastLLF）演算法的程式如下所示。

```
import os
import cv2
import numpy as np
import time
from utils.pyramid import build_gaussian_pyr, \
        build_laplacian_pyr, collapse_laplacian_pyr
from utils.remapping import remapping_tone

def fast_local_laplace_filters(img, sigma, beta, n_samples, max_value):
    # 計算所需參數
    h, w = img.shape[:2]
    n_level = int(np.ceil(np.log2(min(h, w))))
    print("[LLF] pyramid level total: ", n_level)
    samples = np.linspace(0, max_value, n_samples)
    step = 1 / n_samples
    # 建立輸入的高斯金字塔，初始化輸出的拉普拉斯金字塔
    gauss_pyr = build_gaussian_pyr(img, n_level)
    zero_img = np.zeros_like(img)
    out_laplace_pyr = build_laplacian_pyr(zero_img, n_level)
    print("[LLF] set pyramid last level using gauss_pyr")
    out_laplace_pyr[-1] = gauss_pyr[-1]
    for g0 in samples:
        print(f"[LLF] current sample g0: {g0:.4f}")
        remapped = remapping_tone(img, g0, sigma, beta)
        cur_lap_pyr = build_laplacian_pyr(remapped, n_level)
        for lvl in range(n_level - 1):
            gauss_layer = gauss_pyr[lvl]
            # 獲取需要被該 g0 插值計算的設定值的座標和係數
            region = (np.abs(gauss_layer - g0) < step)
            coeff = 1 - np.abs(gauss_layer - g0) / step
            coeff = coeff * region
            cur_out = cur_lap_pyr[lvl] * coeff
            out_laplace_pyr[lvl] += cur_out
    img_out = collapse_laplacian_pyr(out_laplace_pyr)
    img_out = np.clip(img_out, 0, max_value)
    return img_out

if __name__ == "__main__":
```

```
    os.makedirs('results/llf', exist_ok=True)
    # test image: Recovering High Dynamic Range Radiance Maps from Photographs
的專案主頁
    hdr_path = '../datasets/hdr/memorial.hdr'

    hdr_img = cv2.imread(hdr_path, flags = cv2.IMREAD_ANYDEPTH)
    h, w = hdr_img.shape[:2]
    hdr_img = cv2.resize(hdr_img, (w//2, h//2),
                         interpolation=cv2.INTER_AREA)

    hdr_img = hdr_img / hdr_img.max()
    hdr_img = np.power(hdr_img, 1/2.2)

    beta = 0.01
    sigma = 0.05
    max_value = 1
    n_samples = 12
    start_time = time.time()
    tone_out = fast_local_laplace_filters(hdr_img,
                         sigma, beta, n_samples, max_value)
    end_time = time.time()
    mini = np.percentile(tone_out, 1)
    maxi = np.percentile(tone_out, 99)
    tone_out = np.clip((tone_out - mini) / (maxi - mini), 0, 1)
    tone_out_8u = (tone_out  * 255.0).astype(np.uint8)
    tone_in_8u = (hdr_img  * 255.0).astype(np.uint8)
    cv2.imwrite('results/llf/fastllf_out.png', tone_out_8u)
    cv2.imwrite('results/llf/fastllf_in.png', tone_in_8u)
    # 顯示 FastLLF 演算法的執行時間
    print(f'total running time: {end_time - start_time:.2f}s')
```

輸出結果如下所示。

```
[LLF] pyramid level total:  8
[LLF] set pyramid last level using gauss_pyr
[LLF] current sample g0: 0.0000
```

```
[LLF] current sample g0: 0.0909
[LLF] current sample g0: 0.1818
[LLF] current sample g0: 0.2727
[LLF] current sample g0: 0.3636
[LLF] current sample g0: 0.4545
[LLF] current sample g0: 0.5455
[LLF] current sample g0: 0.6364
[LLF] current sample g0: 0.7273
[LLF] current sample g0: 0.8182
[LLF] current sample g0: 0.9091
[LLF] current sample g0: 1.0000
total running time: 0.04s
```

可以看出，Fast LLF 演算法的執行時間僅為 0.04s，對比原始版本的執行時間，加速效果明顯。FastLLF 演算法和 LLF 演算法的處理結果對比如圖 6-8 所示，只需要 12 個採樣點再結合插值，FastLLF 演算法即可獲得與 LLF 演算法比較類似的效果。由於其高效性和穩定的效果，FastLLF 演算法在色調映射、影像增強等領域有著廣泛的應用。

（a）輸入影像

（b）FastLLF 演算法的處理結果

（c）LLF 演算法的處理結果

▲ 圖 6-8 FastLLF 演算法和 LLF 演算法的處理結果對比

6.2.3 Reinhard 攝影色調重建演算法

下面介紹的也是一種經典的色調映射演算法：Reinhard 攝影色調重建演算法 [3]，它可以將 HDR 影像對應到可以顯示的 LDR，並且使得到的結果有較好的對比度和亮度表現。該演算法主要想法來源於傳統攝影技術中的一些觀察和步驟，並利用數學演算法形式進行模擬。該演算法包括了前面提到的 GTM 和 LTM，即全域色調映射和局部色調映射，其中，GTM 用來控制整體的影調和亮度，LTM 控制局部的對比度表現。

Reinhard 色調映射主要參考了兩種攝影技術：**分區曝光法（或稱為區域系統，Zone System）**和**減淡加深法（Dodge-and-Burn）**。其中，分區曝光法由美國著名的風景攝影師 Ansel Adams 提出，其核心思想是對不同的亮度區間進行劃分，並在拍攝和沖洗顯影的過程中控制不同位置被攝物體所屬的區域（Zone，亮度區間），以此得到合適的曝光效果。分區曝光法的各區域示意圖如圖 6-9 所示，區域系統共有 11 個不同的亮度區間，序號從 0 到 X，每個區間都有不同的意義，比如區間 0 表示純黑，區間 IV 表示樹葉、建築和皮膚的陰影部分等，區間 VII 表示明亮的紋理區域、皮膚的亮區、低光照場景下的雪景等。

▲ 圖 6-9 分區曝光法的各區域示意圖

參考分區曝光法的思想，Reinhard 攝影色調重建演算法先對輸入影像進行初始亮度映射，估計場景影調，然後透過調整係數控制亮度縮放後的整體影調變化，其數學形式如下：

$$\bar{\boldsymbol{L}}_{\mathrm{w}} = \exp\left(\frac{1}{N}\sum_{x,y}\log(\boldsymbol{L}_{\mathrm{w}}(x,y)+\sigma)\right)$$

$$\boldsymbol{L}(x,y) = \frac{a}{\bar{\boldsymbol{L}}_{\mathrm{w}}}\boldsymbol{L}_{\mathrm{w}}(x,y)$$

即首先計算原影像的 log 域平均值，然後透過 exp 函數得到參考亮度。設置參數a（即中性灰的參考值，或稱為影調值 Key Value），即可對原影像進行映射。不同影調值映射的結果也有所不同，圖 6-10 展示了不同影調值映射出的影像亮度結果。

（a）a=0.1　（b）a=0.3

（c）a=0.4　（d）a=0.6

▲ 圖 6-10 不同影調值映射出的影像亮度結果

然後即可透過一個映射函數對調整後的 HDR 影像進行 GTM。GTM 函數的數學形式為

$$\boldsymbol{L}_{\mathrm{d}}(x,y)=\frac{\boldsymbol{L}(x,y)}{1+\boldsymbol{L}(x,y)}$$

該映射用來對 HDR 根據亮度進行自我調整的壓縮，觀察該函數可以發現，在輸入較小（低亮度）時，壓縮比例較小，約等於 1；而在輸入較大（高亮度）時，約等於壓縮了 $1/\boldsymbol{L}$，因此，該函數可以防止高光區域曝光過度，並能提升暗部資訊。

另外，如果允許反白區域可以有一定程度的曝光過度，那麼就可以將上述的映射函數推廣為以下形式：

$$\boldsymbol{L}_{\mathrm{d}}(x,y)=\frac{\boldsymbol{L}(x,y)\left[1+\dfrac{\boldsymbol{L}(x,y)}{\boldsymbol{L}_{\mathrm{white}}^{2}}\right]}{1+\boldsymbol{L}(x,y)}$$

式中，$\boldsymbol{L}_{\mathrm{white}}$ 是映射為純白色的最小亮度。這個函數是線性映射（Linear Mapping）和前面的函數映射的混合。如果將 $\boldsymbol{L}_{\mathrm{white}}$ 設置為輸入結果的最大值，那麼無曝光過度；如果設置為無限大，那麼會退化到普通的 GTM 曲線。$\boldsymbol{L}_{\mathrm{white}}$ 的值越小，則 GTM 曲線越傾向於線性映射，反之則傾向於亮區壓制。不同參數設定值的 GTM 曲線示意圖如圖 6-11 所示。

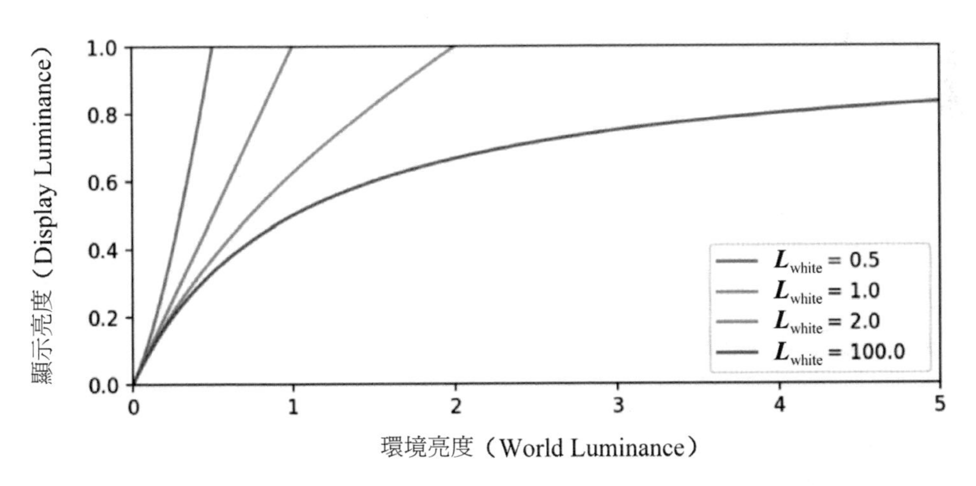

▲ 圖 6-11 不同參數設定值的 GTM 曲線示意圖

對於 LTM，這裡參考了攝影技術中常用的一種方法，即減淡加深法，其實際操作示意圖如圖 6-12 所示。在早期的傳統攝影技術中，為了讓不同的局部獲得更好的對比度效果，通常會在顯影時對局部操作：減淡（Dodge）的原意是遮蔽，即對某個特定區域遮光，從而使得成片的顏色減淡（灰度值提升）；反之，加深（Burn）的原意即燃燒、加光，從而使成片的顏色加深（灰度值下降）。這裡描述的是早期暗室攝影的操作，由於操作的目標是負片，因此加光表示更深的顏色，即亮度變暗，反之同理。

在 Reinhard 攝影色調重建演算法中，可以對減淡加深法的功能進行模擬，即自我調整的 LTM 操作。首先對每一個像素找到無較大對比度的最大可能的鄰域；然後以這個區域的平均值作為參考，對 GTM 函數形式進行修正。那麼問題就成了如何找到最大的「平整」鄰域。這個步驟的具體操作如下：設計一系列不同尺度的高斯核心，對原影像進行卷積，計算每個像素點的回應值（Response）。對一個像素點來說，對其臨近的兩個高斯回應結果計算差值，如果差值較小，則說明該區域仍然較為平坦（對比度低）；如果差值較大，則說明在該步擴大高斯核心的過程中，遇到了高對比的內容，差值越大說明對比度越強。自我調整選擇最合適的高斯核心尺度如圖 6-13 所示。

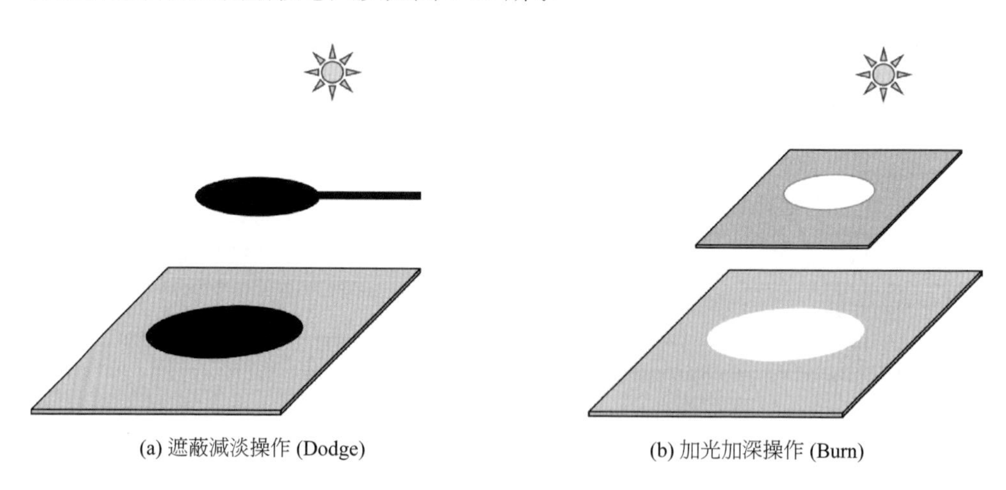
(a) 遮蔽減淡操作 (Dodge)　　(b) 加光加深操作 (Burn)

▲ 圖 6-12 減淡加深法實際操作示意圖

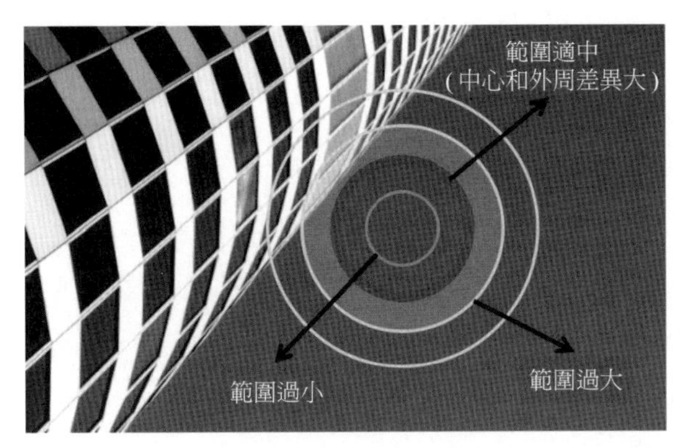

▲ 圖 6-13 自我調整選擇最合適的高斯核心尺度

因此，透過設置一個設定值，找到從中心到外周的第一個大於該設定值的差值，即可找到對應的最大平整鄰域。然後用該鄰域計算該像素的局部平均值，以此來代替 GTM 函數分母中的 $\boldsymbol{L}(x, y)$，從而實現自我調整的 LTM 操作。該過程的數學形式如下：

$$\boldsymbol{R}_i(x,y,s)=\frac{1}{\pi(\alpha_i s)^2}\exp\left(-\frac{x^2+y^2}{(\alpha_i s)^2}\right)$$

$$\boldsymbol{V}_i(x,y,s)=L(x,y)\otimes\boldsymbol{R}_i(x,y,s)$$

$$\boldsymbol{V}(x,y,s)=\frac{\boldsymbol{V}_1(x,y,s)-\boldsymbol{V}_2(x,y,s)}{2^{\phi}a/s^2+\boldsymbol{V}_1(x,y,s)}$$

對該操作的效果進行分析：對亮區的某個暗點，由於局部平均值較大，因此相比於直接採用自身的值計算 GTM 來說，分母相對更大，因此壓暗的效果會更加明顯，而亮區則與 GTM 的壓暗類似。這樣就可以使得亮區和暗區的對比度更加明顯，視覺效果更好。同理，對暗區的亮點來說，也會因為局部區域的低光照而減小壓暗程度，以提升對比度。

下面透過程式來實現本節所述演算法的操作，並利用 HDR 影像對效果進行測試。

```
import os
import cv2
import numpy as np
```

```
import matplotlib.pyplot as plt

def reinhard_tonemapping(img,
                         mid_gray=0.18,
                         num_scale=8,
                         alpha=0.35355,
                         ratio=1.6,
                         phi=8.0,
                         epsilon=0.05):
    img = img / img.max()
    H, W = img.shape[:2]
    B, G, R = cv2.split(img)
    Lw = 0.27 * R + 0.67 * G + 0.06 * B
    delta = 1e-10
    mLw = np.exp(np.mean(np.log(Lw + delta)))
    L = (mid_gray / mLw) * Lw
    v1_ls = list()
    for i in range(num_scale):
        sigma = alpha * (ratio ** i)
        local_gauss = cv2.GaussianBlur(L, ksize=[0,0], sigmaX=sigma)
        v1_ls.append(local_gauss)
    v_ls = list()
    for i in range(num_scale - 1):
        nume = np.abs(v1_ls[i] - v1_ls[i + 1])
        deno = mid_gray * (2**phi) / (ratio**i) + v1_ls[i]
        v_ls.append(nume / deno)

    v1ls_np = np.stack(v1_ls, axis=2)
    vls_np = np.stack(v_ls, axis=2)
    vsm = v1_ls[-1].copy()

    for i in range(H):
        for j in range(W):
            vec = vls_np[i, j, :]
            for cur_s in range(num_scale - 1):
                if vec[cur_s] > epsilon:
                    vsm[i, j] = v1ls_np[i, j, cur_s]
                    break
    Ld = np.clip(L / (1 + vsm), a_min=0, a_max=1)
```

```
    out_color = np.expand_dims(Ld / (Lw + 1e-10), axis=2) * img
    out_color = np.clip(out_color, a_min=0, a_max=1)
    return out_color

if __name__ == "__main__":

    os.makedirs('results/reinhard', exist_ok=True)
    # test image: Recovering High Dynamic Range Radiance Maps from Photographs
的專案主頁
    hdr_path = '../datasets/hdr/memorial.hdr'
    img = cv2.imread(hdr_path, flags = cv2.IMREAD_ANYDEPTH)
    out = reinhard_tonemapping(img)
    inp = img / img.max()
    inp = np.power(inp, 1/2.2)

    tone_in_8u = (inp  * 255.0).astype(np.uint8)
    tone_out_8u = (out  * 255.0).astype(np.uint8)
    cv2.imwrite('results/reinhard/reinhard_in.png', tone_in_8u)
    cv2.imwrite('results/reinhard/reinhard_out.png', tone_out_8u)
```

Reinhard 攝影色調重建演算法的結果圖如圖 6-14 所示，可以看出，該演算法對於亮區和暗區的細節恢復與對比度提升都有較好的效果。

（a）輸入影像

（b）Reinhard 攝影色調重建演算法的結果

▲ 圖 6-14 Reinhard 攝影色調重建演算法的結果圖

6.2.4 快速雙邊濾波色調映射演算法

接下來介紹另一種 HDR 影像的色調映射演算法 [4]，該演算法基於快速雙邊濾波將影像分解為**基礎層（Base）**和**細節層（Detail）**，並分別進行處理。對 HDR 到 LDR 的色調映射來說，如果直接線性映射，那麼很容易產生曝光過度和死黑等情況。因此，通常採用非線性色調映射方案，以便提亮暗區，並壓縮曝光過度的亮區，從而使得整體內容豐富、影調正常。

最簡單的非線性色調映射就是 Gamma 曲線或類似的 GTM 曲線操作，這種方法確實可以實現暗區的提亮和亮區的壓縮，但是通常會帶來顏色的水洗感，即顏色偏灰白，飽和度差。針對這個問題的改進策略就是只對影像的亮度（Intensity）進行壓縮，壓縮後再將顏色補償回去（Reinhard 攝影色調重建演算法的程式中就是這樣實現的）。但是這個策略還有另一個問題——影像的細節會隨著非線性壓縮變得不清晰甚至被遺失。為了解決這個問題，這裡介紹的演算法的想法：對影像的細節和亮度分別進行處理，將亮度壓縮後再把細節填充回去，這樣就可以既保留了細節，又有壓縮的動態範圍。

那麼，如何對 HDR 影像的細節和亮度進行區分呢？由於人們希望對動態範圍的壓縮不影響影像的邊緣，因此可以透過保邊濾波來實現。保邊濾波可以實現影像平滑，平滑後的影像即基礎層，其數值範圍需要進行壓縮，平滑後的影像與原影像的差值部分即需要被保持的細節層。一種常用的保邊濾波演算法就是前面曾經提到過的雙邊濾波演算法：首先計算出原影像的亮度圖，並將其數值變換到 log 域；然後透過雙邊濾波分離出基礎層和細節層；對基礎層乘以比例係數以改變對比度，然後加回細節層，並透過 exp 函數變換回線性域，即可得到色調映射後的亮度圖，將顏色通道資訊補充回去，就獲得了最終的結果。

對於快速雙邊濾波色調映射方法，其核心步驟就是雙邊濾波。由於傳統的雙邊濾波演算法速度較慢，計算效率低，因此需要對其進行加速。**快速雙邊濾波（Fast Bilateral Filtering）**是對雙邊濾波的性能最佳化，其基本想法是將影像的值域範圍擴充成一個新的維度，與影像本身的空間 2D 維度合併，形成 3D 網格點。由於值域也被視為了空間的維度，因此在雙邊濾波中要考慮的像素值的相似性也被轉化為了 3D 網格點中的空間鄰近性，直接採用 3D 濾波即可實現。快速雙邊濾波原理示意圖如圖 6-15 所示。這裡的影像空間維度僅用一個維度進行展示。

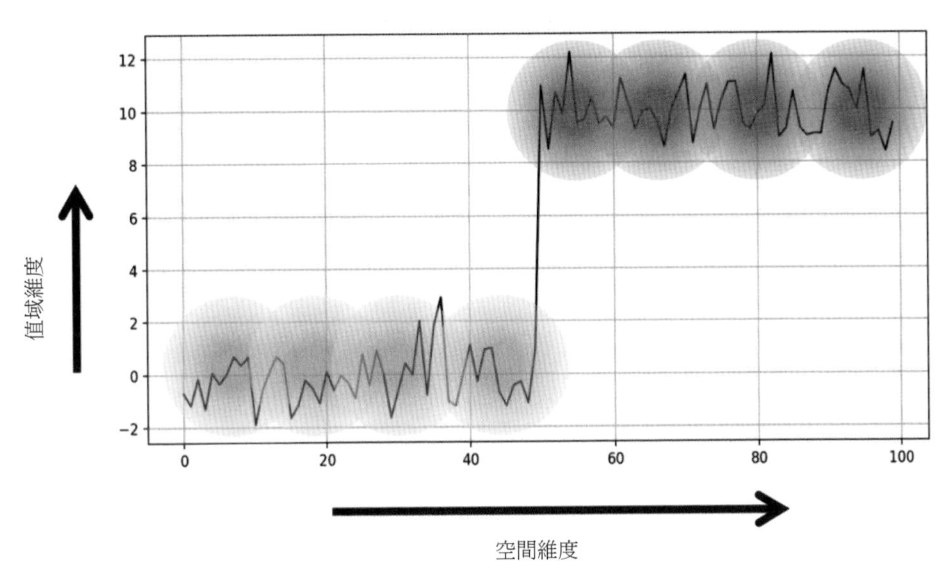

▲ 圖 6-15 快速雙邊濾波原理示意圖

為了更進一步地實現加速，可以對原影像和值域進行採樣（量化），即將影像的寬度、高度除以對應係數進行縮放，並對值域分成的若干子區間進行濾波。最後還需要對濾波後的結果進行插值（對於位置和設定值都需要插值），才能得到原影像解析度的效果，這個過程通常被稱為**切片（Slicing）**。

下面用 Python 實現快速雙邊濾波的程式，並測試其效果。然後利用快速雙邊濾波器對 HDR 影像分離基礎層和細節層，並進行色調映射。

```
import os
import cv2
import numpy as np
from scipy.ndimage import convolve
from scipy.interpolate import interpn
import matplotlib.pyplot as plt
```

```
def fast_bilateral(img, sigma_s, sigma_r):
    H, W = img.shape
    VMIN, VMAX = np.min(img), np.max(img)
    VR = VMAX - VMIN
    print('[Fast Bilateral] downscaled image info: ')
    print(f'H x W: {H}x{W}, vmin: {VMIN}, vmax: {VMAX}')
    h = int((H - 1) / sigma_s) + 2
    w = int((W - 1) / sigma_s) + 2
    vr = int(VR / sigma_r) + 2
    data_tensor = np.zeros((h, w, vr))
    weight_tensor = np.zeros((h, w, vr))
    # 下採樣並建立 3D 網格
    ds_v_map = np.round((img - VMIN) / sigma_r).astype(int)
    for i in range(H):
        for j in range(W):
            val = img[i, j]
            ds_v = ds_v_map[i, j]
            ds_i = np.round(i / sigma_s).astype(int)
            ds_j = np.round(j / sigma_s).astype(int)
            data_tensor[ds_i, ds_j, ds_v] += val
            weight_tensor[ds_i, ds_j, ds_v] += 1
    # 生成 3D 卷積核心
    kernel_3d = np.zeros((3, 3, 3))
    for i in range(3):
        for j in range(3):
            for k in range(3):
                d2 = (i - 1) ** 2 \
                   + (j - 1) ** 2 \
                   + (k - 1) ** 2
                val = np.exp(-d2/2)
                kernel_3d[i, j, k] = val
    # 3D 空間內的卷積（2D 座標空間 + 1D 值域空間）
    fdata = convolve(data_tensor, kernel_3d, mode='constant')
    fweight = convolve(weight_tensor, kernel_3d, mode='constant')
    norm_data = fdata / (fweight + 1e-10)
    norm_data[fweight == 0] = 0
    print('[Fast Bilateral] grid size: ', norm_data.shape)
```

```
    # 對處理結果進行插值，得到處理後的影像
    ds_points = (np.arange(h), np.arange(w), np.arange(vr))
    samples = np.zeros((H, W, 3))
    for i in range(H):
        for j in range(W):
            val = img[i, j]
            ds_i = i / sigma_s
            ds_j = j / sigma_s
            ds_v = (val - VMIN) / sigma_r
            samples[i, j, :] = [ds_i, ds_j, ds_v]
    output = interpn(ds_points, norm_data, samples)
    return output

def fast_bilateral_tone(hdr_img,
                        contrast,
                        sigma_s,
                        sigma_r,
                        gamma_coeff):
    R, G, B = cv2.split(hdr_img)
    luma = (20.0 * R + 40.0 * G + 1.0 * B) / 61.0
    log_luma = np.log10(luma.astype(np.float64))
    log_base = fast_bilateral(log_luma, sigma_s, sigma_r)
    log_detail = log_luma - log_base
    vmax, vmin = np.max(log_base), np.min(log_base)
    comp_fact = np.log10(contrast) / (vmax - vmin)
    log_abs_scale = vmax * comp_fact
    log_out = log_base * comp_fact + log_detail - log_abs_scale
    luma_out = 10 ** (log_out)
    Rout = R / luma * luma_out
    Gout = G / luma * luma_out
    Bout = B / luma * luma_out
    out_img = cv2.merge((Rout, Gout, Bout))
    out_img = np.power(out_img, 1/gamma_coeff)
    out_img = np.clip(out_img, a_min=0, a_max=1)
    return out_img

if __name__ == "__main__":
```

```
os.makedirs('results/fastbilateral/', exist_ok=True)
# 測試快速雙邊濾波
img = cv2.imread('../datasets/srdata/Set12/07.png')[..., 0]
h, w = img.shape
sigma = 25
gaussian_noise = np.float32(np.random.randn(*(img.shape))) * sigma
noisy_img = img + gaussian_noise
noisy_img = np.clip((noisy_img).round(), 0, 255).astype(np.uint8)
sigma_s, sigma_r = 5, 50
out = fast_bilateral(noisy_img, sigma_s, sigma_r)
out = np.clip(out, a_min=0, a_max=255).astype(np.uint8)
cv2.imwrite('results/fastbilateral/bi_input.png', noisy_img)
cv2.imwrite('results/fastbilateral/bi_output.png', out)

# 測試快速雙邊濾波 HDR 色調映射
hdr_path = '../datasets/hdr/memorial.hdr'
hdr_img = cv2.imread(hdr_path,
                flags = cv2.IMREAD_ANYDEPTH)[...,::-1]
tonemapped = fast_bilateral_tone(hdr_img, 5, 10, 0.4, gamma_coeff=1.2)
tonemapped = np.clip(tonemapped * 255, a_min=0, a_max=255)
tonemapped = tonemapped.astype(np.uint8)[...,::-1]
cv2.imwrite('results/fastbilateral/tone_output.png', tonemapped)
```

輸出結果如下所示。

```
[Fast Bilateral] downscaled image info:
H x W: 256x256, vmin: 0, vmax: 255
[Fast Bilateral] grid size:  (53, 53, 7)
[Fast Bilateral] downscaled image info:
H x W: 768x512, vmin: -2.749390773162896, vmax: 2.81607821955083
[Fast Bilateral] grid size:  (78, 53, 15)
```

快速雙邊濾波色調映射演算法的測試結果如圖 6-16 所示。可以看出，快速雙邊濾波具有較好的保邊平滑效果，同時經過該演算法處理後的影像也在壓縮動態範圍的同時保留了更多的細節。

(a) 測試輸入 (含雜訊)

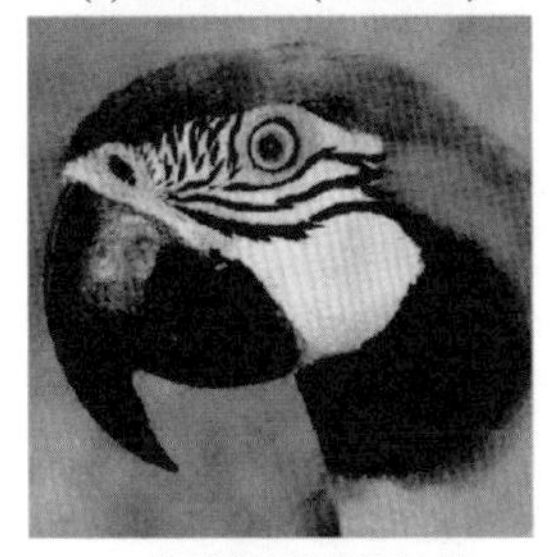

(b) 快速雙邊濾波結果

(c) 快速雙邊濾波色調映射演算法的結果

▲ 圖 6-16 快速雙邊濾波色調映射演算法的測試結果

6.3 基於神經網路模型的 HDR 演算法

隨著神經網路和深度學習方法在底層影像視覺中的廣泛應用，HDR 相關任務累積了一些基於網路模型的方案。本節主要介紹幾種 HDR 相關的網路模型演算法，包括多曝融合方案，以及單圖 HDR 相關演算法。在介紹具體的模型之前，先來了解 HDR 影像品質的度量指標 MEF-SSIM，它是許多基於網路的 HDR 演算法通用的訓練目標。下面先來介紹它的原理和實現邏輯。

6.3.1 網路模型的訓練目標：MEF-SSIM

對 HDR 任務中的多曝融合方案來說，其輸入為多幀不同曝光的 LDR 影像，輸出為融合結果。這種任務與前面提到的降噪、超解析度等任務有所不和，相比於之前透過對目標影像做退化生成訓練樣本對來說，多曝融合任務一般沒有真實的目標影像，它的最佳化目標不是從輸入中恢復出某個真實結果，而是將輸入轉為符合預期效果的影像，即解決高光曝光過度與暗區死黑不明顯問題，同時使色調自然、細節清晰等。為了適應這種設定，研究者對傳統的 SSIM 指標進行了改進，提出了一種針對多曝融合的最佳化目標，即 **MEF-SSIM（Multi-Exposure Fusion SSIM）**，使其可以應用於多曝光輸入，並舉出一個對融合結果的合理評價。

對用 SSIM 作為影像品質評估指標來說，畫質評估結果可以透過演算法輸出的影像與完美的目標影像從各個方面計算匹配係數得到。而對 MEF-SSLM 來說，由於缺少單一的目標影像，因此融合輸出影像應該同時對比多個輸入中品質較好的成分。前面介紹過，SSIM 的基本想法是將影像分解為不同的可解釋的成分（**亮度**、**對比度**和**結構**）分別進行比對。從數學的角度來說，亮度代表的是影像的平均值，對比度代表的是方差（或標準差），結構代表的是經過平均值和方差歸一化後剩下的資訊。透過上述分解方式，可以對一個原始訊號進行重新表示：

$$
\begin{aligned}
\boldsymbol{x}_k &= \left\|\boldsymbol{x}-\boldsymbol{\mu}_{x_k}\right\| \frac{\boldsymbol{x}-\boldsymbol{\mu}_{x_k}}{\left\|\boldsymbol{x}-\boldsymbol{\mu}_{x_k}\right\|}+\boldsymbol{\mu}_{x_k} \\
&= c_k \boldsymbol{s}_k + l_k
\end{aligned}
$$

式中，k 表示輸入的不同曝光幀的序號；c_k 表示對比度；$\boldsymbol{s}_k$ 表示結構分量；l_k 表示亮度。對多曝融合任務來說，亮度的保持意義不大（因為輸入影像區域可能是曝光過度或欠曝的，所以沒有合適的亮度目標），因此在 MEF-SSIM 中，僅考慮對比度和結構分量。

對於對比度分量，考慮某張影像的區域，傾向於認為在多幀輸入中對比度最高的一幀的視覺效果最好，因此，目標對比度就是所有幀中對比度最高的那個，寫成數學形式如下：

$$
\hat{c} = \max_{1 \le k \le K} \boldsymbol{c}_k
$$

對於結構分量，最終的目標是在融合後的影像中保留所有輸入影像的有效結構。因此，其數學形式是各幀的加權和。權重大小可以根據對比度分量計算得到，即

$$\bar{\boldsymbol{s}} = \frac{\sum_{k=1}^{K} w(\boldsymbol{x}_k - \boldsymbol{\mu}_k)\boldsymbol{s}_k}{\sum_{k=1}^{K} w(\boldsymbol{x}_k - \boldsymbol{\mu}_k)},\ w(\boldsymbol{x}_k - \boldsymbol{\mu}_k) = \left\|\boldsymbol{x}_k - \boldsymbol{\mu}_k\right\|^p,\ \hat{\boldsymbol{s}} = \frac{\bar{\boldsymbol{s}}}{\left\|\bar{\boldsymbol{s}}\right\|}$$

這樣就獲得了目標影像的結構分量和對比度，即

$$\hat{\boldsymbol{x}} = \hat{c}\hat{\boldsymbol{s}}$$

再結合 SSIM 的計算方法，即可得到 MEF-SSIM 的數學運算式：

$$\text{MEF-SSIM}(\{\boldsymbol{x}_k\}, \boldsymbol{y}) = \frac{2\sigma_{\hat{x}y} + C}{\sigma_{\hat{x}}^2 + \sigma_y^2 + C}$$

MEF-SSIM 既可以作為多曝融合效果的評估指標，也可以作為學習類演算法的最佳化目標（類似 SSIM 損失函數）。下面用 Python 實現 MEF-SSIM 的計算流程，並對多曝融合演算法的輸出結果進行評估測試。

```
import os
import cv2
import numpy as np
import matplotlib.pyplot as plt

def mef_ssim(expo_imgs, fused_img, win_size=7, p=2):
    eps = 1e-10
    num_expo = len(expo_imgs)
    fused_img = fused_img.astype(np.float32)
    radius = win_size // 2
    H, W, C = fused_img.shape
    expos = np.stack(expo_imgs, axis=0).astype(np.float32)
    ssim_map = np.zeros((H, W, C), dtype=np.float32)
```

```
for i in range(radius, H - radius):
    for j in range(radius, W - radius):
        fpatch = fused_img[i-radius:i+radius+1,
                           j-radius:j+radius+1, ...]
        c_hat = np.zeros((1, 1, C), dtype=np.float32)
        s_sum_nume = np.zeros((1, 1, C), dtype=np.float32)
        s_sum_deno = np.zeros((1, 1, C), dtype=np.float32)
        # 一個一個取出曝光幀
        for eid in range(num_expo):
            x_k = expos[eid,
                        i-radius:i+radius+1,
                        j-radius:j+radius+1, ...]
            mu_k = np.mean(x_k, axis=(0,1), keepdims=True)
            # 計算平均值歸 0 後的結果
            x_tilde_k = x_k - mu_k
            c_k = np.linalg.norm(x_tilde_k,
                        axis=(0,1), keepdims=True)
            c_hat = np.maximum(c_k, c_hat)
            # 計算結構並更新目標結構的分子、分母
            s_k = x_tilde_k / (c_k + eps)
            w_k = c_k ** p
            s_sum_nume = s_sum_nume + w_k * s_k
            s_sum_deno = s_sum_deno + w_k
        # 合成目標 x_hat
        s_bar = s_sum_nume / (s_sum_deno + eps)
        s_bar_norm = np.linalg.norm(s_bar,
                        axis=(0,1), keepdims=True)
        s_hat = s_bar / (s_bar_norm + eps)
        x_hat = c_hat * s_hat
        # 計算類 SSIM 相似度
        mu_x_hat = np.mean(x_hat,
                      axis=(0,1), keepdims=True)
        mu_y = np.mean(fpatch,
                      axis=(0,1), keepdims=True)
        sigma2_x_hat = np.mean(x_hat**2,
                              axis=(0,1), keepdims=True) \
```

```
                        - mu_x_hat**2
            sigma2_y = np.mean(fpatch**2,
                                axis=(0,1), keepdims=True) \
                        - mu_y**2
            sigma_x_hat_y = np.mean(x_hat * fpatch,
                                axis=(0,1), keepdims=True) \
                        - mu_x_hat * mu_y
            C1 = (0.03 * 255) ** 2
            mef_ssim_patch = (2 * sigma_x_hat_y + C1) \
                        / (sigma2_x_hat + sigma2_y + C1)
            ssim_map[i, j, :] = mef_ssim_patch
    return ssim_map


if __name__ == "__main__":
    expo1 = cv2.imread('../datasets/hdr/multi_expo/grandcanal_A.jpg')
    expo2 = cv2.imread('../datasets/hdr/multi_expo/grandcanal_B.jpg')
    expo3 = cv2.imread('../datasets/hdr/multi_expo/grandcanal_C.jpg')
    fused = cv2.imread('results/expofusion/fused.png')
    mef_ssim_map = mef_ssim([expo1, expo2, expo3], fused)
    os.makedirs('./results/mefssim/', exist_ok=True)
    fig = plt.figure()
    plt.imshow(np.mean(mef_ssim_map, axis=2),
               cmap='gray', vmin=0, vmax=1)
    plt.xticks([])
    plt.yticks([])
    plt.savefig('./results/mefssim/mef_ssim_map.png')
    print('MEF-SSIM score is :', np.mean(mef_ssim_map))
```

輸出的 MEF-SSIM 結果如下，可以看出，多曝融合演算法的效果在 MEF-SSIM 度量結果數值上的表現較好，說明多曝融合演算法較好地保留了輸入影像各幀的有效資訊，並具有較好的對比度和視覺效果。

```
MEF-SSIM score is : 0.9338541
```

融合結果與 MEF-SSIM 分散圖如圖 6-17 所示。可以看出，在圖 6-17 所示水面附近，融合結果有一定的缺陷，而建築、天空等其他區域的效果較好。從 MEF-SSIM 分數圖來看，多曝融合演算法可以達到較好的效果。

（a）融合結果

（b）MEF-SSIM 分數圖

▲ 圖 6-17 融合結果與 MEF-SSIM 分數圖

6.3.2 點對點多曝融合演算法：DeepFuse

多曝融合可以被看作影像融合的一種特殊形式，需要對不同曝光幀的合適曝光區域進行自我調整選取，並最終形成新的影像，這個過程涉及各個區域的自我調整處理。儘管傳統方法（如多曝融合演算法等）可以透過各種規則計算權重，並透過不同方式融合，但是這個過程較為煩瑣，參數選擇也不一定最佳。因此，可以用網路模型來點對點地實現自我調整選取和融合的整個過程。DeepFuse 演算法 [5] 就是其中的典型代表。

DeepFuse 演算法是一種無監督的影像融合演算法。對該演算法來說不存在所謂的 GT，因此需要利用 MEF-SSIM 作為最佳化目標。DeepFuse 演算法的整體結構如圖 6-18 所示，它可以對靜態曝光序列（Static Exposure Stack）進行融合。

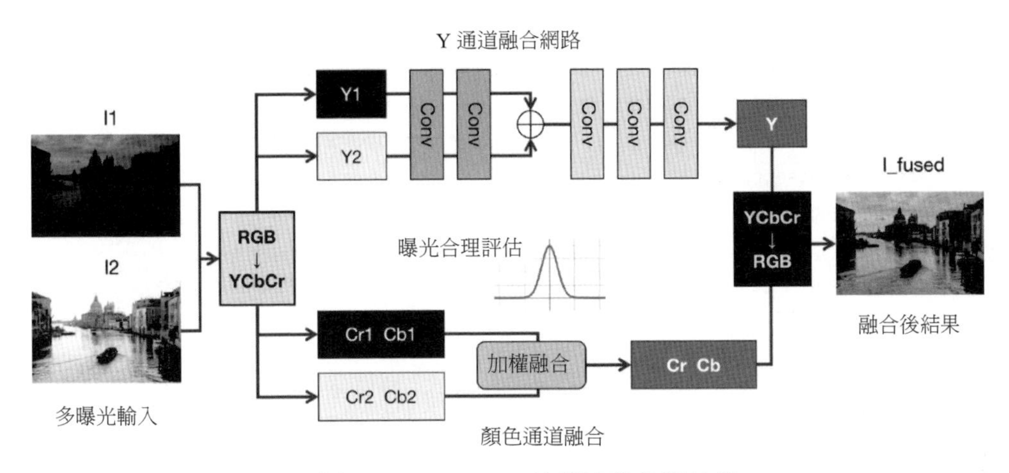

▲ 圖 6-18 DeepFuse 演算法的整體結構

首先，將輸入的多曝光影像轉到 YCbCr 顏色空間。其中只有 Y 通道需要用網路進行融合，而顏色通道直接加權融合即可（權重為該像素設定值到中性灰的距離，類似多曝融合演算法中的曝光合理度指標）。融合 Y 通道的神經網路主要分為 3 個部分，分別是特徵提取、融合和重建。對於特徵提取，可以用大的卷積核心提取更廣泛的資訊；而融合部分對不同曝光幀提取到的特徵圖進行加和；最後經過多級卷積操作將融合後的特徵圖重建為影像。這個過程的程式範例如下所示。

```
import torch
import torch.nn as nn

class DeepFuse(nn.Module):
    def __init__(self):
        super().__init__()
        self.feat_extract = nn.Sequential(
            nn.Conv2d(1, 16, 5, 1, 2),
            nn.ReLU(inplace=True),
            nn.Conv2d(16, 32, 7, 1, 3)
        )
        self.recon = nn.Sequential(
            nn.Conv2d(32, 32, 7, 1, 3),
            nn.ReLU(inplace=True),
```

```
            nn.Conv2d(32, 16, 5, 1, 2),
            nn.ReLU(inplace=True),
            nn.Conv2d(16, 1, 5, 1, 2)
        )
    def forward(self, x1, x2):
        f1 = self.feat_extract(x1)
        f2 = self.feat_extract(x2)
        f_fused = f1 + f2
        out = self.recon(f_fused)
        return out

def chroma_weight_fusion(x1, x2, tau=128):
    w1 = torch.abs(x1 - tau)
    w2 = torch.abs(x2 - tau)
    w_total = w1 + w2 + 1e-8
    w1, w2 = w1 / w_total, w2 / w_total
    w_fused = x1 * w1 + x2 * w2
    return w_fused

if __name__ == "__main__":
    x1_ycbcr = torch.rand(4, 3, 256, 256)
    x2_ycbcr = torch.rand(4, 3, 256, 256)
    x1_y, x1_cb, x1_cr = torch.chunk(x1_ycbcr, 3, dim=1)
    x2_y, x2_cb, x2_cr = torch.chunk(x2_ycbcr, 3, dim=1)
    print('x1 Y Cb Cr sizes: \n', \
          x1_y.size(), x1_cb.size(), x1_cr.size())
    deepfuse = DeepFuse()
    fused_y = deepfuse(x1_y, x2_y)
    print('fused Y size: \n', fused_y.size())
    fused_cb = chroma_weight_fusion(x1_cb, x2_cb)
    fused_cr = chroma_weight_fusion(x1_cr, x2_cr)
    print('fused Cb / Cr size: \n',
          fused_cb.size(), fused_cr.size())
    x_fused = torch.cat((fused_y, fused_cb, fused_cr), dim=1)
    print('fused YCbCr size: \n', x_fused.size())
```

測試輸出結果如下所示。

```
x1 Y Cb Cr sizes:
 torch.Size([4, 1, 256, 256]) torch.Size([4, 1, 256, 256]) torch.Size([4, 1,
256, 256])
fused Y size:
 torch.Size([4, 1, 256, 256])
fused Cb / Cr size:
 torch.Size([4, 1, 256, 256]) torch.Size([4, 1, 256, 256])
fused YCbCr size:
 torch.Size([4, 3, 256, 256])
```

6.3.3 多曝權重的網路計算：MEF-Net

相比於直接預測融合結果的 DeepFuse 演算法，利用多曝融合實現 HDR 的網路模型 **MEF-Net**[6] 則更接近多曝融合演算法的想法。該模型並不直接對融合結果進行預測，而是預測輸入各個曝光幀的權重圖，並用這些權重對輸入影像進行加權融合。MEF-Net 模型的基本網路結構如圖 6-19 所示。

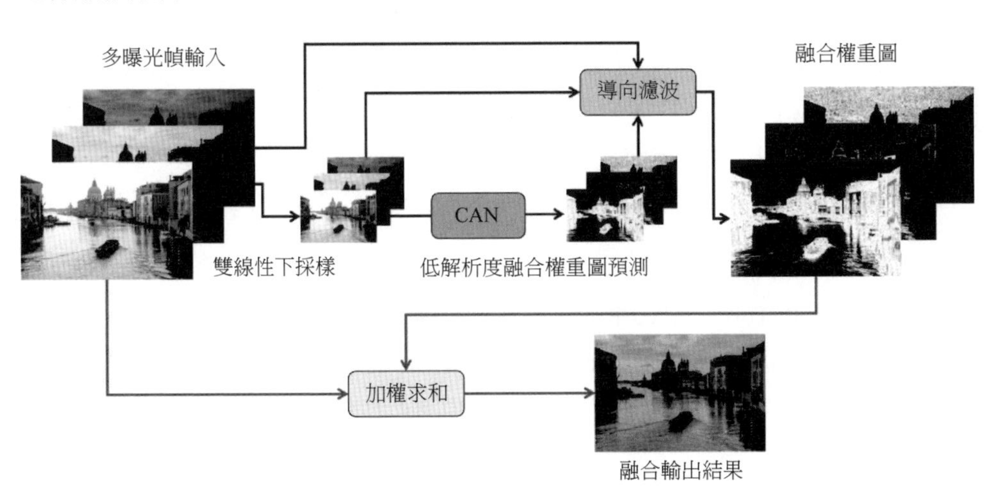

▲ 圖 6-19 MEF-Net 模型的基本網路結構

如圖 6-19 所示，MEF-Net 模型也是一個可以點對點訓練的多曝融合框架，其首先對多曝光幀輸入進行雙線性下採樣，並在低解析度影像上進行融合權重圖預測，提高計算效率；然後，利用導向濾波方式，以高解析度影像為參考，對融合權重圖進行保邊的上採樣，得到在高解析度曝光幀上的權重；最後，透過該權重圖對各個曝光幀進行加權求和，得到融合輸出結果。

對於融合權重生成網路，MEF-Net 模型採用了 CAN（Context Aggregation Network）結構。CAN 在一些底層影像處理任務中已有應用，該網路結構主要由空洞卷積和 AdaptiveNorm 等結構組成。空洞卷積可以在不降低影像解析度的前提下擴大感知域，AdaptiveNorm 是無歸一化的原始輸入和經過 InstanceNorm 歸一化的加權和，為了適應不同數量的曝光幀輸入，MEF-Net 模型將不同曝光幀在通常的批維度（即第一個 batch 維度）上進行堆疊，因此不採用 BatchNorm 層（BN 層）。其中啟動函數採用了 LeakyReLU。

在訓練方面，對於導向濾波的權重圖上採樣，MEF-Net 模型採用了可微分的快速導向濾波計算模組，從而可以實現點對點訓練。由於導向濾波可以被看作「計算仿射係數並進行仿射變換」的過程，因此可以在小影像上計算係數圖（即導向濾波中的 A 和 B），然後對其進行上採樣，將結果應用到大尺寸導向圖中，從而實現加速。MEF-Net 模型的訓練目標也是 MEF-SSIM，但是相比於原本不考慮亮度的設計，MEF-Net 模型的實驗表明，不加入亮度約束會導致訓練不穩定，從而容易使得訓練結果不好，但是加入亮度約束則可能會導致顏色過飽和，因此綜合考慮，MEF-Net 模型只對 Y 通道進行訓練，並且考慮了亮度的約束。最後，將融合好的 Y 通道與顏色通道重新組合，並轉為 RGB 影像，得到最終的輸出結果。

下面透過 PyTorch 對 MEF-Net 模型的主要模組進行簡單的實現，在導向濾波的平均值濾波中，採用了一種加速實現策略，即預先計算好到某個位置的累積和，然後透過對不同位置累積和做差得到兩個位置之間的元素和。具體程式範例如下所示。

```
import torch
import torch.nn as nn
import torch.nn.functional as F


## 1. 實現可求導的導向濾波
```

```
# 1.1 實現導向濾波中用到的平均值濾波
def window_sum(x, rh, rw):
    # x.size(): [n, c, h, w]
    cum_h = torch.cumsum(x, dim=2)
    wh = 2 * rh + 1
    top = cum_h[..., rh: wh, :]
    midh = cum_h[..., wh:, :] - cum_h[..., :-wh, :]
    bot = cum_h[..., -1:, :] - cum_h[..., -wh: -rh-1, :]
    out = torch.cat([top, midh, bot], dim=2)
    cum_w = torch.cumsum(out, dim=3)
    ww = 2 * rw + 1
    left = cum_w[..., rw: ww]
    midw = cum_w[..., ww:] - cum_w[..., :-ww]
    right = cum_w[..., -1:] - cum_w[..., -ww: -rw-1]
    out = torch.cat([left, midw, right], dim=3)
    return out

class BoxFilter(nn.Module):
    def __init__(self, rh, rw):
        super().__init__()
        self.rh, self.rw = rh, rw
    def forward(self, x):
        onemap = torch.ones_like(x)
        win_sum = window_sum(x, self.rh, self.rw)
        count = window_sum(onemap, self.rh, self.rw)
        box_out = win_sum / count
        return box_out

# 1.2 快速導向濾波
class FastGuidedFilter(nn.Module):
    def __init__(self, radius, eps):
        super().__init__()
        self.r = radius
        self.eps = eps
        self.mean = BoxFilter(radius, radius)
    def forward(self, p_lr, I_lr, I_hr):
        H, W = I_hr.size()[2:]
        mean_I = self.mean(I_lr)
```

```
        mean_p = self.mean(p_lr)
        cov_Ip = self.mean(I_lr * p_lr) - mean_I * mean_p
        var_I = self.mean(I_lr * I_lr) - mean_I ** 2
        A_lr = cov_Ip / (var_I + self.eps)
        B_lr = mean_p - A_lr * mean_I
        A_hr = F.interpolate(A_lr, (H, W), mode='bilinear')
        B_hr = F.interpolate(B_lr, (H, W), mode='bilinear')
        out = A_hr * I_hr + B_hr
        return out

## 2. 實現 MEF-Net 模型架構
# 2.1 基礎模組： AN 和 CAN 結構
class AdaptiveNorm(nn.Module):
    def __init__(self, nf):
        super(AdaptiveNorm, self).__init__()
        self.w0 = nn.Parameter(torch.Tensor([1.0]))
        self.w1 = nn.Parameter(torch.Tensor([0.0]))
        self.instnorm = nn.InstanceNorm2d(nf,
                                affine=True,
                                track_running_stats=False)
    def forward(self, x):
        out = self.w0 * x + self.w1 * self.instnorm(x)
        return out

class ContextAggregationNet(nn.Module):
    def  __init__(self, num_layers=7, nf=24):
        super().__init__()
        layers = list()
        for i in range(num_layers - 1):
            in_ch = 1 if i == 0 else nf
            dil = 2 ** i if i < num_layers -2 else 1
            layers += [
                nn.Conv2d(in_ch, nf, 3,
                          stride=1,
                          padding=dil,
                          dilation=dil,
                          bias=False),
                AdaptiveNorm(nf),
```

```
                nn.LeakyReLU(0.2, inplace=True),
            ]
        layers.append(
            nn.Conv2d(nf, 1, 1, 1, 0, bias=True)
        )
        self.body = nn.Sequential(*layers)
    def forward(self, x):
        out = self.body(x)
        return out

# 2.2 MEF-Net 模型計算多曝光融合
class MEFNet(nn.Module):
    def __init__(self, radius=2,
                 eps=1e-4,
                 num_layers=7,
                 nf=24):
        super().__init__()
        self.lr_net = ContextAggregationNet(num_layers, nf)
        self.gf = FastGuidedFilter(radius, eps)

    def forward(self, x_lr, x_hr):
        w_lr = self.lr_net(x_lr)
        w_hr = self.gf(w_lr, x_lr, x_hr)
        w_hr = torch.abs(w_hr)
        w_hr = (w_hr + 1e-8) / torch.sum(w_hr + 1e-8, dim=0)
        o_hr = torch.sum(w_hr * x_hr, dim=0)
        o_hr = o_hr.unsqueeze(0).clamp(0, 1)
        return o_hr, w_hr

if __name__ == "__main__":
    mfs = torch.rand(4, 1, 256, 256)
    mfs_ds = F.interpolate(mfs, (64, 64), mode="bilinear")
    mefnet = MEFNet()
    o_hr, w_hr = mefnet(mfs_ds, mfs)
    print(o_hr.size())
    print(w_hr.size())
```

測試輸出結果如下所示。

```
torch.Size([1, 1, 256, 256])
torch.Size([4, 1, 256, 256])
```

6.3.4 注意力機制 HDR 網路：AHDRNet

前面介紹了幾種靜態多曝融合的 HDR 影像生成方案。所謂的靜態指的是多個不同曝光幀已經對齊，因此可以只考慮對亮度和細節恢復的問題。而在實際應用中，通常不同曝光幀是在一定的時間範圍內先後獲取的，不同幀具有時間差，如果場景中有運動的物體，那麼各曝光幀無法完全對齊。通常的方案需要預先透過某些演算法（如特徵點匹配）對各幀進行對齊，然後對對齊後的曝光幀進行融合。而對基於網路模型的 HDR 演算法來說，由於網路模型具有較強的自我調整表徵能力，所以透過合適的訓練可以使其自我調整地對未對齊的區域進行篩選過濾，從而避免因為運動而在最終融合結果中引入鬼影等假影。**AHDRNet（Attention-guided HDR Network）**[7] 透過引入注意力機制，來處理動態多曝光幀融合中的鬼影問題，從而減少了複雜的對齊步驟的工作量，直接獲得合理的 HDR 融合效果。AHDRNet 的結構如圖 6-20 所示。

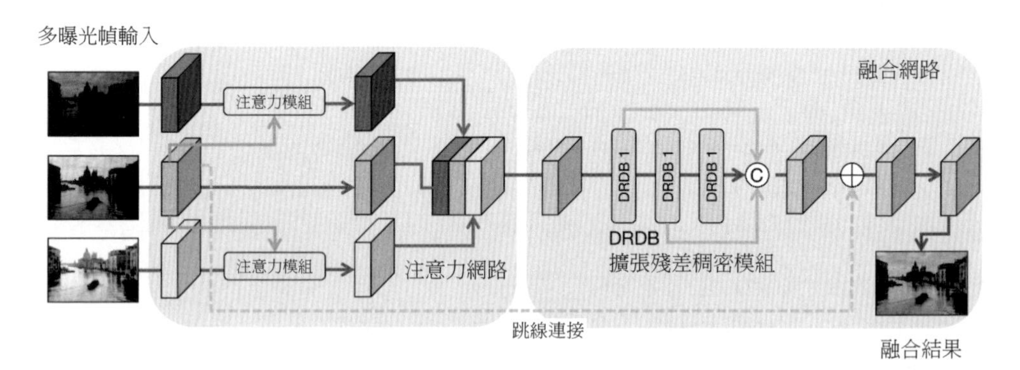

▲ 圖 6-20 AHDRNet 的結構

AHDRNet 的結構主要分為兩個部分：透過注意力機制計算多幀特徵圖的**注意力網路（Attention Network）**，以及對多幀特徵圖進行融合並重建的**融合網路（Merging Network）**。對於 RGB 三通道影像，首先進行 Gamma 變換並除以曝光時間（相當於對齊亮度），然後與原始輸入的三通道影像進行拼接，得到 6 個通道的輸入。Gamma 變換與亮度對齊可以便於網路辨識運動區域，而原始輸入的不同亮度有助對不同區域選取合適的曝光幀進行融合。在注意力網路中，短曝光幀和長曝光幀都需要和正常曝光幀在特徵圖上計算注意力，然後用得到的注意力圖對短曝光幀和長曝光幀的特徵進行選擇，主要目的是排除運動及曝光過度等無效區域的影響，而突出合適區域（比如，短曝光幀的亮區或長曝光幀的暗區，它們在正常曝光的極端區域可以捕捉到較好的細節資訊）的特徵用於後續融合。融合部分的基本模組為 DRDB（Dilated Residual Dense Block），該模組透過引入空洞卷積以擴大感受野，該特性有助提高對被遮擋的移動物體的堅固性。

AHDRNet 結構的 PyTorch 實現程式範例如下所示。

```
import torch
import torch.nn as nn

class DilateConvCat(nn.Module):
    def __init__(self, in_ch, out_ch, ksize=3):
        super().__init__()
        pad = ksize // 2 + 1
        self.body = nn.Sequential(
            nn.Conv2d(in_ch, out_ch, ksize, 1, pad, 2),
            nn.ReLU(inplace=True)
        )
    def forward(self, x):
        out = self.body(x)
        out = torch.cat((x, out), dim=1)
        return out

class DRDB(nn.Module):
    """
    Dilated Residual Dense Block
    """
    def __init__(self, nf, gc, num_layer):
        super().__init__()
        self.dense = nn.Sequential(*[
```

```
            DilateConvCat(nf + i * gc, gc, 3)
                for i in range(num_layer)
        ])
        self.fusion = nn.Conv2d(nf + num_layer * gc,
                                nf, 1, 1, 0)
    def forward(self, x):
        out = self.dense(x)
        out = self.fusion(out) + x
        return out

class Attention(nn.Module):
    """
    Attention Module for over-/under-exposure
    """
    def __init__(self, nf=64):
        super().__init__()
        self.conv1 = nn.Conv2d(nf * 2, nf, 3, 1, 1)
        self.lrelu = nn.LeakyReLU()
        self.conv2 = nn.Conv2d(nf, nf, 3, 1, 1)
        self.sigmoid = nn.Sigmoid()
    def forward(self, x_base, x_ref):
        x = torch.cat((x_base, x_ref), dim=1)
        out = self.conv1(x)
        out = self.lrelu(out)
        out = self.conv2(out)
        attn_map = self.sigmoid(out)
        return x_base * attn_map

class AHDRNet(nn.Module):
    def __init__(self,
                 in_ch=6,
                 out_ch=3,
                 num_dense=6,
                 num_feat=64,
                 growth_rate=32):
        super().__init__()
        self.feat_extract = nn.Conv2d(in_ch, num_feat, 3, 1, 1)
        self.attn1 = Attention(num_feat)
```

```
        self.attn2 = Attention(num_feat)
        self.fusion1 = nn.Conv2d(num_feat * 3, num_feat, 3, 1, 1)
        self.drdb1 = DRDB(num_feat, growth_rate, num_dense)
        self.drdb2 = DRDB(num_feat, growth_rate, num_dense)
        self.drdb3 = DRDB(num_feat, growth_rate, num_dense)
        self.fusion2 = nn.Sequential(
            nn.Conv2d(num_feat * 3, num_feat, 1, 1, 0),
            nn.Conv2d(num_feat, num_feat, 3, 1, 1)
        )
        self.conv_out = nn.Sequential(
            nn.Conv2d(num_feat, num_feat, 3, 1, 1),
            nn.Conv2d(num_feat, out_ch, 3, 1, 1),
            nn.Sigmoid()
        )
        self.lrelu = nn.LeakyReLU()

    def forward(self, evm, ev0, evp):
        fm = self.lrelu(self.feat_extract(evm))
        f0 = self.lrelu(self.feat_extract(ev0))
        fp = self.lrelu(self.feat_extract(evp))
        fm = self.attn1(fm, f0)
        fp = self.attn2(fp, f0)
        fcat = torch.cat([fm, f0, fp], dim=1)
        ff = self.fusion1(fcat)
        ff1 = self.drdb1(ff)
        ff2 = self.drdb2(ff1)
        ff3 = self.drdb2(ff2)
        ffcat = torch.cat([ff1, ff2, ff3], dim=1)
        res = self.fusion2(ffcat)
        out = self.conv_out(f0 + res)
        return out

if __name__ == "__main__":
    evm = torch.rand(4, 6, 64, 64)
    ev0 = torch.rand(4, 6, 64, 64)
    evp = torch.rand(4, 6, 64, 64)
    ahdrnet = AHDRNet()
    print("AHDRNet architecture: ")
```

```
print(ahdrnet)
out = ahdrnet(evm, ev0, evp)
print(f"AHDRNet input size: {evm.size()} (x3)")
print("AHDRNet output size: ", out.size())
```

測試輸出結果如下所示。

```
AHDRNet architecture:
AHDRNet(
  (feat_extract): Conv2d(6, 64, kernel_size=(3, 3), stride=(1, 1), padding=(1, 1))
  (attn1): Attention(
    (conv1): Conv2d(128, 64, kernel_size=(3, 3), stride=(1, 1), padding=(1, 1))
    (lrelu): LeakyReLU(negative_slope=0.01)
    (conv2): Conv2d(64, 64, kernel_size=(3, 3), stride=(1, 1), padding=(1, 1))
    (sigmoid): Sigmoid()
  )
  (attn2): Attention(
    (conv1): Conv2d(128, 64, kernel_size=(3, 3), stride=(1, 1), padding=(1, 1))
    (lrelu): LeakyReLU(negative_slope=0.01)
    (conv2): Conv2d(64, 64, kernel_size=(3, 3), stride=(1, 1), padding=(1, 1))
    (sigmoid): Sigmoid()
  )
  (fusion1): Conv2d(192, 64, kernel_size=(3, 3), stride=(1, 1), padding=(1, 1))
  (drdb1): DRDB(
    (dense): Sequential(
      (0): DilateConvCat(
        (body): Sequential(
          (0): Conv2d(64, 32, kernel_size=(3, 3), stride=(1, 1), padding=(2, 2),
dilation=(2, 2))
          (1): ReLU(inplace=True)
        )
      )
      (1): DilateConvCat(
        (body): Sequential(
          (0): Conv2d(96, 32, kernel_size=(3, 3), stride=(1, 1), padding=(2,
2), dilation=(2, 2))
          (1): ReLU(inplace=True)
```

```
        )
      )
      (2): DilateConvCat(
        (body): Sequential(
          (0): Conv2d(128, 32, kernel_size=(3, 3), stride=(1, 1), padding=(2,
2), dilation=(2, 2))
          (1): ReLU(inplace=True)
        )
      )
      (3): DilateConvCat(
        (body): Sequential(
          (0): Conv2d(160, 32, kernel_size=(3, 3), stride=(1, 1), padding=(2, 2),
dilation=(2, 2))
          (1): ReLU(inplace=True)
        )
      )
      (4): DilateConvCat(
        (body): Sequential(
          (0): Conv2d(192, 32, kernel_size=(3, 3), stride=(1, 1), padding=(2,
2), dilation=(2, 2))
          (1): ReLU(inplace=True)
        )
      )
      (5): DilateConvCat(
        (body): Sequential(
          (0): Conv2d(224, 32, kernel_size=(3, 3), stride=(1, 1), padding=(2,
2), dilation=(2, 2))
          (1): ReLU(inplace=True)
        )
      )
    )
    (fusion): Conv2d(256, 64, kernel_size=(1, 1), stride=(1, 1))
  )
  (drdb2): DRDB(
    (dense): Sequential(
      (0): DilateConvCat(
        (body): Sequential(
          (0): Conv2d(64, 32, kernel_size=(3, 3), stride=(1, 1), padding=(2,
```

```
2), dilation=(2, 2))
          (1): ReLU(inplace=True)
        )
      )
      (1): DilateConvCat(
        (body): Sequential(
          (0): Conv2d(96, 32, kernel_size=(3, 3), stride=(1, 1), padding=(2, 
2), dilation=(2, 2))
          (1): ReLU(inplace=True)
        )
      )
      (2): DilateConvCat(
        (body): Sequential(
          (0): Conv2d(128, 32, kernel_size=(3, 3), stride=(1, 1), padding=(2, 
2), dilation=(2, 2))
          (1): ReLU(inplace=True)
        )
      )
      (3): DilateConvCat(
        (body): Sequential(
          (0): Conv2d(160, 32, kernel_size=(3, 3), stride=(1, 1), padding=(2, 
2), dilation=(2, 2))
          (1): ReLU(inplace=True)
        )
      )
      (4): DilateConvCat(
        (body): Sequential(
          (0): Conv2d(192, 32, kernel_size=(3, 3), stride=(1, 1), padding=(2, 
2), dilation=(2, 2))
          (1): ReLU(inplace=True)
        )
      )
      (5): DilateConvCat(
        (body): Sequential(
          (0): Conv2d(224, 32, kernel_size=(3, 3), stride=(1, 1), padding=(2, 
2), dilation=(2, 2))
          (1): ReLU(inplace=True)
        )
```

```
      )
    )
    (fusion): Conv2d(256, 64, kernel_size=(1, 1), stride=(1, 1))
  )
  (drdb3): DRDB(
    (dense): Sequential(
      (0): DilateConvCat(
        (body): Sequential(
          (0): Conv2d(64, 32, kernel_size=(3, 3), stride=(1, 1), padding=(2,
2), dilation=(2, 2))
          (1): ReLU(inplace=True)
        )
      )
      (1): DilateConvCat(
        (body): Sequential(
          (0): Conv2d(96, 32, kernel_size=(3, 3), stride=(1, 1), padding=(2,
2), dilation=(2, 2))
          (1): ReLU(inplace=True)
        )
      )
      (2): DilateConvCat(
        (body): Sequential(
          (0): Conv2d(128, 32, kernel_size=(3, 3), stride=(1, 1), padding=(2,
2), dilation=(2, 2))
          (1): ReLU(inplace=True)
        )
      )
      (3): DilateConvCat(
        (body): Sequential(
          (0): Conv2d(160, 32, kernel_size=(3, 3), stride=(1, 1), padding=(2,
2), dilation=(2, 2))
          (1): ReLU(inplace=True)
        )
      )
      (4): DilateConvCat(
        (body): Sequential(
          (0): Conv2d(192, 32, kernel_size=(3, 3), stride=(1, 1), padding=(2,
2), dilation=(2, 2))
```

```
          (1): ReLU(inplace=True)
        )
      )
      (5): DilateConvCat(
        (body): Sequential(
          (0): Conv2d(224, 32, kernel_size=(3, 3), stride=(1, 1), padding=(2,
2), dilation=(2, 2))
          (1): ReLU(inplace=True)
        )
      )
    )
    (fusion): Conv2d(256, 64, kernel_size=(1, 1), stride=(1, 1))
  )
  (fusion2): Sequential(
    (0): Conv2d(192, 64, kernel_size=(1, 1), stride=(1, 1))
    (1): Conv2d(64, 64, kernel_size=(3, 3), stride=(1, 1), padding=(1, 1))
  )
  (conv_out): Sequential(
    (0): Conv2d(64, 64, kernel_size=(3, 3), stride=(1, 1), padding=(1, 1))
    (1): Conv2d(64, 3, kernel_size=(3, 3), stride=(1, 1), padding=(1, 1))
    (2): Sigmoid()
  )
  (lrelu): LeakyReLU(negative_slope=0.01)
)
AHDRNet input size: torch.Size([4, 6, 64, 64]) (x3)
AHDRNet output size:  torch.Size([4, 3, 64, 64])
```

另外，對於損失函數的設計，由於合成的結果是 HDR 影像，而通常 HDR 影像需要經過色調映射進行顯示，因此可以直接對色調映射後的影像進行計算。這裡採用的是一個經典的方案：μ-law，模擬 HDR 影像色調映射的過程，其數學計算形式如下：

$$T(H) = \frac{\log(1+\mu H)}{\log(1+\mu)}$$

利用該方案計算損失函數的過程可以透過 PyTorch 寫成以下形式。

```
import torch
import torch.nn as nn
```

```
import torch.nn.functional as F

class HDRMuLoss(nn.Module):
    def __init__(self, mu=5000):
        super().__init__()
        self.mu = mu
    def forward(self, pred, gt):
        tensor_1_mu = torch.FloatTensor([1 + self.mu])
        Tgt_nume = torch.log(1 + self.mu * gt)
        Tgt_deno = torch.log(tensor_1_mu).to(gt.device)
        Tgt = Tgt_nume / Tgt_deno
        Tpred_nume = torch.log(1 + self.mu * pred)
        Tpred_deno = torch.log(tensor_1_mu).to(pred.device)
        Tpred = Tpred_nume / Tpred_deno
        mu_loss = F.l1_loss(Tpred, Tgt)
        return mu_loss

if __name__ == "__main__":
    muloss = HDRMuLoss(mu=5000)
    pred = torch.rand(4, 3, 64, 64)
    gt = torch.rand(4, 3, 64, 64)
    pred.requires_grad = True
    print("pred gradient is None?", pred.grad is None)
    loss = muloss(pred, gt)
    print("calc mu loss : ", loss.item())
    loss.backward()
    print("pred grad after backward: (part) \n",
                pred.grad[0, 0, :3, :3])
    pred = pred - pred.grad
    loss = muloss(pred, gt)
    print("updated mu loss : ", loss.item())
```

測試結果如下所示。

```
pred gradient is None? True
calc mu loss :  0.11729269474744797
pred grad after backward (part):
```

```
 tensor([[-8.4036e-06, -1.5189e-05,  2.3951e-06],
        [ 2.7647e-06,  2.9280e-06, -2.3531e-04],
        [ 3.9577e-06, -8.0432e-06, -3.5393e-04]])
updated mu loss :  0.11684618145227432
```

6.3.5 單圖動態範圍擴充：ExpandNet

下面介紹的 **ExpandNet**[8] 所實現的任務與前面的多曝融合有些不同，它的目的在於直接從 LDR 影像中恢復出 HDR 影像，從而直接將 LDR 影像擴充到 HDR 影像。從相機成像的角度來說，HDR 到 LDR 的過程包含了一系列的處理流程，如動態範圍截斷、非線性壓縮、量化顯示等。從單張 LDR 影像直接恢復 HDR 影像可以被理解為對上述流程求解逆過程。對該任務也有不同的解決方案，比如，可以利用輸入幀模擬生成其他不同的曝光幀，然後進行融合得到 HDR 影像；或透過對曝光過度區域的細節進行預測和補充來獲得 HDR 影像。而 ExpandNet 採用了更為直接的方式，即從 LDR 影像直接對 HDR 影像進行預測。由於直接預測的難度較大，ExpandNet 針對網路結構進行了設計，用於適應該任務要求。ExpandNet 的結構如圖 6-21 所示。

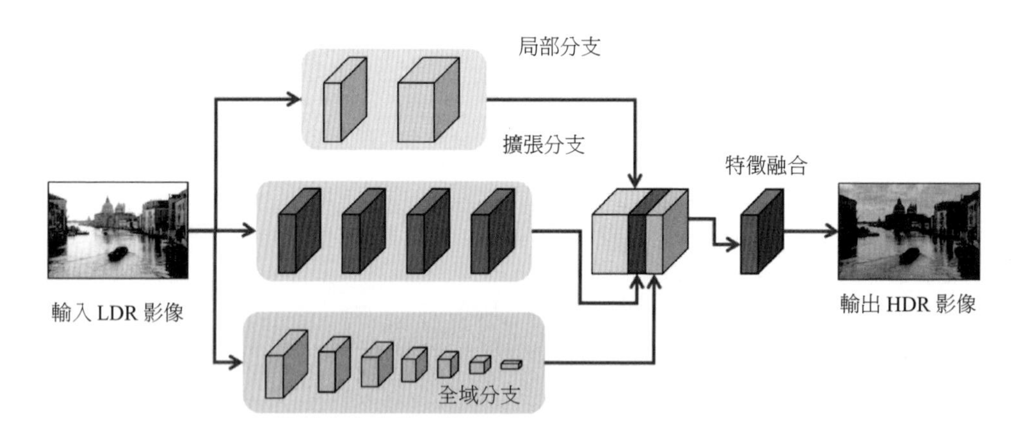

▲ 圖 6-21 ExpandNet 的結構

可以看出，ExpandNet 整體採用了多分支結構，3 個分支分別採用了不同的網路結構與計算方式，用來負責不同方面的任務。其中，局部分支（Local

Branch）關注局部的細節，它的感受野較小，近似像素等級的特徵學習，主要用於保持高頻細節並提取特徵；全域分支（Global Branch）則用於獲取影像等級的大範圍、大尺度特徵資訊，從而直接提取全域特徵；而中間的擴張分支（Dilation Branch）的主要特點是空洞卷積形成的大感受野，其主要作用是提取較大範圍的局部資訊，從而補償其他兩個分支中間的資訊缺失。ExpandNet 採用了 SELU 啟動函數，並對損失函數進行了設計。除了傳統的 L1 損失函數，ExpandNet 還加入了餘弦相似度損失（Cosine Similarity Loss），由於餘弦相似度與向量的模無關，而只考慮兩個向量之間的夾角，因此可以對在 L1 損失中影響不明顯的較小數值進行額外懲罰，防止產生顏色偏移。

ExpandNet 的 PyTorch 程式實現範例如下所示。

```
import torch
from torch import nn
from torch.nn import functional as F

class ConvSELU(nn.Module):
    def __init__(self, in_ch, out_ch,
                 ksize, stride, pad, dilation):
        super().__init__()
        self.conv = nn.Conv2d(in_ch, out_ch,
                ksize, stride, pad, dilation)
        self.selu = nn.SELU(inplace=True)
    def forward(self, x):
        out = self.conv(x)
        out = self.selu(out)
        return out

class ExpandNet(nn.Module):
    def __init__(self, in_ch=3, nf=64):
        super().__init__()
        # ConvSELU 和 Conv2d 參數順序：
        # in, out, ksize, stride, pad, dilation
        self.local_branch = nn.Sequential(
            ConvSELU(in_ch, nf, 3, 1, 1, 1),
            ConvSELU(nf, nf * 2, 3, 1, 1, 1)
```

```
        )
        self.dilation_branch = nn.Sequential(
            ConvSELU(in_ch, nf, 3, 1, 2, 2),
            ConvSELU(nf, nf, 3, 1, 2, 2),
            ConvSELU(nf, nf, 3, 1, 2, 2),
            nn.Conv2d(nf, nf, 3, 1, 2, 2)
        )
        self.global_branch = nn.Sequential(
            ConvSELU(in_ch, nf, 3, 2, 1, 1),
            *[ConvSELU(nf, nf, 3, 2, 1, 1) \
              for _ in range(5)],
            nn.Conv2d(nf, nf, 4, 1, 0, 1)
        )
        self.fusion = nn.Sequential(
            ConvSELU(nf * 4, nf, 1, 1, 0, 1),
            nn.Conv2d(nf, 3, 1, 1, 0, 1),
            nn.Sigmoid()
        )
    def forward(self, x):
        local_out = self.local_branch(x)
        dilated_out = self.dilation_branch(x)
        x256 = F.interpolate(x, (256, 256),
                mode="bilinear", align_corners=False)
        global_out = self.global_branch(x256)
        global_out = global_out.expand(*dilated_out.size())
        print("[ExpandNet] internal tensor sizes:")
        print(f"  local: {list(local_out.size())}")
        print(f"  dilation: {list(dilated_out.size())}")
        print(f"  global: {list(global_out.size())}")
        fused = torch.cat([local_out,
                           dilated_out,
                           global_out], dim=1)
        out = self.fusion(fused)
        return out

if __name__ == "__main__":
    x = torch.rand(4, 3, 256, 256)
    expandent = ExpandNet()
```

```
    out = expandent(x)
    print(f"ExpandNet input size: {x.size()}")
    print(f"ExpandNet output size: {out.size()}")
```

測試輸出結果如下所示。

```
[ExpandNet] internal tensor sizes:
  local: [4, 128, 256, 256]
  dilation: [4, 64, 256, 256]
  global: [4, 64, 256, 256]
ExpandNet input size: torch.Size([4, 3, 256, 256])
ExpandNet output size: torch.Size([4, 3, 256, 256])
```

MEMO

7 影像合成與影像和諧化

了前面常見的對於單幀影像的各種畫質演算法，在某些場合我們還會遇到影像合成的問題，即將一張影像中的主體融合到另一張影像的背景中（如常見的線上會議換背景的應用）。由於兩者的亮度、對比度、顏色等可能存在較大差異，因此合成結果容易產生「違和感」或「貼圖感」，影響合成影像的畫質效果。對於這類問題的處理就是本章要介紹的**影像合成（Image Composition）**和**影像和諧化（Image Harmonization）**。影像合成與影像和諧化的最終目標：對不同的影像進行合成，並使得到的結果更加自然。

7.1 影像合成任務簡介

影像合成是實際生活中常用的一種對影像的操作，即將一張影像（前景影像）中的某個物體選中並剪貼出來，然後將其拼接到另一張影像（背景影像）中。影像合成任務範例如圖 7-1 所示。

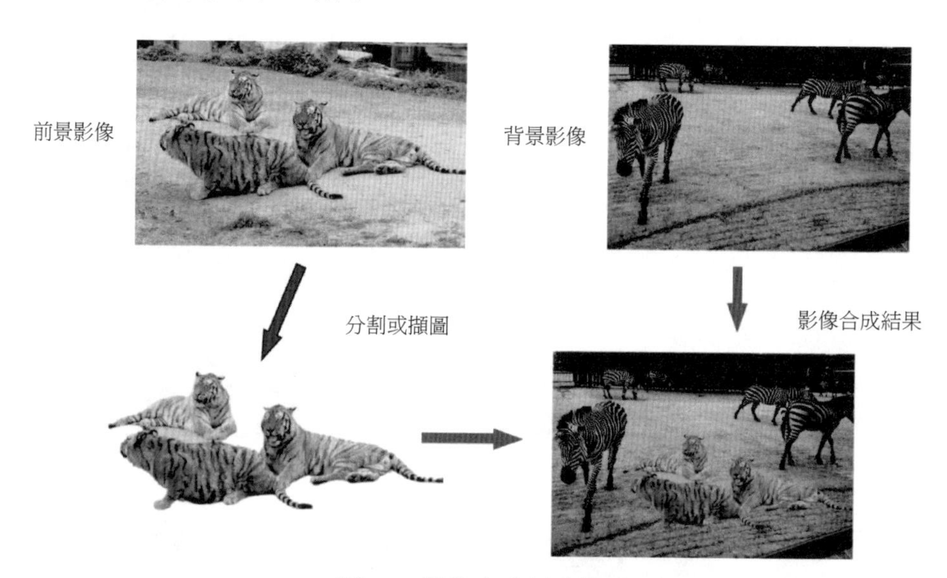

▲ 圖 7-1 影像合成任務範例

圖 7-1 展示的是透過一個較精細的**遮罩（Mask）**對前景進行分割，然後直接進行**剪貼 - 拼接（Cut-and-Paste）**，並手工調整亮度、對比度的合成效果。可以看到，影像合成對前景影像分割遮罩的依賴性較強，如果分割或摳圖（Matting）的遮罩不準確，那麼會在前景影像和背景影像的交界處產生明顯的邊緣假影，影響影像整體的真實感。另外，由於前景影像和背景影像的來源不同（被攝時光照情況、擷取裝置的不同，甚至天氣和拍攝位置角度等的不同），所以兩張影像所呈現的底層影像資訊（如亮度、對比度、清晰度等）可能存在較大差異。如何減少前景影像和背景影像之間的底層影像特徵的差異，提高其**一致性（Consistency）**，使合成結果更符合真實的拍攝效果，也是影像合成中所面臨的重要問題。

除了上面的兩個主要問題，針對不同的樣例，還有很多其他不自然問題，比如，前景物體所在的位置和方向等是否符合真實情況的邏輯，這種問題可能無法用底層影像處理技術來解決，而需要考慮場景的語義資訊及一些真實世界的邏輯先驗。另外，對於有明顯光源方向的場景，前景物體的光照方向、陰影方向與形狀也對影像的真實感有很大的影響。對於上述幾個問題（邊緣貼合一致性、統計特性一致性，以及位置、光照、陰影等因素的合理性）的最佳化處理策略，通常被通稱為**影像和諧化**。由於該問題的複雜性和語義相關性，現在已有相關工作探索基於神經網路與深度學習模型的影像和諧化方案，並獲得了一定的進展。

下面首先介紹幾種基於傳統影像處理方法的經典影像合成演算法，然後對基於深度學習的影像合成與影像和諧化演算法進行舉例介紹，以整理該方向的基本想法和最佳化邏輯。

7.2 經典影像合成演算法

本節介紹幾種常用的經典影像合成演算法，分別是 **alpha 通道混合（Alpha Blending）演算法**、**拉普拉斯金字塔融合（Laplacian Pyramid Fusion）演算法**，以及**卜松融合（Poisson Blending）演算法**。這些演算法也是各種影像編輯處理軟體中常用的影像合成演算法。下面首先介紹 alpha 通道混合演算法。

7.2.1 alpha 通道混合演算法

如前所述，實現影像合成任務的最簡單方法就是基於遮罩的剪貼 - 拼接。但是由於遮罩在邊界處可能不準確，以及前景影像和背景影像可能有較大的亮度、對比度差異，因此直接拼接的效果往往有較明顯的瑕疵。一個自然的想法就是，如果能讓遮罩的邊緣具有一定的柔和過渡，那麼就可以緩解貼圖邊緣的不自然感。

alpha 通道混合演算法就是以此作為基本想法對硬遮罩的剪貼 - 拼接方法進行改進的，它的數學形式如下：

$$\boldsymbol{O}=\alpha\boldsymbol{I}_1+(1-\alpha)\boldsymbol{I}_2$$

式中，α 是融合的係數圖，即 alpha 通道，它的設定值範圍為 0 ～ 1。alpha 通道即影像的透明度通道，因此該演算法也被稱為透明度融合演算法。對 alpha 通道介於 0 ～ 1 的區域，該演算法融合的結果類似於將兩張半透明的影像進行疊合（透明度就是 alpha 通道的值），因此相對只有 0 和 1 兩個設定值的遮罩來說，alpha 通道混合在這些區域的過渡相對較為自然。

下面透過 Python 實現一個簡單的 alpha 通道混合演算法，並測試其混合結果。

```
import cv2
import numpy as np

def blur_mask(mask, sigma=10):
    alpha_mask = cv2.GaussianBlur(mask, ksize=[0, 0], sigmaX=sigma)
    return alpha_mask

def alpha_blend(img1, img2, alpha_mask):
    if img1.ndim == 3:
        alpha_mask = np.expand_dims(alpha_mask, axis=2)
    blend = img1 * alpha_mask + img2 * (1 - alpha_mask)
    return blend

if __name__ == "__main__":
    fg = cv2.imread("../datasets/composite/plane/source.jpg")[:,:,::-1]
    bg = cv2.imread("../datasets/composite/plane/target.jpg")[:,:,::-1]
    mask = cv2.imread("../datasets/composite/plane/mask.jpg")[:,:,0]
    mask = mask / 255.0
    alpha_mask = blur_mask(mask, sigma=10)
    copy_paste = alpha_blend(fg, bg, mask)
    alpha_blend = alpha_blend(fg, bg, alpha_mask)
    cv2.imwrite('./results/copy_paste.png', copy_paste)
    cv2.imwrite('./results/alpha_blend.png', alpha_blend)
```

alpha 通道混合演算法合成結果如圖 7-2 所示（測試影像來源：Github 中的 Trinkle23897/Fast-Poisson-Image-Editing 專案）。

可以看出，由於分割遮罩不準確，直接進行剪貼 - 拼接會產生明顯的邊緣。而對遮罩進行平滑操作，並進行 alpha 通道混合，得到結果的邊緣過渡更加平滑，視覺效果相對於直接剪貼 - 拼接的結果也更加自然，但是整體效果仍然有邊緣亮度交界明顯、邊緣細節模糊等問題。

（a）前景影像

（b）前景主體遮罩

（c）背景影像

（d）直接剪貼 - 拼接的合成結果

（e）alpha 通道混合演算法的合成結果

▲ 圖 7-2 alpha 通道混合演算法合成結果

7.2.2 多尺度融合：拉普拉斯金字塔融合

儘管 alpha 通道混合演算法可以緩解邊緣過渡生硬的問題，但是對於有較為明顯的顏色和紋理變化的交界，往往還是會很明顯，並有可能產生亮度的變化。對該問題的改進策略就是考慮多尺度，將前景影像和背景影像分解到多個尺度分別融合，從而獲得較為連續和自然的過渡。基於這個想法的經典演算法就是拉普拉斯金字塔融合。實際上在前面的多曝融合演算法中，曾經使用拉普拉斯金字塔融合對不同曝光幀的區域進行融合，並獲得了較好的效果。

拉普拉斯金字塔融合的基本過程如下：首先對前景影像和背景影像分別建立拉普拉斯金字塔，將影像的空間資訊分解到不同的尺度層面上。然後對前景影像和背景影像的遮罩建立高斯金字塔，獲得不同尺度下的融合遮罩。之後利用各個尺度的遮罩，對各個尺度下的前景影像和背景影像的拉普拉斯層進行融合，獲得當前尺度的融合結果。最後，將融合後的拉普拉斯金字塔重建為影像，即獲得了兩張影像的融合結果。拉普拉斯金字塔融合過程如圖 7-3 所示。

由於該演算法在每個尺度上都進行了融合，較低頻的融合對應的是亮度和顏色的過渡，而高頻的融合對應於細節紋理的變化，因此拉普拉斯金字塔坍縮重建後的結果就具有了從亮度到各種不同尺度細節的連續過渡。

下面用 Python 實現拉普拉斯金字塔融合，並對範例影像進行測試。

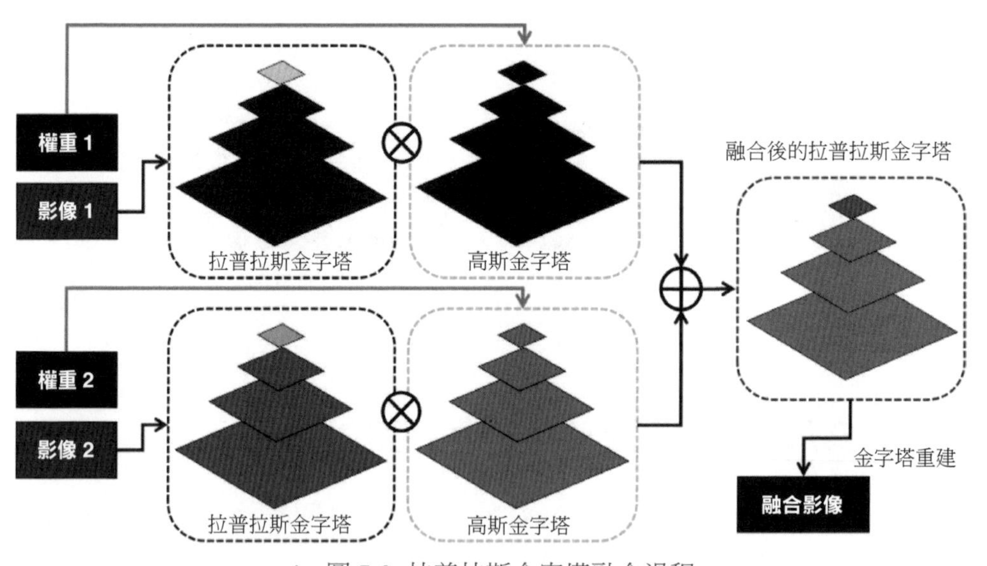

▲ 圖 7-3 拉普拉斯金字塔融合過程

```
import os
import cv2
import numpy as np
import matplotlib.pyplot as plt
import utils.pyramid as P

def laplace_fusion(img1, img2, weight1, pyr_level=10, verbose=True):
    """
    args:
        img1, img2: 輸入影像，範圍為 0~255
        weight1: img1 的融合權重，設定值為 0~1，img2 的權重由 1-weight1 計算得到
        pyr_level: 金字塔融合層數，如果超過最大值，則置為最大值
    return:
        融合後影像，範圍為 0~255
    """
    assert img1.shape == img2.shape
    assert img1.shape[:2] == weight1.shape[:2]
    weight2 = 1.0 - weight1
    h, w = img1.shape[:2]
    max_level = int(np.log2(min(h, w)))
    pyr_level = min(max_level, pyr_level)
    print(f"[laplace_fusion] max pyr_level: {max_level},"
          f" set pyr_level: {pyr_level}")
    lap_pyr1 = P.build_laplacian_pyr(img1, pyr_level)
    lap_pyr2 = P.build_laplacian_pyr(img2, pyr_level)
    w_pyr1 = P.build_gaussian_pyr(weight1, pyr_level)
    w_pyr2 = P.build_gaussian_pyr(weight2, pyr_level)
    fused_lap_pyr = list()
    if verbose:
        part1_pyr = list()
        part2_pyr = list()
    for lvl in range(pyr_level):
        w1 = np.expand_dims(w_pyr1[lvl], axis=2) * 1.0
        w2 = np.expand_dims(w_pyr2[lvl], axis=2) * 1.0
        fused_layer = lap_pyr1[lvl] * w1 + lap_pyr2[lvl] * w2
        fused_lap_pyr.append(fused_layer)
        if verbose:
            part1_pyr.append(lap_pyr1[lvl] * w1)
```

```
            part2_pyr.append(lap_pyr2[lvl] * w2)
    fused = P.collapse_laplacian_pyr(fused_lap_pyr)
    fused = (np.clip(fused, 0, 255)).astype(np.uint8)
    if verbose:
        return fused, part1_pyr, part2_pyr
    else:
        return fused

if __name__ == "__main__":

    fg = cv2.imread("../datasets/composite/plane/source.jpg")[:,:,::-1]
    bg = cv2.imread("../datasets/composite/plane/target.jpg")[:,:,::-1]
    mask = cv2.imread("../datasets/composite/plane/mask.jpg")[:,:,0] / 255.0
    fused, pyr1, pyr2 = laplace_fusion(fg, bg,
                            mask, pyr_level=5, verbose=True)
    cv2.imwrite('results/laplacian.png', fused)

    fig = plt.figure(figsize=(8, 3))
    n_layers = len(pyr1)
    for i in range(n_layers):
        fig.add_subplot(2, n_layers, i + 1)
        plt.imshow(pyr1[i][..., 0])
        plt.xticks([]), plt.yticks([])
        plt.title(f"FG layer {i + 1}")
        fig.add_subplot(2, n_layers, i + 1 + n_layers)
        plt.imshow(pyr2[i][..., 0])
        plt.xticks([]), plt.yticks([])
        plt.title(f"BG layer {i + 1}")
    plt.show()
```

拉普拉斯金字塔融合結果如圖 7-4 所示。與 alpha 通道混合演算法相比，該演算法處理的邊緣細節更加清晰。另外，由於多尺度遮罩縮放的量化問題，所以拉普拉斯金字塔融合後的影像邊緣也會有一定的亮度擴散，並且對遮罩的準確性也有一定的要求。

（a）拉普拉斯金字塔融合影像

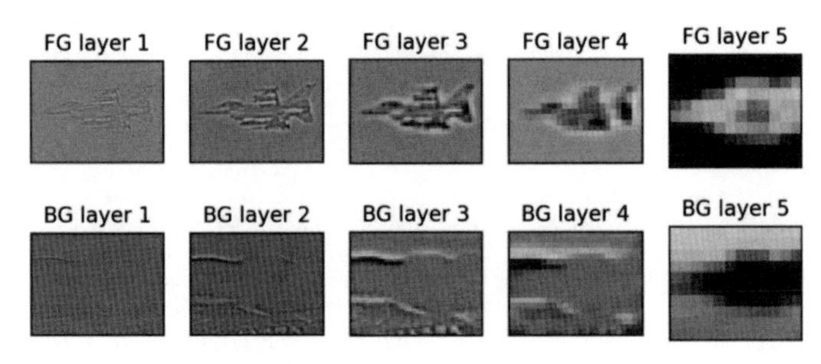

（b）前景 / 背景影像各層融合內容（僅展示一個通道）

▲ 圖 7-4 拉普拉斯金字塔融合結果

7.2.3 梯度域的無縫融合：卜松融合

下面要介紹的是一種**無縫融合（Seamless Clone）**演算法：**卜松融合**，或稱為**卜松影像編輯（Poisson Image Editing）**[1]。如其名稱所示，該演算法可以應用的任務範圍較廣，不僅可以用於影像融合，還可以用於特定目的的影像編輯任務。

卜松融合要解決的是前景目標物體與背景影像的無縫融合，即希望融合後的影像在遮罩邊緣過渡自然，同時還保持前景目標物體的內容。其想法是，在前景影像區域內部約束合成影像的梯度與前景影像相似，從而保證內容和紋理的一致性，同時在邊緣約束前景影像遮罩區域和背景影像區域的設定值相等，這樣就可以保證融合交界處無縫，過渡自然。由於對前景影像邊界的設定值進行了修改，又要求保持梯度，因此需要對遮罩區域內的像素值重新進行計算，以得到合成影像在遮罩內各點的設定值。為了形式化地描述這個過程，人們對各張影像的不同區域進行了定義，卜松融合的各區域如圖 7-5 所示。

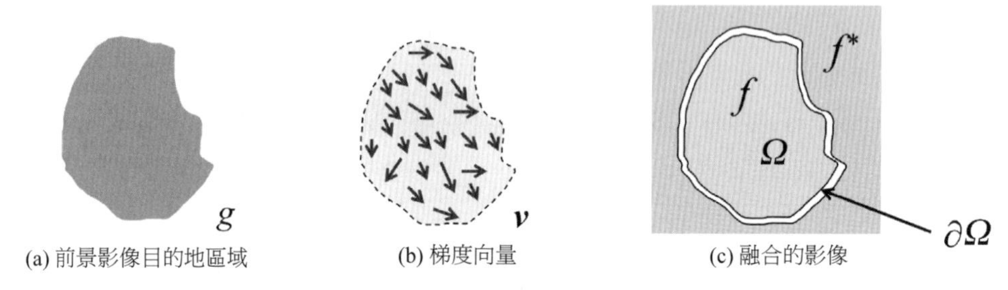

(a) 前景影像目的地區域　(b) 梯度向量　(c) 融合的影像

▲ 圖 7-5　卜松融合的各區域

其中，g 是前景影像目的地區域，即被貼上的部分；$\boldsymbol{v}$ 表示 g 的梯度向量場，就是前面提到的需要保持的紋理結構；圖 7-5 右邊所示的是融合的影像，其中 Ω 表示目的地區域，即前面提到的遮罩，$\partial\Omega$ 即交界的邊緣區域，在這個區域中需要保持前景影像和背景影像的數值一致性，從而避免交界處發生明顯突變。f^* 表示背景影像的設定值，f 是需要求解的值，即將 g 融合到背景影像中後，在遮罩區域內的設定值。根據上述的符號約定，可以寫出卜松融合的最佳化目標：

$$\min_{\mathrm{f}} \iint_{\Omega} |\nabla \mathrm{f} - \boldsymbol{v}|^2, \quad \text{s.t. } \mathrm{f}\big|_{\partial\Omega} = \mathrm{f}^*\big|_{\partial\Omega}$$

這個最佳化目標的含義是，在邊界一致的約束下，盡可能保證融合後的影像在遮罩區域內的梯度與前景影像目的地區域接近。上述最佳化目標對於離散影像的數學形式如下：

$$\min_{f|_\Omega} \sum_{<p,q>\cap\Omega\neq\phi} (f_p - f_q - \upsilon_{pq})^2, \text{ s.t. } f_p = f_p^*, \forall p \in \partial\Omega$$

式中，$<p, q>$ 表示一個像素點對，其中 q 在 p 的 4 鄰域內。該方程式的解滿足以下條件：

$$|N_p| f_p - \sum_{q\in N_p\cap\Omega} f_q = \sum_{q\in N_p\cap\partial\Omega} f_q^* + \sum_{q\in N_p} \upsilon_{pq}, \forall p \in \Omega$$

式中，N_p 表示 p 的鄰域。可以看出，等式左邊為待求的 f 的設定值，右邊的 f_q^* 和 u_{pq} 都是已知項，而且，考慮到右邊第一項是對 p 點鄰域與邊緣 $\partial\Omega$ 區域交集中的像素點進行計算，所以如果點 p 在 Ω 的內部，即 N_p 與 Ω 的邊緣交集為 $\emptyset$，那麼，右邊就只有 υ_{pq} 一項了，即約束內部的梯度與前景影像在對應位置相等，對應於紋理結構的保持。而當 N_p 與 $\partial\Omega$ 區域有交集時，就引入了邊緣條件。此時對左邊的 $|N_p|$ 個 f_p 進行拆分，交於邊界的幾個 f_p 和右邊的 f^*_q 對應相等，對應約束條件，剩下的幾個 f_p 則用於計算鄰域的梯度約束。根據這個等式，可以將左邊寫成矩陣乘以向量的形式，右邊寫成已知向量，即 $\boldsymbol{Ax=b}$ 的線性方程組形式進行求解。其中，係數矩陣 $\boldsymbol{A}$ 是稀疏的，對角線上的元素設定值為 4，並對每一行對應像素的 4 鄰域位置所在的列填充係數（還需要判斷鄰域內的位置與 Ω 是否有交集），而左邊的向量 $\boldsymbol{x}$ 由待求區域的各個像素點拉平得到。等式右邊的 $\boldsymbol{b}$ 為目標向量，對前景影像區域來說，目標向量即梯度值，對邊緣位置來說則為梯度值與邊緣設定值的加和。將 $\boldsymbol{A}$ 和 $\boldsymbol{b}$ 計算完成後，即可對目的地區域的所有像素 $\boldsymbol{x}$ 進行求解，得到目的地區域無縫影像合成的結果。

在前面的計算中，需要注意的是，合成後目的地區域影像的梯度資訊（紋理資訊）完全來自前景影像，而對於有些場合，比如，前景影像的遮罩較大，包含了部分目標影像所在前景影像的背景區域，而這些區域比較平坦（如前面的測試影像所示的飛機周圍的天空，或更常見的情況，前景影像只舉出了一個前景目標物體，以及白色的背景影像），在這種情況下，人們更傾向於在合成區域內對前景影像和背景影像的紋理進行融合。實際上，卜松融合這個過程很好實現，只需要將目標向量 $\boldsymbol{b}$ 用以下的計算方式代替即可：

$$\upsilon_{pq}=\begin{cases} f_p^*-f_q^*, \text{ if} \left|f_p^*-f_q^*\right| > \left|g_p-g_q\right| \\ g_p-g_q, \text{ otherwise} \end{cases}$$

該類卜松融合通常被稱為**混合無縫複製（Mixed Seamless Cloning）**。上述邏輯的意思：當前景影像目標的紋理較為豐富時，就採用前景影像的紋理；當前景影像目標紋理比背景影像對應位置更弱時（很可能就是由於遮罩過大包含進了前景影像目標在原影像中的背景區域），則採用對應的背景影像紋理。

這個方法可以極佳地解決遮罩過大導致的目標周圍無紋理的問題，尤其是當被拼接的目標與背景影像的另一目標距離更近時產生的假影。

卜松融合既然又被稱為卜松影像編輯，說明它還有除影像合成外更多的應用場景，如紋理平整、局部光照修改、局部顏色修改等。透過控制目標向量，即可改變求解出的目標效果。另外，考慮到卜松融合以求解方程式的方式對前景影像區域每個像素都進行計算所帶來的高複雜度，研究者也對卜松融合進行了許多與加速相關的改進嘗試，比如，利用**四叉樹（Quadtree）**來減少需要求解的未知數的數量等，從而可以在更小的計算複雜度下獲得較好的融合效果。

下面對直接引入梯度與混合梯度兩種方式的卜松融合進行 Python 實現，並測試和對比展示其效果。

```
import cv2
import numpy as np
import matplotlib.pyplot as plt
from scipy import sparse
from scipy.sparse.linalg import spsolve
from utils.select_roi import get_rect_mask
from collections import OrderedDict

def neighbor_coords(coord):
    i, j = coord
    neighbors = [
        (i - 1, j), (i + 1, j),
        (i, j - 1), (i, j + 1)
    ]
    return neighbors

def mask_to_coord(mask):
    h, w = mask.shape
    np_coords = np.nonzero(mask)
    omega_coords = OrderedDict()
    num_pix = len(np_coords[0])
    for idx in range(num_pix):
        coord = (np_coords[0][idx], np_coords[1][idx])
        omega_coords[coord] = idx
```

```
    edge_coords = OrderedDict()
    edge_pix_idx = 0
    for i, j in omega_coords:
        cur_coord = (i, j)
        for nb in neighbor_coords(cur_coord):
            if nb not in omega_coords:
                edge_coords[cur_coord] = edge_pix_idx
                edge_pix_idx += 1
                break
    return omega_coords, edge_coords

def construct_matrix(omega_coords):
    num_pt = len(omega_coords)
    coeff_mat = sparse.lil_matrix((num_pt, num_pt))
    for i in range(num_pt):
        coeff_mat[i, i] = 4
    for cur_coord in omega_coords:
        for nb in neighbor_coords(cur_coord):
            if nb in omega_coords:
                coeff_mat[omega_coords[cur_coord], omega_coords[nb]] = -1
    return coeff_mat

def calc_target_vec(fg, bg, omega_coords, edge_coords):
    num_pt = len(omega_coords)
    target_vec = np.zeros(num_pt)
    for idx, cur_coord in enumerate(omega_coords):
        div = fg[cur_coord[0], cur_coord[1]] * 4.0
        for nb in neighbor_coords(cur_coord):
            div = div - fg[nb[0], nb[1]]
        if cur_coord in edge_coords:
            for nb in neighbor_coords(cur_coord):
                if nb not in omega_coords:
                    div += bg[nb[0], nb[1]]
        target_vec[idx] = div
    return target_vec

def calc_target_vec_mix(fg, bg, omega_coords, edge_coords):
    num_pt = len(omega_coords)
```

```
    target_vec = np.zeros(num_pt)
    for idx, cur_coord in enumerate(omega_coords):
        center_fg = fg[cur_coord[0], cur_coord[1]]
        center_bg = bg[cur_coord[0], cur_coord[1]]
        div = 0
        for nb in neighbor_coords(cur_coord):
            grad_fg = center_fg * 1.0 - fg[nb[0], nb[1]]
            grad_bg = center_bg * 1.0 - bg[nb[0], nb[1]]
            if abs(grad_fg) > abs(grad_bg):
                div += grad_fg
            else:
                div += grad_bg
        if cur_coord in edge_coords:
            for nb in neighbor_coords(cur_coord):
                if nb not in omega_coords:
                    div += bg[nb[0], nb[1]]
        target_vec[idx] = div
    return target_vec

def solve_poisson_eq(coeff_mat, target_vec):
    res = spsolve(coeff_mat, target_vec)
    res = np.clip(res, a_min=0, a_max=255)
    return res

def paste_result(bg, value_vec, omega_coords):
    bg_out = bg.copy()
    for idx, cur_coord in enumerate(omega_coords):
        bg_out[cur_coord[0], cur_coord[1]] = value_vec[idx]
    return bg_out

def poisson_blend(fg, bg, mask, blend_type="mix"):
    assert fg.ndim == bg.ndim, "need the same ndim for FG/BG"
    if fg.ndim == 2:
        fg = np.expand_dims(fg, axis=2)
        bg = np.expand_dims(bg, axis=2)
    mask[:, [0, -1]] = 0
    mask[[0, -1], :] = 0
    omega_coords, edge_coords = mask_to_coord(mask)
```

```
    coeff_mat = construct_matrix(omega_coords)
    output = np.zeros_like(bg)
    for ch_idx in range(fg.shape[-1]):
        cur_fg = fg[:, :, ch_idx]
        cur_bg = bg[:, :, ch_idx]
        if blend_type == "import":
            target_vec = calc_target_vec(cur_fg, cur_bg, omega_coords, edge_coords)
        elif blend_type == "mix":
            target_vec = calc_target_vec_mix(cur_fg, cur_bg, omega_coords, edge_
coords)
        else:
            raise NotImplementedError\
                (f"blend_type should be import | mix, {blend_type} unsupport.")
        new_fg = solve_poisson_eq(coeff_mat, target_vec)
        cur_fused = paste_result(cur_bg, new_fg, omega_coords)
        output[:, :, ch_idx] = cur_fused
    return output

if __name__ == "__main__":
    fg = cv2.imread("../datasets/composite/plane/source.jpg")
    bg = cv2.imread("../datasets/composite/plane/target.jpg")
    mask = cv2.imread("../datasets/composite/plane/mask.jpg")[:,:,0]
    # 兩種不同的卜松融合
    fused = poisson_blend(fg, bg, mask, blend_type="import")
    fused_mix = poisson_blend(fg, bg, mask, blend_type="mix")
    cv2.imwrite('./results/poisson_out.png', fused)
    cv2.imwrite('./results/poisson_out_mix.png', fused_mix)
```

卜松融合結果圖如圖 7-6 所示。可以看出，直接引入梯度的融合使得影像在飛機的機翼和尾翼與背景山脈交界的位置產生了明顯的模糊和平滑，這是由遮罩大於目標物體且背景過於平滑所導致的。而混合梯度的融合可以在這些位置利用背景的紋理進行補充，因此得到的影像整體效果較好。相比於 alpha 通道混合演算法等操作，卜松融合可以實現無縫複製（即使在遮罩不完全精確的條件下），融合效果更加自然和真實。

(a) 直接引入梯度融合的結果　　(b) 混合梯度融合的結果

▲ 圖 7-6 卜松融合結果圖

7.3 深度學習影像合成與影像和諧化

基於深度學習的影像合成需要解決合成流程中可能產生的各種不合理的效果，如前景影像的適應性（邊緣、外觀、大小及遮擋關係等）、視覺和諧性（光照環境、天氣因素的差異，以及光照陰影問題）、語義合理性（比如，動物需要在對應的生活環境中、汽車通常在地面上出現而非水中等前景影像與背景影像語義關係的一致性），由此衍生出了不同的子任務類型，如目標放置、影像合成、影像和諧化、反射和陰影生成等。這裡主要關注影像和諧化，即對合成影像的前景影像與背景影像區域的色調、光照、對比度等進行調整。傳統方案的和諧化通常基於顏色統計等方式匹配前景影像、背景影像的資訊，而深度學習的影像和諧化方法借助於神經網路強大的表達能力，可以實現類似風格遷移或影像恢復的輸入自我調整的自動影像和諧化，並獲得了較好的效果。本節將介紹幾個不同想法的基於深度學習的影像和諧化網路模型。

7.3.1 空間分離注意力：S^{2}AM 模型

S2AM 模型 [2] 是一個較早的透過網路結構設計的方式提升影像和諧化效果的模型，其核心思想是對前景影像區域遮罩內部和外部分別操作，從而關注其特徵差異，並進行修正。既然要分區域處理，那麼就需要有一個可以應用遮罩的結構，S^{2}AM 模型選擇了由遮罩控制的不同區域分離的注意力機制來實現這個過程，其核心結構就是 S^2AM 模組，全稱為**空間分離的注意力模組（Spatial-Separated Attention Module）**。該模組接收遮罩與特徵作為輸入，並對不同區域進行分離處理再合併，從而減少不同區域外觀特徵的差異。

S^2AM 模型的整體結構及其兩種注意力插入方式如圖 7-7 所示，模型的整體結構採用了編 / 解碼器（類似 U-Net）的結構，將合成影像和前景影像區域遮罩輸入網路，並最終透過遮罩約束，只對前景影像區域進行處理，而保持背景影像區域不變。在編 / 解碼相對底層的特徵圖上，利用前面提到的注意力模組對特徵進行處理。由於和諧化問題主要關注影像底層特徵上的差異（如光照、顏色等），因此僅對包含這些資訊的層進行處理，而高階語義特徵為合成影像與和諧化影像共用，不再做注意力操作。S^2AM 模型的注意力模組有兩種插入方式：第一種方式先對編碼器的特徵進行注意力處理，再與解碼器特徵進行融合，該方式被稱為 **S2ASC（Spatial-Separated Attentive Skip Connection）**；另一種方式則先對編 / 解碼器的特徵進行融合，然後進行注意力操作，該方式被稱為 **S2AD（Spatial-Separated Attentive Decoder）**。

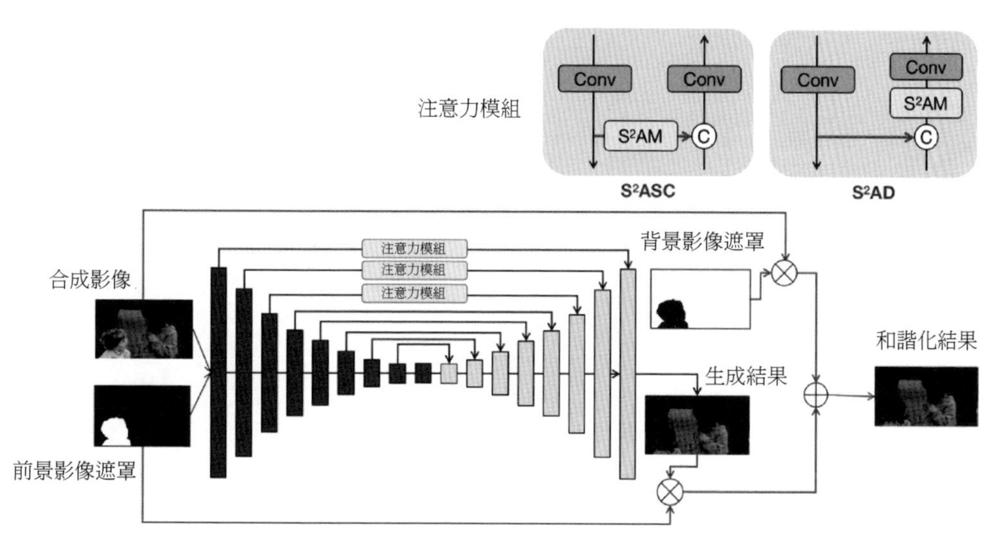

▲ 圖 7-7 S^2AM 模型的整體結構及其兩種注意力插入方式

下面介紹 S^2AM 模型的基本結構和計算流程，S^2AM 模型的結構如圖 7-8 所示。首先，該模型整體分為兩個支路，分別對應前景影像和背景影像的處理操作，每個支路都用通道注意力模組（Channel Attention Module，CAM）實現通道的重加權，並透過遮罩使該支路的操作僅對部分空間區域有效，因此被稱為空間分離的注意力。前景影像支路又重新分為並行的兩個子支路：一個是 G_{fg}，對前景影像和背景影像不同的特徵進行重加權，該子支路後接了一個可學習的模組 L（Conv+BN+ELU 類的模組層），用於學習前景影像和背景影像的風格映射；另一個是 G_{mix}，它的作用是對前景影像區域中不需要改變的部分進行重加權。這兩個子支路都對前景影像操作，因此用前景影像遮罩 M 進行處理。背景影像區域則只用了一個 CAM，並用背景影像遮罩（$1-M$）進行處理；在實現中，該模組還對遮罩進行了高斯平滑，以更進一步地處理邊緣問題。

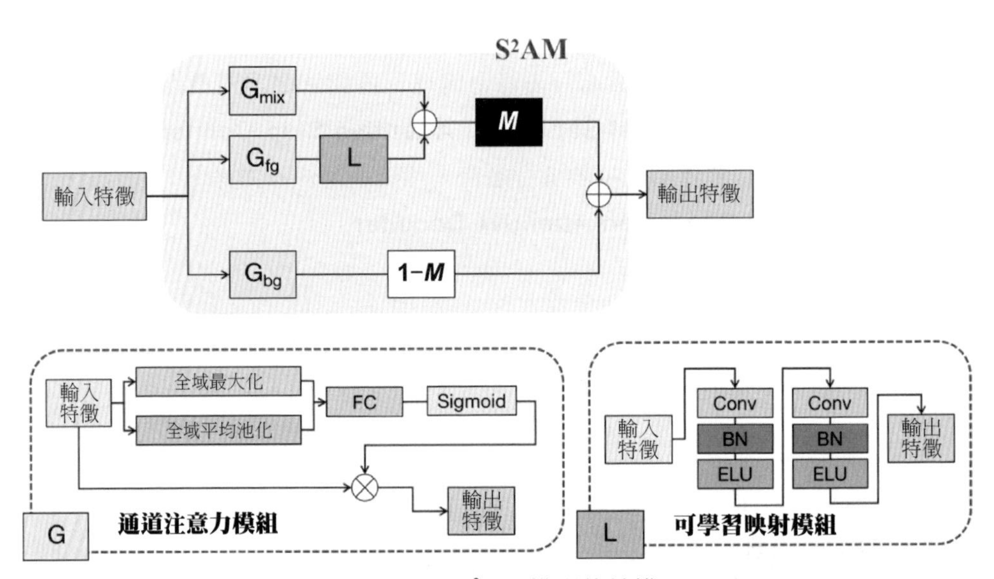

▲ 圖 7-8 S²AM 模型的結構

CAM 採用了全域最大池化（Global Max Pooling）和全域平均池化兩種方式得到對應的向量特徵並在通道維度進行拼接，之後經過兩層全連接和 Sigmoid，輸出通道權重並對原始輸入特徵進行重加權。

S²AM 模型的 PyTorch 程式實現範例如下所示。

```
import torch
import torch.nn as nn
```

```
import torch.nn.functional as F
# pip install kornia
from kornia.filters import GaussianBlur2d

class ChannelAttnModule(nn.Module):
    def __init__(self, nf, reduct=16):
        super().__init__()
        self.avgpool = nn.AdaptiveAvgPool2d(1)
        self.maxpool = nn.AdaptiveMaxPool2d(1)
        self.fc = nn.Sequential(
            nn.Conv2d(nf * 2, nf // reduct, 1, 1, 0),
            nn.ReLU(inplace=True),
            nn.Conv2d(nf // reduct, nf, 1, 1, 0),
            nn.Sigmoid()
        )
    def forward(self, x):
        ch_avg = self.avgpool(x)
        ch_max = self.maxpool(x)
        cat_vec = torch.cat((ch_avg, ch_max), dim=1)
        attn = self.fc(cat_vec)
        out = attn * x
        return out

class BasicLearnBlock(nn.Module):
    def __init__(self, nf):
        super().__init__()
        self.body = nn.Sequential(
            nn.Conv2d(nf, nf * 2, 3, 1, 1, bias=False),
            nn.BatchNorm2d(nf * 2),
            nn.ELU(inplace=True),
            nn.Conv2d(nf * 2, nf, 3, 1, 1, bias=False),
            nn.BatchNorm2d(nf),
            nn.ELU(inplace=True)
        )
    def forward(self, x):
        out = self.body(x)
        return out
```

```
class S2AM(nn.Module):
    def __init__(self, nf,
                 sigma=1.0, kgauss=5, reduct=16):
        super().__init__()
        self.connection = BasicLearnBlock(nf)
        self.bg_attn = ChannelAttnModule(nf, reduct)
        self.fg_attn = ChannelAttnModule(nf, reduct)
        self.mix_attn = ChannelAttnModule(nf, reduct)
        self.gauss = GaussianBlur2d(kernel_size=(kgauss, kgauss),
                                    sigma=(sigma, sigma))
    def forward(self, feat, mask):
        ratio = mask.size()[2] // feat.size()[2]
        print(f"[S2AM] mask / feature size ratio: {ratio}")
        if ratio > 1:
            mask = F.avg_pool2d(mask,2,stride=ratio)
            mask = torch.round(mask)
        rev_mask = 1 - mask
        mask = self.gauss(mask)
        rev_mask = self.gauss(rev_mask)
        bg_out = self.bg_attn(feat) * rev_mask
        mix_out = self.mix_attn(feat)
        fg_out = self.connection(self.fg_attn(feat))
        spliced_out = (fg_out + mix_out) * mask
        out = bg_out + spliced_out
        return out

if __name__ == "__main__":
    feat = torch.randn(4, 64, 32, 32)
    mask = torch.randn(4, 1, 128, 128)
    s2am = S2AM(nf=64)
    out = s2am(feat, mask)
    print(f"S2AM out size: {out.size()}")
```

測試結果輸出如下所示。

```
[S2AM] mask / feature size ratio: 4
S2AM out size: torch.Size([4, 64, 32, 32])
```

S^{2}AM 模型還可以用於未知遮罩的和諧化任務，在這種任務中，只有前景影像和背景影像，沒有前景影像目標對應的遮罩。為解決這個問題，該模型透過空間注意力模組（Spatial Attention Module，SAM）學習一個空間注意力圖，並用該注意力圖代替圖 7-8 所示的遮罩 M 來對不同的空間位置進行分離。

模型的整體訓練損失函數主要包括像素級的 L2 損失函數及 GAN 損失函數，對於未知遮罩的任務，在訓練過程中，還需要額外加入注意力損失函數，讓注意力圖擬合真實的遮罩。圖 7-9 展示了 S^{2}AM 模型和諧化的效果圖範例。可以看出，相比於原始的合成影像，經過模型處理的影像在色調、光照、亮度等方面與背景影像更加接近，視覺效果更加自然。

（a）合成影像　（b）和諧化處理結果　（c）真實影像 GT　（d）前景區域遮罩

▲ 圖 7-9 S^{2}AM 模型和諧化的效果圖範例

7.3.2 域驗證的和諧化：DoveNet

另一個影像和諧化的網路模型是**DoveNet（Domain Verification Net-work）模型**[3]，其從合成影像的前景影像和背景影像的域差異出發，利用 GAN 模型對於資料分佈鑑別的能力，設計了新的判別器，對前景影像和背景影像的域差異進行判斷，從而最佳化生成器減少前景影像和背景影像之間的域差異，得到更加一致的效果。這個判別器被稱為**域驗證判別器（Domain Verification Discriminator）**。DoveNet 模型的整體流程如圖 7-10 所示。

首先，DoveNet 模型整體包括 3 個網路，分別是生成器、全域判別器（Global Discriminator）、域驗證判別器。生成器採用了帶有注意力機制的 U-Net 結構，其中的注意力模組的結構如圖 7-11 所示。該模組將編碼器和解碼器的特徵同時作為輸入，並且對應產生注意力圖，然後經過 Sigmoid 啟動後乘到對應的編 / 解碼器特徵中，經過注意力處理的編 / 解碼器特徵拼接後共同輸入後續流程。

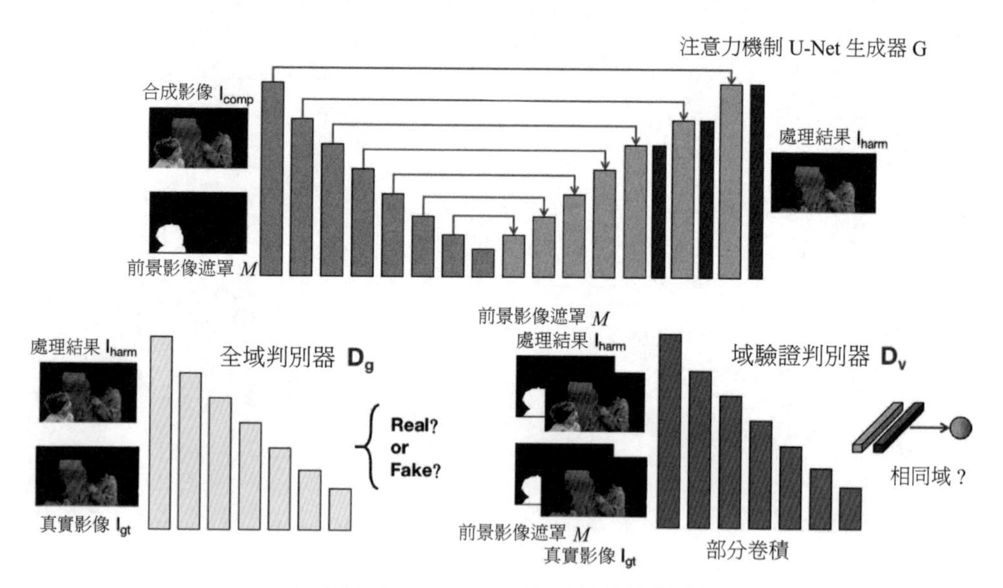

▲ 圖 7-10 DoveNet 模型的整體流程

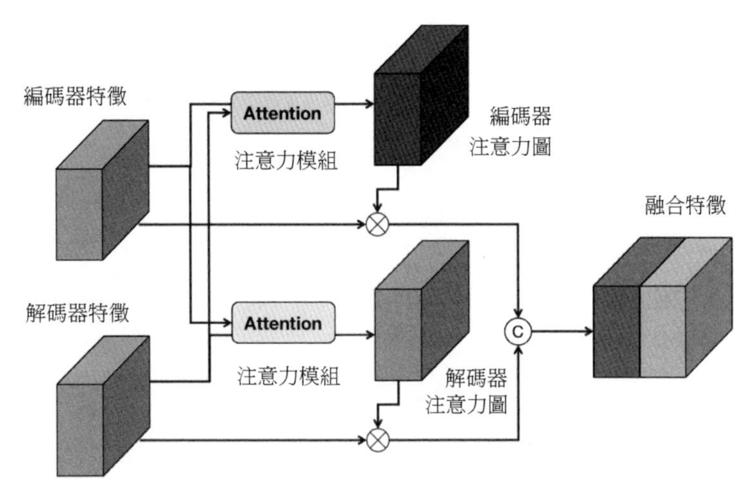

▲ 圖 7-11 生成器中的注意力模組的結構

該注意力相比於之前的通道注意力和空間注意力來說更加簡單直接，如果編碼器特徵與解碼器特徵已經沿通道維度拼接，那麼該注意力操作就相當於直接對拼接後的特徵進行 1×1 卷積與啟動得到注意力圖，並逐像素乘到原始拼接後的特徵上。DoveNet 的注意力模組的 PyTorch 程式實現如下所示。

```
import torch
import torch.nn as nn

class DoveNetAttn(nn.Module):
    def __init__(self, enc_nf, dec_nf):
        super().__init__()
        nf = enc_nf + dec_nf
        self.attn = nn.Sequential(
            nn.Conv2d(nf, nf, 1, 1, 0),
            nn.Sigmoid()
        )
    def forward(self, enc_ft, dec_ft):
        ft = torch.cat((enc_ft, dec_ft), dim=1)
        attn_map = self.attn(ft)
        out = ft * attn_map
        return out
```

```
if __name__ == "__main__":
    enc_feat = torch.randn(4, 64, 32, 32)
    dec_feat = torch.randn(4, 64, 32, 32)
    attn = DoveNetAttn(enc_nf=64, dec_nf=64)
    fused = attn(enc_feat, dec_feat)
    print(f"DoveNet Attention out size: {fused.size()}")
```

測試結果輸出如下所示。

```
DoveNet Attention out size: torch.Size([4, 128, 32, 32])
```

DoveNet 模型中的全域判別器的作用與通常用於畫質演算法的 GAN 模型中的判別器 D 的作用類似，即判斷生成的結果與 GT 的分佈是否一致，也就是和諧化後的結果與真實影像是否近似。該判別器採用了譜歸一化（Spectrum Normalization）對卷積結果進行處理，並採用了鉸鏈損失（Hinge Loss）函數（SVM 中採用的最大間隔損失，對於分類正確且大於間隔的不進行懲罰）以穩定網路訓練。損失函數的形式如下：

$$L_{D_g} = E[\max(0,1-D_g(\boldsymbol{I}_{gt}))] + E[\max(0,1+D_g(\boldsymbol{I}_{harm}))]$$
$$L_{G_g} = -E[D_g(G(\boldsymbol{I}_{comp},\boldsymbol{M}))]$$

另一個判別器是 DoveNet 模型的重點，即域驗證判別器，它透過**部分卷積（Partial Convolution）**實現對遮罩內部和外部特徵的提取，得到前景影像和背景影像的表示向量，然後將兩者進行內積運算，對於真實的影像，由於兩部分來自同樣的域，因此期望得到的內積更大，反之則更小。整個損失函數的設計與全域判別器類似，函數的形式如下：

$$L_{D_v} = E[\max(0,1-D_v(\boldsymbol{I}_{gt},\boldsymbol{M}))] + E[\max(0,1+D_v(\boldsymbol{I}_{harm},\boldsymbol{M}))]$$
$$L_{G_v} = -E[D_v(G(\boldsymbol{I}_{comp},\boldsymbol{M}),\boldsymbol{M})]$$

下面重點介紹部分卷積的實現過程。部分卷積操作最初用於影像補全（Inpainting）任務，因為其目的就是利用已有的部分區域的影像資訊去填充不規則形狀的缺失。部分卷積與普通卷積的最主要區別在於：部分卷積透過對遮罩邊緣的卷積結果進行補償，從而防止受到不需要的遮罩外的特徵影響，也防止受到補零對結果的影響。另外，部分卷積還會對遮罩進行更新。圖 7-12 展示了部分卷積的實現過程與計算方式。

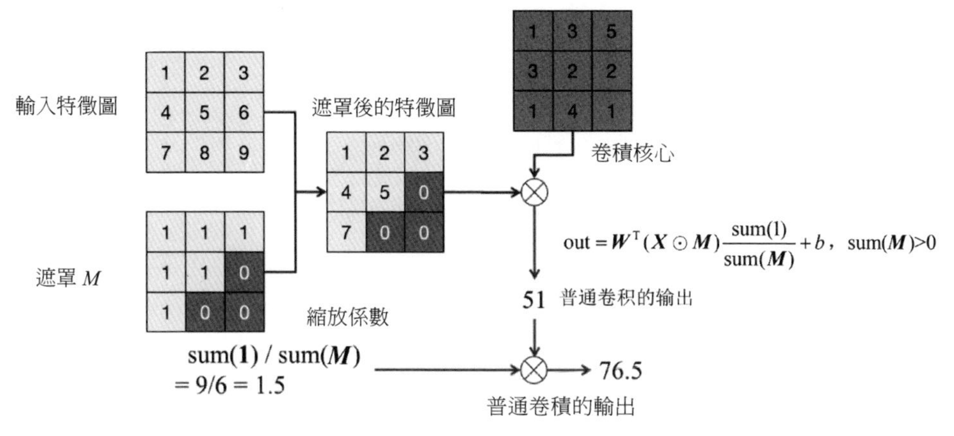

▲ 圖 7-12 部分卷積的實現過程與計算方式

首先對輸入的特徵進行遮罩運算，即將非遮罩內的區域置為零，然後部分卷積在遮罩範圍內進行普通卷積計算，得到輸出結果。考慮到在邊緣處，普通卷積對於遮罩以外的 0 值也有操作，因此，實際的有效點數比非邊緣區域更少，從而使得得到的結果由於 0 值的混入傾向於更小，為了對這種邊緣效應進行補償，部分卷積對輸出結果利用參與運算的卷積核心總像素數與實際有效像素數的比值進行縮放，有效像素越少，說明應該被補償的權重越大。另外，部分卷積還會對遮罩進行更新，如果以某個位置為中心的卷積核心範圍內至少有一個有效遮罩值，就將該位置置為 1，經過一定的迭代後，遮罩最終會成為全 1 的矩陣。部分卷積的 PyTorch 實現程式如下所示。

```
import torch
import torch.nn as nn
import torch.nn.functional as F

class PartialConv2d(nn.Conv2d):
    def __init__(self, *args, **kwargs):
        super().__init__(*args, **kwargs)
```

```
        kh, kw = self.kernel_size
        self.mask_weight = torch.ones(1, 1, kh, kw)
        self.slide_winsize = kh * kw
    def forward(self, feat, mask):
        with torch.no_grad():
            self.mask_weight = self.mask_weight.to(mask)
            # 更新 update_mask，鄰域有前景影像的都置為前景影像
            update_mask = F.conv2d(mask, self.mask_weight,
                                   stride=self.stride,
                                   padding=self.padding,
                                   dilation=self.dilation,
                                   bias=None)
            # 計算 sum(1) / sum(M)
            mask_ratio = self.slide_winsize / (update_mask + 1e-8)
            # 用 update_mask 擴充更新輸入 mask
            update_mask = torch.clamp(update_mask, 0, 1)
            # 計算輸出各點的縮放比例
            mask_ratio = torch.mul(mask_ratio, update_mask)
        # 正常 Conv2d 的原始輸出
        masked_feat = feat * mask
        conv_out = super().forward(masked_feat)
        # partial conv 的 mask 邊緣縮放
        if self.bias is None:
            out = torch.mul(conv_out, mask_ratio)
        else:
            b = self.bias.view(1, self.out_channels, 1, 1)
            out = torch.mul(conv_out - b, mask_ratio) + b
            out = torch.mul(out, update_mask)
        # 列印相關中間變數資訊
        print("[PartialConv2d] mask_weight: \n", self.mask_weight)
        print("[PartialConv2d] mask: \n", mask[0, 0, 4:9, 4:9])
        print("[PartialConv2d] updated mask: \n", \
                                update_mask[0, 0, 4:9, 4:9])
        print("[PartialConv2d] mask_ratio: \n", \
                                mask_ratio[0, 0, 4:9, 4:9])
        return out, update_mask

if __name__ == "__main__":
```

```
    feat = torch.randn(4, 64, 128, 128)
    mask = torch.randint(0, 3, size=(4, 1, 128, 128))
    mask = torch.clamp(mask, 0, 1)
    partialconv = PartialConv2d(64, 32, 3, 1, 1)
    out, new_mask = partialconv(feat, mask)
    print(f"partial conv outputs: \n"\
          f" out size: {tuple(out.size())}\n"\
          f" new_mask size: {tuple(new_mask.size())}")
```

測試輸出結果如下所示。

```
[PartialConv2d] mask_weight:
 tensor([[[[1, 1, 1],
          [1, 1, 1],
          [1, 1, 1]]]])
[PartialConv2d] mask:
 tensor([[0, 1, 1, 1, 1],
        [0, 1, 1, 1, 1],
        [1, 1, 0, 1, 1],
        [1, 1, 0, 1, 0],
        [1, 0, 0, 0, 0]])
[PartialConv2d] updated mask:
 tensor([[1, 1, 1, 1, 1],
        [1, 1, 1, 1, 1],
        [1, 1, 1, 1, 1],
        [1, 1, 1, 1, 1],
        [1, 1, 1, 1, 1]])
[PartialConv2d] mask_ratio:
 tensor([[1.5000, 1.5000, 1.1250, 1.0000, 1.1250],
        [1.5000, 1.5000, 1.1250, 1.1250, 1.1250],
        [1.2857, 1.5000, 1.2857, 1.5000, 1.2857],
        [1.2857, 1.8000, 2.2500, 3.0000, 2.2500],
        [1.2857, 1.8000, 1.8000, 2.2500, 2.2500]])
partial conv outputs:
 out size: (4, 32, 128, 128)
 new_mask size: (4, 1, 128, 128)
```

從測試輸出結果可以看出，部分卷積處理後會傳回更新的遮罩，其中邊緣部分會進行擴充。另外，得到的 mask_ratio 與有效位置（遮罩值為 1）的數量有關，數量越多比例越小，反之則越大。

7.3.3 背景引導的域轉換：BargainNet

BargainNet（Background-Guided Domain Translation Network）模型[4] 是另一種基於網路的影像和諧化方案，它的想法是根據背景的域編碼對前景影像進行引導，使得前景影像獲得更加接近背景影像所在域的效果。BargainNet 模型的整體流程如圖 7-13 所示。

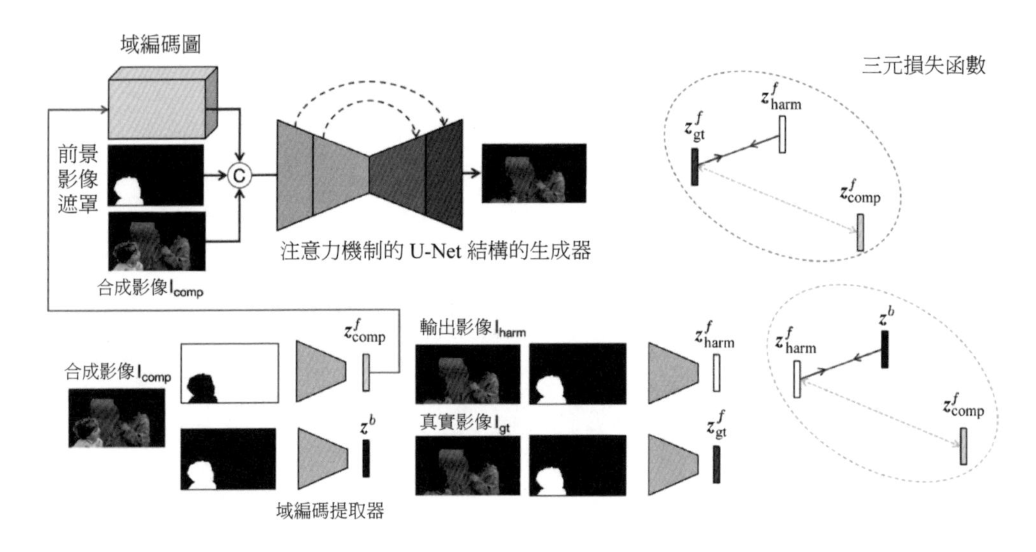

▲ 圖 7-13 BargainNet 模型的整體流程

BargainNet 模型的整體流程用到了兩個網路模型，分別是帶有注意力機制的 U-Net 結構的生成器和**域編碼提取器（Domain Code Extractor）**。其中注意力機制的 U-Net 是影像和諧化任務中常用的生成器模型結構，而域編碼提取器的作用是透過部分卷積對前景影像和背景影像的遮罩區域提取域編碼，並透過背景影像的編碼對前景影像的域轉換進行引導。該過程的具體操作如下：首先透過域編碼提取器提取出背景影像區域的域編碼；然後與合成影像及前景影像遮罩一起在通道中進行拼接，得到通道數為 K+4 的輸入資料，其中 K 為域編碼向量的維度，4 為 3 個通道輸入影像與單通道遮罩圖拼接後的通道數。最後該輸入資料被送入生成器進行處理，得到的輸出結果與真實影像計算重建損失。由於需要被引導的是前景影像區域，因此應該僅對前景影像區域拼接背景影像域編碼向量。但是由於背景影像區域的輸入、輸出應當是相同域的結果，因此直接用背景影像域編碼對全影像進行引導也是合理的。

那麼，剩下的問題就是如何獲得一個能夠對影像區域所屬的域進行準確表達的編碼提取器。為了使編碼提取器的效果更加符合預期，BargainNet 模型透過域編碼網路對各張影像各個區域的編碼進行計算，並設計了兩個**三元損失函數（Triplet Loss）**，用來計算不同域編碼之間的距離損失，其主要形式如下：

$$L_{\text{tri1}} = \max(d(z^f_{\text{harm}}, z^b) - d(z^f_{\text{harm}}, z^f_{\text{comp}}) + m, 0)$$

$$L_{\text{tri2}} = \max(d(z^f_{\text{gt}}, z^f_{\text{harm}}) - d(z^f_{\text{gt}}, z^f_{\text{comp}}) + m, 0)$$

其中，第一項以和諧化後影像的前景影像作為錨點，使得輸入合成影像的前景影像區域與其距離更遠，而背景影像與其距離更近，也就是說讓和諧化後影像的前景影像區域內容更接近背景影像的域而非原本前景影像所在的域。第二項則以前景影像區域的 GT 作為錨點，使得合成影像的前景影像區域與其距離更遠，而和諧化後影像的前景影像區域與其距離更近，也就是說控制和諧化後的域編碼更接近 GT 的前景影像而非合成影像的前景影像。這個過程可以用以下程式實現（其中部分卷積重複使用了前面的程式實現，並去掉了其中的 print 函數，三元損失函數採用了 PyTorch 的 nn.TripletMarginLoss 函數進行計算）。

```
import torch
import torch.nn as nn
import torch.nn.functional as F
from utils.partialconv2d import PartialConv2d

class DomainEncoder(nn.Module):
    def __init__(self, nf=64, enc_dim=16):
        super().__init__()
        nfs = [nf * 2 ** i for i in range(4)]
        self.relu = nn.ReLU(inplace=True)
```

```
        # conv1 + relu
        self.conv1 = PartialConv2d(3, nfs[0], 3, 2, 0)
        # conv2 + norm2 + relu
        self.conv2 = PartialConv2d(nfs[0], nfs[1], 3, 2, 0)
        self.norm2 = nn.BatchNorm2d(nfs[1])
        # conv3 + norm3 + relu
        self.conv3 = PartialConv2d(nfs[1], nfs[2], 3, 2, 0)
        self.norm3 = nn.BatchNorm2d(nfs[2])
        # conv4 + norm4 + relu
        self.conv4 = PartialConv2d(nfs[2], nfs[3], 3, 2, 0)
        self.norm4 = nn.BatchNorm2d(nfs[3])
        # conv5 + avg_pool + conv_style
        self.conv5 = PartialConv2d(nfs[3], nfs[3], 3, 2, 0)
        self.avg_pool = nn.AdaptiveAvgPool2d(1)
        self.conv_style = nn.Conv2d(nfs[3], enc_dim, 1, 1, 0)
    def forward(self, img, mask):
        x, m = img, mask
        x, m = self.conv1(x, m)
        x = self.relu(x)
        x, m = self.conv2(x, m)
        x = self.relu(self.norm2(x))
        x, m = self.conv3(x, m)
        x = self.relu(self.norm3(x))
        x, m = self.conv4(x, m)
        x = self.relu(self.norm4(x))
        x, _ = self.conv5(x, m)
        x = self.avg_pool(x)
        style_code = self.conv_style(x)
        return style_code

if __name__ == "__main__":
    img_comp = torch.randn(4, 3, 128, 128)
    img_harm = torch.randn(4, 3, 128, 128)
    img_gt = torch.randn(4, 3, 128, 128)
    mask = torch.randint(0, 3, size=(4, 1, 128, 128))
    mask = mask.float()
    mask = torch.clamp(mask, 0, 1)
    rev_mask = 1 - mask
```

```
domain_encoder = DomainEncoder()
tri_loss_func = nn.TripletMarginLoss(margin=0.1)
# 計算不同影像和區域的域編碼向量
bg_vec = domain_encoder(img_gt, rev_mask)
fg_gt_vec = domain_encoder(img_gt, mask)
fg_comp_vec = domain_encoder(img_comp, mask)
fg_harm_vec = domain_encoder(img_harm, mask)
# 計算三元損失
triloss_1 = tri_loss_func(fg_harm_vec, bg_vec, fg_comp_vec)
triloss_2 = tri_loss_func(fg_gt_vec, fg_harm_vec, fg_comp_vec)
print("Triplet loss 1 : ", triloss_1)
print("Triplet loss 2 : ", triloss_2)
```

測試輸出結果如下所示。

```
Triplet loss 1 :  tensor(0.0937, grad_fn=<MeanBackward0>)
Triplet loss 2 :  tensor(0.1164, grad_fn=<MeanBackward0>)
```

在前面的 DoveNet 模型中，域驗證判別器實際上也相當於一種對不同域進行編碼的模組，得到的向量也可以視為對前景影像和背景影像所在域的編碼。但是相比於 BargainNet 模型中透過三元損失函數訓練得到的域編碼網路，DoveNet 模型的域表示在一致性和相關關係上弱於 BargainNet 模型的域表示，BargainNet 模型各個區域的域表示向量之間的距離關係也更符合期望。由於對於域差異的度量能力，BargainNet 模型中的域編碼還有一個副產物，可以作為不和諧檢測分數的度量。如果一張影像中前景影像和背景影像的域編碼差異明顯，說明影像的和諧度較差，反之則說明和諧度較好，影像較符合自然影像的特徵。

7.3.4 前景到背景的風格遷移：RainNet

最後介紹基於風格遷移策略的影像和諧化方案：**RainNet（Region-aware Adaptive Instance Normalization Network）模型** [5]。該模型可以顯式地提取背景影像區域中的統計特徵以表徵其風格參數，並直接以此對前景影像區域內容進行處理，以實現影像的和諧化。之前的方案雖然通常都會對前景影像和背景影像分別進行處理，但是都沒有明確地將前景影像區域的特徵直接與背景影像的風格進行連結。為了實現這個過程，RainNet 模型提出了 **RAIN（Region-aware Adaptive Instance Normalization）**模組，即**區域感知的自我調整範例歸一化**模組，其結構如圖 7-14 所示。

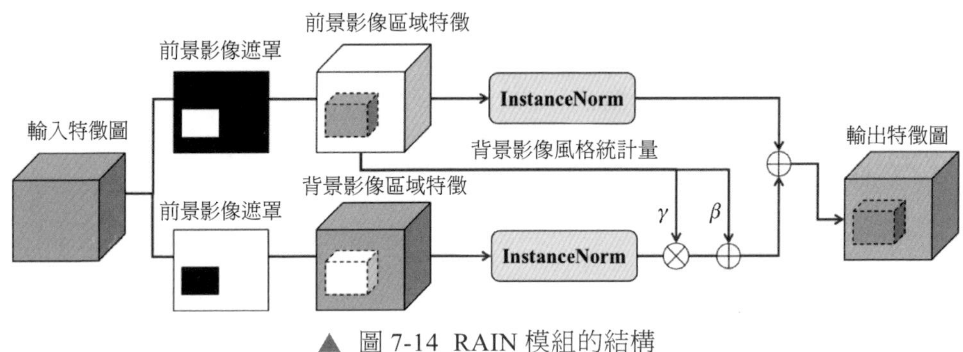

▲ 圖 7-14 RAIN 模組的結構

RAIN 模組的設計想法參考了風格遷移經典模型 **AdaIN**。AdaIN 模型的基本策略就是利用目標風格影像特徵的統計量，即平均值和方差，對內容影像的實例歸一化（Instance Norm，IN）結果進行仿射變換，用來實現風格化。所謂的**風格（Style）**指的是影像的各種視覺效果，如色溫、飽和度、色調、紋理等。根據 AdaIN 模型的想法，影像的風格表現在特徵的平均值、方差等統計資訊中，因此可以透過這些統計量在不改變原影像內容的前提下，將影像轉換到指定風格中。RAIN 模組首先利用遮罩區域將特徵圖分為前景影像和背景影像兩個區域，並對兩者分別透過 IN 模組進行歸一化。然後將背景影像的平均值和方差作為仿射係數對前景影像的 IN 結果進行處理，這個操作相當於將背景影像的風格資訊融合到前景影像特徵中。最後，處理後的前景影像和背景影像特徵按區域融合，得到最終的處理結果。

RAIN 模組的 PyTorch 程式實現如下所示。

```
import torch
import torch.nn as nn
import torch.nn.functional as F
```

```
def get_masked_mean_std(feat, mask, eps=1e-5):
    masked_feat = feat * mask
    summ = torch.sum(masked_feat, dim=[2, 3], keepdim=True)
    num = torch.sum(mask, dim=[2, 3], keepdim=True)
    mean = summ / (num + eps)
    sqr = torch.sum(((feat - mean) * mask) ** 2,
                            dim=[2, 3], keepdim=True)
    std = torch.sqrt(sqr / (num + eps) + eps)
    return mean, std

class RAIN(nn.Module):
    def __init__(self, nf):
        super().__init__()
        self.fg_gamma = nn.Parameter(torch.zeros(1, nf, 1, 1))
        self.fg_beta = nn.Parameter(torch.zeros(1, nf, 1, 1))
        self.bg_gamma = nn.Parameter(torch.zeros(1, nf, 1, 1))
        self.bg_beta = nn.Parameter(torch.zeros(1, nf, 1, 1))
    def forward(self, feat, mask):
        in_size = feat.size()[2:]
        mask = F.interpolate(mask.detach(), in_size, mode='nearest')
        rev_mask = 1 - mask
        mean_bg, std_bg = get_masked_mean_std(feat, rev_mask)
        normed_bg = (feat - mean_bg) / std_bg
        affine_bg = (normed_bg * (1 + self.bg_gamma) + self.bg_beta) *
rev_mask
        mean_fg, std_fg = get_masked_mean_std(feat, mask)
        # 利用背景影像的統計量對前景影像進行類似風格遷移操作
        normed_fg = (feat - mean_fg) / std_fg * std_bg + mean_bg
        affine_fg = (normed_fg * (1 + self.fg_gamma) + self.fg_beta) * mask
        out = affine_fg + affine_bg
        print(f"mean_fg: {mean_fg[0, :4, 0, 0]}")
        print(f"mean_bg: {mean_bg[0, :4, 0, 0]}")
        print(f"std_fg: {std_fg[0, :4, 0, 0]}")
        print(f"std_bg: {std_bg[0, :4, 0, 0]}")
        return out

if __name__ == "__main__":
    feat = torch.randn(4, 64, 128, 128)
```

```
    mask = torch.randint(0, 3, size=(4, 1, 128, 128))
    mask = mask.float()
    mask = torch.clamp(mask, 0, 1)
    rain_norm = RAIN(nf=64)
    out = rain_norm(feat, mask)
    print(f"RAIN output size: {out.size()}")
```

測試輸出結果如下所示。

```
mean_fg: tensor([-0.0126,  0.0044,  0.0027,  0.0053])
mean_bg: tensor([ 0.0136,  0.0072, -0.0128, -0.0067])
std_fg: tensor([0.9899, 0.9964, 1.0040, 0.9904])
std_bg: tensor([0.9927, 0.9921, 1.0075, 0.9985])
RAIN output size: torch.Size([4, 64, 128, 128])
```

8 影像增強與影像修飾

本章介紹**影像增強（Image Enhancement）**和**影像修飾（Image Re-touch）**的相關演算法。影像增強和影像修飾演算法主要針對影像的對比度、飽和度等維度進行調整，以期望提高整體觀感，或符合某個設定的預期。從概念上來說，影像增強演算法所包含的範圍通常更廣泛一些，而影像修飾演算法則可以被視為一種模擬攝影師修圖的增強方案。下面首先對影像增強任務的目的和種類進行簡單介紹，然後詳細討論幾種經典的影像增強演算法。

8.1 影像增強任務概述

影像增強指的是利用某些演算法技術手段，以提高畫質觀感與影像的美學特性為目的，對影像的曝光、對比度、影調、顏色等方面進行修改，從而實現改善影像畫質、突出顯示影像特徵、增強視覺效果的目的。影像增強的概念相對較寬泛，在某些場合也可以包括前面講到的降噪、超解析度等細節的最佳化，或去霧化、HDR 等整體顏色亮度的最佳化。本章所提到的影像增強任務主要指的是對影像的曝光補償、影調修正、色調對比度處理、色彩空間轉換等基礎特性的調整，以及對攝影師修圖風格的模擬（即影像修飾）。

實際上，前面所使用的一些針對某畫質問題的演算法其實也是相對通用的影像增強演算法，比如，最簡單的直方圖調整類演算法（包括直方圖均衡演算法和局部直方圖調整演算法），其主要目的就是對影調和對比度進行調整，其可以應用於一些簡單的影像增強任務。再如，HDR 任務中講到的局部拉普拉斯濾波（LLF）演算法，透過合理地設計重映射函數，也可以實現對局部對比度和細節增強的效果（見圖 8-1）。本章將要討論的 Retinex 演算法、HDRNet 演算法等也可以應用於去霧化和 HDR 任務。由此可見，影像增強任務並非一類單獨的任務，而是很多畫質問題最佳化任務的總稱。

因此，為了和前面講過的內容相區分，本章主要關注前面的內容沒有覆蓋到的幾個任務類型，如低光增強、顏色調整及影像修飾。**低光增強**指的是對暗光條件下拍攝的照片進行處理，以提高其視覺效果和細節的可辨識性。顏色調整包括對色相、飽和度等內容的調整，主要目的是使影像顏色更加鮮明生動，符合自然效果，或貼合某種特定的風格。影像顏色調整的手段包括色域調整、3D LUT，以及基於網路的風格遷移和濾鏡模擬。影像修飾指的是對已有的影像進行後處理以提高影像的美感，就是人們通常所說的「修圖」或「P 圖」。這部分工作通常由操作者借助一些商務軟體（如 PhotoShop、Lightroom 等）人工作業完成，借助於神經網路模型強大的表現能力，如今已有一部分演算法透過設計網路模型，對人工修圖的結果進行擬合，實現了自我調整的自動影像修飾操作。

（a）輸入影像

（b）sigma=0.08, factor=3

（c）sigma=0.08, factor=6

▲ 圖 8-1 局部拉普拉斯濾波演算法實現影像增強

下面先以 Retinex 演算法為例，介紹傳統低光增強演算法的想法。然後介紹幾種基於神經網路模型的不同處理範式的影像增強方案（包括低光增強、顏色調整和影像修飾）。

8.2 傳統低光增強演算法

可以應用在低光增強任務中的演算法有很多，簡單的如直方圖均衡演算法，或類似 Gamma 曲線的 GTM 操作等都可以實現低光增強的效果，還有一些演算法可以專門針對低光照輸入進行處理，以消除光照強度的影響，復原被攝物體的顏色、紋理和結構。本節將介紹兩種簡單但實用的傳統低光增強演算法，包括基於反色去霧化的低光增強演算法，以及多尺度 Retinex 演算法。

8.2.1 基於反色去霧化的低光增強演算法

低光增強任務與前面講過的去霧化任務在數學形式上有著較強的相似性。對去霧化任務來說，有霧影像可以被視為乾淨無霧影像與大氣光的加權融合，如果大氣光已經被估計，那麼就需要知道各個點的反射係數，從而求解無霧影像。同理，低光增強也可以被看作原影像與全域的黑色（零值）進行加權融合，因此，如果對低光影像進行反色，那麼就可以將其看作原影像的反色影像與全域的白色「大氣光」形成的類似霧天退化的結果，可以先按照去霧化的方式進行處理，然後將結果反轉色得到低光增強的結果 [1]。這個過程的主要步驟如下。

首先，對低光影像進行反轉色操作，然後以此作為輸入，採用去霧化演算法（如經典的暗通道先驗去霧化演算法），估計出大氣光 $\boldsymbol{A}$ 和透射圖 t，由於直接用透射圖型處理的提亮效果不足，因此需要對得到的透射圖進行處理，對於透射率小於 0.5 的，乘以 $2t$ 作為係數，大於 0.5 的則不變。最後對「去霧化」的結果進行反色，即可得到低光增強的效果。

下面採用暗通道先驗去霧化演算法作為流程中的去霧化演算法，對低光影像進行處理。程式如下所示。圖 8-2 所示為反色去霧化低光增強的中間結果與輸出效果示意圖。

```
import os
import cv2
import numpy as np
import matplotlib.pyplot as plt

def invert_img(img):
    return 255 - img

def calc_dark_channel(img, patch_size):
    h, w = img.shape[:2]
    min_ch = np.min(img, axis=2)
    dark_channel = np.zeros((h, w))
    r = patch_size // 2
    for i in range(h):
        for j in range(w):
            top, bottom = max(0, i - r), min(i + r, h - 1)
            left, right = max(0, j - r), min(j + r, w - 1)
            dark_channel[i, j] = np.min(min_ch[top:bottom + 1, left:right + 1])
    return dark_channel

def calc_A(img, dark, topk=100):
    h, w = img.shape[:2]
    img_vec = img.reshape(h * w, 3)
```

```
    dark_vec = dark.reshape(h * w)
    idx = np.argsort(dark_vec)[::-1][:topk]
    candidate_vec = img_vec[idx, :]
    sum_vec = np.sum(candidate_vec, axis=1)
    atm_light = candidate_vec[np.argmax(sum_vec), :]
    return atm_light.astype(np.float32)

def calc_t(img, A, patch_size, omega):
    dark = calc_dark_channel(img / A, patch_size)
    t = 1 - omega * dark
    t[t < 0.5] = (t[t < 0.5] ** 2) * 2
    return t.astype(np.float32)

def calc_J(img, t, A):
    A = np.expand_dims(A, axis=[0, 1])
    t = np.expand_dims(t, axis=2)
    J = (img - A) / t + A
    J = np.clip(J, a_min=0, a_max=255).astype(np.uint8)
    return J

def lowlight_enhance(img, patch_size=3, omega=0.8):
    rev_img = invert_img(img)
    dark = calc_dark_channel(rev_img, patch_size)
    A = calc_A(rev_img, dark)
    t = calc_t(rev_img, A, patch_size, omega)
    J = calc_J(rev_img, t, A)
    enhanced = invert_img(J)
    return enhanced, rev_img, dark, t

if __name__ == "__main__":
    impath = "../datasets/lowlight/IMG_20200419_191100.jpg"
    lowlight = cv2.imread(impath)[:,:,::-1]
    h, w = lowlight.shape[:2]
    lowlight = cv2.resize(lowlight, (w//4, h//4))
    enhanced, rev_img, dark, trans = lowlight_enhance(lowlight)
    os.makedirs('results/invert_dehaze', exist_ok=True)
    cv2.imwrite(f'results/invert_dehaze/input.png', lowlight[:,:,::-1])
    cv2.imwrite(f'results/invert_dehaze/out.png', enhanced[:,:,::-1])
    cv2.imwrite(f'results/invert_dehaze/rev_in.png', rev_img[:,:,::-1])
```

```
cv2.imwrite(f'results/invert_dehaze/dark_channel.png', dark)
cv2.imwrite(f'results/invert_dehaze/trans.png',\
        np.clip(trans * 255, 0, 255).astype(np.uint8))
```

(a) 反色後的輸入影像

(b) 暗通道

(c) 估計出的透射圖

(d) 輸入的低光影像

(e) 低光增強結果

▲ 圖 8-2 反色去霧化低光增強的中間結果與輸出效果示意圖

8.2.2 多尺度 Retinex 演算法

Retinex 演算法是傳統影像增強演算法中的一種非常經典的演算法，它基於人眼視覺的基本特性對影像的反射和光照成分進行分解，以消除光照變化，提高影像的顏色和紋理資訊。該演算法基於一個關於人眼視覺的基礎理論，即 **Retinex 理論** [Retinex 是 Retina（視網膜）和 Cortex（皮層）兩個詞的合成]，該理論表示，人類的視覺系統具有色彩恆常性，也就是說，即使在不同的光照強度下，人們也可以較自動地排除光照強度的影響，比較穩定地感知該物體的顏色屬性。

受到這個特性啟發，人們也可以對影像進行光照和反射的分解。對一張影像 I，其中各個物體的顏色由兩方面決定：一方面是被攝物自身的材質及其所帶來的顏色和紋理等屬性，這些決定了其在光源下的反射特性；另一方面是環境光源的亮度分佈。這兩方面共同決定了人們看到或拍攝到的影像的結果。舉例來說，比如一件白色衣服，在弱光源下可能會呈現灰色或黑色，而在正常白色光源下可以呈現白色。由於上面提到的色彩恆常性，人眼可以在不同光照強度下感知到物體原本的反射情況，因此對影像處理演算法來說，也可以將影像分解為光照和反射成分，從而減少光照對成像效果的影響。這就是 Retinex 演算法的基本理論，其可以寫成以下數學形式：

$$\boldsymbol{S} = \boldsymbol{I}\boldsymbol{R}$$

式中，$\boldsymbol{S}$ 表示原影像；$\boldsymbol{I}$ 表示**光照（Illumination）**分量；$\boldsymbol{R}$ 表示物體**反射（Reflection）**分量。其中光照項表示整體的明暗關係，它與周圍環境的光照情況及光線與物體結構的相互作用有關，因此通常在場景中整體比較平滑（但是保留了物體的空間結構狀態）。而反射項則是物體本身的反射屬性，如材質、細節紋理、顏色等，它與所處的環境無關。對低光增強任務來說，導致影像退化的主要原因是光照不足，因此，如果可以將影像分解為 $\boldsymbol{I}$ 和 $\boldsymbol{R}$，並對 $\boldsymbol{I}$ 進行處理（如提亮），然後與 $\boldsymbol{R}$ 重新相乘，即可模擬在正常光照條件下的成像結果，從而顯示出物體的細節和紋理，這也正是低光增強任務的目標。

接下來的問題就是如何將影像分解為光照和反射兩個分量，或說如何估計反射率。對該問題的處理有多種方案，如路徑模型、變分模型等。其中最簡單和常用的一種方案是中央 - 周圍模型，即透過中心像素與其鄰域像素的比值來對反射率進行估計，以消除光照影響。由於 Retinex 模型是以乘積的形式舉出的，為了簡化運算，可以對其左右同時取對數，從而將乘法改為加法。該方案稱為**單尺度 Retinex（Single Scale Retinex，SSR）演算法**，其計算流程如圖 8-3 所示。

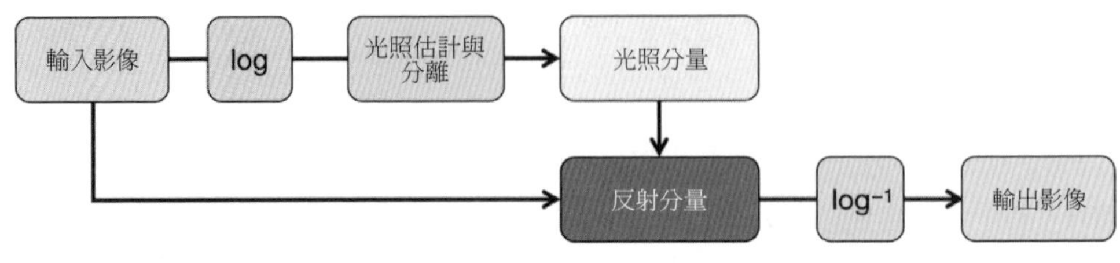

▲ 圖 8-3 SSR 演算法計算流程

在不同的 SSR 演算法的程式實現中，有些實現直接在 log 域得到光照分量和反射分量，並將反射分量作為輸出，不再進行 log 的反變換。按照這種實現方式，整個 SSR 演算法的流程非常簡單直觀：首先，將影像透過高斯濾波得到光照分量（高斯濾波的參數即 σ），然後對原影像與光照分量取對數，得到 log 域的結果並相減做差，即可得到 SSR 演算法的輸出。

雖然 SSR 演算法簡單有效，但是其效果受參數 σ 的影響較為明顯，通常來說，在 σ 設定值較小的情況下，局部的增強效果較明顯，但是整體的顏色和亮度有一定損失；而如果將 σ 的值增大，那麼整體增強效果提升，但是局部效果會受到影響。而且對不同的影像來說，相對最佳的 σ 設定值也不同，因此 SSR 演算法在應用中也有一定的局限性。為了對 SSR 演算法進行改進，考慮到不同 σ 對不同尺度的增強效果不同，一個直接的想法就是將多尺度的策略與 SSR 演算法結合，從而可以對不同尺度範圍都有較好的增強效果。這種改進方式即 **MSR（Multi-Scale Retinex）**。其整體實現流程即設定一組不同的 σ 值，分別採用 SSR 演算法後進行加權求和。相比於 SSR 演算法，MSR 演算法可以獲得全域更優的效果，全域亮度與局部細節都可以得到較好的處理。

上述的 MSR 演算法基礎版本對於顏色是有損失的，為了對顏色進行補償，MSR 演算法也衍生出了兩種改進方案，分別稱為 **MSRCR（MSR Color Restoration）演算法**及 **MSRCP（MSR Color Preservation）演算法** [2]。MSRCR 演算法對輸入影像的顏色資訊進行估計，借助原影像的顏色對 MSR 演算法的輸出影像進行色彩補償，並透過對直方圖兩端截斷並將中間剩餘部分向兩端拉伸的方式提高對比，從而獲得色彩更好的 MSR 輸出效果。而 MSRCP 演算法的想法是，預先計算影像的亮度（灰度圖），並記錄各個像素各顏色通道與亮度的比例關係，然後只對亮度影像進行 MSR 處理，得到增強後的亮度圖，利用前面記錄的顏色通道與亮度的比例關係，從亮度圖中恢復出增強後的 RGB 影像。

下面用 Python 程式實現上述的 SSR 演算法、MSR 演算法及其兩種變形 MSRCR 演算法和 MSRCP 演算法，並對低光測試影像進行實驗，程式如下所示。圖 8-4 所示為不同演算法的效果圖。

```
import cv2
import numpy as np
import os

def single_scale_retinex(img, sigma):
    img = img.astype(np.float32) + 1.0
    img_blur = cv2.GaussianBlur(img, ksize=[0, 0], sigmaX=sigma)
    retinex = np.log(img / 256.0) - np.log(img_blur / 256.0)
    for cidx in range(retinex.shape[-1]):
        retinex[:, :, cidx] = cv2.normalize(retinex[:, :, cidx],\
                                      None, 0, 255, cv2.NORM_MINMAX)
    retinex = np.clip(retinex, a_min=0, a_max=255).astype(np.uint8)
    return retinex

def multi_scale_retinex(img, sigma_ls):
    img = img.astype(np.float32) + 1.0
    retinex_sum = None
    num_scale = len(sigma_ls)
    for sigma in sigma_ls:
        img_blur = cv2.GaussianBlur(img, ksize=[0, 0], sigmaX=sigma)
        retinex = np.log(img / 256.0) - np.log(img_blur / 256.0)
        if retinex_sum is None:
            retinex_sum = retinex
        else:
            retinex_sum += retinex
    retinex = retinex_sum / num_scale
    for cidx in range(retinex.shape[-1]):
        retinex[:, :, cidx] = cv2.normalize(retinex[:, :, cidx],\
                                     None, 0, 255, cv2.NORM_MINMAX)
    retinex = np.clip(retinex, a_min=0, a_max=255).astype(np.uint8)
```

```
    return retinex

def color_restoration(img, retinex):
    A = np.log(np.sum(img, axis=2, keepdims=True))
    retinex = retinex * (np.log(125.0 * img) - A)
    return retinex

def simplest_color_balance(img, dark_percent, light_percent):
    N = img.shape[0] * img.shape[1]
    dark_thr, light_thr = int(dark_percent * N), int(light_percent * N)
    res = img.copy()
    for cidx in range(img.shape[-1]):
        cur_ch = res[:, :, cidx]
        sorted_ch = sorted(cur_ch.flatten())
        mini, maxi = sorted_ch[dark_thr], sorted_ch[-light_thr]
        res[:, :, cidx] = np.clip((cur_ch - mini) / (maxi - mini),
                                  a_min=0, a_max=1) * 255.0
    return res

def MSR_color_restoration(img, sigma_ls, dark_percent, light_percent):
    img = img.astype(np.float32) + 1.0
    retinex_sum = None
    num_scale = len(sigma_ls)
    for sigma in sigma_ls:
        img_blur = cv2.GaussianBlur(img, ksize=[0, 0], sigmaX=sigma)
        retinex = np.log(img) - np.log(img_blur)
        if retinex_sum is None:
            retinex_sum = retinex
        else:
            retinex_sum += retinex
    retinex = retinex_sum / num_scale
    output = color_restoration(img, retinex)
    output = simplest_color_balance(output, dark_percent, light_percent)
    output = np.clip(output, a_min=0, a_max=255).astype(np.uint8)
    return output

def MSR_color_preservation(img, sigma_ls, dark_percent, light_percent):
    img = img.astype(np.float32) + 1.0
```

```
    retinex_sum = None
    gray = np.mean(img, axis=2, keepdims=True)
    num_scale = len(sigma_ls)
    for sigma in sigma_ls:
        gray_blur = cv2.GaussianBlur(gray, ksize=[0, 0], sigmaX=sigma)
        gray_blur = np.expand_dims(gray_blur, axis=2)
        retinex = np.log(gray) - np.log(gray_blur)
        if retinex_sum is None:
            retinex_sum = retinex
        else:
            retinex_sum += retinex
    retinex = retinex_sum / num_scale
    retinex = simplest_color_balance(retinex, dark_percent, light_percent)
    B = np.max(img, axis=2, keepdims=True)
    gray_ratio = retinex / gray
    A = np.minimum(255.0 / B, gray_ratio)
    output = (img * A).astype(np.uint8)
    return output

if __name__ == "__main__":

    os.makedirs('./results/retinex', exist_ok=True)
    impath = "../datasets/lowlight/IMG_20200419_191100.jpg"
    lowlight = cv2.imread(impath)[:,:,::-1]
    h, w = lowlight.shape[:2]
    img = cv2.resize(lowlight, (w//4, h//4))
    sigma_ls = [15, 80, 250]
    for sigma in sigma_ls:
        ssr_out = single_scale_retinex(img, sigma=sigma)
        cv2.imwrite(f'./results/retinex/ssr_out_sigma{sigma}.png',\
                                                    ssr_out[:,:,::-1])
    msr_out = multi_scale_retinex(img, sigma_ls=sigma_ls)
    cv2.imwrite(f'./results/retinex/msr_out.png', msr_out[:,:,::-1])
    msrcr_out = MSR_color_restoration(img, sigma_ls, 0.02, 0.02)
    cv2.imwrite(f'./results/retinex/msrcr_out.png', msrcr_out[:,:,::-1])
    msrcp_out = MSR_color_preservation(img, sigma_ls, 0.02, 0.02)
    cv2.imwrite(f'./results/retinex/msrcp_out.png', msrcp_out[:,:,::-1])
```

（a）不同 σ 的 SSR 演算法的效果

（b）MSR 演算法的效果

（c）MSRCR 演算法的效果

（d）MSRCP 演算法的效果

▲ 圖 8-4 不同演算法的效果圖

從圖 8-4 可以看出，不同 σ 的 SSR 演算法增強的尺度與效果差異較為明顯，而 MSR 演算法透過多尺度策略可以使結果更加穩定，並且在不同尺度上都具有較為均勻的增強。MSRCR 演算法和 MSRCP 演算法相對基礎版本的 MSR 演算法，對顏色和對比度增強均有效果，兩者相比來說，MSRCP 演算法對於顏色的保持效果更自然和鮮明，視覺效果相對更好。

8.3 神經網路模型的增強與顏色調整

隨著深度學習和神經網路技術在電腦視覺與影像處理領域的發展，研究者也開始探索基於學習的（Learning-based）神經網路模型方案在影像增強領域的應用。這類方案主要可以分為兩種不同的進路：一種是類似之前的其他底層影像處理技術，對待增強影像進行像素級（Pixel-to-Pixel）處理，即將輸入影像送入網路，經過網路的逐級計算直接獲得增強後的輸出。這種方法在網路設計和理解上較為直接，但是效率較低，尤其是在實際應用場合中，待增強或修飾的影像往往是高畫質大圖，因此這種方法會帶來計算量上的瓶頸。另一種進路則考慮到修圖或增強的處理方式，僅對操作進行預測，如仿射變換的係數，或某個固定操作的機率及處理程度等。這種方法的優勢在於可以在縮放後的小影像上進行計算，並將結果應用於大影像（由於增強和修圖通常只針對影調和顏色，因此在小影像上計算的結果一般就已經足夠了）。但是其缺陷也較明顯，那就是固定的操作不一定能充分表達修圖和增強所需的操作，因此處理的幅度和空間有限。除了這兩種主流的方法，還有些方法將修圖的操作過程與網路學習結合起來，利用操作形式進行約束，以降低求解空間，同時用基於學習的方式擬合相關參數，從而達到自我調整、強表現力的目的。下面以幾個不同的模型方案作為範例，介紹基於神經網路模型的影像增強演算法的不同想法。

8.3.1 Retinex 理論的模型實現：RetinexNet

前面介紹了 Retinex 理論及其傳統演算法的實現。Retinex 類演算法的核心就在於對光照和反射的分解。傳統的分解方式借助於一定的先驗假設，在處理手段上也具有一定的局限性，而這個過程實際上可以透過網路模型來實現。由於光照和反射在物理屬性上有其自身的約束，因此可以將約束作為最佳化目標，透過網路來學習這個分解過程，進一步對分解出來的光照項進行調整，得到合適的光照圖，從而與反射圖組合得到輸出結果。

RetinexNet 模型 [3] 就是基於上述思想實現的低光增強網路模型。RetinexNet 模型的主要結構如圖 8-5 所示。從整體上看，該模型可以分為三個主要組成部分：**分解網路（Decomposition Network，Decom-Net）**、**增強網路（Enhanced Network，Enhance-Net）**和**重建操作（Reconstruction）**。其中，分解網路負責將輸入影像分解為 Retinex 理論中的光照項和反射項，增強網路將分解的結果作為輸入，並輸出調整後的光照圖，該網路採用了編 / 解碼器結構，並利用了多尺度資訊進行預測。由於暗光場景下往往雜訊較高，而且分解後的細節（包括雜訊）都集中在反射圖上，因此需要對反射圖做降噪處理，這裡採用的是光照相關的 BM3D 演算法策略。最後，將得到的反射圖與調整後的光照圖組合，即可得到低光增強後的結果。

該模型的另一個關鍵問題就是訓練目標的設計。由於訓練資料中一般只有低光影像和對應的正常曝光影像，沒有 Retinex 預設的反射和光照兩個分解結果，因此無法直接作為 GT 對分解網路進行點對點的訓練。與傳統的 Retinex 演算法基於先驗假設設定固定的計算方式不同，RetinexNet 模型採用了資料驅動的方式分解光照項和反射項。也就是說，以光照項的平滑性約束及重建約束等作為訓練目標，使網路自動學習到合適的分解結果。

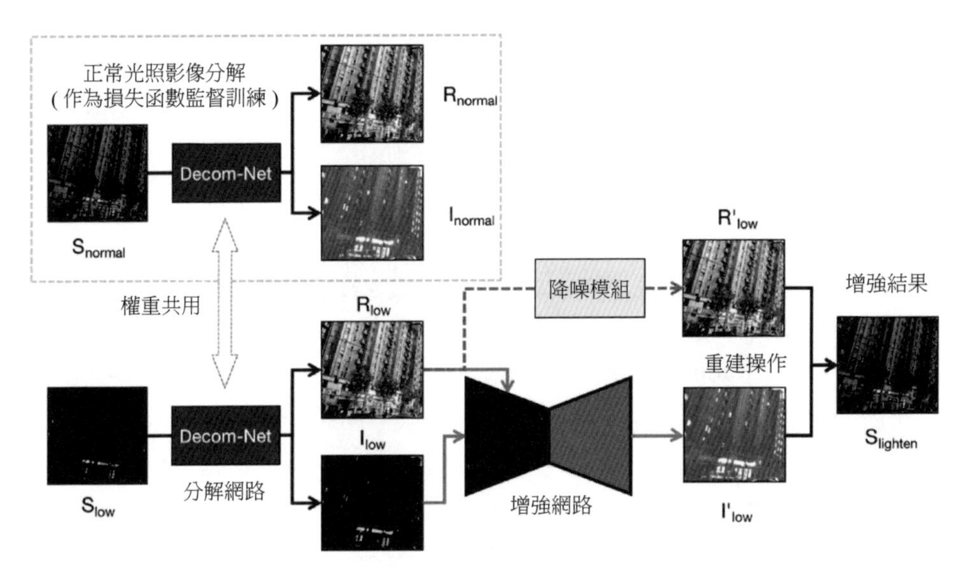

▲ 圖 8-5 RetinexNet 模型的主要結構

在實現過程中，人們同時將低光影像和正常曝光影像輸入 RetinexNet，以便施加相關約束。整體來講，網路的損失函數主要用來約束以下幾個關係：第一，對分解網路來說，分解得到的反射項和光照項乘積可以重建對應輸入；第二，低光影像和正常曝光影像的反射圖應該一致。同時，還有對於光照圖的正則項約束，即所謂的**結構感知平滑性損失（Structure-Aware Smoothness Loss）**，即對於反射圖梯度低的區域，光照圖應該較為平滑。基於該想法，分解網路的損失函數主要包括三個部分，數學形式如下：

$$L_{\text{recon}} = \sum_{i=\text{low,normal}} \sum_{j=\text{low,normal}} \lambda_{ij} \left\| \boldsymbol{R}_i \cdot \boldsymbol{I}_j - \boldsymbol{S}_j \right\|$$

$$L_{\text{ir}} = \left\| \boldsymbol{R}_{\text{low}} - \boldsymbol{R}_{\text{normal}} \right\|$$

$$L_{\text{is}} = \sum_{i=\text{low,normal}} \left\| \nabla \boldsymbol{I}_i \cdot \exp(-\lambda_g \nabla \boldsymbol{R}_i) \right\|$$

式中，L_{recon} 是重建損失，根據 Retinex 理論，$\boldsymbol{R}$ 和 L 應該無關，而正常曝光影像（normal）和低光影像（low）的 $\boldsymbol{R}$ 應該是一致的，因此可以有四種組合方法；L_{ir} 指的是**恆定反射損失（Invariable Reflection Loss）**，即約束不同光照下反射的一致性；L_{is} 是**光照平滑性損失（Illumination Smoothness Loss）**，即分解的光照的正則項，其中光照圖各個點的梯度權重由反射圖的梯度控制，以確保反射圖平滑的地方懲罰力度大，而反射圖梯度大（如邊緣結構）的地方懲罰力度小，從而實現保持結構的平滑性最佳化。相比於 TV 損失，該平滑性損失是一種可以保邊、保結構的平滑性約束，只對低頻區域進行約束，也更符合光照分量的先驗特徵。

對於多尺度亮度校正模組，其結構採用了編 / 解碼器結構，其中編碼器採用步進值為 2 的卷積操作降低解析度，而解碼器則採用縮放後加卷積的形式防止棋盤格效應。由於該模組的目標是將亮度圖校正到正常光照，因此其損失函數主要包括兩項：其一是校正後的光照與低光照的反射相乘得到的結果與正常曝光影像的 L1 損失；其二是對校正的光照圖施加的 L_{is} 損失。

RetinexNet 模型網路結構的 PyTorch 實現程式範例如下所示。

```
import torch
import torch.nn as nn
import torch.nn.functional as F

class DecomNet(nn.Module):
    def __init__(self, nf=64, ksize=3, n_layer=5):
        super().__init__()
        layers = list()
        pad = ksize * 3 // 2
        layers.append(nn.Conv2d(4, nf, ksize*3, 1, pad))
        pad = ksize // 2
```

```
        for _ in range(n_layer):
            layers.append(nn.Conv2d(nf, nf, ksize, 1, pad))
            layers.append(nn.ReLU(inplace=True))
        layers.append(nn.Conv2d(nf, 4, ksize, 1, pad))
        layers.append(nn.Sigmoid())
        self.body = nn.Sequential(*layers)
    def forward(self, x):
        input_max = torch.max(x, dim=1, keepdim=True)[0]
        input_im = torch.cat((x, input_max), dim=1)
        out = self.body(input_im)
        R, L = torch.split(out, [3, 1], dim=1)
        return R, L

class RelightNet(nn.Module):
    def __init__(self, nf=64, ksize=3):
        super().__init__()
        pad = ksize // 2
        self.conv0 = nn.Conv2d(4, nf, ksize, 1, pad)
        self.conv1 = nn.Conv2d(nf, nf, ksize, 2, pad)
        self.conv2 = nn.Conv2d(nf, nf, ksize, 2, pad)
        self.conv3 = nn.Conv2d(nf, nf, ksize, 2, pad)
        self.deconv1 = nn.Conv2d(nf * 2, nf, ksize, 1, pad)
        self.deconv2 = nn.Conv2d(nf * 2, nf, ksize, 1, pad)
        self.deconv3 = nn.Conv2d(nf * 2, nf, ksize, 1, pad)
        self.fusion = nn.Conv2d(nf * 3, nf, 1, 1, 0)
        self.conv_out = nn.Conv2d(nf, 1, 3, 1, 1)
        self.relu = nn.ReLU(inplace=True)
    def forward(self, R, L):
        x_in = torch.cat((R, L), dim=1)
        out0 = self.conv0(x_in)
        # 下採樣，編碼器過程
        out1 = self.relu(self.conv1(out0))
        out2 = self.relu(self.conv2(out1))
        out3 = self.relu(self.conv3(out2))
        # 上採樣 + 跳線連接，解碼器過程
        target_size = (out2.size()[2], out2.size()[3])
        up3 = F.interpolate(out3, size=target_size)
        up3_ex = torch.cat((up3, out2), dim=1)
```

```
        dout1 = self.relu(self.deconv1(up3_ex))
        target_size = (out1.size()[2], out1.size()[3])
        up2 = F.interpolate(dout1, size=target_size)
        up2_ex = torch.cat((up2, out1), dim=1)
        dout2 = self.relu(self.deconv2(up2_ex))
        target_size = (out0.size()[2], out0.size()[3])
        up1 = F.interpolate(dout2, size=target_size)
        up1_ex = torch.cat((up1, out0), dim=1)
        dout3 = self.relu(self.deconv3(up1_ex))
        # 特徵融合
        target_size = (L.size()[2], L.size()[3])
        dout1_up = F.interpolate(dout1, size=target_size)
        dout2_up = F.interpolate(dout2, size=target_size)
        tot = torch.cat((dout1_up, dout2_up, dout3), dim=1)
        fused = self.fusion(tot)
        L_relight = self.conv_out(fused)
        return L_relight

class RetinexNet(nn.Module):
    def __init__(self, nf=64, ksize=3, n_layer=5):
        super().__init__()
        self.decom = DecomNet(nf, ksize, n_layer)
        self.relight = RelightNet(nf, ksize)
    def forward(self, x_low, x_normal):
        r_low, l_low = self.decom(x_low)
        r_normal, l_normal = self.decom(x_normal)
        l_relight = self.relight(r_low, l_low)
        return {
            "r_low": r_low,
            "l_low": l_low,
            "r_normal": r_normal,
            "l_normal": l_normal,
            "l_relight": l_relight
        }

if __name__ == "__main__":
    img_low = torch.randn(4, 3, 128, 128)
    img_normal = torch.randn(4, 3, 128, 128)
```

```
retinexnet = RetinexNet()
out_dict = retinexnet(img_low, img_normal)
for k in out_dict:
    print(f"Retinex out {k} size: {out_dict[k].size()}")
```

測試輸出結果如下所示。

```
Retinex out r_low size: torch.Size([4, 3, 128, 128])
Retinex out l_low size: torch.Size([4, 1, 128, 128])
Retinex out r_normal size: torch.Size([4, 3, 128, 128])
Retinex out l_normal size: torch.Size([4, 1, 128, 128])
Retinex out l_relight size: torch.Size([4, 1, 128, 128])
```

8.3.2 雙邊即時增強演算法：HDRNet

下面介紹的是一種經典的影像增強演算法：**HDRNet 演算法** [4]。它的主要特徵是計算量小，可以實現即時的影像增強，並且可以處理多種增強類問題。HDRNet 演算法的設計想法主要有兩點：第一，基於快速雙邊濾波演算法中的雙邊網格策略，在小尺寸影像上學習映射關係，從而實現加速；第二，利用**切片（Slicing）**和引導圖生成的方式，利用雙邊網格與引導圖，得到最終的高解析度處理結果。HDRNet 演算法的整體流程如圖 8-6 所示。

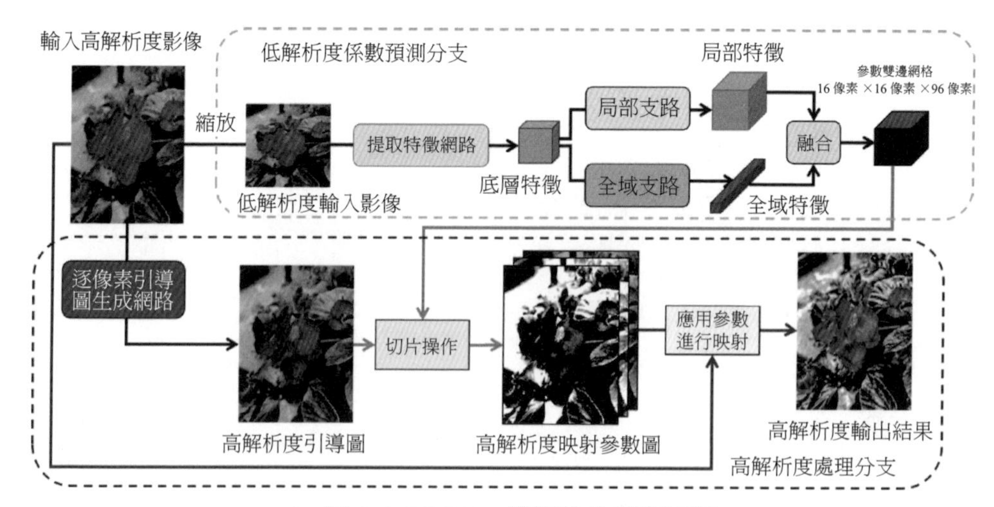

▲ 圖 8-6 HDRNet 演算法的整體流程

HDRNet 演算法的整體流程主要可以分為兩個分支：**高解析度（全解析度）處理分支（High-resolution Stream）**和**低解析度係數預測分支（Low-resolution Stream）**。其中，低解析度係數預測分支用於以輕量化的方式學習到雙邊網格，即增強前後的映射關係。而高解析度處理分支主要用於保留邊緣細節等高頻資訊，並作為切片方式查表的輸入引導。

下面先來看低解析度係數預測分支：首先，對輸入高解析度影像進行縮放得到 256 像素 × 256 像素大小的小影像，然後透過附帶步進值的卷積計算底層特徵，將得到的特徵分別送入兩個並行的支路，一個支路是全域的（Global Path），用於獲得全域的空間資訊，其採用卷積與全連接層實現，全域支路可以防止模型產生局部效果合適但是整體空間影調不協調或不一致的效果；另一個支路是局部的（Local Path），透過全卷積層實現，用於保持空間資訊。最後，經過逐像素的線性層，對兩個支路的輸出結果進行融合。這裡的融合結果就被作為雙邊網格，其尺寸為 16 像素 ×16 像素 ×96 像素，其中 96=8×12，即可以視為產生了 12 個 16 像素 ×16 像素 ×8 像素的雙邊網格（16 像素 × 16 像素是空間網格，8 像素為值域的網格劃分），每個網格經過切片操作後，可以得到一張參數圖，因此總共可以得到 12 張參數圖。高解析度影像的每個像素位置都對應 12 個映射參數，這 12 個映射參數包括了 RGB 3 個通道的 3×3 的矩陣映射（類似前面講過的 CCM 矩陣），再加上各自的偏置（12=3×3+3），從而得到 3 個通道的輸出。這樣就可以得到映射後的增強結果。

高解析度處理分支為了實現上述的切片操作首先對**引導圖（Guidance Map）**進行了學習，採用的是逐像素的網路以保持其高頻細節。然後利用得到的引導圖對參數雙邊網格做切片，即可得到高解析度的參數圖（12 個通道）。最後將得到的參數圖應用到原始影像上，就可以得到增強後的輸出影像了。

整體來看，HDRNet 演算法是傳統的快速雙邊濾波想法與神經網路想法（基於學習的想法）的結合。其中的雙邊網格和引導圖都是學習得到（對比傳統演算法，雙邊網格處理一般是固定的操作，而引導圖多採用亮度分量）的，這就使得該演算法可以適用於多種不同類型的影像處理任務（只要符合可以局部操作的條件即可），並且對於不同影像可以得到不同的雙邊網格，實現資料相關的自我調整效果。另外，基於學習的方法可以將損失函數施加到最終得到的輸出影像上，而非直接約束雙邊網格參數，從而可以自我調整地學習到合適的雙邊網格映射。

8.3.3 無參考圖的低光增強：Zero-DCE

對低光增強任務來說，傳統的方案經常透過對影像進行全域或局部的曲線調整（如 Gamma 曲線處理等）來提亮。這裡要介紹的 **Zero-DCE（Zero-reference Deep Curve Estimation）**模型 [5] 的核心想法就是透過網路來學習一個合適的曲線提亮操作。其中的 Zero 指的是無參考影像，即直接透過最佳化目標約束來控制增強提亮的結果。

為了可以使用網路實現曲線估計，首先要設計曲線的數學形式，然後用網路學習曲線函數的參數，從而對曲線進行最佳化。這裡對曲線的性質有一定的要求：首先，必須是從 0 ～ 1 映射到 0 ～ 1 的曲線，這樣可以保證動態範圍不變；其次，該曲線需要保持單調性，這樣才能夠使結果保持相對局部的影調關係（即暗處相對於亮處仍然是較暗的）；最後，為了最佳化考慮，曲線需要簡單可求導。最終，Zero-DCE 模型選擇了以下形式的曲線函數：

$$y = t + at(1-t)$$

式中，t 為輸入影像像素值；a 為參數，設定值在 [-1, 1]，透過簡單的數學計算，可以發現該函數滿足設定值範圍、單調性和可求導的條件。圖 8-7 所示為不同 a 值下的曲線形式，可以看到，透過調整 a 值，可對影像進行整體的提亮或壓暗的操作。

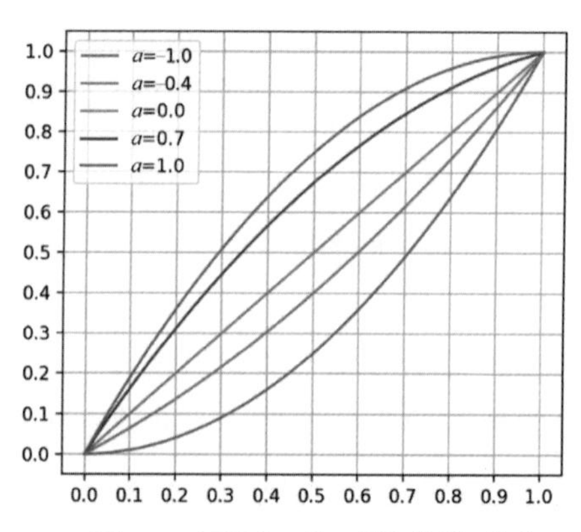

▲ 圖 8-7 不同 a 值下的曲線形式

為了讓曲線的表達能力更強、更靈活，可以用上述函數對輸入影像進行多次處理，從而得到**高階曲線（High-order Curve）**。另外，該曲線只能進行全域變換，為了讓不同區域獲得自我調整的合適曲線，Zero-DCE 將曲線推廣到**曲線圖（Curve Map）**，即從全域變換曲線變為局部變換曲線。由於可以假設在一個局部範圍內各像素值具有相同的亮度，所以具有相同的曲線，因此在鄰域範圍內的輸出仍然可以被認為保持單調性關係。

下面的工作就是透過神經網路學習最佳的高階曲線圖映射。該網路稱為 DCE-Net，Zero-DCE 模型的流程與網路結構示意圖如圖 8-8 所示。

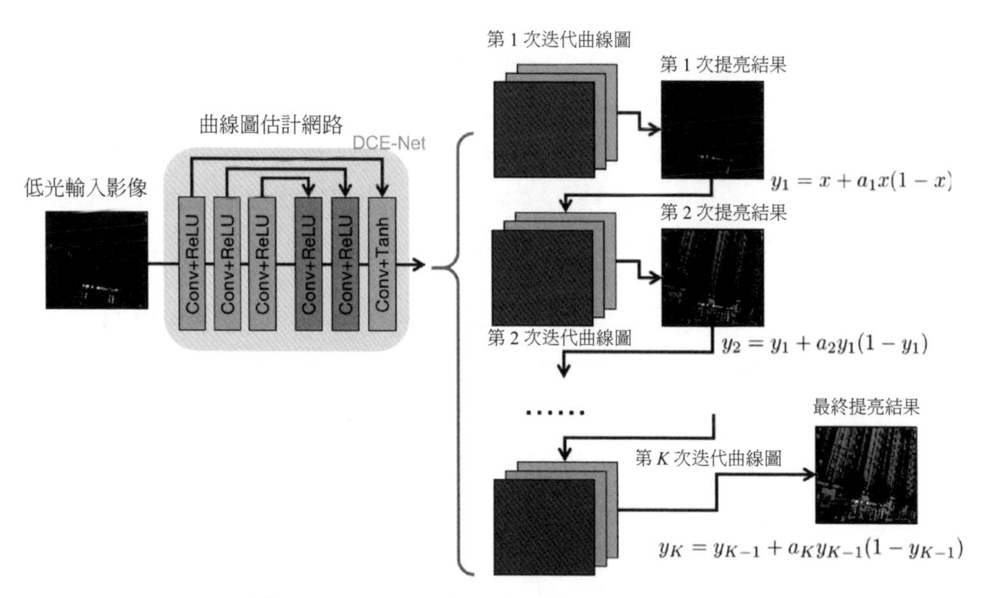

▲ 圖 8-8 Zero-DCE 模型的流程與網路結構示意圖

DCE-Net 的整體結構由對稱結構的 7 層卷積組成，沒有下採樣和 BN 層，以防止破壞鄰域像素之間的關係。對稱的結構類似 U-Net，即透過跳線連接將對應位置的編碼器和解碼器的特徵層融合。最後一層卷積產生 24（=8×3）個參數圖，用作 8 次迭代計算中的曲線參數圖，網路整體規模非常小。

前面提到，Zero-DCE 模型沒有配對資料作為參考，因此需要直接對提亮結果進行約束，以獲得目標效果。整個任務透過設計損失函數來實現。Zero-DCE

模型的損失函數由 4 個部分組成：**空間一致性損失（Spatial Consistency Loss，L_{spa}）**、**曝光控制損失（Exposure Control Loss，L_{exp}）**、**顏色恆常性損失（Color Constancy Loss，L_{col}）**及**光照平滑性損失（Illumination Smoothness，L_{is}）**。下面分別對它們介紹。

空間一致性損失主要用來約束空間亮度關係在處理前後的一致性，其數學形式如下：

$$L_{spa} = \frac{1}{N}\sum_{i=1}^{N}\sum_{j\in\Omega(i)}[(\boldsymbol{Y}_i - \boldsymbol{Y}_j) - (\boldsymbol{I}_i - \boldsymbol{I}_j)]^2$$

其主要計算方式如下：首先對各個通道求解平均值，然後將整圖劃分為 4×4 的社區塊，對每個社區塊計算其平均值，以及各個區塊平均值與其 4 鄰域的差值。空間一致性損失函數約束原影像與處理後的影像在每個區塊 4 鄰域的差值盡可能相等。這樣得到的結果在空間影調上可以與原影像盡可能保持一致。式中的 N 表示局部區塊的個數，i 為區塊的編號，$\Omega(i)$ 表示其 4 鄰域的編號。

曝光控制損失函數是對輸出結果的曝光程度進行約束的損失函數，由於低光增強任務的主要目的在於整體曝光的修正提亮，因此，我們希望輸出的結果在局部區域的平均亮度都能達到合理的曝光度，該損失函數的數學形式如下：

$$L_{exp} = \frac{1}{M}\sum_{k=1}^{M}|\boldsymbol{Y}_k - E|$$

該損失函數的計算方式如下：首先將影像分成 16×16 的區域，然後對每個區域的平均值和設定的目標曝光亮度計算差值，從而使得所有區域都能達到較好的曝光亮度。式中的 E 表示目標亮度，在 Zero-DCE 模型實驗中設為 0.6，M 表示區域的總數，k 為其對應的區域編號。

顏色恆常性損失主要考慮映射後的影像顏色的合理性，它基於前面講解白平衡時提到的灰度世界假設，即在一張色彩合理、顏色豐富的影像中，R、G、B 3 個通道亮度的平均值應該趨於相等。因此它的基本操作就是對各顏色通道兩兩做差，並使差異都盡可能小。該損失函數的數學表達形式以下（式中的 J_R、J_G、J_B 分別表示 R、G、B 通道的亮度平均值）：

$$L_{\mathrm{col}} = (J_{\mathrm{R}} - J_{\mathrm{G}})^2 + (J_{\mathrm{R}} - J_{\mathrm{B}})^2 + (J_{\mathrm{G}} - J_{\mathrm{R}})^2$$

光照平滑性損失主要用於約束學習得到的各階曲線圖，並使其梯度盡可能小，從而使提亮過程在空間上更加平滑，符合光照的平滑性特徵，其數學形式如下所示：

$$L_{\mathrm{is}} = \frac{1}{N}\sum_{k=1}^{K}\sum_{c}[(\nabla_x \boldsymbol{A}_k^c)^2 + (\nabla_y \boldsymbol{A}_k^c)^2]$$

透過上述各個損失函數的引導及高階曲線圖學習，Zero-DCE 模型可以在沒有參考 GT 的情況下在低光增強任務中取得較好的效果。下面將 Zero-DCE 模型中的 DCE-Net 結構用 PyTorch 實現，程式如下所示。

```
import torch
import torch.nn as nn

class DCENet(nn.Module):
    def __init__(self, nf=32, n_iter=8):
        super().__init__()
        self.n_iter = n_iter
        # 編碼器
        self.conv1 = nn.Conv2d(3, nf, 3, 1, 1)
        self.conv2 = nn.Conv2d(nf, nf, 3, 1, 1)
        self.conv3 = nn.Conv2d(nf, nf, 3, 1, 1)
        self.conv4 = nn.Conv2d(nf, nf, 3, 1, 1)
        # 解碼器
        self.deconv1 = nn.Conv2d(nf * 2, nf, 3, 1, 1)
        self.deconv2 = nn.Conv2d(nf * 2, nf, 3, 1, 1)
        self.deconv3 = nn.Conv2d(nf * 2, n_iter * 3, 3, 1, 1)
        self.tanh = nn.Tanh()
        self.relu = nn.ReLU(inplace=True)

    def forward(self, x):
        # 開發過程
        x1 = self.relu(self.conv1(x))
```

```
        x2 = self.relu(self.conv2(x1))
        x3 = self.relu(self.conv3(x2))
        x4 = self.relu(self.conv4(x3))
        # 解碼過程
        xcat = torch.cat([x3, x4], dim=1)
        x5 = self.relu(self.deconv1(xcat))
        xcat = torch.cat([x2, x5], dim=1)
        x6 = self.relu(self.deconv2(xcat))
        xcat = torch.cat([x1, x6], dim=1)
        xr = self.tanh(self.deconv3(xcat))
        # 各個階段的曲線圖
        curves = torch.split(xr, 3, dim=1)
        # 應用曲線進行提亮
        for i in range(self.n_iter):
            x = x + curves[i] * (torch.pow(x, 2) - x)
        # 傳回提亮結果與曲線圖
        A = torch.cat(curves, dim=1)
        return x, A

if __name__ == "__main__":
    img_low = torch.randn(4, 3, 128, 128)
    dcenet = DCENet()
    enhanced, curve_map = dcenet(img_low)
    print(f"DCE input size: ", enhanced.size())
    print(f"Enhanced size: ", enhanced.size())
    print(f"Curve map size: ", curve_map.size())
```

測試輸出結果如下所示。

```
DCE input size:  torch.Size([4, 3, 128, 128])
Enhanced size:  torch.Size([4, 3, 128, 128])
Curve map size:  torch.Size([4, 24, 128, 128])
```

8.3.4 可控的修圖模型：CSRNet

下面介紹一個用於影像修飾任務的輕量化模型：**CSRNet（Conditional Sequential Retouching Network）模型** [6]。該模型的主要特點是輕量化和可控。CSRNet 模型的結構如圖 8-9 所示。

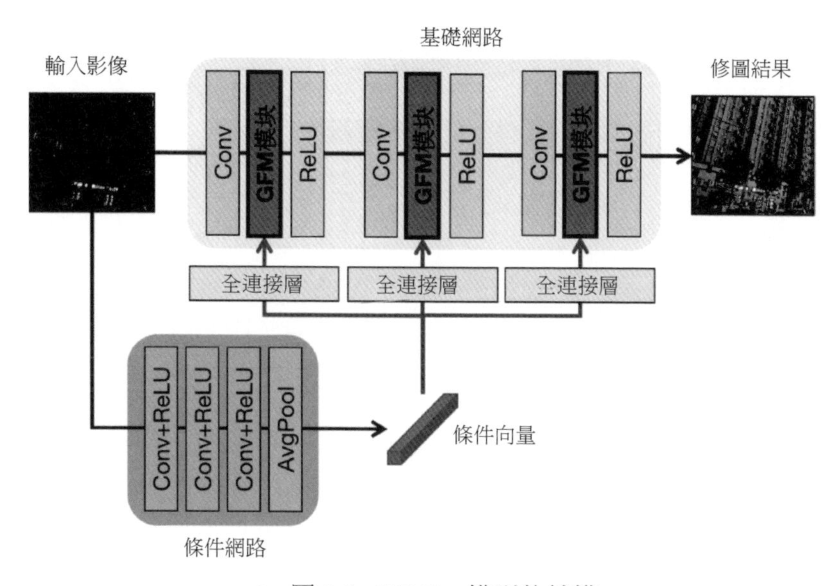

▲ 圖 8-9 CSRNet 模型的結構

人工的影像修飾通常是由一系列全域的、序列化的操作完成的，如調整亮區曲線、調整對比度、調整色相和飽和度等，為了對這個過程進行模擬，CSRNet 模型採用了序列化的網路處理流程。網路的整體計算過程比較輕量化，僅使用了 6 層卷積，其中 3 層用於計算條件向量（Condition Vector），另外 3 層在基礎網路（Base Network）中。

條件向量是對輸入影像進行卷積和全域平均池化得到的，然後，在基礎網路的不同層對條件向量經過全連接層進行處理，得到的結果用 **GFM（Global Feature Modulation，全域特徵調變）模組**進行處理，這裡的 GFM 模組的功能是對輸入影像特徵進行仿射變換，即 $y = \gamma x+\beta$，其中的縮放因數 γ 和偏置項 β 就是由全連接層處理條件特徵得到的。

對基礎網路，卷積層都採用了 1×1 的卷積核心，實際上相當於直接對影像進行了逐像素的操作，這也是由於常見的影像修飾也是局部操作，即只改變影調和顏色而不影響像素之間的細節關係。網路的整個過程隱式地模擬了修圖過程中的序列操作。另外，不同的攝影師對影像的修圖風格不同，對於不同風格的遷移來說，CSRNet 模型也有較好的靈活性，即對已經訓練好的 CSRNet 模型來說，重新擬合另一個風格只需要對條件網路進行微調即可。另外，還可以利用影像插值的方式，獲得中間風格的修飾結果。

下面用 PyTorch 對 CSRNet 模型的計算邏輯進行實現，程式如下所示。

```
import torch
import torch.nn as nn

class ConditionNet(nn.Module):
    def __init__(self, in_ch=3, nf=32):
        super().__init__()
        self.conv1 = nn.Conv2d(in_ch, nf, 7, 2, 1)
        self.conv2 = nn.Conv2d(nf, nf, 3, 2, 1)
        self.conv3 = nn.Conv2d(nf, nf, 3, 2, 1)
        self.relu = nn.ReLU(inplace=True)
        self.avg_pool = nn.AdaptiveAvgPool2d(1)

    def forward(self, x):
        out = self.relu(self.conv1(x))
        out = self.relu(self.conv2(out))
        out = self.relu(self.conv3(out))
        cond = self.avg_pool(out)
        return cond

class GFM(nn.Module):
    def __init__(self, cond_nf, in_nf, base_nf):
        super().__init__()
        self.mlp_scale = nn.Conv2d(cond_nf, base_nf, 1, 1, 0)
        self.mlp_shift = nn.Conv2d(cond_nf, base_nf, 1, 1, 0)
        self.conv = nn.Conv2d(in_nf, base_nf, 1, 1, 0)
```

```
        self.relu = nn.ReLU(inplace=True)

    def forward(self, x, cond):
        feat = self.conv(x)
        scale = self.mlp_scale(cond)
        shift = self.mlp_shift(cond)
        out = feat * scale + shift + feat
        out = self.relu(out)
        return out

class CSRNet(nn.Module):
    def __init__(self, in_ch=3,
                 out_ch=3,
                 base_nf=64,
                 cond_nf=32):
        super().__init__()
        self.condnet = ConditionNet(in_ch, cond_nf)
        self.gfm1 = GFM(cond_nf, in_ch, base_nf)
        self.gfm2 = GFM(cond_nf, base_nf, base_nf)
        self.gfm3 = GFM(cond_nf, base_nf, out_ch)
    def forward(self, x):
        cond = self.condnet(x)
        out = self.gfm1(x, cond)
        out = self.gfm2(out, cond)
        out = self.gfm3(out, cond)
        return out

if __name__ == "__main__":
    dummy_in = torch.randn(4, 3, 128, 128)
    csrnet = CSRNet()
    out = csrnet(dummy_in)
    print('CSRNet input size: ', dummy_in.size())
    print('CSRNet output size: ', out.size())
    n_para = sum([p.numel() for p in csrnet.parameters()])
    print(f'CSRNet total no. params: {n_para/1024:.2f}K')
```

測試輸出結果如下所示。可以看出，其網路參數量很少，因此可以適用於對於性能要求較高的場合，如端側的自動修圖應用等。

```
CSRNet input size:  torch.Size([4, 3, 128, 128])
CSRNet output size:  torch.Size([4, 3, 128, 128])
CSRNet total no. params: 35.63K
```

8.3.5 3D LUT 類模型：影像自我調整 3D LUT 和 NILUT

處理影像增強問題的另一類方案基於 3D LUT 的學習和修改來實現。**3D LUT**（LUT 即 Look-Up Table，查閱資料表）是一種常見的影像修飾和顏色調整方案，其形式簡單來說就是為原影像中每個像素的 RGB 值（三維空間中的點）設置一個映射值（也是三維的 RGB），這樣就可以對每個像素透過 3D LUT 的形式獲得對應的處理後的結果，由於 RGB 顏色設定值的範圍共有 256^3 個，如果直接建立 3D 表格所需要的空間較大，考慮到顏色的映射表通常是漸變的，因此可以先對 3 個通道的維度進行採樣，然後利用插值的方式得到所查詢的 RGB 向量值。這樣得到的 3D LUT 每個維度的設定值就會較少，所佔用的空間也較小，圖 8-10 所示為幾個不同的 3D LUT。3D LUT 技術通常被應用在濾鏡操作中，透過設計不同的 3D LUT，可得到不同的處理結果。

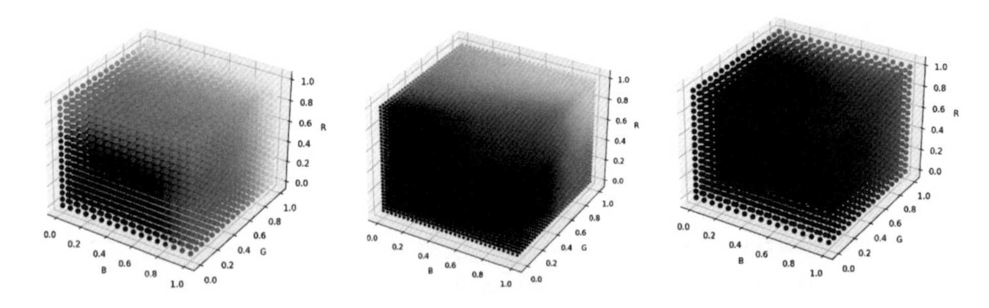

▲ 圖 8-10 幾個不同的 3D LUT

為了直觀地展示 3D LUT 的處理效果，這裡首先採用了幾種不同的 3D LUT 對輸入影像進行處理，然後將處理效果與對應的 3D LUT 進行展示，不同 3D LUT 及其對應處理效果示意圖如圖 8-11 所示。

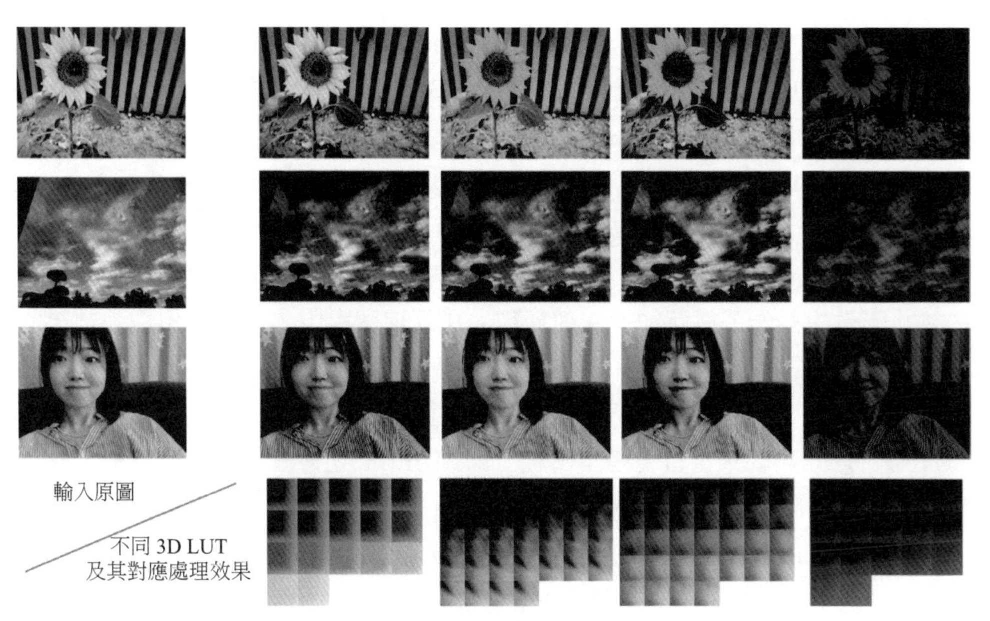

▲ 圖 8-11 不同 3D LUT 及其對應處理效果示意圖

可以看出，3D LUT 可以對影像的飽和度、色彩、亮度等多種不同的屬性進行調整，因此可以覆蓋很多影像增強和修飾類的任務。傳統方法中的 3D LUT 通常是需要手工調整和設置的（如圖 8-11 所示的幾種 3D LUT 濾鏡），為了得到一個符合目標效果的 3D LUT，通常需要較多的人工成本，另外利用這種 3D LUT 對影像進行處理有一定的局限性，因為 3D LUT 是固定的，因此對不同場景無法進行自我調整調整，很難在所有場景下達到最佳。為了解決這個問題，一個可行的改進方案就是對不同的場景設置不同的 3D LUT，但這也帶來了新的問題：首先，對不同場景進行定義和區分是一個較為困難的任務；其次，不同場景都需要調一個單獨的 3D LUT，這需要更多的人工成本。那麼，是否可以將這個想法進行推廣，利用影像資訊自我調整獲得其對應的 3D LUT，從而減少人工設計 3D LUT 的成本，同時獲得資料自我調整的效果呢？**影像自我調整 3D LUT 演算法（Image-adaptive 3D LUT）**[7] 就是基於這個想法設計的。影像自我調整 3D LUT 演算法流程圖如圖 8-12 所示。

該演算法整體的流程主要包括兩個部分：第一，針對輸入影像，獲取影像自我調整 3D LUT；第二，逐像素利用得到的 3D LUT 進行**三線性插值（Trilinear Interpolation）**，得到增強結果。可以看到，該演算法的想法比較直觀，首先學習一組 3D LUT，而對每一張影像進行處理所採用的 3D LUT 是這幾個 3D LUT 的加權和，因此該演算法可以實現針對不同影像應用不同 3D LUT 的影像自我調整效果。由於 3D LUT 主要關注影像整體的影調和顏色問題，因此可以縮放到小影像中操作，從而加速處理過程。在訓練過程中，首先利用增強前後的資料進行配對訓練，然後利用 GAN 損失函數進行無配對的訓練。另外，在損失函數設計方面，該演算法還引入了一些正則項，這些正則項實際上都是對於 3D LUT 屬性的先驗約束。首先是平滑性，即 3D LUT 立方體應該保持平滑，該正則項的實現採用了 TV 損失在三維上的推廣，以及權重的 L2 範數兩個部分。另一個約束是 3D LUT 的單調性，即保證在設定值上隨著各維度下標的增加而正向增加。該約束透過對不符合單調性的兩個值的差異進行懲罰來實現。

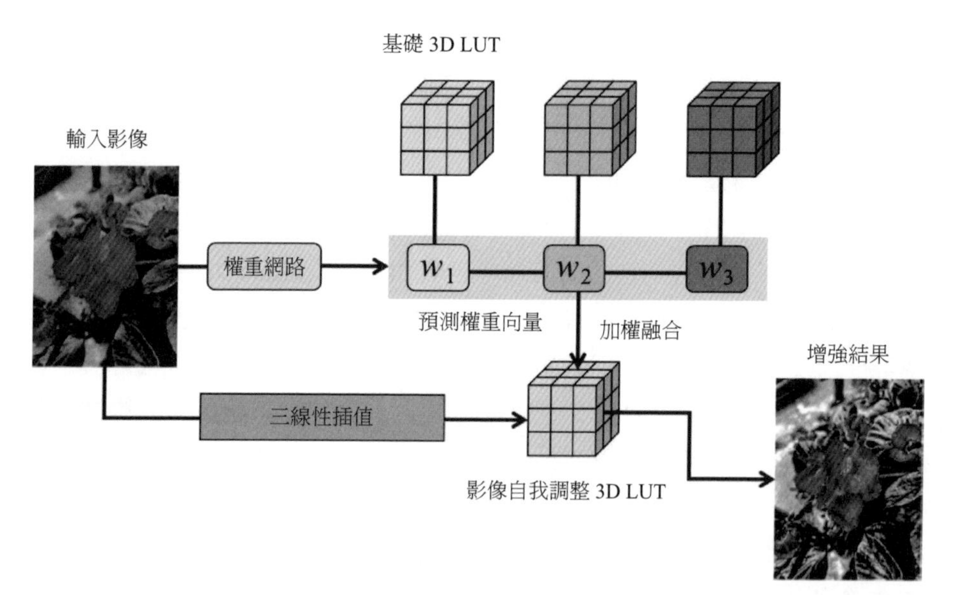

▲ 圖 8-12 影像自我調整 3D LUT 演算法流程圖

還有基於 3D LUT 的網路方案：**NILUT（Neural Implicit LUT）**[8]，即神經隱式 LUT。該方案是基於**神經隱式表示（Neural Implicit Representation）**來設計的。在逐像素的影像增強任務中，神經隱式表示即輸入一個 RGB 的三維向量，直接得到對應的輸出 RGB 向量。這個過程與查 3D LUT 並插值是比較類似的，此時用於計算輸出的網路可以被視為一個隱式且連續的 LUT，根據輸入查表得到輸出。NILUT 的整體流程如圖 8-13 所示。

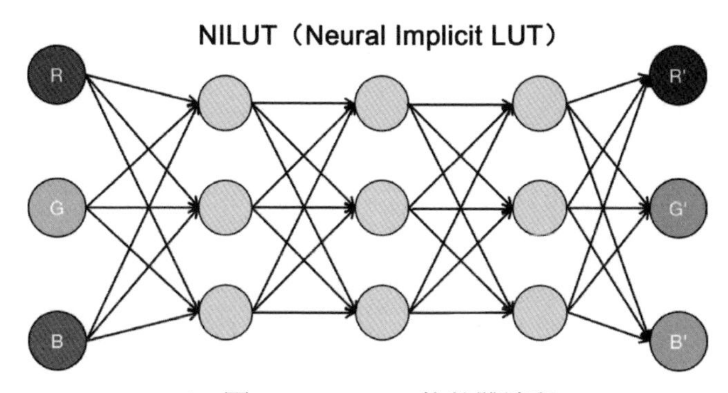

▲ 圖 8-13 NILUT 的整體流程

可以看出，NILUT 採用了 MLP 結構的網路實現，直接對輸入的 RGB 3 個通道值進行逐像素映射，由於沒有考慮鄰域像素，因此對於同一個 RGB 設定值得到的結果是一樣的。那麼，遍歷所有 RGB 的設定值組合，實際上就可以得到一個 3D LUT。而 NILUT 優於 3D LUT 的方面在於，傳統的 3D LUT 是離散的，並且需要插值，而 NILUT 可以實現連續的變化，對於 RGB 設定值範圍內的任一個數值都可以計算出對應結果。另外，由於 MLP 網路模型是可微的，因此可以直接對齊進行訓練最佳化，使其擬合到某個風格的 3D LUT。

此外，利用網路的隱式表達能力還可以實現不同 LUT 風格的學習和融合，而實現這個功能只需要對 NILUT 的輸入增加一個獨熱編碼（One-hot）的風格條件向量，得到的模型稱為 **CNILUT**，C 表示 Conditional，CNILUT 結構如圖 8-14 所示。

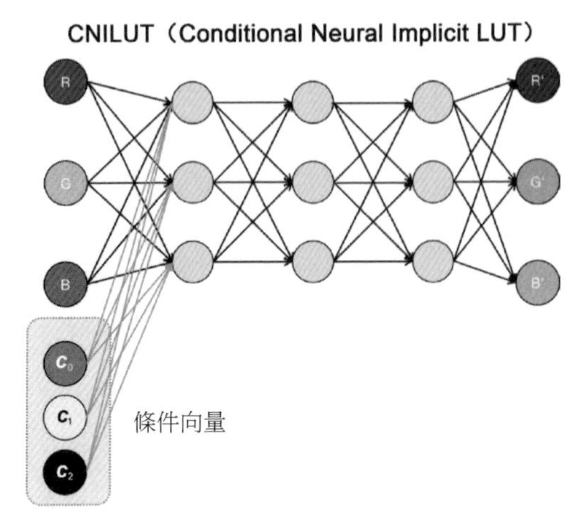

▲ 圖 8-14 CNILUT 結構

比如，第一種風格編碼為 [1, 0, 0]，第二種風格編碼為 [0, 1, 0]，第三種風格編碼為 [0, 0, 1] 等（假設最多考慮 3 種風格）。聯合風格編碼訓練得到的網路除了可以獲得對不同風格 LUT 的模擬能力，還具有不同風格的融合能力。在推理階段，將獨熱編碼的風格向量替換為機率向量（如 [0.6, 0.3, 0.1]），即可獲得不同風格之間的融合效果，並且每個機率值表示的是對不同風格的傾向性。

NILUT 和 CNILUT 的 PyTorch 實現程式範例如下所示。

```
import torch
import torch.nn as nn


class NILUT(nn.Module):
    # NILUT: neural implicit 3D LUT
    def __init__(self, in_ch=3, nf=256, n_layer=3, out_ch=3):
        super().__init__()
        layers = list()
        layers.append(nn.Linear(in_ch, nf))
        layers.append(nn.ReLU(inplace=True))
        for _ in range(n_layer):
            layers.append(nn.Linear(nf, nf))
            layers.append(nn.Tanh())
        layers.append(nn.Linear(nf, out_ch))
        self.body = nn.Sequential(*layers)
```

```
    def forward(self, x):
        # x size: [n, c, h, w]
        n, c, h, w = x.size()
        x = torch.permute(x, (0, 2, 3, 1))
        x = torch.reshape(x, (n, h * w, c))
        print(f"[NILUT] neural net input: {x.size()}")
        res = self.body(x)
        out = x + res
        out = torch.clamp(out, 0, 1)
        out = torch.reshape(out, (n, h, w, c))
        out = torch.permute(out, (0, 3, 1, 2))
        return out

class CNILUT(nn.Module):
    # conditional NILUT (with style encoded)
    def __init__(self, in_ch=3,
                 nf=256, n_layer=3,
                 out_ch=3, n_style=3):
        super().__init__()
        self.n_style = n_style
        layers = list()
        layers.append(nn.Linear(in_ch + n_style, nf))
        layers.append(nn.ReLU(inplace=True))
        for _ in range(n_layer):
            layers.append(nn.Linear(nf, nf))
            layers.append(nn.Tanh())
        layers.append(nn.Linear(nf, out_ch))
        self.body = nn.Sequential(*layers)
    def forward(self, x, style):
        # x size: [n, c, h, w]
        n, c, h, w = x.size()
        x = torch.permute(x, (0, 2, 3, 1))
        x = torch.reshape(x, (n, h * w, c))
        style_vec = torch.Tensor(style)
        print(f"[CNILUT] style vector: {style_vec}")
        style_vec = style_vec.repeat(h * w)\
                        .view(h * w, self.n_style)
        style_vec = style_vec.repeat(n, 1, 1)\
                        .view(n, h * w, self.n_style)
```

```
        style_vec = style_vec.to(x.device)
        x_style = torch.cat((x, style_vec), dim=2)
        print(f"[CNILUT] neural net input: {x_style.size()}")
        res = self.body(x_style)
        out = x + res
        out = torch.clamp(out, 0, 1)
        out = torch.reshape(out, (n, h, w, c))
        out = torch.permute(out, (0, 3, 1, 2))
        return out

if __name__ == "__main__":
    patch = torch.rand(4, 3, 64, 64)
    nilut = NILUT()
    lut_out = nilut(patch)
    print(f"NILUT input size: {patch.size()}")
    print(f"NILUT output size: {lut_out.size()}")

    style = [0.4, 0.5, 0.1]
    cnilut = CNILUT()
    clut_out = cnilut(patch, style)
    print(f"CNILUT input size: {patch.size()}")
    print(f"CNILUT output size: {clut_out.size()}")
```

測試輸出結果如下所示。

```
NILUT input size: torch.Size([4, 3, 64, 64])
NILUT output size: torch.Size([4, 3, 64, 64])
[CNILUT] style vector: tensor([0.4000, 0.5000, 0.1000])
[CNILUT] neural net input: torch.Size([4, 4096, 6])
CNILUT input size: torch.Size([4, 3, 64, 64])
CNILUT output size: torch.Size([4, 3, 64, 64])
```

8.3.6 色域擴充：GamutNet 和 GamutMLP

另一種與影像顏色相關的增強是色域擴充。在前面曾經討論過顏色空間域色域的概念，由於 RGB 3 個通道的顏色表示方法與三原色的選取有關，因此不同的表示方法有不同的表示範圍，即不同的色域。ProPhoto 是一種常見的單眼相機或手機相機所用的色域，其可以表示超過 90% 的顏色區域，這類色域被稱為**廣色域（Wide Gamut）**。但是在通常的儲存和傳輸過程中，最常用的還是 sRGB 形式，相比於 ProPhoto 或 Adobe RGB 等色域範圍，sRGB 的色域範圍較小，因此當將影像從廣色域轉為小色域時，會伴隨著顏色的損失，廣色域轉換到小色域的顏色損失示意圖如圖 8-15 所示，超過小色域的顏色將被壓縮和截斷，從而無法再次被直接還原為廣色域的原始顏色。

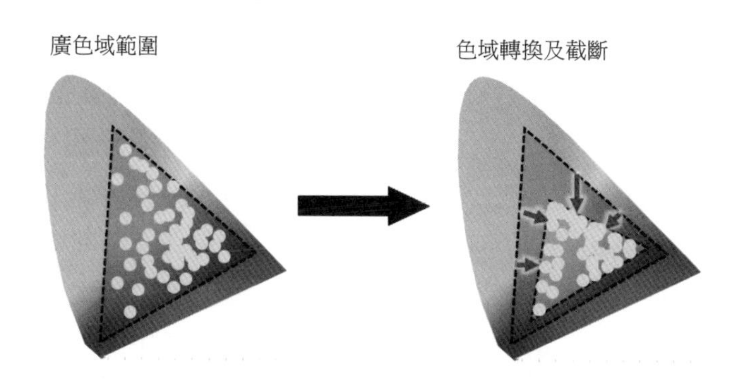

▲ 圖 8-15 廣色域轉換到小色域的顏色損失示意圖

本節介紹的 GamutNet 和 GamutMLP 兩種演算法的目的就是對這個步驟的顏色損失進行補償或恢復，以便適應於可以應用廣色域的場景，如使用修圖軟體處理等。首先介紹 GamutNet 演算法[9]的相關想法，其整體流程如圖 8-16 所示。

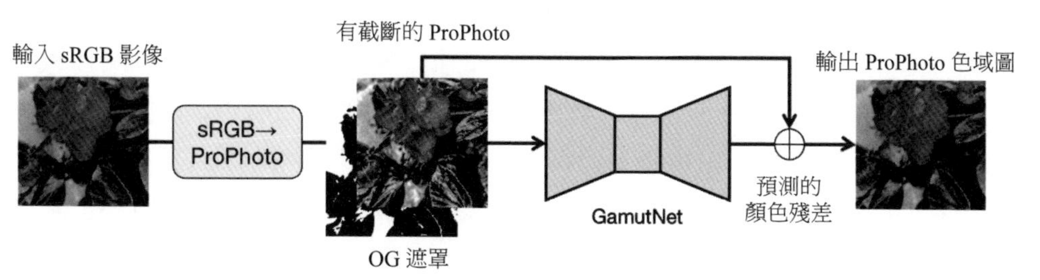

▲ 圖 8-16 GamutNet 演算法的整體流程

GamutNet 演算法的目標是廣色域恢復，即對已經被色域轉換截斷（有顏色損失）的 sRGB 影像的截斷部分進行恢復，從而可以還原廣色域的顏色。該演算法首先將輸入的 sRGB 影像直接轉換到 ProPhoto 色域（此時是有截斷的），同時找到那些被截斷點的位置，形成 OG（Out of Gamut）遮罩。對遮罩內有截斷的像素，透過一個類 U-Net 結構的神經網路預測其截斷的殘差，然後將殘差疊加到對應的像素上，從而獲得廣色域的影像結果。在訓練過程中，透過有監督的方式，最佳化恢復的廣色域影像與真實廣色域影像各點的 L1 損失對網路進行最佳化。

儘管 GamutNet 演算法可以在一定程度上實現 sRGB 到 ProPhoto 色域的恢復，但是由於其網路模型較大，計算較複雜，同時對所有影像都利用同樣的網路進行預測，因此在新的影像上效果往往會有一定的誤差。實際的色域轉換過程，通常先從廣色域轉到 sRGB 色域，然後進行恢復。也就是說，最初的影像往往是有廣色域資訊的，只是轉換到小色域後損失掉了。那麼，如果換個想法去處理色域轉換的顏色損失恢復問題，是否可以將網路直接在轉換到 sRGB 色域時就將可能損失的資訊保持下來，並在向廣色域轉換時再進行恢復呢？與 GamutNet 演算法將顏色恢復問題看作影像恢復問題不同，這種想法將該問題視為一個整體的編 / 解碼方案，並透過網路實現對資訊的隱式表現。基於該想法的演算法就是 GamutMLP 演算法 [10]。

GamutMLP 演算法受到**基於座標的隱式神經影像表示（Coordinate-based Implicit Neural Image Representation）**方法（如 NeRF、SIREN 等）的啟發，透過一個非常輕量的 MLP 模型對色域壓縮的損失殘差進行編碼，從而可以根據影像的座標和 RGB 通道設定值計算出其殘差，並在轉回到廣色域的階段進行補償。該過程是對每張影像單獨進行擬合的，主要利用網路的隱式表達能力來壓縮空間，可以視為「過擬合」到輸入資料上，因此相比於在某個資料集上訓練好後再進行推理的方式，每張影像單獨進行編碼的準確性較高。GamutMLP 演算法的整體流程如圖 8-17 所示。

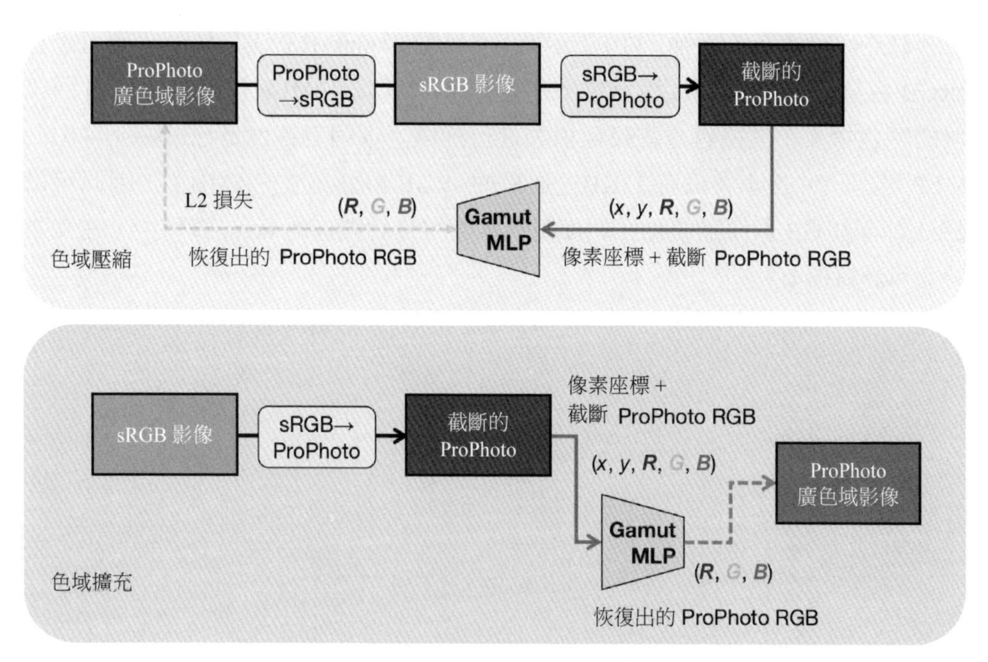

▲ 圖 8-17 GamutMLP 演算法的整體流程

可以看出，GamutMLP 演算法主要分為兩個步驟，分別是**色域壓縮（Gamut Reduction）**和**色域擴充（Gamut Expansion）**。在色域壓縮步驟中，首先將 ProPhoto 廣色域影像 A 經色域轉換和截斷得到 sRGB 影像 B，然後將截斷後的結果轉回 ProPhoto 色域得到結果 C，此時由於這個過程的不可逆性，轉回到廣色域的結果 C 與原始影像 A 有了區別，因此可以用 MLP 模型對從 C 到 A 的過程進行編碼。該 MLP 模型的輸入為 5 位元資料（x,y,R,G,B）。加入位置座標資訊的目的在於增加網路的表現力與區分度，因為在傳統色域壓縮過程中，不同位置不同的原始值可能會被截斷到同一個 sRGB 的設定值上，如果只用 RGB 資訊無法對這些「多對一」的情況進行區分。另外，MLP 模型還採用了編碼函數（Encoding Function）的方式進行編碼，這種編碼對隱式神經表示任務來說已經被證明是有效的，這裡 GamutMLP 演算法採用的是 sin 和 cos 函數的編碼方式，其數學形式如下：

$$\gamma(m)=[\sin(2^0\pi m),\cos(2^0\pi m),\cdots,\sin(2^{K-1}\pi m),\cos(2^{K-1}\pi m)]$$

式中，m 表示 5 維輸入中的元素值。利用 GamutMLP 演算法，我們可以在 sRGB 色域轉為 ProPhoto 色域之後，透過該訓練好的 MLP 模型查詢到各個位置的顏色損失，然後對這些顏色損失進行補償。這個過程就是色域擴充。由於 MLP 模型尺寸很小（只有 23KB，通常的 sRGB 影像為 2 ～ 5MB），因此可以將針對該 sRGB 影像最佳化好的模型參數直接寫到影像的 meta 資訊中，在需要時即可計算補償。

深智數位
股份有限公司

深智數位
股份有限公司